卫星导航定位新技术及高精度数据处理方法

NEW TECHNIQUES AND PRECISE DATA PROCESSING METHODS OF SATELLITE NAVIGATION AND POSITIONING

主编：李征航　张小红

编委：(按姓氏笔画排序)

　　　王甫红　李征航　朱智勤　张小红　姚宜斌
　　　姜卫平　唐卫明　徐晓华　黄劲松

图书在版编目(CIP)数据

卫星导航定位新技术及高精度数据处理方法/李征航,张小红主编.—武汉:武汉大学出版社,2009.10(2013.7重印)
ISBN 978-7-307-07296-1

Ⅰ.卫… Ⅱ.①李… ②张… Ⅲ.卫星导航—全球定位系统(GPS)—数据处理 Ⅳ.TN967.1 P228.4

中国版本图书馆 CIP 数据核字(2009)第 154707 号

责任编辑:任 翔　　责任校对:黄添生　　版式设计:马 佳

出版发行:武汉大学出版社　　(430072　武昌　珞珈山)
　　　　　(电子邮件:cbs22@whu.edu.cn 网址:www.wdp.com.cn)
印刷:武汉中远印务有限公司
开本:787×1092　1/16　印张:18.75　字数:445 千字　插页:1
版次:2009 年 10 月第 1 版　　2013 年 7 月第 2 次印刷
ISBN 978-7-307-07296-1/P·162　　定价:40.00 元

版权所有,不得翻印;凡购买我社的图书,如有质量问题,请与当地图书销售部门联系调换。

前 言

本书是一本研究生教材，供研究生在已学完"GPS 原理及应用"、"GPS 测量数据处理"等课程的基础上使用。编写本书的主要目的是为了使研究生能尽快了解在 GPS 测量和应用领域中一些热点问题的研究现状、基本原理及方法、发展趋势，以及有待进一步研究和解决的问题，使他们在掌握 GPS 定位基本原理的基础上，能够根据个人的研究方向深入地学习 GPS 的前沿技术和方法，在规定的时间内完成学位论文。

全书共分十章，各章之间较为独立，其顺序也是随机编排的。学生既可按章节依次学习，也可根据需要重点学习其中的部分章节。参加编写的老师均为各研究方向内的专家，对负责编写的内容有全面的了解，并作过较为深入的研究。书中所讨论的热点问题大多是编写者在博士论文中所研究的内容或承担的科研项目中的内容。

本书第一章由张小红教授负责编写，主要介绍了精密单点定位的国内外研究现状、基本原理和方法，详细讨论了精密单点定位中的误差改正模型和参数估计方法等关键技术，并结合实例分析了精密单点定位的精度，指出了有待进一步解决的问题。第二、三章由黄劲松副教授负责编写，周跳的探测与修复、整周模糊度的确定是利用载波相位观测值进行高精度定位的关键问题，希望研究生能在原有的基础上对上述问题有更加深入全面的了解。第四章由张小红教授负责编写，介绍了利用 GNSS 来测定电离层延迟并进而建立电离层延迟模型的相关问题。本章还对利用掩星层析方法来确定电子密度的垂直分布作了较全面的介绍。第五章分为三个部分，第一部分由王甫红副教授负责编写，介绍了以 GNSS 卫星作为动态基准点，利用星载 GNSS 接收机所测定的距离观测值来实时确定低轨卫星的轨道；第二、三部分由李征航教授和刘万科博士负责编写，第二部分介绍了利用星间观测值进行导航卫星的自主定轨问题，详细讨论了导航卫星自主定轨中由于基准缺失而导致的秩亏问题；第三部分介绍了星地联合定轨的问题。第六章由李征航教授负责编写，介绍了一种无需进行周跳探测与修复以及整周模糊度确定的基线向量解算方法。GAMIT 软件和 Bernese 软件是国际上广泛使用的两个高精度 GPS 数据处理软件，为了让从事 GPS 高精度数据的研究生能够熟悉和使用，本书第七章专门进行了介绍。这章由姜卫平教授和朱智勤老师负责编写，分别对这两个软件的特点、结构、使用方法及注意事项等进行了介绍。第八章由徐晓华副教授负责编写，对地基 GPS 气象学和空基 GPS 气象学的原理、方法和应用等问题作了较全面的介绍。第九章由唐卫明博士负责编写，对网络 RTK 技术的原理、方法等内容作了介绍。第十章由姚宜斌教授负责编写，介绍了利用卫星定位技术直接测定海拔高程的技术方法，着重讨论了 1 cm 精度的城市似大地水准面和 5cm 精度的省级似大地水准面的实现方法和关键技术。

全书由李征航教授和张小红教授负责内容的选取、作者的确定以及最后的统稿。但各章内的技术性问题仍由相应的编写者负责。

　　本书虽然是作为研究生教材来编写的,但也可作为高等学校相关专业的教师和学生的参考书,还可供测绘、交通、航天、石油、地质、水利、农林等部门的技术人员参考。

　　虽然我们希望本书能够较全面地反映 GPS 测量与应用中的一些热点问题的研究现状和最新进展,但由于水平有限,未必如愿。谬误不当和疏漏之处在所难免,敬请广大读者批评指正。

编　者
2009 年 3 月

目 录

第1章 精密单点定位技术及其应用 ··················· 1
1.1 引言 ································· 1
1.2 精密单点定位技术的发展现状 ················· 2
1.3 精密单点定位的基本原理 ····················· 3
1.3.1 数据预处理 ······························ 4
1.3.2 参数估计方法 ···························· 4
1.4 精密单点定位的主要误差源及其改正模型 ······· 6
1.4.1 与接收机和测站有关的误差 ················ 6
1.4.2 与卫星有关的误差 ························ 9
1.4.3 与信号传播有关的误差 ··················· 12
1.4.4 精密单点定位数据处理策略与 IGS 产品的兼容性 ······ 15
1.5 精密单点定位的技术优势 ···················· 15
1.6 精密单点定位中的坐标框架 ·················· 16
1.7 精密单点定位软件、应用实例及结果分析 ······ 17
1.7.1 精密动态单点定位的内符合精度分析 ········ 19
1.7.2 精密动态单点定位同双差解和已知坐标的比较 ···· 21
1.8 精密单点定位技术的应用前景 ················ 23
1.9 精密单点定位技术有待解决的问题 ············ 24

第2章 周跳探测及处理 ·························· 27
2.1 概述 ······································ 27
2.1.1 载波相位测量 ···························· 27
2.1.2 周跳 ···································· 27
2.1.3 周跳的起因 ······························ 28
2.1.4 周跳的特性 ······························ 28
2.1.5 周跳的探测 ······························ 29
2.1.6 周跳的处理 ······························ 29
2.1.7 载波相位和码伪距观测方程 ················ 29
2.1.8 接收机钟差对周跳探测的影响 ·············· 30
2.2 基于观测值变化规律的周跳探测 ·············· 32
2.2.1 多项式拟合法 ···························· 32

  2.2.2 高次差法 ··· 33
 2.3 基于多类观测值组合的周跳探测 ··· 34
  2.3.1 单频码相组合法 ··· 34
  2.3.2 双频码相组合法 ··· 34
  2.3.3 电离层残差法 ·· 35
  2.3.4 多普勒积分法 ·· 36
 2.4 基于观测值估值残差的周跳探测 ··· 36
  2.4.1 三差观测值残差法 ·· 36
  2.4.2 历元间差分法 ·· 36
 2.5 已知基线法 ··· 37

第3章 整周模糊度 ··· 39
 3.1 概述 ·· 39
 3.2 消除模糊度参数的方法 ·· 39
  3.2.1 三差法 ·· 39
  3.2.2 交换天线法 ··· 39
 3.3 在坐标域内确定模糊度 ·· 40
  3.3.1 已知基线法 ··· 40
  3.3.2 模糊度函数法 ·· 40
 3.4 在观测值域内确定模糊度 ··· 41
  3.4.1 双频码相组合确定模糊度 ··· 41
  3.4.2 三频码相组合确定模糊度 ··· 42
 3.5 在模糊度域内确定模糊度 ··· 43
  3.5.1 浮动解和固定解 ··· 43
  3.5.2 确定固定解的一般过程 ·· 44
  3.5.3 经典置信区间搜索法 ·· 45
  3.5.4 最小二乘搜索方法 ·· 45
  3.5.5 快速模糊度确定方法 ·· 46
  3.5.6 最小二乘模糊度降相关平差方法 ······························· 47
  3.5.7 Cholesky 分解快速模糊度搜索 ·································· 48
 3.6 与电离层无关组合的模糊度固定 ··· 49

第4章 基于 GPS 观测值的电离层电子含量反演及建模 ············ 52
 4.1 概述 ·· 52
 4.2 GPS 观测反演电子含量的基本原理 ··· 55
 4.3 几种典型的电离层单层模型 ·· 58
  4.3.1 经典电离层模型 ··· 58
  4.3.2 格网模型 ··· 59

4.3.3　多项式函数模型 ……………………………………………………… 60
　　4.3.4　球谐模型 …………………………………………………………… 60
　　4.3.5　全球电离层图（GIM）……………………………………………… 61
4.4　电离层层析成像（CIT）…………………………………………………… 63
　　4.4.1　电离层层析成像技术 ………………………………………………… 63
　　4.4.2　电离层层析成像基本原理 …………………………………………… 64
　　4.4.3　电离层层析建模方法 ………………………………………………… 65
4.5　掩星 GPS 电离层探测 ……………………………………………………… 67
　　4.5.1　掩星 GPS 电离层探测概况 …………………………………………… 67
　　4.5.2　GPS 掩星探测电离层 Abel 积分反演原理 …………………………… 69
　　4.5.3　Abel 积分中的奇点问题 ……………………………………………… 72

第5章　利用星间观测值进行卫星的自主定轨 ………………………………… 78
5.1　星载 GPS 自主定轨 ………………………………………………………… 78
　　5.1.1　概述 …………………………………………………………………… 78
　　5.1.2　卫星自主定轨的滤波算法 …………………………………………… 81
　　5.1.3　卫星自主定轨的动力学模型 ………………………………………… 87
　　5.1.4　基于星载 GPS 伪距观测值的自主定轨方法 ………………………… 96
5.2　导航卫星的自主定轨 ……………………………………………………… 101
　　5.2.1　前言 …………………………………………………………………… 101
　　5.2.2　星间距离观测值的生成 ……………………………………………… 104
　　5.2.3　数学模型和软件 ……………………………………………………… 105
　　5.2.4　算例 …………………………………………………………………… 107
　　5.2.5　结论 …………………………………………………………………… 113
5.3　导航卫星的星地联合定轨 ………………………………………………… 113
　　5.3.1　前言 …………………………………………………………………… 113
　　5.3.2　数学模型及软件 ……………………………………………………… 114
　　5.3.3　模拟计算的结果和分析 ……………………………………………… 115
　　5.3.4　结论 …………………………………………………………………… 121

第6章　无整周问题的基线解算新方法 ………………………………………… 125
6.1　前言 ………………………………………………………………………… 125
6.2　无整周问题的变形监测新模型 …………………………………………… 126
　　6.2.1　前言 …………………………………………………………………… 126
　　6.2.2　提取变形量的新模型 ………………………………………………… 126
　　6.2.3　几种特殊情况的处理方法 …………………………………………… 129
　　6.2.4　试验与检测结果 ……………………………………………………… 129
　　6.2.5　小结 …………………………………………………………………… 133

6.3 一种解算 GPS 短基线向量的新方法 ……………………………………………… 134
 6.3.1 解算基线向量的新方法 …………………………………………………… 134
 6.3.2 实例与分析 ………………………………………………………………… 136
 6.3.3 结论和建议 ………………………………………………………………… 138
6.4 无整周模糊度的中长基线解算方法 …………………………………………… 138
 6.4.1 电离层延迟改正 …………………………………………………………… 138
 6.4.2 算例 ………………………………………………………………………… 140
 6.4.3 结论 ………………………………………………………………………… 144

第7章 GAMIT/GLOBK 软件和 Bernese 软件简介 …………………………… 146
7.1 GAMIT/GLOBK 软件简介 ……………………………………………………… 146
 7.1.1 GAMIT/GLOBK 软件的发展历史及现状 ……………………………… 146
 7.1.2 GAMIT/GLOBK 软件的功能及组成 …………………………………… 147
 7.1.3 软件安装 …………………………………………………………………… 154
 7.1.4 GAMIT/GLOBK 数据处理流程 ………………………………………… 162
 7.1.5 实例分析 …………………………………………………………………… 166
7.2 Bernese 软件简介 ……………………………………………………………… 172
 7.2.1 发展历史 …………………………………………………………………… 172
 7.2.2 软件的主要功能和特点 …………………………………………………… 172
 7.2.3 程序结构和主要内容 ……………………………………………………… 173
 7.2.4 软件界面介绍 ……………………………………………………………… 174
 7.2.5 数据处理流程概述 ………………………………………………………… 174
 7.2.6 BERNESE 软件数据处理 ………………………………………………… 176

第8章 GPS 气象学 …………………………………………………………………… 202
8.1 研究的目的与意义 ……………………………………………………………… 202
8.2 利用地基 GPS 观测探测大气水汽分布 ……………………………………… 203
 8.2.1 研究现状 …………………………………………………………………… 203
 8.2.2 基本原理与方法 …………………………………………………………… 204
 8.2.3 有待解决的问题 …………………………………………………………… 211
8.3 利用星载 GPS 掩星观测探测地球大气性质 ………………………………… 211
 8.3.1 GPS 无线电掩星技术的产生 …………………………………………… 211
 8.3.2 GNSS 掩星任务的发展历史 …………………………………………… 212
 8.3.3 研究现状 …………………………………………………………………… 216
 8.3.4 基本原理与方法 …………………………………………………………… 216
 8.3.5 GPS 掩星观测数据处理流程 …………………………………………… 217
 8.3.6 有待进一步解决的问题 …………………………………………………… 230
8.4 利用山基与机载 GPS 掩星观测探测大气性质 ……………………………… 231

8.4.1 研究现状 ………………………………………………………………… 231
   8.4.2 反演原理 ………………………………………………………………… 232

第9章 网络RTK技术 ……………………………………………………………… 240
9.1 概述 ……………………………………………………………………………… 240
   9.1.1 基本概念 ………………………………………………………………… 240
   9.1.2 网络RTK的基本思想 …………………………………………………… 242
9.2 网络RTK定位中误差处理方法 ………………………………………………… 243
9.3 网络RTK关键技术 ……………………………………………………………… 245
   9.3.1 基准站网模糊度确定 …………………………………………………… 245
   9.3.2 区域误差模型建立和流动站误差的计算 ……………………………… 249
   9.3.3 流动站双差模糊度的确定 ……………………………………………… 252
   9.3.4 大规模基准站组网 ……………………………………………………… 253
   9.3.5 网络RTK系统完备性监测技术 ………………………………………… 255
9.4 网络RTK系统服务技术 ………………………………………………………… 256
   9.4.1 虚拟参考站（VRS）技术 ………………………………………………… 256
   9.4.2 主辅站技术（MAX） …………………………………………………… 258
   9.4.3 区域改正参数（FKP）方法 ……………………………………………… 259
   9.4.4 综合误差内插法（CBI） ………………………………………………… 259
9.5 网络RTK系统 …………………………………………………………………… 260
   9.5.1 系统组成和子系统定义 ………………………………………………… 260
   9.5.2 网络RTK系统的建设现状 ……………………………………………… 260
   9.5.3 基准站子系统 …………………………………………………………… 262
   9.5.4 系统管理中心 …………………………………………………………… 263
   9.5.5 用户数据中心子系统 …………………………………………………… 264
   9.5.6 数据传输子系统 ………………………………………………………… 265
   9.5.7 用户应用子系统 ………………………………………………………… 266
9.6 网络RTK系统管理和定位服务软件 …………………………………………… 267
   9.6.1 功能和组成 ……………………………………………………………… 267
   9.6.2 研究和发展现状 ………………………………………………………… 268
   9.6.3 MPGPS …………………………………………………………………… 268
   9.6.4 SPIDER …………………………………………………………………… 269
   9.6.5 GPSNetwork ……………………………………………………………… 270
   9.6.6 PowerNetwork …………………………………………………………… 271
9.7 网络RTK技术的发展趋势 ……………………………………………………… 273
9.8 结语 ……………………………………………………………………………… 273

第10章 基于卫星定位技术的现代高程测定 …………………………………… 277

10.1 高程基准的定义及其转换 ··· 277
　　10.1.1 高程系统 ·· 277
　　10.1.2 利用 GPS 测定高程的实用方法 ·· 278
10.2 建立高精度区域似大地水准面的作用及意义 ······································ 279
10.3 高精度区域似大地水准面确定的研究现状 ·· 281
　　10.3.1 1cm 精度的城市似大地水准面模型 ··· 282
　　10.3.2 5cm 精度的省级似大地水准面模型 ··· 282
　　10.3.3 跨海厘米级精度的高程基准传递 ··· 284
10.4 高精度区域似大地水准面的实现方法和关键技术 ······························ 284
　　10.4.1 高精度 GPS/水准控制网的布网方案设计 ································· 285
　　10.4.2 厘米级重力似大地水准面确定 ··· 286
　　10.4.3 重力似大地水准面与 GPS 水准联合解 ····································· 288
　　10.4.4 似大地水准面检核 ··· 288
10.5 高精度区域似大地水准面的应用及有待进一步解决的问题 ·············· 289
　　10.5.1 高精度区域似大地水准面的应用 ··· 289
　　10.5.2 高精度区域似大地水准面的主要应用领域 ······························· 290
　　10.5.3 本领域有待进一步解决的问题 ··· 291

第1章 精密单点定位技术及其应用

1.1 引 言

全球卫星定位导航系统的出现不仅是定位、导航技术的巨大革命,也给测绘行业带来了前所未有的技术革新,它的出现推动了当今信息获取技术,特别是地球空间信息技术的革命。GPS 技术的发展已有近 30 年,其应用领域非常广泛,包括海、陆、空、天、地诸多方面。GPS 静态定位的应用已经很成熟,先后出现了 GAMIT、Bernese、GIPSY、EPOS 等几个高精度静态数据处理软件。GPS 静态定位的精度也已接近或达到 10^{-9}。相比较而言,GPS 动态定位的应用范围更为广泛,有实时的动态定位,也有事后的动态定位;有绝对的动态定位,也有相对的动态定位;有基于纯伪距或相位平滑伪距的动态定位,也有基于相位观测值的动态定位。动态相对定位的作用距离可以从数米至上千公里,其定位的精度也从数十米精度的导航解(SA 关闭后)到厘米级精度的常规 RTK 技术及近些年迅速发展的网络 RTK(VRS)技术等。随着人们对地理空间数据需求的不断增长,航空动态测量技术(包括航空重力测量、航空摄影测量以及航空 LiDAR 和机载 InSAR 等)逐步得到越来越多人的关注,其高效的作业方式是地面常规测量手段无法相比的。在航空动态测量中,GPS 动态定位扮演着关键角色。目前,航空动态测量中的 GPS 定位一般都采用传统的双差模型,基于 OTF 等方法解算双差模糊度,进行动态基线处理。大部分的商用动态处理软件也都采用类似的方法。为了保证动态基线解算的可靠性和精度,进行航空测量时,往往要求地面布设有一定密度(30~50km)的 GPS 基准站,这将大大增加人力、物力和财力的投入。但是对于一些难以到达的地区,根本无法保证足够密度的基准站,甚至找不到近距离的基准站。此时的动态基线长度可能达几百公里,甚至上千公里,OTF 方法不再适用,必须寻求新的解决方法。

传统的标准单点定位(Standard Point Positioning, SPP)尽管只需使用一台 GPS 接收机就可以进行实时的导航定位,且在导航领域具有广泛的应用,但精度低(数米至数十米),满足不了许多高精度定位用户的精度要求;差分 GPS 定位(DGPS)技术虽然精度高,但需要布设至少一个基站,作业时,不仅受作用距离的限制,仪器成本和劳动成本都相应增加不少。精密单点定位技术(Precise Point Positioning, PPP)恰好集成了标准单点定位和差分定位的优点,它的出现改变了以往只能使用双差相位定位模式才能到达较高定位精度的现状,是 GPS 定位技术中继 RTK/网络 RTK 技术后的又一次技术革命。精密单点定位技术的出现为我们进行长距离高精度的事后动态定位提供了新的解决方案。

这里所说的精密单点定位指的是利用全球若干地面跟踪站的 GPS 观测数据计算出的

精密卫星轨道和卫星钟差,对单台 GPS 接收机所采集的相位和伪距观测值进行定位解算,获得高精度的待定点的 ITRF 框架坐标的一种定位方法。

1.2　精密单点定位技术的发展现状

精密单点定位是在 20 世纪 70 年代美国子午卫星时代针对 Doppler 精密单点定位提出的概念。GPS 卫星定位系统开发后,由于 C/A 码或 P 码的单点定位精度不高,80 年代中期就有人探索采用原始相位观测数据进行精密单点定位,即所谓的非差相位单点定位。但是,由于在定位估计模型中需要同时估计每一历元的卫星钟差、接收机钟差、对流层延迟、所见卫星的相位模糊度参数和测站的三维坐标,待估参数太多,估计方程是亏秩的,基本无法提出解决方案,问题的高难度使得这一方法在 80 年代后期暂时搁置了起来。90 年代中期,国际 GPS 地球动力学服务局(IGS)开始向全球提供精密星历和精密卫星钟差产品,之后,还提供精度等级不同的事后、快速和预报 3 类精密星历和相应的 15min、5min 间隔的精密卫星钟差产品,这就为非差相位精密单点定位提供了新的解决思路。1997 年,美国喷气推进实验室(JPL)的研究人员 Zumberge 等提出了利用 GIPSY 软件和 IGS 精密星历,同时利用一个 GPS 跟踪网的数据确定 5s 间隔的卫星钟差,在单站定位方程式中,只估计测站对流层参数、接收机钟差和测站三维坐标的精密单点定位研究思路,并取得了 24h 连续静态定位精度达 1~2cm、事后单历元动态定位精度达 2.3~3.5dm 的试验结果,用实测数据证明了利用非差相位观测值进行精密单点定位是完全可行的(Zumbeger,1997)。NRCan 的 Heroux 等人也研究了非差精密单点定位方法,他们处理长时间静态观测数据的结果精度也达到厘米级(Heroux 等,2001)。德国科学院地学研究中心(GFZ)和加拿大的大地测量局(GSD)也开发了相应的精密单点定位软件系统,取得了同样精度的静态和动态定位结果。美国 OSU 的 Han 等人也进行过类似的研究,他们在固定卫星精密轨道的基础上,利用 IGS 站的观测资料先估计出 GPS 卫星的钟差,然后再利用估计出的精密钟差及已有的精密卫星轨道求解测站的绝对位置坐标。Calgary 大学的高扬博士先后带领了数名博士和硕士对精密单点定位的理论和算法进行了深入研究,并开发了相应的精密单点定位解算软件。著名的 GPS 数据处理软件 Bernese 4.2 版本中也增加了用非差相位观测值进行精密单点定位处理的功能(Hugentobler 等,2001)。

在精密单点动态定位研究方面,JPL 的 Muellerschoen 等人提出了全球实时精密单点定位技术。实验结果表明,在全球范围内,可望实现水平方向定位精度为 10~20cm 的实时动态精密单点定位(Muellerschoen 等,2000)。NavCom 的 Hatch 提出了利用 JPL 实时定轨软件 RTG 实现全球 RTK(GLOBAL RTK)计划,通过因特网和地球静止通信卫星向全球用户发送精密星历和精密卫星钟差修正数据,利用这些修正数据,实现 2~4dm 的实时动态定位精度,事后静态定位精度可达 2~4cm(Hatch,2001)。2007 年前后,国外已有数家公司推出了精密单点定位的数据处理软件,主要包括:GrafNav7.8 版本在原来差分定位的基础上增加了精密单点定位的解算模块;加拿大 APPLANiX 公司推出的 POSPac AIR 软件也具有精密单点定位的能力;挪威 TerraTec 公司推出的 TerraPOS 软件也是基于精密单点定位模式开发出的动态定位软件;瑞士 Leica 公式也推出了自己的精密动态单点定位软件 IPAS PPP。

国内 GPS 非差相位精密单点定位的研究起步虽然稍晚，但目前的研究应用却与国际当前水平相当。2000 年，上海天文台在《测绘学报》上发表文章，阐述了他们应用 JPL 的 GIPSY 软件进行类似精密单点定位原理的小区域网站的静态定位试验，数据处理结果表明也可达到 cm 级定位精度。武汉大学的叶世榕博士对非差相位精密单点定位技术进行了较为深入的研究，并以此为主要内容完成其博士论文。随后，武汉大学的张小红教授等经过数年对 GPS 精密单点定位理论与方法的深入研究，在国内率先开发出了高精度的精密单点定位数据处理商业化软件 TriP，软件在算法设计和定位精度方面取得突破，TriP 软件的定位解算精度和可靠性等方面已经和国际同类软件水平相当，是国际上目前为数不多的几个精密单点定位软件之一，已在国内相关部门推广使用，应用于航空动态测量和地面像控静态测量等领域。香港理工大学的陈武博士等也对精密单点定位技术进行了研究，并将其应用于 GPS 浮标来监测海面变化。此外，同济大学、中国科学院测量与地球物理研究所等机构也开展了精密单点定位的研究工作，取得了一定的研究成果。

最近几年，在上述双频精密单点定位研究成果的基础上，已有不少学者开始研究单频精密单点定位的模型、算法，并拓展其应用。加拿大 Calgary 大学的高扬博士对单频精密单点定位进行了一定的研究，取得了一些试验结果；荷兰的 Le 和 Tiberius 利用单频接收机取得了水平 0.5m、高程 1m 精度的单频精密单点定位试验结果(Le 和 Tiberius，2007)；武汉大学的郜贺硕士对单频精密单点定位进行了较为深入的研究，取得了米级精度的事后单频精密单点定位的试验结果(2007)。总体来讲，目前，单频精密单点定位还有若干关键问题没有得到很好的解决，其研究与应用还不太成熟。

本书将主要介绍双频精密单点定位的基本理论和方法，对于单频精密单点定位，除了数据预处理方法和电离层延迟改正处理方法有所不同外，基本上与双频精密单点定位的原理类似，不作专门论述，感兴趣的读者可参阅有关文献。

1.3 精密单点定位的基本原理

GPS 精密单点定位一般是采用单台双频 GPS 接收机，利用 IGS 提供的精密星历和卫星钟差，基于载波相位观测值进行的高精度定位。观测值中的电离层延迟误差通过双频信号组合消除，对流层延迟误差通过引入未知参数进行估计。其观测方程如下：

$$l_p = \rho + c(\mathrm{d}t_r - \mathrm{d}T^i) + M \cdot zpd + \varepsilon_p \quad (1\text{-}1)$$

$$l_\phi = \rho + c(\mathrm{d}t_r - \mathrm{d}T^i) + a^i + M \cdot zpd + \varepsilon_\phi \quad (1\text{-}2)$$

式中，l_p 为无电离层伪距组合观测值；l_ϕ 为无电离层载波相位组合观测值(等效距离)；ρ 为测站(X_r, Y_r, Z_r)与 GPS 卫星(X^i, Y^i, Z^i)间的几何距离；c 为光速；$\mathrm{d}t_r$ 为 GPS 接收机钟差；$\mathrm{d}T^i$ 为 GPS 卫星 i 的钟差；a^i 为无电离层组合模糊度(等效距离，不具有整数特性)；M 为投影函数；zpd 为天顶方向对流层延迟；ε_p 和 ε_ϕ 分别为两种组合观测值的多路径误差和观测噪声。

将 l_p、l_ϕ 视为观测值，测站坐标、接收机钟差、无电离层组合模糊度及对流层天顶延迟参数视为未知数 X，在未知数近似值 X^0 处对式(1-1)和式(1-2)进行级数展开，保留至一次项，其具体的展开系数的表达式，读者可参阅李征航等编写的《GPS测量原理与数据处理》，误差方程矩阵形式为：

$$V = Ax - l, \quad P \tag{1-3}$$

式中，V为观测值残差向量；A为设计矩阵；x为未知数增量向量；l为常数向量；P为观测值权矩阵。

式(1-3)中，A和l的计算用到的GPS卫星钟差和轨道参数需采用IGS事后精密钟差和轨道产品内插求得。

精密单点定位计算的主要过程包括：观测数据的预处理；精密星历和精密卫星钟差拟合成轨道多项式(精密单点定位中，要求卫星轨道精度达到cm级水平，卫星钟差改正精度达到亚ns级水平)；各项误差的模型改正及参数估计等。下面简要介绍精密单点定位的数据预处理方法和参数估计方法，各项误差的模型改正将在下一节详细介绍，关于精密卫星轨道及卫星钟差的内插方法，读者可参阅李征航等编写的《GPS测量原理与数据处理》。

1.3.1 数据预处理

精密单点定位中，数据预处理的好坏直接决定其定位精度及可靠性，而数据预处理的关键就是要准确可靠地探测相位观测值中出现的周跳。非差相位观测值的周跳探测较双差相位观测值的周跳探测难，有些双差模式中使用的周跳探测方法在精密单点定位模式中不再适用。笔者曾测试了不少非差相位数据周跳的探测方法，结果表明TurboEdit方法(Blewitt, 1990)比较有效。所以在吸收TurboEdit方法的基础上，对算法进行了部分改进，对于GPS相位观测数据中出现的小周跳或L_1和L_2上出现相同周数的周跳的情形，改进的方法也能有效地探测出来。鉴于非差相位数据中周跳的修复比探测更为困难，甚至不可能准确修复，所以数据预处理只探测周跳，而不修复出现的周跳，对于每个出现周跳的地方，增加一个新的模糊度参数。若某卫星相邻两个周跳间的有效弧段小于预先设定的阈值(阈值的大小取决于数据的采样率)，则剔除该短弧段的观测数据。

1.3.2 参数估计方法

在静态精密单点定位中，接收机天线的位置固定不变，接收机钟差的每个历元都在变化。因此，除了相位模糊度参数和天顶对流层延迟参数(zpd)外，静态定位中，每个历元还有一个钟差参数必须估计。举例来说，如果某个静态观测时段接收机以1s的采样率采集了1h(共3600历元)的GPS数据，那么要解求的总未知数个数是：

a) 3个坐标参数；
b) 3600×1(接收机钟差) = 3600个钟差参数；
c) $N(N \geq 4)$个模糊度参数；
d) 至少一个天顶对流层延迟参数。

在动态定位中，接收机天线位置的每个历元都在变化，接收机钟差的每个历元也不一样。因此，除了相位模糊度参数和天顶对流层延迟参数(zpd)外，动态定位中，每个历元还有4个必须估计的参数(3个位置参数和1个钟差参数)。举例来说，如果某个动态接收机以1s的采样率采集了1h(共3600历元)的动态GPS数据，那么要解求的总未知数个数是：

a) 3600×4（3个站坐标+1个接收机钟差）= 14400 个（站坐标和钟差参数）；

b) $N(N \geq 4)$ 个模糊度参数；

c) 至少一个天顶对流层延迟参数。

目前，精密单点定位的参数估计方法主要有两种：一种是 Kalman 滤波。Kalman 滤波方法在动态定位中的应用较为广泛，计算效率高，但是采用 Kalman 滤波方法，如果先验信息给得不合适，滤波往往容易造成发散，定位结果会严重偏离真值。另一种就是最小二乘法，在最小二乘法中，又有两种估计方法，下面主要介绍最小二乘估计方法。

1. 序贯最小二乘估计方法

设待估参数作为带权观测值，并设其先验权矩阵为 P^0，则由式(1-3)按最小二乘平差方法可求解未知数为：

$$x = (P^0 + A^T P A)^{-1} A^T P l \tag{1-4}$$

由此可得到被估参数为：

$$X = X^0 + x \tag{1-5}$$

未知数的协因数阵为：

$$Q_{xx} = (P^0 + A^T P A)^{-1} \tag{1-6}$$

式(1-4)的求解采用的是一种高效序贯滤波算法，在迭代过程中，需要考虑相邻观测历元间的参数在状态空间的变化情况，并用合适的随机过程来自适应地更新参数的权矩阵。若用下标 i 表示历元号，在序贯滤波中，将上一历元参数的估计值作为当前历元的初始值，即 $X_i^0 = X_{i-1}$。

设第 i 历元和第 $i-1$ 历元间隔 Δt，那么第 i 历元参数的先验权矩阵为：

$$P_i^0 = (Q_{xx} + Q_{\Delta t})^{-1} \tag{1-7}$$

式中，

$$Q_{\Delta t} = \begin{bmatrix} q(x)_{\Delta t} & 0 & 0 & 0 & 0 & 0 \\ 0 & q(y)_{\Delta t} & 0 & 0 & 0 & 0 \\ 0 & 0 & q(z)_{\Delta t} & 0 & 0 & 0 \\ 0 & 0 & 0 & q(dt)_{\Delta t} & 0 & 0 \\ 0 & 0 & 0 & 0 & q(z)_{\Delta t} & 0 \\ 0 & 0 & 0 & 0 & 0 & q(N^j(j=1,\cdots,n))_{\Delta t} \end{bmatrix}$$

在没有发生周跳的情况下，模糊度参数是常数，故 $q(N^j(j=1,\cdots,n))_{\Delta t} = 0$；对于 $q(x)_{\Delta t}$、$q(y)_{\Delta t}$、$q(z)_{\Delta t}$，应根据测站的运动情况来确定。接收机钟差的过程噪声通常视为白噪声，对流层天顶延迟误差可用随机游走方法进行估计。

2. 最小二乘参数消元法

对上述 1h 的动态 GPS 数据进行精密单点定位解算，待估参数将超过 14400 个。可以想象，使用常规的最小二乘方法，用 PC 机要完成如此大型的法方程组成并求解几乎无能为力。即使我们采用相当优化的矩阵存取和矩阵运算算法，耗时也会相当长，可能是以天来计算。若采用大型工作站计算就另当别论了。但大部分 GPS 用户还是习惯或喜欢使用 PC 机来处理 GPS 数据。而经典最小二乘中的参数消元法可以极大地提高法方程的解算效率。其核心思想是分类处理不同的参数,在 GPS 精密单点定位的数学模型中有四类参数:测站的位置、接收机钟差、对流层天顶延迟以及组合后的相位模糊度参数。动态定位中,站坐标参数随着时间而发生变化,这主要取决于观测时接收机天线的运动状态,如有些情况下,站坐标变化数米每秒;有些情况,接收机天线位置变化每秒达几公里(如低轨卫星上 GPS 接收机)。接收机钟的漂移主要取决于钟的质量,如石英钟的频率稳定性约为 10^{-10}。相对来说,天顶对流层延迟参数在短时间内的变化量相对较小,一般为每小时几厘米。而对于组合模糊度参数,若不发生周跳,组合模糊度参数为常数。因此,对于随历元时间变化的参数,可以通过消元的办法将这些参数先从法方程中消去,只计算不随历元时间变化的参数,然后将计算结果回代到原观测方程,再逐历元计算随历元时间变化的参数,这样就大大降低了法矩阵的维数。

1.4 精密单点定位的主要误差源及其改正模型

在精密单点定位中,影响其定位结果的主要误差源可以分为三类:①与接收机和测站有关的误差,主要包括接收机钟差、接收机天线相位中心偏差、地球潮汐、地球自转等;②与卫星有关的误差、主要包括卫星轨道误差、卫星钟误差、卫星天线相位中心偏差、相对论效应、相位缠绕(Phase Wind-up);③与信号传播路径有关的误差,主要包括对流层延迟误差、电离层延迟误差和多路径效应。

GPS 精密单点定位中使用非差观测值,没有组成差分观测值,所以 GPS 定位中的所有误差项都必须考虑。目前主要通过两种途径来解决:

(1)对于能精确模型化的误差,采用模型改正,如卫星天线相位中心的改正、各种潮汐的影响、相对论效应等都可以采用现有的模型精确改正。

(2)对于不能精确模型化的误差,加参数进行估计或使用组合观测值。如对流层天顶湿延迟,目前还难以用模型精确模拟,则加参数对其进行估计;而电离层延迟误差,可采用双频组合观测值来消除低阶项。

1.4.1 与接收机和测站有关的误差

1. 接收机钟差

接收机钟差可定义为 GPS 接收机钟面时与标准 GPS 时之间的差值,主要由接收机内晶体振荡器的频率漂移引起。GPS 接收机一般采用石英钟,其稳定度约为 10^{-9}。在精密单点定位中,一般不组成差分观测值,而是直接利用非差观测值,所以无法利用星间差分的方法消除接收机钟差的影响。在精密单点定位数据处理中,接收机钟差对定位的影响包括两个方面:①接收机钟差对计算卫星坐标的影响。假设卫星的运动速度为 4km,不同量级的接收机钟差所引起的卫星位置的误差见表 1-1。由表 1-1 可知,只要保证接收机钟差的改正精度优于 $1\mu s$,在精密单点定位中就可以满足要求。利用标准单点定位计算确定的接收机钟差,精度一般都优于 100ns,因此在精密单点定位解算中,可以先利用标准单点定位求出接收机钟差的概略值,以消除此项影响。②由接收机钟差引起的站星距离观测值(伪距和相位)误差,所引起的误差大小见表 1-2。显然,用标准单点定位解算得到的钟差误差所对应的等效距离误差可达数米甚至数十米，这远远满足不了精密单点定位的要求。因此，在精密单点定位中，我们仍然需要将残余的接收机钟差当作一个未知参数，在数据处理中与其他参数一起进行求解。

表1-1　　　　　　　　　接收机钟差对计算卫星坐标的影响

接收机钟差	卫星坐标误差
1ms	4m
1μs	4mm
1ns	0.0004mm

表1-2　　　　　　　　　接收机钟差对距离观测值的影响

接收机钟差	距离观测误差
1μs	300m
1ns	0.3m
0.1ns	3cm

2. 接收机天线相位中心偏差

接收机天线相位中心的偏差包括两部分，一部分是接收机天线理论设计相位中心与测站标志中心间的偏差，一部分是接收机天线理论设计相位中心与相位观测时参考(实际)相位中心间的偏差。第一部分可以通过简单的几何改正方法进行改正；而第二部分偏差的量级较小，其产生的原因是：在 GPS 测量中，相位观测值都是以接收机天线接收相位的实际相位中心为参考的。理论上讲，接收机天线理论设计相位中心与相位观测值参考(实际)相位中心应保持一致。而实际上，接收机天线观测相位时的参考(实际)相位中心会随着卫星信号输入的强度、方向及高度角的变化而变化，即相位观测时，天线实际相位中心的瞬时位置与理论设计的天线相位中心不重合，两者的偏差值可达数毫米，甚至数厘米。在精密单点定位中，如果要实现厘米级甚至更高的定位精度，就需要考虑这项偏差的改正。其处理方法是利用事先确定的改正模型来消除其影响。

3. 地球固体潮改正

摄动天体(月球、太阳)对弹性地球的引力作用使地球表面产生周期性的涨落，称为固体潮现象。固体潮改正在径向可达30cm，水平方向可达5cm。固体潮包括与纬度有关的长期偏移项和主要由日周期和半日周期组成的周期项。通过24h的静态观测，可平均掉大部分的周期项影响。但是对于长期项部分，在中纬度地区，该项改正在径向可达12cm，即使利用长时间的观测(如24h)，该长期项仍然包含在测站坐标中。根据ITRF协议，即使通过长期观测可以平均掉大部分的周期项部分，但在进行单点定位时，依然需要考虑完整的地球固体潮改正，如果我们不进行完整的固体潮改正，其长期项部分会引起径向12.5cm和北向5cm的测站坐标系统误差(Heroux,2001)。值得一提的是，在短基线(<100km)GPS

相对定位中,两个测站的固体潮的影响几乎是相同的,在差分过程中可抵消,不会引起基线分量误差,因此可不考虑此项改正。但对于几百公里甚至上千公里的长基线解算,仍然需要考虑固体潮改正,因为相隔几百公里以上的不同地方所受到的固体潮的影响是不一样的,这也是 GPS 随机软件不能进行高精度长基线处理的原因之一。但对于精密单点定位来讲,由于它是直接求解测站坐标,因此不能利用差分的方法消除固体潮的影响,必须利用模型进行改正。固体潮对测站位置影响的近似公式为(IERS, 1989):

$$\Delta r = \sum_{j=2}^{3} \frac{GM_j}{GM} \cdot \frac{r^4}{R_j^3} \left\{ \left[3l_2(\hat{R}_j \cdot \hat{r}) \right] \hat{R}_j + \left[3 \cdot \left(\frac{h_2}{2} - l_2 \right) \cdot (\hat{R}_j \cdot \hat{r})^2 - \frac{h_2}{2} \right] \hat{r} \right\} +$$
$$[-0.025m \cdot \sin\phi\cos\phi\sin(\theta_g + \lambda)] \cdot \hat{r} \qquad (1-8)$$

式中,GM_j 为摄动天体($j=2$ 为月球,$j=3$ 为太阳)的引力常数;GM 为地球引力常数;r 为测站到地心的矢径;$\hat{r}$ 为测站在地心参考框架下的单位矢量;R_j 为摄动天体($j=2$ 为月球,$j=3$ 为太阳)到地心的矢径;$\hat{R}_j$ 为天体在地心参考框架下的单位矢量;l_2、h_2 为二阶 Love 数和 Shida 数($l_2=0.6090$,$h_2=0.0852$);ϕ、λ 为测站纬度和经度(东经为正);θ_g 为格林尼治平恒星时。

4. 海洋负荷潮汐改正

海洋负荷潮是由海洋潮汐的周期性涨落所引起的。海洋负荷潮与地球固体潮类似,也主要由日周期和半日周期项组成,但海洋负荷潮的数值要比地球固体潮的数值小一个数量级,且前者没有长期项部分。在精密单点定位中,如果我们只需达到几个厘米(5cm)的动态定位精度,或毫米级精度的静态定位(24h 长时间观测),或测站远离海岸时,可以不用考虑海洋负荷潮汐改正。如果我们要获得厘米级精度的动态定位,或者在沿海地区观测时段远不足 24h,又希望得到高精度的静态定位结果时,就必须考虑海洋负荷潮汐改正(Heroux, 2001)。此外,当我们需要精确估计天顶对流层延迟量(ZPD)或精密接收机钟差时,即使是对于 24h 长时间的静态定位,也需要考虑海洋负荷潮汐改正,除非测站远离海洋(>1000km),否则,海洋负荷潮汐的影响将会使对流层 ZPD 或钟差估计出现偏差(Dragert, 2000)。海洋负荷潮汐改正模型如下(IERS, 2003):

$$\Delta c = \sum_j f_j A_{cj} \cos(\tilde{\omega}_j t + \chi_j + u_j - \Phi_{cj}) \qquad (1-9)$$

式中,Δc 为海洋负荷潮汐对测站坐标分量的影响;t 为时间参数;A_{cj} 为潮汐 j 分量对坐标分量影响的幅度($j=1, 2, \cdots, 11$);Φ_{cj} 为潮汐 j 分量对坐标分量影响的相位角;f_j 为 j 分量的比例因子;u_j 为 j 分量的相位角偏差;$\tilde{\omega}_j$ 为 j 分量的角速度;χ_j 为 j 分量的天文参数。

5. 地球自转改正

地心地固系是非惯性坐标系,它随地球的自转而旋转变化,卫星信号发射时刻和接收机接收到该信号的时刻所对应的地固系是不同的。因此,在地心地固系中计算卫星到接收机的几何距离时,必须考虑此影响,这项改正与标准单点定位计算时的改正方法相同。假设测站坐标为(X_R, Y_R, Z_R),卫星坐标为(X^s, Y^s, Z^s),则由地球旋转引起的距离改正为:

$$\Delta D_{\tilde{\omega}} = \frac{\tilde{\omega}}{c} [Y^s(X_R - X^s) - X^s(Y_R - Y^s)] \qquad (1-10)$$

式中，$\tilde{\omega}$ 为地球自转角速度；c 为真空中的光速。

对卫星坐标的改正公式为：

$$\begin{pmatrix} X^{S'} \\ Y^{S'} \\ Z^{S'} \end{pmatrix} = \begin{bmatrix} \cos\alpha & \sin\alpha & 0 \\ -\sin\alpha & \cos\alpha & 0 \\ 0 & 0 & 1 \end{bmatrix} \begin{pmatrix} X^S \\ Y^S \\ Z^S \end{pmatrix} \qquad (1\text{-}11)$$

式中，$X^{S'}$，$Y^{S'}$，$Z^{S'}$ ）为改正后的卫星坐标；$\alpha = \tilde{\omega}\tau$ 为地球在信号传播时转过的角度；τ 为卫星信号的传播时间。

1.4.2 与卫星有关的误差

1. 卫星钟差

卫星钟频率漂移引起的卫星钟时间与 GPS 标准时之间的差值称为卫星钟差。为了实现定位，GPS 广播星历中已经提供了卫星钟差的改正信息。地面数据处理中心通过地面跟踪站对卫星的观测数据可以计算出每颗卫星的钟差参数，采用二次多项式来模拟卫星钟随时间的变化，并将这些参数实时播发给 GPS 用户使用。但目前广播星历所提供的卫星钟差的改正精度一般只能达到 5~10ns 左右，未改正完全的残余卫星钟误差与接收机钟误差一样会引起 1.5~3m 的等效距离误差。因此，在精密单点定位中，我们不能像处理接收机钟差那样当作未知数处理，必须事先确定其大小，然后代入到观测方程改正这项误差对定位的影响。所以，若要实现厘米级精度的精密单点定位，就要求事先确定亚纳秒级精度的卫星钟差。目前，IGS 及其分析中心为了满足精密定位及精密时间传递等应用的需要，已经可以提供 5min 或 30s 采样间隔的事后精密卫星钟差产品（其精度如图 1-1 所示），可以看出，IGS 提供的事后精密钟差产品精度能满足精密单点定位的要求。目前，IGS 提供的精密钟差产品一般以 5min 或 30s 间隔给出，而 GPS 观测值的采样间隔一般都小于上述值，有时可达 0.1s，因此，需内插计算得到每个历元所对应的卫星钟差。内插的方法一般用低阶多项式就可以满足精度要求。

2. 卫星轨道误差

卫星轨道误差是指卫星星历中所给出或计算出的卫星位置与卫星真实位置之间的差值。卫星轨道误差的大小取决于轨道计算的数学模型、定轨软件、地面跟踪网的规模、地面跟踪站的分布及跟踪站数据观测时间的长度等因素。目前，广播星历的精度大约为 10m，IGS 所提供的事后精密星历产品的精度大约为 3~5cm。图 1-2 为 IGS 及其分析中心计算的事后精密星历的精度。在精密单点定位中，卫星轨道误差在计算卫星与测站之间的几何距离时会产生误差，从而影响定位结果。因此，在精密单点定位中，必须采用精密星历，而不能采用广播星历进行计算。目前，IGS 提供的精密卫星轨道产品一般以 15min 或 5min 间隔给出，而 GPS 观测值的采样间隔一般都小于上述值，有时可达 0.1s，因此，需通过内插计算得到每个历元所对应的卫星位置。内插的方法一般用 8~10 阶拉格朗日多项式或切比雪夫多项式就可以满足精度要求。

3. 卫星天线相位中心偏差

卫星天线相位中心偏差是指卫星质量中心和卫星发射信号的天线相位中心之间的偏差

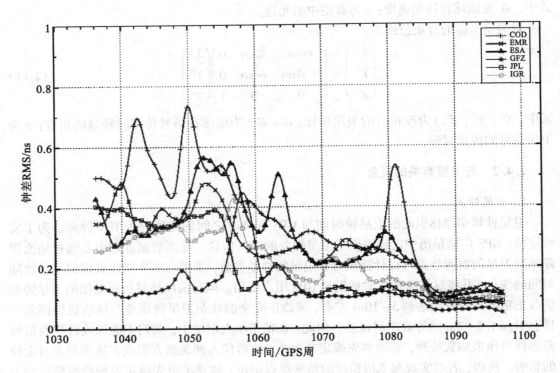

图 1-1　IGS 不同分析中心计算的精密卫星钟差精度(IGS 技术报告,2000)

(见图 1-3)。我们知道,卫星定轨中的轨道力模型是以卫星的质心为参考的,也就是说,IGS 等组织提供的精密星历所计算的卫星位置是卫星质心的位置,而 GPS 信号是从卫星的天线相位中心发射的,我们利用 GPS 接收机所测量的卫星到测站的观测距离(相位或伪距)是卫星天线相位中心到地面 GPS 接收天线之间的距离。因此在精密单点定位中,必须顾及 GPS 卫星质心和卫星天线相位中心之间的偏差改正。不同系列的 GPS 卫星,卫星天线相位中心偏差的数值不同,表 1-3 给出了不同系列卫星在星固系下卫星天线相位中心相对于卫星质心的偏差。

表 1-3　　　　　　　　　　星固系下卫星天线相位中心的偏差/m

卫星系列	X	Y	Z
Block II/IIA	0.279	0.000	1.023
Block IIR/IIF	0.000	0.000	0.000

4. 相位缠绕改正

GPS 卫星发射的是右旋极化(RCP)的电磁波信号,接收机观测到的相位值依赖于卫星天线与接收机天线间的相互方位关系。接收机天线或卫星天线绕极化轴向的旋转会改变相位观测值,最大可达一周(天线旋转一周),这个效应就称为"相位缠绕"(Wu 等,1993)。

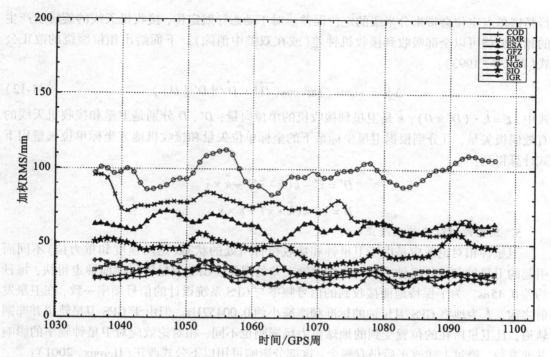

图 1-2 IGS 不同分析中心精密星历精度(IGS 技术报告, 2000)

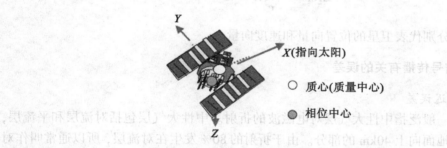

图 1-3 卫星天线相位中心偏差示意图

对于接收机天线来讲,如果是静态观测,天线不发生旋转。但是对于卫星天线,卫星为了保持其太阳能翼板指向太阳,卫星天线相应地会发生缓慢的旋转,而且站-星间的几何关系也不断变化。此外,在卫星进出地影区域时,卫星为了使其太阳能翼板指向太阳会快速旋转,卫星在 0.5h 内可旋转一周,在这段时间,相位观测数据需要进行相位改正或删除这部分数据。

高精度相对定位,对于几百公里以内的基线,双差后,相位缠绕对定位结果的影响通常可以忽略不记,但对于 4000km 的基线,其影响量级可达 4cm(Wu 等, 1993)。然而在固定卫星轨道和卫星钟的非差相位精密单点定位中,相位缠绕不能被消除,其改正量可达半周,必须加以考虑。大概从 1994 年起,大部分 IGS 分析中心及最后的综合轨道/卫星钟产品都考虑了相位缠绕改正。如果不考虑这项改正,直接固定 IGS 的卫星轨道和卫星钟差进行精密单点定位会带来分米级的定位误差。对于动态导航定位，接收机天线的旋转所产生的相位缠绕可以全部吸收到接收机钟差（或在双差中消除）。下面给出相位缠绕的改正公式（Wu 等，1993）：

$$\Delta\phi = \text{sign}(\zeta)\arccos(\vec{D}' \cdot \vec{D} / |D'\| |D|) \tag{1-12}$$

式中，$\zeta = \hat{k} \cdot (D' \times D)$，$\hat{k}$ 是卫星到接收机的单位向量；D'、D 分别是卫星和接收机天线的有效偶极矢量，且分别根据卫星坐标系下的坐标单位矢量和接收机地方坐标单位矢量用下式计算得到：

$$D' = \hat{x}' - \hat{k}(\hat{k} \cdot \hat{x}') - \hat{k} \times \hat{y}'$$
$$D = \hat{x} - \hat{k}(\hat{k} \cdot \hat{x}) + \hat{k} \times \hat{y}$$

5. 卫星钟相对论效应改正

卫星钟相对论效应是由于卫星钟和接收机钟所处的状态（运动速度和重力位）不同而引起的卫星钟和接收机钟之间产生相对钟误差的现象。GPS 卫星钟比地面钟走得快，每秒约差 0.45ns。为了保持地面接收到的信号频率与 GPS 系统设计的信号频率一致，在卫星发射之前，人为地将 GPS 卫星钟的标准频率减小约 0.00457Hz。但由于 GPS 卫星轨道并非圆轨道，且卫星所在的位置受到的地球重力场影响也不同，相对论效应对卫星钟频率的影响并非常数，经过上述改正后仍有残余，这部分影响可用以下公式改正（Heroux, 2001）：

$$\Delta\text{rel} = -\frac{2}{c^2}X^s \cdot \dot{X}^s \tag{1-13}$$

式中，X^s 和 $\dot{X}^s$ 分别代表卫星的位置向量和速度向量。

1.4.3 与信号传播有关的误差

1. 对流层延迟误差

对流层延迟一般泛指中性大气层对电磁波的折射。中性大气层包括对流层和平流层，大约是大气层从地面向上 40km 的部分。由于折射的 80% 发生在对流层，所以通常叫作对流层折射。对于不超过 15GHz 的射电频率，对流层大气呈中性，信号传播产生非色散延迟，使电磁波传播路径比实际几何距离长。电磁波在对流层中的传播速度只与大气的折射频率及电磁波的传播方向有关，与电磁波的频率无关。天顶方向上的对流层延迟量大约为 2.3m，高度角为 10°时的倾斜路径上的对流层延迟量可达 20m。

对流层延迟影响通常表示为天顶方向的对流层延迟量和同高度角相关的投影函数 M 的乘积。90% 的对流层延迟是由大气中干燥气体所引起的，称为干分量延迟；其余 10% 是由水汽所引起的，称为湿分量延迟。因此，对流层延迟可用天顶方向的干、湿分量延迟及其相应的投影函数表示：

$$\Delta D_{\text{trop}} = \Delta D_{z,\text{dry}} M_{\text{dry}}(E) + \Delta D_{z,\text{wet}} M_{\text{wet}}(E) \tag{1-14}$$

式中，ΔD_{trop} 为传播路径上的对流层总延迟；$\Delta D_{z,\text{dry}}$ 为天顶方向对流层的干分量延迟；$M_{\text{dry}}(E)$ 为对流层干分量延迟的投影函数；$\Delta D_{z,\text{wet}}$ 为天顶方向对流层的湿分量延迟；$M_{\text{wet}}(E)$ 为对流层湿分量延迟的投影函数。

常用的对流层延迟改正模型有 Hopfield 模型、Saastamoinen 模型等,由于它们在一般文献中均可查到,这里不作讨论。投影函数模型主要有 Marini(1972)、Chao(1972)、Davis(1985)及 Niell(1996)等模型。目前使用较多的是 Niell 投影函数模型,下面具体给出 Niell 模型的数学表达式。

(1) Niell 干分量投影函数

$$m_{\text{Hydro}}(\varepsilon) = \frac{1 + \dfrac{a_{\text{Hydro}}}{1 + \dfrac{b_{\text{Hydro}}}{1 + c_{\text{Hydro}}}}}{\sin\varepsilon + \dfrac{a_{\text{Hydro}}}{\sin\varepsilon + \dfrac{b_{\text{Hydro}}}{\sin\varepsilon + c_{\text{Hydro}}}}} + \left[\frac{1}{\sin\varepsilon} - \frac{1 + \dfrac{a_{ht}}{1 + \dfrac{b_{ht}}{1 + c_{ht}}}}{\sin\varepsilon + \dfrac{a_{ht}}{\sin\varepsilon + \dfrac{b_{ht}}{\sin\varepsilon + c_{ht}}}}\right] \times \frac{H}{1000}$$

(1-15)

式中,ε 为高度角;$a_{ht} = 2.53 \times 10^{-5}$;$b_{ht} = 5.49 \times 10^{-3}$;$c_{ht} = 1.14 \times 10^{-3}$;$H$ 为正高;a_{Hydro}、b_{Hydro}、c_{Hydro} 为干分量投影函数的系数。

对于测站纬度 ϕ,$15° \leq |\phi| \leq 75°$ 时,是利用式(1-16)进行内插计算的,内插系数由表 1-4 给出,

$$p(\phi, t) = p_{\text{avg}}(\phi_i) + [p_{\text{avg}}(\phi_{i+1}) - p_{\text{avg}}(\phi_i)] \times \frac{\phi - \phi_i}{\phi_{i+1} - \phi_i} +$$

$$\left\{p_{\text{amp}}(\phi_i) + [p_{\text{amp}}(\phi_{i+1}) - p_{\text{amp}}(\phi_i)] \times \frac{\phi - \phi_i}{\phi_{i+1} - \phi_i}\right\} \times \cos\left(2\pi \frac{t - T_0}{365.25}\right)$$

(1-16)

式中,ϕ_i 表示表 1-4 中与 ϕ 最接近的纬度;t 是年积日;p 与表示要计算的系数 a_{Hydro}、b_{Hydro} 或 c_{Hydro} 对应;T_0 为参考年积日,取 $T_0 = 28$;a_{Hydro}、b_{Hydro}、c_{Hydro} 的平均值及其波动值如表 1-4 所示。

表 1-4　　　　　　　　　干分量投影函数内插系数表

纬度/(°)	a_{Hydro}(average)/10^{-3}	b_{Hydro}(average)/10^{-3}	c_{Hydro}(average)/10^{-3}
15	1.2769934	2.9153695	62.610505
30	1.2683230	2.9152299	62.837393
45	1.2465397	2.9288445	63.721774
60	1.2196049	2.9022565	63.824265
75	1.2045996	2.9024912	64.258455
纬度/(°)	a_{Hydro}(amp)/10^{-5}	b_{Hydro}(amp)/10^{-5}	c_{Hydro}(amp)/10^{-5}
15	0.0	0.0	0.0
30	1.2709626	2.1414979	9.0128400
45	2.6523662	3.0160779	4.3497037
60	3.4000452	7.2562722	84.795348
75	4.1202191	11.723375	170.37206

$|\phi| \leqslant 15°$时，
$$p(\phi, t) = p_{avg}(15°) + p_{avg}(15°) \times \cos\left(2\pi \frac{t - T_0}{365.25}\right) \quad (1\text{-}17)$$

$|\phi| \geqslant 75°$时，
$$p(\phi, t) = p_{avg}(75°) + p_{avg}(75°) \times \cos\left(2\pi \frac{t - T_0}{365.25}\right) \quad (1\text{-}18)$$

(2) Niell 湿分量投影函数

$$m_{wet}(\varepsilon) = \frac{1 + \dfrac{a_{wet}}{1 + \dfrac{b_{wet}}{1 + c_{wet}}}}{\sin\varepsilon + \dfrac{a_{wet}}{\sin\varepsilon + \dfrac{b_{wet}}{\sin\varepsilon + c_{wet}}}} \quad (1\text{-}19)$$

对于 $15° \leqslant |\phi| \leqslant 75°$，其湿分量投影函数 a_{wet}、b_{wet}、c_{wet} 是利用式(1-20)进行内插计算的，内插系数由表1-5给出。

$$p(\phi, t) = p_{avg}(\phi_i) + [p_{avg}(\phi_{i+1}) - p_{avg}(\phi_i)] \times \frac{\phi - \phi_i}{\phi_{i+1} - \phi_i} \quad (1\text{-}20)$$

表1-5　　　　　　　　　　湿分量投影函数内插系数表

纬度/(°)	a_{wet}(average)/10^{-4}	b_{wet}(average)/10^{-3}	c_{wet}(average)/10^{-2}
15	5.8021879	1.4275268	4.3472961
30	5.6794847	1.5138625	4.6729510
45	5.8118019	1.4572752	4.3908931
60	5.9727542	1.5007428	4.4626982
75	6.1641693	1.7599082	5.4736038

对于 $|\phi| \leqslant 15°$，
$$p(\phi, t) = p_{avg}(15°) \quad (1\text{-}21)$$
对于 $|\phi| \geqslant 75°$，
$$p(\phi, t) = p_{avg}(75°) \quad (1\text{-}22)$$

Niell 模型除了考虑纬度因素外，还考虑了对流层的季节性变化和高程不同的影响。另外，其不包含气象元素，不会受气象元素观测误差的影响。因此，尽管其没有考虑实测的气象数据，也能和无线电探空数据计算出的投影模型符合得很好。

对流层影响利用模型改正后，干分量部分的改正精度可以达到厘米级，而湿分量部分的残余影响还比较大。因此，在精密定位中，必须利用参数估计的方法将对流层影响当作一个参数进行估计。一般比较好的方法有线性分段函数法、随机游走法。

2. 电离层延迟

在精密单点定位的数据处理中，为消除电离层影响，通常利用双频观测值考虑组成

P_1、P_2 线性组合的观测值，其组合系数 α_1、α_2 满足：

$$\frac{\alpha_1}{f_1^2} + \frac{\alpha_2}{f_2^2} = 0 \tag{1-23}$$

原则上，α_1、α_2 可以是任意一组值。但在实际应用中，取值为：

$$\alpha_1 = \frac{f_1^2}{f_1^2 - f_2^2}, \quad \alpha_2 = -\frac{f_2^2}{f_1^2 - f_2^2} \tag{1-24}$$

得到消除电离层影响的 P 码组合伪距观测值为：

$$P_3 = \frac{1}{f_1^2 - f_2^2}(f_1^2 P_1 - f_2^2 P_2) \tag{1-25}$$

类似地，可得消除电离层影响的相位组合观测值：

$$L_3 = \frac{1}{f_1^2 - f_2^2}(f_1^2 L_1 - f_2^2 L_2) \tag{1-26}$$

利用双频观测值消除一阶项电离层影响后，剩余的高阶项影响大约为 2~4cm。对于单频精密单点定位来讲，不能组成上述的无电离层影响的组合观测值，一般有两种处理方法：一种是利用高精度的电离层模型改正，如 CODE 的电离层格网模型；一种是利用半和改正法，即将伪距观测值和相位观测值求和的办法来抵消电离层延迟误差。

3. 多路径效应

GPS 观测时，接收机所接收的信号一部分是由卫星信号沿光程最小的路径直接到达接收机天线的信号；另一部分是卫星信号射到天线附近的物体上起反射作用，又反射到接收机天线上。反射信号对直接信号产生干涉，引起观测值偏离真值，产生所谓的多路径效应。多路径效应是 GPS 测量中一种重要的误差源，会使定位结果产生偏差甚至导致信号失锁。消除多路径的影响可以采用硬件和软件两种方法。硬件方法是采用抑制天线、相控阵列天线等技术，而软件方法主要有半参数法、小波分析法（夏林元，2001）等。在精密单点定位数据处理中，目前一般不对多路径效应进行特别的模型改正，认为其为随机噪声（实际上不是随机噪声）。

1.4.4 精密单点定位数据处理策略与 IGS 产品的兼容性

精密单点定位中使用 IGS 的精密星历和钟差产品，且进行强制约束，在定位处理过程中，需尽量保持使用的模型、观测值的加权策略及相应协议与 IGS 数据处理分析中心所使用的一致。如周期性的相对论效应改正公式，所有的 GPS 用户包括 IGS 数据处理分析中心都使用公式（1-13）进行计算。

按照协议，IGS 分析中心使用的对流层延迟投影函数均为 Niell 模型，所以在精密单点定位中也使用 Niell 模型。

1.5 精密单点定位的技术优势

GPS 精密单点定位技术单机作业，灵活机动，作业不受作用距离的限制。它集成了标准单点定位和差分定位的优点，克服了各自的缺点，它的出现改变了以往只能使用双差定位模式才能达到较高定位精度的现状,较传统的差分定位技术具有几个显著的技术优势。

首先,随着国家真三维基础地理空间基准的建立,不管是动态用户还是传统的静态用户,都希望实现在 ITRF 框架下的高精度的定位。过去广大 GPS 用户要通过使用 GAMIT、Bernese 等高精度静态处理软件,并同 IGS 永久跟踪站进行较长时间的联测,方能获取高精度的 ITRF 起算坐标。但对很多生产单位的技术人员来讲,要熟练掌握上述高精度软件并非易事,而现在的商用相对定位软件只能处理几十公里以内的基线。采用精密单点定位技术就可以解决这些问题。IGS 有多个不同的数据处理中心,每天处理全球几十甚至几百个永久 GPS 跟踪站的数据,计算并发布高精度的卫星轨道和卫星钟差产品。也就是说,大量复杂的 GPS 数据已经交给 IGS 数据处理中心的专业人员处理,而广大的 GPS 普通用户可直接利用 IGS 的产品,基于精密单点定位技术就可以实现在 ITRF 框架下的高精度定位。

其次,采用精密单点定位技术可以节约用户购买接收机的成本,用户使用单台接收机就可以实现高精度的动态和静态定位,也可以提高 GPS 作业效率。在不久的将来,Galileo 系统的建成以及我国二代卫星导航定位系统的实现,将为精密单点定位技术提供更多的可用卫星,这将显著提高精密单点定位的可靠性和精度。其原因是精密单点定位同标准单点定位一样,定位误差同卫星几何图形强度有关(PDOP)。上述系统建成后,空中的可用卫星几乎成倍增加,几何图形强度将大大提高。此外,由于精密单点定位是基于非差模型的,没有在卫星间求差,所以在多系统(GPS、Galileo、GLONASS 等)组合定位中,处理要比双差模型简单。没有在观测值间求差,模型中保留了所有的信息,这对于从事大气、潮汐等相关领域的研究也具有优势。

1.6 精密单点定位中的坐标框架

精密单点定位采用 IGS 精密星历(事后精密星历或快速精密星历),所以精密单点定位解算出的坐标与所使用的 IGS 精密星历的坐标框架(ITRF 框架系列)一致,而不是常用的 WGS-84 坐标系统下的坐标,因为 IGS 精密星历与 GPS 广播星历所对应的参考框架不同。另外,不同时期 IGS 精密星历所使用的 ITRF 框架也不同,所以在进行精密单点定位数据处理时,需要明确所用精密星历对应的参考框架和历元,并通过框架和历元的转换公式进行统一。

1. ITRF 国际地球参考框架

ITRF 是国际协议地球参考系(ITRS)的具体实现,ITRF 的构成是基于 VLBI、LLR、SLR、GPS 和 DORIS 等空间大地测量技术和观测数据,由 IERS 中心局 IERS CB 分析得到的一组全球站坐标和速度场。

IERS 中心局每年将全球站的观测数据进行综合处理和分析,得到一个 ITRF 框架,并以 IERS 年报和 IERS 技术备忘录的形式发布。自 1988 年起,IERS 已经发布 ITRF88、89、90、91、92、93、94、96、97、2000、2005 等全球坐标参考框架。

2. ITRF 坐标框架基准的定义

一个地球参考框架的定义是通过对框架的定向、原点、尺度和框架时间演变基准的明确定义来实现的。自 ITRF 建立以来,随着观测技术和数据处理技术水平(GPS、DORIS、

SLR、VLBI 等)的提高,不同 ITRF 框架的定义也做了一些改进。框架之间的定义上的不同造成了框架之间的系统性差异。

3. 不同 ITRF 框架之间的转换

由于不同时期 ITRF 框架之间四个基准分量定义的不同,因此 ITRF 框架之间存在小的系统性差异,这些系统性差异可以用 7 个参数表示,两个框架之间的转换公式为:

$$\begin{bmatrix} X \\ Y \\ Z \end{bmatrix}' = \begin{bmatrix} X \\ Y \\ Z \end{bmatrix} + \begin{bmatrix} T_1 \\ T_2 \\ T_3 \end{bmatrix} + \begin{bmatrix} D & -R_3 & R_2 \\ R_3 & D & -R_1 \\ -R_2 & R_1 & D \end{bmatrix} \begin{bmatrix} X \\ Y \\ Z \end{bmatrix} \quad (1\text{-}27)$$

式中,$\begin{bmatrix} X \\ Y \\ Z \end{bmatrix}'$ 和 $\begin{bmatrix} X \\ Y \\ Z \end{bmatrix}$ 分别为转换框架和原始框架的坐标;T_1、T_2、T_3、D、R_1、R_2、R_3 为原始框架到目标框架的 7 个转换参数,这些参数由基准历元的参数 $P(t_0)$ 加上基准历元 t_0 到转换历元 t 的变化量得到,即

$$P(t) = P(t_0) + \dot{P} \times (t - t_0) \quad (1\text{-}28)$$

式中,$\dot{P}$ 为转换参数的年变化率。

这样,由式(1-27)和式(1-28)就可以完成不同参考框架在指定历元 t 的坐标转换。

4. ITRF 框架与 WGS-84 坐标系的区别

GPS 广播星历使用的是 WGS-84 坐标系统。WGS-84 坐标系统是由美国国防部(DOD)所建立的一个协议地球参考系统,它最初是采用美国海军的 TRANSIT 导航卫星系统的多普勒观测数据建立的(1987 年),主要为导航服务,因此精度比较低,约为 1~2m(Malys 等,1994)。1994 年 6 月,为了改善 WGS-84 系统的精度,由美国国防制图局(DMA)将其和美国空军在全球的 GPS 跟踪站的数据加上部分 IGS 站数据进行联合处理,并以 IGS 站在 ITRF91 框架下的站坐标作为固定值,重新计算这些全球跟踪站在 1994.0 历元的站坐标 (Swift,1994),得到了一个更加精确的 WGS-84 坐标框架,即 WSG-84(G730)。其中 G 代表 GPS;730 代表 GPS 周,其起点为 1994 年 1 月 6 日子夜零点。WSG-84(G730)系统中的站坐标与 ITRF92 的差异为 10cm 量级(Malys 等,1994)。相比之下,WGS-84(G730)精度比 ITRF 系统要差一些。1996 年,WGS-84 坐标框架再次进行更新,得到了 WGS-84 (G873),其使用起点为 1996 年 9 月 29 日,坐标参考历元为 1997.0。WGS-84(G873)框架的站坐标精度有了进一步的提高,它与 ITRF94 框架的站坐标差异小于 2cm(Malys 等,1997)。WGS-84 坐标系统最近一次更新的时间是 2002 年 1 月,更新后的 WGS-84(G1150)的站坐标与 ITRF2000 框架的站坐标差异为 1~2cm,坐标参考历元为 2001.0。WGS-84 是目前使用的 GPS 广播星历和 DMA 精密星历的坐标参考基准。

1.7 精密单点定位软件、应用实例及结果分析

本章的 1.2 节已提到了数种精密单点定位软件名称,下面主要结合武汉大学研发的 TriP 软件来分析评价精密单点定位的精度。武汉大学经过数年对 GPS 精密单点定位理论

与方法的深入研究，攻克了精密单点定位算法中的多项难题和重要关键技术，在国内率先开发出了高精度的精密单点定位数据处理软件 TriP。软件在算法设计和定位精度方面取得突破，TriP 软件的定位解算精度和可靠性等方面已经达到国际同类软件水平。该软件同时具有后处理静态定位和动态定位的功能。软件主要包括数据预处理模块、误差改正模块和精密单点定位的参数估计模块。

为了客观评价精密动态单点定位在高动态条件下的定位精度，用 TriP 软件对丹麦国家空间研究中心（DNSC）在格陵兰地区进行航空 LiDAR 测量所采集的其中一个航次的动态 GPS 数据进行定位解算。该航次于 2003 年 7 月 4 日上午从冰岛飞往苏格兰，飞行线路如图 1-4 所示。整个飞行时间从 7:41 起飞，11:31 降落，飞行时间长达 3h50min，飞行距离大约 800 多 km。飞机上装有两套 GPS 接收机天线，其中一套用于备份，GPS 数据的采样率为 1s。地面有 3 个基准站，分别位于航线的两端和中间，可用于进行双差动态定位解算。地面基准站的坐标用 Auto GIPSY 计算得到。精密动态单点定位使用了 JPL 提供的轨道产品（SP3 格式）及其 30s 间隔的卫星钟差产品。

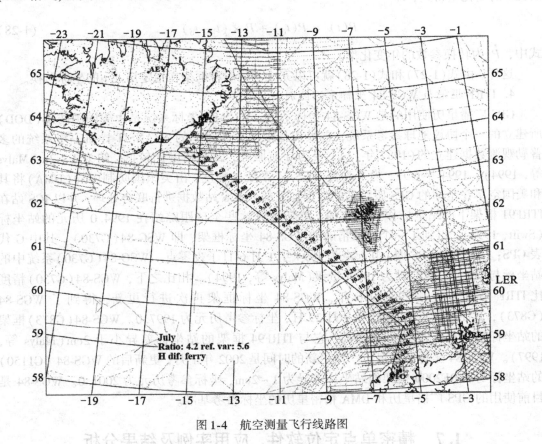

图 1-4　航空测量飞行线路图

图 1-5 给出了整个航线的飞行高程剖面图。图中每秒都给出了一个航高，数据非常密集，飞机航高的细部状态体现不出来。如果局部放大，就可以看出飞机在飞行期间的波动。图中放大的部分是飞机在下降过程中的高程变化。

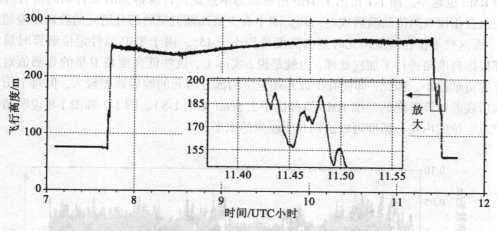

图 1-5 飞机垂直方向的飞行轨迹

图 1-6 给出了整个飞行期间各个历元时刻所观测到的卫星个数及其对应的 PDOP 值。图中的纵轴同时表示卫星个数和 PDOP 值。图中下面的那条曲线是 PDOP 的变化情况,图中上面阶跃变化的线段表示航行期间观测卫星数的变化情况。在精密单点定位中,卫星的几何图形强度对定位结果的影响显著。这在大部分 GPS 的相关书籍中都有理论推导。从图 1-6 可以看出,整个飞行期间的 PDOP 值都小于 4,最大为 3.6,观测期间卫星的几何图形强图还不算差。

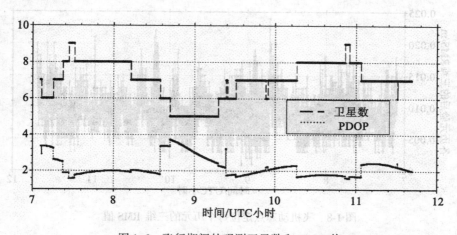

图 1-6 飞行期间的观测卫星数和 PDOP 值

1.7.1 精密动态单点定位的内符合精度分析

最小二乘中通常使用观测值的验后残差及由残差所计算的 RMS 值的大小来评价参数估计的内符合精度或模型精度。观测值的验后残差越小,说明模型精度越高,其对应的残差的 RMS 也越小。图 1-7 给出了 TriP 精密动态单点定位计算得到的飞行期间所有可用卫星的组合相位观测值的验后残差系列。图中有少数几颗卫星的部分历元的验后残差超过了 5cm，而这些卫星在对应历元时刻的高度角均小于 15°。由于 TriP 软件定位解算时对观测值都根据高度角进行了加权处理，也就是说，实际上，这些低高度角卫星的观测值对定位解算的贡献很小。因此，即使有少数几颗卫星的部分历元的验后残差较大，但每个历元根据验后残差计算得到的三维 RMS 值都优于 2.5cm（见图 1-8）。图 1-7 和图 1-8 说明精密动态单点定位的内符合精度可以达到几个厘米的水平。

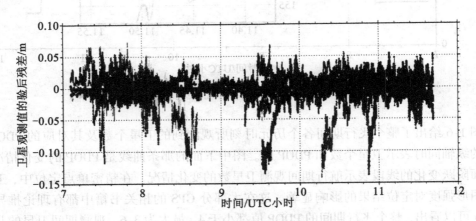

图 1-7　观测卫星相位观测值的验后残差系列

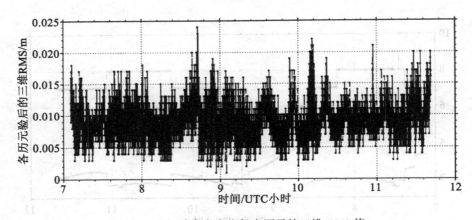

图 1-8　飞机动态点定位每个历元的三维 RMS 值

利用其中一个基准站的静态数据模拟动态点定位处理，利用观测值的验后残差也可以计算得到每个历元的三维 RMS 值，如图 1-9 所示。所有历元的三维 RMS 值均小于 1.5cm。比较图 1-9 和图 1-8 可以发现，静态模拟动态解得到的三维 RMS 要比动态数据单点定位解算得到的 RMS 小。从内符合的角度来讲，用静态数据模拟动态解给出的精度指标要优于用实测动态数据定位解算给出的精度指标。这主要是静态数据的质量往往比动态数据的质量好。静态基准站天顶对流层湿延迟也比飞机在动态飞行的条件好处理。在后面的外部检核中,将进一步证实这一点。

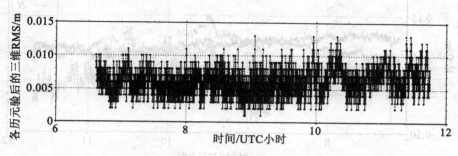

图1-9　基准静态模拟动态解每个历元的三维RMS

1.7.2 精密动态单点定位同双差解和已知坐标的比较

前面的分析只能说明精密动态单点定位的模型精度或内符合精度。下面用TriP精密动态单点定位结果同外部数据进行比较来分析其外符合精度。其中包括飞机上实测的GPS数据的动态单点定位解同多基准站双差解之间的比较,以及任选其中的一个基准站的数据,用TriP模拟动态单点定位解算得到的坐标同基准站已知坐标间的比较(基准站的已知坐标用JPL的Auto GIPSY事先精确计算,点位精度为1~2cm)。图1-10给出了同双差解的比较结果,横轴为时间轴(UTC小时),纵轴为TriP软件计算得到的每个历元的坐标同多基准站双差解得到的对应历元的坐标在N、E、U分量上的差异。图1-11给出了静态模拟动态处理的比较结果,用TriP模拟动态定位计算出的每个历元的坐标同已知坐标间求差,并转换成N、E、U分量表示。由于基准站采集的数据要比飞机上飞行期间采集的数据要长些,所以图1-10和图1-11中时间轴的起点不同。图1-10和图1-11给出的是每个历元的坐标较差,对这些较差进行统计分析,就得到表1-6中总的统计结果。

表1-6　TriP精密动态单点定位结果同双差解和已知坐标间比较的统计结果 /m

	飞机动态数据TriP解同双差解的比较			TriP静态模拟动态解同已知坐标的比较		
	N方向	E方向	U方向	N方向	E方向	U方向
平均偏差	0.033	0.038	-0.079	-0.022	-0.004	-0.013
标准差	0.033	0.028	0.072	0.014	0.010	0.029
RMS	0.038	0.047	0.090	0.026	0.011	0.032
最大偏差	0.156	0.096	0.105	0.064	0.042	0.081
最小偏差	-0.038	-0.024	-0.254	-0.042	-0.033	-0.109

从图1-10可以看出,两种解算结果在整个飞行期间还存在一些系统差异。这种差异

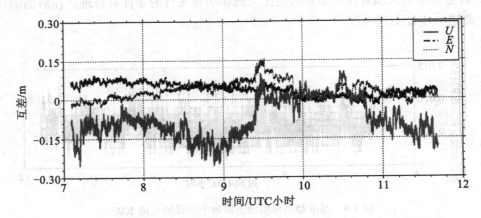

图 1-10 TriP 每历元的解算出的坐标同双差解的坐标在 N、E、U 方向上的差值

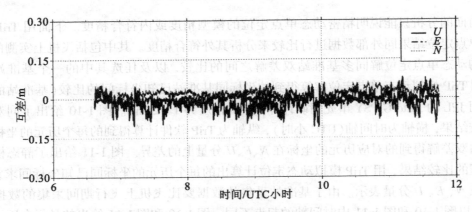

图 1-11 TriP 静态基准站模拟动态解算各历元坐标同已知坐标在 N、E、U 分量的差值

可能主要来自于非差单点定位模型同双差模型间的差异，其中有部分来自于卫星钟误差和轨道误差。因为 TriP 使用非差模式，卫星钟差和轨道使用 IGS 的产品。尽管 IGS 分析中心给出的轨道和钟差产品的精度已经相当高（事后轨道优于 5cm，事后钟差优于 0.1ns），但对于几个小时的动态数据处理，轨道误差和钟误差还是会影响精密单点定位的结果，而双差模型中轨道误差和卫星钟差可以由双差过程消除，当然还包括对流层湿延迟的估计误差。其实表 1-6 中左半部分的统计和图 1-10 中给出的动态单点定位的解同商用软件的双差解在 N、E、U 分量上的差异还不足以反映 TriP 的动态单点定位的真实精度。因为双差解也是有误差的，而飞机的真实轨迹我们并不知道，只是现在大家一直都使用双差模式进行动态定位，所以这里将其作为一种外部检核手段。

图 1-11 和表 1-6 的静态模拟动态试验还是能比较真实地反映 TriP 精密单点定位的动态定位能力或潜在的精度。因为基准站的坐标精确已知，用静态数据模拟动态解算可以作为我们检验动态定位精度的一个方法，但用这种方法给出的内符合和外符合精度都要比真

实动态情况下的高。其主要原因是静态数据的质量一般都比动态条件采集的数据质量要好，数据中的周跳较少，多路径误差也相对小得多。表 1-6 中的统计比较结果也证明了这一点。因此，用静态模拟动态解算给出的精度应该是一种比较理想条件下可以获得的精度。

从上面的计算结果来看，TriP 单点动态定位的精度同现有文献给出的 Auto GIPSY 进行精密动态单点定位的精度是一致的。比较图 1-10 和图 1-11 以及表 1-6，应该说这一精度还有提高的潜力。也就是说，几个厘米精度的动态单点定位是可能实现的。图 1-11 和表 1-6 也证明了这一点，这同双差固定解的精度水平是相当的。但精密动态单点定位不需要设地面基准站。

1.8 精密单点定位技术的应用前景

随着人们对地理空间数据需求的不断增长，航空动态测量技术（包括航空重力测量、航空摄影测量以及航空 LiDAR 和机载 InSAR 等）逐步得到越来越多人的关注，其高效的作业方式是地面常规测量手段无法相比的。在航空动态测量中，GPS 动态定位扮演着关键角色。目前，航空动态测量中的 GPS 定位一般都采用传统的双差模型，基于 OTF 等方法解算双差模糊度，进行动态基线处理。大部分商用动态处理软件也都采用类似的方法。为了保证动态基线解算的可靠性和精度，进行航空测量时，往往要求地面布设有一定密度(30~50km)的 GPS 基准站，这将大大增加人力、物力和财力的投入。但是对于一些难以到达的地区，根本无法保证足够密度的基准站，甚至找不到近距离的基准站。此时的动态基线长度可能达几百公里，甚至上千公里，OTF 方法不再适用，必须寻求新的解决方法。精密单点定位技术的出现为我们进行长距离高精度的事后动态定位提供了新的解决方案。精密单点定位可以实现亚分米级的飞机动态定位，能在不需要地面基准站的条件下达到双差固定解相当的精度水平。我国地域辽阔，一旦开展航空测量（包括航空重力、航空摄影、航空 LiDAR 等），采用精密单点定位技术实现无地面控制点的航空测量，可以大大地节约成本。结合 INS 等技术可以实现真正无地面控制的航空测量，应用潜力巨大。

此外，精密单点定位技术还可应用于高精度静态定位、精密时间确定和时间传递以及对流层参数估计等。我们也可以基于 IGS 预报星历或广播星历实现同 RTD 或广域差分 GPS 精度（米级）相当的动态实时定位，可以满足米级实时定位用户的需求。

精密单点定位通过处理单台 GPS 接收机的非差伪距与相位观测值，可实现毫米级到厘米级的单点静态定位和厘米级到分米级的动态单点定位，直接得到 ITRF 框架坐标，无需地面基准站的支持，不受作用距离的限制，可广泛应用于车船、飞机等载体的动态定位、精密授时、对流层参数估计。精密单点定位技术具有单机作业、灵活机动等优点，不仅大大节约用户成本，定位精度也不受作用距离的限制，在全球范围内，利用单台接收机可实现高精度的定位和测时，可广泛应用于测绘、航空、交通、水利、电力、国土、农业、规划、海洋、石油勘探等国民经济建设的诸多部门。

1.9 精密单点定位技术有待解决的问题

当然,精密单点定位并不能取代传统的高精度相对定位,两者各有优势,如果所有模型处理正确,相对定位和精密单点定位的结果应该是基本一致的。精密单点定位技术给我们提供了一个长距离动态定位的解决方案。精密单点定位中使用 IGS 数据处理中心发布的精密星历和卫星钟差产品,在充分考虑了所有不能忽略的误差模型改正,且软件算法正确的前提下,精密单点定位的精度和可靠性很大程度上取决于 IGS 产品的可靠性和精度。因此,IGS 产品的质量分析是今后需要进一步研究的问题。

由于精密单点定位中的非差组合模糊度不再具有整数特性,如何加速模糊度的收敛时间和如何进行质量控制也是今后需要研究的课题。此外,在动态条件下,天顶对流层参数的估计方法目前也还没有很好地解决。静态条件由于接收机静止不动,天顶对流层参数可以数小时估计一个天顶对流层参数,并采用随机游走的方法来模拟对流层延迟的随机变化。但对于飞机等高动态载体,数小时已经飞行数百公里,大气的状态参数会发生很大的变化,因此,高动态长距离的 GPS 精密单点定位,对流层参数的估计方法还需要进一步研究。

参考文献

1. Bisnath S N. Precise Orbit Determination of Low Earth Orbiters with a Single GPS Receiver-based, Geometric Strategy[D]. Canada: University of New Brunswick, 2004
2. Colombo O L, Sutter A W, Evans A G. Evaluation of Precise, Kinematic GPS Point Positioning[C]. ION GNSS 17th International Technical Meeting of the Satellite Division, Long Beach, CA, 2004
3. Gao Y, Shen X. Improving Ambiguity Convergence in Carrier Phase-based Precise Point Positioning[C]. ION GPS-2001, Salt Lake City, 2001
4. Han S C, Kwon J H, Jekeli C. Accurate Absolute GPS Positioning Through Satellite Clock Error Estimation[J]. Journal of Geodesy, 2001, 77: 33-43
5. Hu Congwei, Chen Wu, Gao Shan, et al. Data Processing for GPS Precise Point Positioning[J]. Transactions of Nanjing University of Aeronautics & Astronautics, 2005, 22(2)
6. Kouba J, Heroux P. Precise Point Positioning Using IGS Orbit and Clock Products[J]. GPS Solution, 2001, 5(2):12-28
7. Le A Q, Tiberius C. Single-frequency Precise Point Positioning with Optimal Filtering[J]. GPS Solution, 2007, 11:33-44
8. Ovstedal O. Absolute Positioning with Single Frequency GPS Receivers[J]. GPS Solution, 2002, 5(4):33-44
9. Honda M, Murata M, Mizukura Y. GPS Precise Point Positioning Methods Using IGS Products for Vehicular Navigation Application[C]. SICE-ICASE International Joint Conference,

Bexco, Busan, Korea, 2006

10. Ge M, Gendt G, Rothacher M, et al. Resolution of GPS Carrier-phase Ambiguities in Precise Point Positioning (PPP) with Daily Observations[J]. J Geod, DOI: 10.1007/s00190-007-0208-3

11. Mostafa M R. Precise Airborne GPS Positioning Alternatives for the Aerialmapping Practice [C]. FIG Working Week 2005 and GSDI-8, Cairo, 2005

12. Muellerschoen R J, Bertiger W I, Lough M F. Results of an Internet-based Dual-frequency Global Differential GPS System[C]. IAIN World Congress, San Diego, 2000

13. Teferle F N, Orliac E J, Bingley R M. An Assessment of Bernese GPS Software Precise Point Positioning Using IGS Final Products for Global Site Velocities[J]. GPS Solution, 2007, 11: 205-213

14. Witchayangkoon B. Elements of GPS Precise Point Positioning [D]. Maine: The University of Maine, 2000

15. Zhang X, Andersen O B. Surface Ice Flow Velocity and Tide Retrieval of the Amery Ice Shelf Using Precise Point Positioning[J]. J Geod, DOI: 10.1007/s00190-006-0062-8

16. Zhang X, Forsberg R. Assessment of Long-range GPS Kinematic Positioning Errors by Comparison of Airborne Laser and Satellite Altimetry[J]. Journal of Geodesy, 2007, 81 (3): 201-212

17. Wu J T, Wu S C, Hajj G A, et al. Effects of Antenna Orientation on GPS Carrier Phase[J]. Man Geodetica, 1993, 18:91-98

18. Zumberge J F, Heflin M B, Jefferson D C, et al. Precise Point Positioning for the Efficient and Robust Analysis of GPS Data from Large Networks[J]. J Geophys Res, 1997, 102: 5005-5017

19. 黄珹,胡小工,程宗颐. 利用非差资料的精密点位方案解算区域 GPS 网[J]. 天文学报, 2001, 42(3):248-258

20. 李征航,吴秀娟. 全球定位系统技术的最新进展(第四讲)——精密单点定位[J]. 测绘信息与工程, 2002, 27(5):34-35

21. 叶世榕. GPS 非差相位精密单点定位理论与实现[D]. 武汉:武汉大学, 2002

22. 刘经南,叶世榕. GPS 非差相位精密单点定位技术探讨[J]. 武汉大学学报(信息科学版), 2002, 27(3):234-240

23. 陈义. 利用精密星历进行单点定位的数学模型和初步分析[J]. 测绘学报, 2002, 31(增刊)

24. 韩保民,欧吉坤. 基于 GPS 非差观测值进行精密单点定位研究[J]. 武汉大学学报(信息科学版), 2003, 28(4)

25. 黄胜. CHAMP 卫星非差几何法定轨的研究[D]. 武汉:中国科学院测量与地球物理研究所, 2004

26. 张小红,鄂栋臣. 用 PPP 技术确定南极 Amery 冰架的三维运动速度[J]. 武汉大学学报(信息科学版), 2005, 30(10)

27. 张小红,刘经南,Rene Forsberg. 基于精密单点定位技术实现无地面基准站的航空测量[C]. 测绘学会2005年综合学术年会,北京,2005
28. 张小红,刘经南,Rene Forsberg. 亚分米级精度的动态单点定位在航空测量中的应用[C]. 中国全球定位系统技术应用协会第八届年会(10周年),北京,2005
29. 张小红,刘经南,Rene Forsberg. 基于精密单点定位技术的航空测量应用实践[J]. 武汉大学学报(信息科学版),2005,31(1)
30. 刘焱雄,周兴华,张卫红,等. GPS精密单点定位精度分析[J]. 海洋测绘,2005,25(1)
31. 张小红. 动态精密单点定位(PPP)的精度分析[J]. 全球定位系统,2006(1)
32. 高成发,陈安京,陈默,等. GPS精密单点定位精度测试与分析[J]. 中国惯性技术学报,2006,14(6)
33. 黄兵杰,柳林涛,高光星,等. 基于小波变换的GPS精密单点定位中的周跳探测[J]. 武汉大学学报(信息科学版),2006,31(6)
34. 陈义. 精密点定位的基本原理和应用[J]. 同济大学学报(自然科学版),2006,34(7)
35. 赵春梅,欧吉坤,袁运斌. 基于单点定位模型的GALILEO及GPS-GALILEO组合系统的定位精度和可靠性的仿真分析[J]. 科学通报,2006,50(8)
36. 韩保民,杨元喜. 基于GPS精密单点定位的低轨卫星几何法定轨[J]. 西南交通大学学报,2007,42(1)
37. 曹相,高成发. GPS精密单点定位(静态)影响收敛速度的因素分析[J]. 现代测绘,2007,30(1)
38. 耿涛,赵齐乐,刘经南,等. 基于PANDA软件的实时精密单点定位研究[J]. 武汉大学学报(信息科学版),2007,32(4)
39. 郝明,欧吉坤,郭建锋,等. 一种加速精密单点定位收敛的新方法[J]. 武汉大学学报(信息科学版),2007,32(10)
40. 袁修孝,付建红,楼益栋. 基于精密单点定位技术的GPS辅助空中三角测量[J]. 测绘学报,2007,36(3)
41. 刘精攀. GPS非差相位精密单点定位方法与实现[D]. 南京:河海大学,2007
42. 邰贺. 单频GPS精密单点定位方法与实践[D]. 武汉:武汉大学,2007

第 2 章 周跳探测及处理

2.1 概 述

2.1.1 载波相位测量

在高精度 GPS 数据处理中,由接收机所获得的载波相位是用于估计参数的主要观测量的。接收机在进行载波相位测量时,首先要对卫星信号进行锁定,然后直接对卫星所发送的载波与接收机所产生的复制信号间差值的不足一周的部分进行测量;与此同时,接收机将一个整数计数器初始化,在对信号进行跟踪时,若小数相位从 2π 变化到 0,则该计数器就加 1。某一历元的载波相位观测值 ϕ(单位:周)实际上为瞬时测定的不足一周的相位 φ(单位:周)与整周计数 n 之和,即

$$\phi = \varphi + n \tag{2-1}$$

由于载波是一种余弦波,因此在载波相位测量中存在一个未知的初始整周数 N,只有 ϕ 与 N 之和才能完整反映卫星与接收机间的距离 ρ(单位:m),即①

$$\rho = \lambda(\phi + N) \tag{2-2}$$

其中,λ(单位:m)为载波波长。只要不发生信号失锁,模糊度 N 将保持不变。

2.1.2 周跳

在接收机进行连续的载波相位测量过程中,若由于某种原因而导致整周计数发生错误,就会使相位观测值较之正常值出现一个整数周②的跳跃,但不足一周的部分仍然正常,该跳跃被称为周跳(Cycle Slip)。

需要指出的是,周跳并不是原始载波波长的整数倍,而是接收机在进行载波相位测量过程中所重建出的载波波长的整数倍,对于采用平方法进行载波重建的接收机③来说,由于所重建出的载波波长为原始波长的一半,因而其所获得的载波相位观测值可能带有半周

---

① 在许多文献中,直接根据接收机内部载波相位测量的原理导出模糊度 N,前面为"−"号,由于只要前后一致,该符号并不会影响最终的数据处理结果,为了表述方便,在本章中,模糊度 N 前面为"+"号。

② 所重建出载波的波长。

③ 注意,某些接收机在正常情况下可以测定全波长的载波相位,但在特殊情况下(如信号质量不高时)也会切换为采用平方法进行载波相位测量。

数值的周跳。因此，在进行数据预处理时，需要确定测量载波相位的方式（在 RINEX 格式的数据文件中，通过波长因子（Wavelength Factor）来表示，若为2，则表示该载波相位观测值采用平方方法测定）。若为半波相位，则需要考虑半周跳的问题。在有关文献中，还提到载波相位观测数据存在 1/4 周跳的问题。

2.1.3 周跳的起因

引起周跳的原因主要有：

（1）障碍物的遮挡。卫星信号被树木、电线杆、建筑物、桥梁或山丘等障碍物遮挡，无法到达接收机天线。

（2）接收机的运动。接收机在锁定信号时，需要预测由于接收机与卫星间的相互运动所引起的信号多普勒频移，接收机的运动将使得该过程的难度增加，甚至导致信号失锁。

（3）到达接收机处卫星信号的信噪比低。当到达接收机的卫星信号的信噪比过低时，将使得接收机无法正常锁定信号，从而引起周跳。当卫星高度角较低时，信号将在大气层中传播更远的距离，信号损耗加大，从而使到达接收机的卫星信号的信噪比下降。另外，电离层的活动、其他射频信号的干扰以及多路径效应，也将导致信号的信噪比下降。

（4）接收机或卫星故障。由于接收机软件故障，导致无法正确处理信号，或由于卫星振荡器故障，引起所产生的信号不正确。

2.1.4 周跳的特性

在进行连续的载波相位测量时，若接收机对某卫星的载波相位观测值在某一历元发生周跳，则将会从该历元开始，在该卫星后续所有的载波相位观测值中引入一个相同大小的整周数偏差（如图 2-1 所示），即

$$\phi = \varphi + n + \Delta N \tag{2-3}$$

其中，ΔN 为周跳。显然，一旦发生周跳，受影响的载波相位观测值往往不止一个历元，而是成批的观测值，这将严重影响数据处理结果，必须对其加以适当处理。

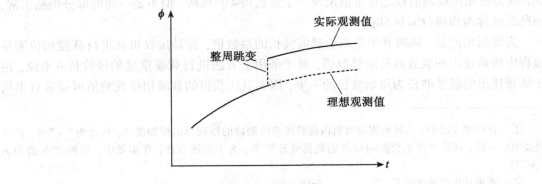

图 2-1 整周跳变

2.1.5 周跳的探测

要对周跳进行处理，首先需要确定载波相位观测值的时间序列中所发生周跳的位置（卫星、频率及历元），即所谓的周跳探测。在实践中，周跳的探测通常在数据预处理阶段进行。进行周跳探测和修复的方法有多种，通常可分为以下 3 类：

(1) 基于观测值随时间变化规律的方法。载波相位观测值随时间的变化主要受站星几何距离的影响，而站星几何距离的时变则取决于接收机与卫星的运动状态。由于卫星的运动规律较强，而接收机的运动规律则较难确定，因此此类方法通常用于静态数据处理。另外，此类方法还需要考虑卫星钟差、接收机钟差、对流层折射及电离层折射随时间的变化，若上述影响在时间上发生突变，则有可能造成周跳探测失败。

(2) 基于不同观测值组合的方法。此类方法是利用不同观测值之间的关系来进行周跳探测的，通常都是一些与接收机-卫星间几何关系无关的组合。此类方法通常不受卫星钟差、接收机钟差以及接收机运动状态的影响。

(3) 基于观测值估值残差的方法。此类方法根据参数估计后所得到的观测值的估计残差来确定周跳。

具体采用何种方法，需要考虑定位模式、运动状态、基线长度、可用数据类型等因素。

2.1.6 周跳的处理

在数据处理过程中，对于所探测出的周跳通常有两种处理方法：周跳修复或添加新模糊度参数。

(1) 周跳修复。确定周跳的大小并对载波相位数据进行改正的过程称为周跳修复。对于非差、单差或双差载波相位观测值，改正的方法是将从发生周跳历元开始的后续所有相位观测值上减去一个固定的数值；而对于三差载波相位观测值，则是仅在发生周跳历元减去该固定数值。该数值为周跳的数量。周跳修复的关键在于既要正确确定发生周跳的历元，还要正确确定周跳的数值，任何不正确的修复都将对数据处理结果造成严重的影响。

(2) 添加新模糊度参数。本方法在探测出周跳后并不直接对其进行修复，而是在载波观测方程中，从周跳发生历元处起引入一个新的模糊度参数，然后在参数估计过程中，随其他参数一同进行估计。显然，发生周跳前后的两个模糊度参数之差就是周跳的大小，即

$$\Delta N = N_2 - N_1 \tag{2-4}$$

其中，N_1 为发生周跳历元前的模糊度参数；N_2 为发生周跳历元后的模糊度参数。与周跳修复相比，这一方法更为可靠，因为即使在探测周跳时发生误判，将无周跳的观测值当作存在周跳，也不会对最终结果产生影响。不过在观测方程中，相位模糊度参数将会增加，这将增大模糊度确定的难度。

2.1.7 载波相位和码伪距观测方程

为了便于说明周跳探测及修复的方法，这里先给出载波相位和码伪距的观测方程。为了简明起见，系统误差仅考虑对流层延迟、电离层延迟、接收机钟差及观测噪声。

载波相位观测方程为：

$$\phi_{L_{ij}}^l(t_k) = \frac{1}{\lambda_{L_i}}\rho_j^l(t_k) - N_{L_{ij}}^l + \frac{1}{\lambda_{L_i}}\left(\delta\rho_{Tj}^l(t_k) - \delta\rho_{I,L_{ij}}^l(t_k)\right) + f_{L_i}(\tau_j(t_k) - \tau^l(t_k)) \quad (2-5)$$

码伪距观测方程为:

$$R_{L_{ij}}^l(t_k) = \rho_j^l(t_k) + \left(\delta\rho_{Tj}^l(t_k) + \delta\rho_{I,L_{ij}}^l(t_k)\right) + c(\tau_j(t_k) - \tau^l(t_k)) \quad (2-6)$$

其中, t_k 为观测历元时刻(GPS 时, 非接收机钟面时); ρ_j^l 为测站与卫星间的几何距离; $\dot{\rho}_j^l$ 为卫星相对于测站的距离变率; $N_{L_{ij}}^l$ 为载波相位模糊度; λ_{L_i} 为载波波长; f_{L_i} 为载波的频率; τ_j 为接收机钟差; τ^l 为卫星钟差; $\delta\rho_T$ 为对流层折射延迟(距离单位); $\delta\rho_{I,L_i}$ 为电离层折射群延迟(距离单位); c 为真空中的光速; L_i 为载波的标识, $i = 1, 2, 5$; j 为测站标识; l 为卫星标识。

$$\delta\rho_{I,L_{ij}}^l(t_k) = \frac{40.3}{f_{L_i}^2}\text{TEC}_j^l(t_k) \quad (2-7)$$

其中, TEC_j^l 为信号传播途径上的总电子含量。

为了使表述简明,在不会造成混淆的情况下,后文中将不再标示表示载波频率、测站、卫星及时间的上下标。

在进行周跳探测时,可根据可用的观测值类型以及获取数据时接收机的不同运动状态采用不同的周跳探测方法。对于单站数据,周跳探测可以针对原始载波相位观测值、不同频率载波相位观测值的线性组合、载波相位观测值与码伪距观测值的组合或载波相位观测值与多普勒积分观测的组合进行;对于多站数据,则还可以针对单差、双差或三差观测值。

2.1.8 接收机钟差对周跳探测的影响

在周跳探测过程中,还需要注意接收机钟差对载波相位观测值的影响。载波相位观测值的时标是由接收机所采用的频标提供的,由于该频标通常为接收机内部的石英振荡器,其振荡频率易受环境影响,钟漂较大。不同型号的接收机内部时钟运转方式通常有 3 种:

(1)任由时钟漂移(后称方式 a)。在此种时钟控制方式下,接收机通常仅在开机时对时钟进行校正,一旦开始观测,则任由时钟漂移。但由于石英振荡器的短期稳定度较好,故在短时间内,钟差并不会发生大的跳跃,而只是随时间缓慢地变化,其钟差具有如图 2-2 (a)所示的特点。

(2)实时调整(后称方式 b)。在此种时钟控制方式下,接收机利用伪距观测值实时计算接收机钟差,并利用所计算出的钟差对接收机的时钟进行调整,从而将钟差控制在微秒水平,其钟差具有如图 2-2 (b)所示的特点。

(3)将钟差控制在 1ms 以内(后称方式 c)。在此种时钟控制方式下,接收机利用伪距观测值实时计算接收机钟差,并利用所计算出的钟差对接收机的时钟进行调整。与上面的实时调整方式不同的是,调整仅在钟差接近 1ms 水平时才进行,其钟差具有如图 2-2 (c)所示的特点。

对于方式 b 和方式 c,都将发生所谓的钟跳现象,即钟差的不连续变化。钟跳将使得某些周跳探测方法出现偏差。如基于预测残差的方法,此类方法通过某种方式给出某一历元时刻载波相位观测值的预测值,将其与实际观测值进行比较,根据两者差异的大小来判定该历元的观测值是否存在周跳。

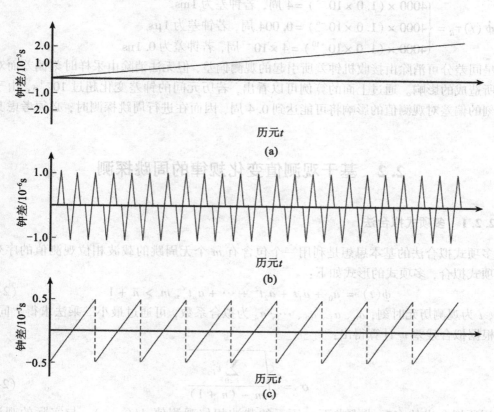

图 2-2 接收机钟差特征

接收机钟差对载波相位测量的影响反映在两方面：

(1) 无法准确测定信号的传播时间，直接造成观测值偏差(f_{τ_R})，见式(2-8)，

$$\phi(t + \tau_R) = \frac{1}{\lambda}\rho - N + f(\tau_R - \tau^S) \tag{2-8}$$

其中，t 为观测历元时刻接收机钟的读数。

(2) 由于采样时标的标称值(由接收机钟提供)与实际时间不一致而引起的偏差($\dot{\phi}(t_k)\tau_R$，$\dot{\phi}$ 表示载波相位观测值的时间变化率)，见式(2-9)。在进行数据处理时，若直接将接收机钟的读数作为观测值的采样时刻而不加修正，就会产生这一问题。

$$\phi(t + \tau_R) \approx \phi(t) + \dot{\phi}(t)\tau_R \tag{2-9}$$

下面给出不同钟差量级所引起的上述两种效应的大小($\dot{\phi}$ 按其最大可达的 4000Hz 计算)：

$$f_{\tau_R} = \begin{cases} (154 \times 10.23 \times 10^6) \times (1.0 \times 10^{-3}) = 1575420 \text{ 周, 若钟差为 1ms} \\ (154 \times 10.23 \times 10^6) \times (1.0 \times 10^{-6}) = 1575.420 \text{ 周, 若钟差为 1μs} \\ (154 \times 10.23 \times 10^6) \times (1.0 \times 10^{-10}) = 0.157542 \text{ 周, 若钟差为 0.1ns} \end{cases}$$

$$\dot{\phi}(t)\tau_R = \begin{cases} 4000\times(1.0\times10^{-3}) = 4\text{ 周，若钟差为 1ms} \\ 4000\times(1.0\times10^{-6}) = 0.004\text{ 周，若钟差为 1μs} \\ 4000\times(1.0\times10^{-10}) = 4\times10^{-7}\text{周，若钟差为 0.1ns} \end{cases}$$

星间差分可消除由接收机钟差所引起的观测偏差，但无法消除由采样时刻偏差而对观测值所造成的影响。通过上面的算例可以看出，若历元间的钟差变化超过 10^{-4}s，由于采样时刻的偏差对观测值的影响将可能达到 0.4 周，因而在进行周跳探测时，必须考虑其影响。

2.2 基于观测值变化规律的周跳探测

2.2.1 多项式拟合法

多项式拟合法的基本思想是利用一个包含有 m 个无周跳的载波相位观测值的序列进行多项式拟合，多项式的形式如下：

$$\phi(t) = a_0 + a_1 t + a_2 t^2 + \cdots + a_n t^n, \quad m > n+1 \tag{2-10}$$

其中，t 为观测历元时刻；a_0、a_1、a_2、$\cdots$、a_n 为拟合系数，可通过最小二乘法求得。同时，σ 可根据拟合残差 v_i 计算得出：

$$\sigma = \sqrt{\frac{\sum_{i=0}^{m} v_i^2}{m-(n+1)}} \tag{2-11}$$

用所拟合出的多项式推求下一历元的载波相位观测值 $\phi'(t_{m+1})$，与实际的观测值 $\phi(t_{m+1})$ 进行比较。若

$$|\phi'(t_{m+1}) - \phi(t_{m+1})| \le 3\sigma \tag{2-12}$$

则认为该观测值不存在周跳，将其加入到用于拟合的观测值序列中，同时去掉原序列的首历元的观测值，利用这新的 m 个无周跳的载波相位观测值的序列重新进行多项式拟合，并重复上述周跳检验过程。若

$$|\phi'(t_{m+1}) - \phi(t_{m+1})| > 3\sigma \tag{2-13}$$

则认为该观测值存在周跳，此时可用 $\phi'(t_{m+1})$ 的整数部分替代 $\phi(t_{m+1})$ 的整数部分，而 $\phi(t_{m+1})$ 的小数部分则保持不变，形成新的观测值 $\tilde{\phi}(t_{m+1})$，即

$$\tilde{\phi}(t_{m+1}) = \text{int}(\phi'(t_{m+1})) + \text{frac}(\phi(t_{m+1})) \tag{2-14}$$

其中，int 为取实数整数部分的函数；frac 为取实数小数部分的函数。

多项式拟合法探测周跳算法的基础是假设观测值随时间的变化可以用一个高阶多项式来表示，这一假设很容易被接收机自身的运动所打破，因此该方法通常不适用于动态定位中周跳的探测。另外，卫星钟差和接收机钟差的突变也会打破该假设。2000 年 5 月 2 日以前，美国所实施的 SA 就会导致卫星钟差的突变。为了消除卫星钟差突变对周跳探测的影响，可以对观测值进行站间求差，然后对求差后的观测值进行周跳探测。而前面所介绍的接收机的钟跳则会导致接收机钟差的突变。对于采用方式 a 时，钟控制策略的接收机所采

集的观测数据可采用多项式拟合法在单站非差模式下进行周跳探测,因为钟差的连续平缓变化不会破坏观测值平缓变化的特性,所拟合出的多项式可以较准确地预测观测值。对于采用方式 b 时,钟控制策略的接收机所采集的观测数据可采用多项式拟合法对经过星间差分的观测值进行周跳探测。对于采用方式 c 时,钟控制策略的接收机所采集的观测数据要想采用多项式拟合法进行周跳探测,则需要事先利用伪距观测值确定出接收机钟差,然后即可以保持观测值时标不变,而利用钟差修正观测值,或直接修改观测值时标。

2.2.2 高次差法

高次差法的基本思想是在历元间多次求差(参见表 2-1),其基本算法为:设 $\phi(t_i)$($i=1,2,\cdots,7$)为载波相位观测值的时间序列,在历元 t_4 包含了一个周跳 ε(表 2-1),用 ϕ^1、ϕ^2、ϕ^3、ϕ^4 表示历元间的一次、二次、三次和四次差。

表 2-1   高次差法探测周跳

t_i	$\phi(t_i)$	$\phi^1(t_i)$ $=\phi(t_i)-\phi(t_{i-1})$	$\phi^2(t_i)$ $=\phi^1(t_i)-\phi^1(t_{i-1})$	$\phi^3(t_i)$ $=\phi^2(t_i)-\phi^2(t_{i-1})$	$\phi^4(t_i)$ $=\phi^3(t_i)-\phi^3(t_{i-1})$
t_1	$\phi(t_1)$				
t_2	$\phi(t_2)$	$\phi^1(t_2)$			
t_3	$\phi(t_3)$	$\phi^1(t_3)$	$\phi^2(t_3)$		
t_4	$\phi(t_4)$	$\phi^1(t_4)$	$\phi^2(t_4)$	$\phi^3(t_4)$	
t_5	$\phi(t_5)$	$\phi^1(t_5)$	$\phi^2(t_5)$	$\phi^3(t_5)$	$\phi^4(t_5)$
t_6	$\phi(t_6)$	$\phi^1(t_6)$	$\phi^2(t_6)$	$\phi^3(t_6)$	$\phi^4(t_6)$
t_7	$\phi(t_7)$	$\phi^1(t_7)$	$\phi^2(t_7)$	$\phi^3(t_7)$	$\phi^4(t_7)$

根据表 2-2 可以看出,通过历元间的多次求差,观测数据的周跳被放大。

表 2-2   高次差法对误差的放大效应

t_i	$\Delta N(t_i)$	ΔN^{-1}	ΔN^{-2}	ΔN^{-3}	ΔN^{-4}
t_1	0				
t_2	0	0			
t_3	0	0	0		
t_4	0	0	0	0	
t_5	0	0	ε	ε	ε
t_6	ε	0	$-\varepsilon$	-2ε	-3ε
t_7	ε				

高次差法实际上与前节的多项式拟合法是等价的。若对于某一接收机载波相位观测值

的时间序列可以用一个高阶多项式来拟合，即

$$\phi(t) = a_0 + a_1 t + a_2 t^2 + \cdots + a_n t^n \tag{2-15}$$

显然，若对上式求 $n+1$ 阶导，则有：

$$\frac{d^{n+1}\phi(t)}{dt^{n+1}} = 0 \tag{2-16}$$

在相邻历元的观测值之间求一次差，实际上就相当于求一次导数。显然，当对一颗卫星的载波相位观测值序列求 $n+1$ 次差后，若该序列观测值中不存在周跳，则所得到的是一个微小量序列；否则，说明观测值中存在周跳。

注意，高次差法要求采样间隔等距，若接收机存在钟跳，则这一点不满足，且无法通过星间差分消除这一影响。对于采用方式 a 时，钟控制策略接收机所采集的观测数据，高次差法可直接用于探测非差观测值的周跳。对于采用方式 b 时，钟控制策略接收机所采集的观测数据，高次差法可用于探测经过星间差分的观测值的周跳。高次差法不适用于采用方式 c 时钟策略的接收机所采集的观测数据。

与多项式拟合法一样，高次法也不适用于动态定位中周跳的探测。

2.3 基于多类观测值组合的周跳探测

2.3.1 单频码相组合法

对于仅具有单频载波相位和码伪距观测数值的情况，根据式(2-5)和式(2-6)可得：

$$\phi - \frac{1}{\lambda} \cdot R = -N - 2 \cdot \frac{\delta \rho_1}{\lambda} \tag{2-17}$$

式(2-17)为单频载波相位观测值与码伪距观测值之差。当电离层活动不剧烈时，该差值不会随时间发生大的变化，因此可逐历元计算该值；若历元间该值变化不大，则认为没有周跳，否则就可以认为有周跳发生。

单频码相组合法具有如下特点：

(1)单频码相组合不受接收机和卫星几何位置的影响，因而适用于动态、非差数据的周跳探测。另外，该方法也不受卫星与接收机钟差的影响。

(2)由于与载波相位相比，码伪距的噪声水平要高很多，因此，该方法仅能用于大周跳的探测。

(3)对于高采样率数据，由于历元间的电离层折射延迟变化较小，因而对周跳探测有利。

(4)不适用于低轨星载跟踪数据，因为在这种情况下，卫星的运动速度快，即使在电离层平静的时期，两个相邻历元的电离层折射延迟差异仍然很大。

2.3.2 双频码相组合法

当具有双频载波相位和双频码伪距观测值时，可利用 Melbourne-Wübbena 组合来进行周跳探测。Melbourne-Wübbena 是一种双频码相组合，其形式为：

$$N_{L_1} - N_{L_2} = \frac{f_{L_1} - f_{L_2}}{f_{L_1} + f_{L_2}}\left(\frac{R_{L_1}}{\lambda_{L_1}} + \frac{R_{L_2}}{\lambda_{L_2}}\right) - (\phi_{L_1} - \phi_{L_2}) \qquad (2\text{-}18)$$

式中，$\phi_{L_1} - \phi_{L_2}$ 为载波相位的宽巷组合 ϕ_{WL}；$N_{L_1} - N_{L_2}$ 为宽巷模糊度 N_{WL}。

逐历元计算宽巷模糊度 N_{WL}，若历元间该值变化不大，则认为没有周跳，否则就认为有周跳发生。

双频码相组合法具有如下特点：

（1）Melbourne-Wübbena 组合不受接收机和卫星的几何位置、电离层折射以及卫星和接收机钟差的影响，因而适用于动态、非差观测值的周跳探测。

（2）虽然与载波相位相比，码伪距的噪声水平要高很多，但此方法针对的是宽巷观测值，因而可以探测出小周跳。

（3）此方法无法独立地区分出发生周跳的频率。

2.3.3 电离层残差法

根据式（2-5）可得无几何关系的载波相位组合观测值 ϕ_{GF}：

$$\begin{aligned}\phi_{GF} &= \lambda_{L_1}\phi_{L_1} - \lambda_{L_2}\phi_{L_2} \\ &= \lambda_{L_1}N_{L_1} - \lambda_{L_2}N_{L_2} + \delta\rho_{I,L_1} - \delta\rho_{I,L_2} \\ &= \lambda_{L_1}N_{L_1} - \lambda_{L_2}N_{L_2} + \left(1 - \frac{f_{L_1}^2}{f_{L_2}^2}\right)\delta\rho_{I,L_1}\end{aligned} \qquad (2\text{-}19)$$

显然，若不存在周跳，则在相邻历元无几何关系的载波相位组合观测值间求差，有：

$$\phi_{GF}(t_{i+1}) - \phi_{GF}(t_i) = \left(1 - \frac{f_{L_1}^2}{f_{L_2}^2}\right)(\delta\rho_{I,L_1}(t_{i+1}) - \delta\rho_{I,L_1}(t_i)) \qquad (2\text{-}20)$$

式（2-20）就是所谓的电离层残差（Ionospheric Residual），因为其数值仅与历元间电离层的变化以及载波相位观测值的噪声有关。一般说来，两相邻历元间所计算出的电离层残差应非常小，任何异常的变化都可以表明在一个或两个频率的相位观测值中发生了周跳。

电离层残差法具有如下特点：

（1）组合观测值 ϕ_{GF} 不受接收机和卫星几何位置的影响，因而该方法适用于动态、非差数据的周跳探测。但当历元间电离层折射差异较大时，该方法将难以探测周跳，因而在针对低轨卫星星载数据采用此方法进行周跳探测时，需要注意，卫星运动的速度快，即使在电离层平静的时期，两个相邻历元的电离层折射延迟差异仍然很大。

（2）该方法不受卫星和接收机钟差的影响。

（3）由于进行周跳探测时所采用的组合观测仅由载波相位观测值形成，因而精度较高，可以探测小周跳。

（4）需要指出的是，若在两个频率上发生了特殊的周跳 ΔN_1 和 ΔN_2，也可以得到较小的电离层残差值。因此，大电离层残差表示存在周跳，但小电离层残差还无法保证不存在周跳。由于上述情况只在发生数周以上的大周跳时才会发生，因而可以综合采用其他一些方法来加以解决。

2.3.4 多普勒积分法

多普勒观测值与载波相位观测值具有如下关系：

$$N(t_{i+1}) - N(t_i) = \phi(t_{i+1}) - \phi(t_i) - \int_{t_i}^{t_{i+1}} D(t) \mathrm{d}t \tag{2-21}$$

其中，D 为多普勒观测值。若在 t_i 至 t_{i+1} 期间未发生周跳，则有：

$$N(t_{i+1}) = N(t_i) \tag{2-22}$$

此时，由载波相位观测值和多普勒观测值根据式(2-21)所计算出来的结果应仅包含观测值噪声的影响，若该结果超出某一限值，则可认为在此期间发生了周跳。

接收机给出的通常是在各观测历元上的瞬时多普勒观测值，在进行多普勒积分时，可以首先通过将多普勒观测值拟合成适当阶数的多项式，然后再在所期望的时间间隔上进行积分。

多普勒积分法具有如下特点：

(1) 载波相位与多普勒积分的组合不受接收机和卫星几何位置的影响，因而该方法适用于动态、非差数据的周跳探测。

(2) 该方法受卫星和接收机钟差的影响。

2.4 基于观测值估值残差的周跳探测

2.4.1 三差观测值残差法

根据前面所介绍的周跳特点可知，当在某一历元发生周跳后，从该历元开始的后续所有历元的载波相位观测值都将含有一个相同数量的整数偏差。例如，假设有一个包含有 n 个历元数据的载波相位观测值序列 $\phi_1, \phi_2, \cdots, \phi_n$，在第 k 个历元发生了周跳 ΔN，则从第 k 个历元起，后续所有载波相位观测值中均将含有一个固定偏差 ΔN，即有 $\phi_1, \phi_2, \cdots, \phi_{k-1}, \phi'_k + \Delta N, \phi'_{k+1} + \Delta N, \cdots, \phi'_n + \Delta N$，其中，$\phi'_k, \phi'_{k+1}, \cdots, \phi'_n$ 为不含周跳的理想观测值。若对上述序列在历元间求差，则可形成一个新的序列 $\phi_{1,2}, \phi_{2,3}, \cdots, \phi_{n-1,n}$，其中 $\phi_{j,j+1} = \phi_{j+1} - \phi_j$。不难看出，在所形成的新观测值序列中，仅 $\phi_{k-1,k}$ 会受到周跳的影响。由于三差观测值是在双差观测值的基础上通过历元间求差生成的，因而也具有上述特点，即一个周跳仅影响一个三差观测值，故当载波相位观测值中周跳数量不多时，受影响的三差观测值的数量很少。利用这些三差观测值进行基线解算，通过对三差观测值残差序列的分析，将很容易确定出周跳。

2.4.2 历元间差分法

将原始的非差载波相位观测值在历元间进行求差，得到历元间差分观测值。历元间差分观测方程为：

$$\phi(t_{k+1}) - \phi(t_k)$$

$$= \frac{1}{\lambda}(\rho(t_{k+1}) - \rho(t_k))$$
$$+ \frac{1}{\lambda}(\delta\rho_T(t_{k+1}) - \delta\rho_T(t_k)) + \frac{1}{\lambda}(\delta\rho_I(t_{k+1}) - \delta\rho_I(t_k))$$
$$+ f_{L_i} \cdot ((\tau_j(t_{k+1}) - \tau_j(t_k)) - (\tau^l(t_{k+1}) - \tau^l(t_k))) \quad (2\text{-}23)$$

显然，在观测方程中，模糊度参数已被消去。另外，由于在某一历元载波相位观测值所发生的周跳仅影响该历元的差分观测值，对其他历元的差分观测值没有影响，因而历元间差分模型对周跳不敏感，其观测值估值残差能较客观地反映周跳的情况。

利用历元间差分观测值进行参数估计，根据观测值残差判断是否存在周跳。对于动态定位，待估参数为坐标和接收机钟差。对于静态定位，待估参数仅剩下接收机钟差。

历元间差分法可适用于任何运动状态下接收机所采集数据的周跳探测，既可以采用单频数据，也可以采用双频数据，该方法适用于单站非差数据。

2.5 已知基线法

若基线向量已知，且基线长度不长，则可以在双差观测方程中将基线向量(起、终点坐标)参数固定，同时忽略大气折射的影响，此时的观测方程为：

$$\phi_{j,k}^{l,m} = \frac{1}{\lambda}\rho_{j,k}^{l,m} - N_{j,k}^{l,m} \quad (2\text{-}24)$$

通过对式(2-24)进行整理，可得：

$$N_{j,k}^{p,q} = \frac{1}{\lambda}\rho_{j,k}^{p,q} - \phi_{j,k}^{p,q} \quad (2\text{-}25)$$

由于式(2-25)中的双差站星几何距离 $\rho_{j,k}^{p,q}$ 可利用卫星坐标和已知基线(基线起、终点坐标)计算出来，因而可利用式(2-25)逐历元计算出双差模糊度参数，根据该模糊度参数的变化来判定是否存在周跳。

已知基线向量可来自三差解或在某些应用中能事先获得基线向量的高精度先验值。在高精度形变监测的应用中，由于通常情况下形变监测点的初始坐标精确已知，所以可采用此方法进行周跳探测和模糊的确定。

已知基线法适合于单、双频差分观测值的周跳探测。

参 考 文 献

1. 李征航，黄劲松. GPS 测量与数据处理[M]. 武汉:武汉大学出版社，2005
2. Blewitt G. An Automatic Editing Algorithm for GPS Data[J]. Geophysical Research Letters, 1990, 17(3):199-202
3. Xu Guochang. GPS Theory, Algorithms and Applications[M]. 2nd ed. Berlin Heidelberg: Springer-Verlag, 2007
4. Hofmann-Wellenhof B, Lichtenegger H, Collins J. GPS Theory and Practice[M]. 5th ed. Wien: Springer-Verlag, 2001

5. Kim D, Langley R B. Instantaneous Real Time Cycle-slip Correction of Dual-frequency GPS Data[C]. International Symposium on Kinematic Systems in Geodesy, Geomatics and Navigation, Banff, Alberta, Canada, 2001
6. Leick A. GPS Satellite Surveying[M]. 3rd ed. New York: John Wiley and Sons Inc., 2004

第 3 章 整周模糊度

3.1 概 述

由于原始的 GPS 载波相位观测值中含有模糊度,因此,在确定出模糊度之前,它并不是完整的卫星与接收机之间的距离观测值。但是,一旦能够准确地确定出模糊度,就可以将其转换为毫米级精度的距离观测值,从而能够进行厘米级甚至毫米级的定位。因此,模糊度处理对于 GPS 高精度数据处理来说至关重要。目前,常用的模糊度处理方法主要有 4 类:

(1)消去法。通过某种方式将模糊度参数消除。此类方法包括了 Remondi 所提出的天线交换法以及三差法。

(2)在观测值域中确定模糊度的方法。此类方法通过载波相位-码伪距组合来确定模糊度。

(3)在坐标域中确定模糊度的方法。此类方法在模糊度为整数的前提下,在一个坐标搜索空间中确定最优的坐标估值。模糊度函数法就属于此类方法。

(4)在模糊度域中确定模糊度的方法。此类方法是确定模糊度最常用的一类方法,其基本思想是利用模糊度的实数解构造一个由若干组整数模糊度所构成的备选空间,然后从中选取最终的模糊度的整数解。

3.2 消除模糊度参数的方法

3.2.1 三差法

将观测值在接收机、卫星和观测历元间求三次差,形成三差观测值,根据式(2-5)有三差观测方程:

$$\phi_{i,j}^{p,q}(t_1, t_2) = \frac{1}{\lambda}[\rho_{i,j}^{p,q}(t_1, t_2) + \delta\rho_{Ti,j}^{p,q}(t_1, t_2) - \delta\rho_{Ii,j}^{p,q}(t_1, t_2)] \quad (3-1)$$

从式(3-1)可以看出,在三差观测方程中,模糊度参数已被消去,仅剩下基线向量参数。

3.2.2 交换天线法

交换天线法也是一种消除模糊度参数的方法,其具体做法如下:首先将一台接收机安置在已知点上,另一台接收机则安置在距已知点 5~10m 的任意一个点上;然后开机同步观测 2~8 个历元；接着将两台接收机的天线从三脚架上取下互换位置，再采集 2~8 个历元的观测资料；最后再将天线互换，放回原位置继续观测 2~8 个历元。在取放天线时，不能碰动三脚架，互换天线时，需保持对卫星信号的连续跟踪。

交换天线确定整周模糊度的基本原理如下：由于已知点 i 与任意点 j 之间的距离仅为 5~10m，故在双差观测方程中可忽略电离层和对流层折射的影响。于是，双差观测方程可简化为：

$$\phi_{i,j}^{p,q}(t_1) = \frac{f}{c}\rho_{i,j}^{p,q}(t_1) - N_{1,2}^{p,q} \tag{3-2}$$

由于模糊度只与接收机天线及卫星有关，与测站无关，故我们把上式中的双差模糊度记为 $N_{1,2}^{p,q}$，而不记为 N_{ij}^{pq}。其中1、2分别表示接收机天线1和接收机天线2。交换天线后的方程可写为：

$$\phi_{i,j}^{p,q}(t_2) = \frac{f}{c}\rho_{i,j}^{p,q}(t_2) - N_{2,1}^{p,q} \tag{3-3}$$

由于 $N_{1,2}^{p,q} = N_2^{p,q} - N_1^{p,q} = -(N_1^{p,q} - N_2^{p,q}) = -N_{2,1}^{p,q}$，所以将式(3-2)与式(3-3)相加后得：

$$\phi_{i,j}^{p,q}(t_1) + \phi_{i,j}^{p,q}(t_2) = \frac{f}{c}[\rho_{i,j}^{p,q}(t_1) + \rho_{i,j}^{p,q}(t_2)] \tag{3-4}$$

式(3-4)与三差观测方程有些类似，但三差观测方程是通过两个历元的双差观测方程相减得到的，而式(3-4)是通过两个历元的双差观测方程相加得到的(双差模糊度是通过交换天线来消除的)。式(3-4)中也仅含有基线向量，且方程的状态远优于三差方程，因而用几分钟的观测值就能求得相当好的基线向量 $\vec{ij}$。$\vec{ij}$ 一旦被准确确定，就可用已知基线法来确定整周模糊度了。

3.3　在坐标域内确定模糊度

3.3.1　已知基线法

正如在 2.5 节中所介绍的，若事先具有准确的测站坐标，则可以将它们代入载波相位观测方程直接解求出模糊度参数。这种方法广泛用于高精度形变监测中。

3.3.2　模糊度函数法

若事先无法获得准确的测站坐标，则可以采用模糊度函数法(Ambiguity Function Method, AFM)在坐标域中进行搜索，以确定合适的坐标。在这里，我们采用单差载波相位观测值来说明模糊度函数法的基本原理。由式(2-5)可导出单差观测方程：

$$\phi_{i,j}^l(t_k) = \frac{1}{\lambda}\rho_{i,j}^l(t_k) + N_{i,j}^l + f\tau_{i,j}(t_k) \tag{3-5}$$

将式(3-5)中的站星几何距离项移到等号左边，有：

$$\phi_{i,j}^l(t_k) - \frac{1}{\lambda}\rho_{i,j}^l(t_k) = N_{i,j}^l + f\tau_{i,j}(t_k) \tag{3-6}$$

利用式(3-6)形成一个复指数函数①:

$$e^{i2\pi[\phi_{i,j}^l(t_k)-\frac{1}{\lambda}p_{i,j}^l(t_k)]} = e^{i2\pi[N_{i,j}^l+f\tau_{i,j}(t_k)]} \quad (3-7)$$

由于 $e^{i2\pi N_{i,j}^l}=1$，则式(3-7)可变为：

$$e^{i2\pi[\phi_{i,j}^l(t_k)-\frac{1}{\lambda}p_{i,j}^l(t_k)]} = e^{i2\pi f\tau_{i,j}(t_k)} \quad (3-8)$$

将式(3-8)对一个观测历元中的所有卫星求和，然后取模，可得：

$$\left|\sum_{l=1}^{n(t_k)}e^{i2\pi[\phi_{i,j}^l(t_k)-\frac{1}{\lambda}p_{i,j}^l(t_k)]}\right| = \left|\sum_{l=1}^{n(t_k)}e^{i2\pi f\tau_{i,j}(t_k)}\right| = n(t_k)\left|e^{i2\pi f\tau_{i,j}(t_k)}\right| = n(t_k) \quad (3-9)$$

式中，$n(t_k)$ 为历元 t_k 时刻所观测的卫星数。

将式(3-9)对所有观测历元求和，可得：

$$\sum_{k=1}^{m}\left|\sum_{l=1}^{n(t_k)}e^{i2\pi[\phi_{i,j}^l(t_k)-\frac{1}{\lambda}p_{i,j}^l(t_k)]}\right| = \sum_{k=1}^{m}n(t_k) \quad (3-10)$$

其中，m 为总历元数。式(3-10)的左边被称为模糊度函数。在利用模糊度函数确定测站坐标时，可建立一个坐标搜索空间，通常以某一测站近似坐标为中心，按一定间隔建立一个搜索格网，格网的结点为测站坐标的备选值，分别利用这些备选值来计算模糊度函数值，使函数值达到最大值的坐标为最优解，即

$$\sum_{k=1}^{m}\left|\sum_{l=1}^{n(t_k)}e^{i2\pi[\phi_{i,j}^l(t_k)-\frac{1}{\lambda}p_{i,j}^l(t_k)]}\right| = \max \quad (3-11)$$

搜索区间可根据初始坐标的标准差(σ)来确定(如一个边长为 3σ 的立方体或半径为 3σ 的球体)。

模糊度函数法是一种与模糊度和周跳都无关的方法，在确定出测站坐标后，模糊度可利用已知基线法来求取。

3.4 在观测值域内确定模糊度

3.4.1 双频码相组合确定模糊度

为了推导方便，在这里根据式(2-5)和式(2-6)分别写出 L_1 和 L_2 载波相位观测值及 L_1 与 L_2 载波上码伪距观测值观测方程的显式表达式。同时为简明起见，为标出与接收机和卫星有关的上下标及时间变量，接收机钟差和卫星钟差分别用 τ_R 和 τ^s 表示，电离层群延迟表示为 $\frac{A}{f_{L_1}^2}$，则有：

$$\phi_{L_1} = \frac{f_{L_1}}{c}\rho - N_{L_1} + \frac{f_{L_1}}{c}\delta\rho_T - \frac{A}{cf_{L_1}} + f_{L_1}\cdot(\tau_R-\tau^s) \quad (3-12)$$

$$\phi_{L_2} = \frac{f_{L_2}}{c}\rho - N_{L_2} + \frac{f_{L_2}}{c}\delta\rho_T - \frac{A}{cf_{L_2}} + f_{L_2}\cdot(\tau_R-\tau^s) \quad (3-13)$$

---

① 复指数函数 $e^{y+ix} = e^y(\cos x+i\sin x)$。

$$R_{L_1} = \rho + \delta\rho_T + \frac{A}{f_{L_1}^2} + c \cdot (\tau_R - \tau^s) \tag{3-14}$$

$$R_{L_2} = \rho + \delta\rho_T + \frac{A}{f_{L_2}^2} + c \cdot (\tau_R - \tau^s) \tag{3-15}$$

由式(3-14)及式(3-15)可得:

$$A = \frac{f_{L_1}^2 f_{L_2}^2}{f_{L_2}^2 - f_{L_1}^2}(R_{L_1} - R_{L_2}) \tag{3-16}$$

由式(3-12)至式(3-16)可得:

$$\begin{aligned} N_{L_1} &= \frac{f_{L_1}^2 + f_{L_2}^2}{f_{L_1}^2 - f_{L_2}^2} \frac{f_{L_1}}{c} R_{L_1} - \frac{2 f_{L_1} f_{L_2}}{f_{L_1}^2 - f_{L_2}^2} \frac{f_{L_1}}{c} R_{L_2} - \phi_{L_1} \\ &= \frac{f_{L_1}^2 + f_{L_2}^2}{f_{L_1}^2 - f_{L_2}^2} \frac{R_{L_1}}{\lambda_{L_1}} - \frac{2 f_{L_1} f_{L_2}}{f_{L_1}^2 - f_{L_2}^2} \frac{R_{L_2}}{\lambda_{L_2}} - \phi_{L_1} \end{aligned} \tag{3-17}$$

$$\begin{aligned} N_{L_2} &= \frac{2 f_{L_1} f_{L_2}}{f_{L_1}^2 - f_{L_2}^2} \frac{f_{L_1}}{c} R_{L_1} - \frac{f_{L_1}^2 + f_{L_2}^2}{f_{L_1}^2 - f_{L_2}^2} \frac{f_{L_2}}{c} R_{L_2} - \phi_{L_2} \\ &= \frac{2 f_{L_1} f_{L_2}}{f_{L_1}^2 - f_{L_2}^2} \frac{R_{L_1}}{\lambda_{L_1}} - \frac{f_{L_1}^2 + f_{L_2}^2}{f_{L_1}^2 - f_{L_2}^2} \frac{R_{L_2}}{\lambda_{L_2}} - \phi_{L_2} \end{aligned} \tag{3-18}$$

理论上可以利用式(3-17)及式(3-18)分别确定 L_1 和 L_2 载波相位的模糊度,但实际上,由于码伪距的精度太低,要想确定出 L_1 和 L_2 载波相位的模糊度非常困难。不过,用式(3-18)减去式(3-17),可得宽巷组合观测值($\phi_{WL} = \phi_{L_1} - \phi_{L_2}$)的模糊度 $N_{WL} = N_{L_1} - N_{L_2}$ 为:

$$N_{WL} = \frac{f_{L_1} - f_{L_2}}{f_{L_1} + f_{L_2}}\left(\frac{R_{L_1}}{\lambda_{L_1}} + \frac{R_{L_2}}{\lambda_{L_2}}\right) - \phi_{WL} \tag{3-19}$$

由于宽巷组合观测值的波长达到了 86cm,使用数个历元的数据就可以利用具有适当精度的双频码伪距数据对相位数据进行模糊度的确定,在双频码伪距的精度足够高的条件下,甚至可以利用式(3-19)在一个历元中就确定出宽巷模糊度。此方法适用于在动态定位中进行瞬时模糊度的确定。

3.4.2 三频码相组合确定模糊度

GPS 现代化后,GPS 卫星将在 L_1 和 L_2 载波的基础上再提供第三个民用频率 L_5;欧洲的 Galileo 系统将同时提供 L_1、E_6、E_5、E_{5a}、E_{5b} 等多达 5 个频率的信号,这些使得可以进行更为丰富的频率组合。不同频率的观测值既可以进行两两之间的组合,也可以进行三个以上频率的组合,本章仅以 GPS 为例,介绍两两之间的组合问题。基于三个载波的模糊度确定方法被称为三载波模糊度确定(Three-Carrier Ambiguity Resolution,TCAR)。

同样,在这里根据式(2-5)和式(2-6)分别补充写出 L_5 载波相位观测值及 L_5 载波上码伪距观测值观测方程的显式表达式:

$$\phi_{L_5} = \frac{f_{L_5}}{c}\rho - N_{L_5} + \frac{f_{L_5}}{c}\delta\rho_T - \frac{A}{cf_{L_5}} + f_{L_5} \cdot (\tau_R - \tau^s) \tag{3-20}$$

$$R_{L_2} = \rho + \delta\rho_T + \frac{A}{f_{L_2}^2} + c \cdot (\tau_R - \tau^S) \tag{3-21}$$

另外，在表 3-1 中，给出了三个载波和宽巷组合。由该表可以看出，$L_2 - L_5$ 组合的波长达到了 5.86m，有时该组合也被称为超宽巷组合 ϕ_{EWL}。

表 3-1　　　　　　　　　　载波和宽巷组合

	频率/MHz	波长/m
L_1	1575.42	0.1903
L_2	1227.60	0.2442
L_5	1176.45	0.2548
$L_1 - L_5$	398.97	0.7514
$L_1 - L_2$	347.82	0.8619
$L_2 - L_5$	51.15	5.8610

根据式(3-19)，对于宽巷($L_1 - L_2$)组合可得：

$$N_{WL} = N_{L_1} - N_{L_2} = \frac{f_{L_1} - f_{L_2}}{f_{L_1} + f_{L_2}}\left(\frac{R_{L_1}}{\lambda_{L_1}} + \frac{R_{L_2}}{\lambda_{L_2}}\right) - (\phi_{L_1} - \phi_{L_2}) \tag{3-22}$$

类似地，对于超宽巷($L_2 - L_5$)组合可得：

$$N_{EWL} = N_{L_1} - N_{L_5} = \frac{f_{L_1} - f_{L_5}}{f_{L_1} + f_{L_5}}\left(\frac{R_{L_1}}{\lambda_{L_1}} + \frac{R_{L_5}}{\lambda_{L_5}}\right) - (\phi_{L_1} - \phi_{L_5}) \tag{3-23}$$

由式(3-22)和式(3-23)可以看出：

$$N_{L_2} = N_{L_1} - N_{WL} \tag{3-24}$$

$$N_{L_5} = N_{L_1} - N_{EWL} \tag{3-25}$$

在数据处理中，可事先利用伪距观测值确定出 N_{WL} 和 N_{EWL}，然后将式(3-13)和(3-20)中的模糊度参数 N_{L_2} 和 N_{L_5} 分别替换为 $N_{L_1} - N_{WL}$ 和 $N_{L_1} - N_{EWL}$，这样，在三个频率的载波相位观测方程中的模糊度参数都变成了 N_{L_1}，虽然它仍需要通过搜索的方法加以确定，但由于 N_{L_2} 和 N_{L_5} 已被替换，方程的冗余度得到了提高，其需搜索的空间将大大减小。

3.5　在模糊度域内确定模糊度

3.5.1　浮动解和固定解

在采用双差模型进行基线解算时，解算结果可分为浮动解和固定解。
双差观测方程可表示为(这里仅考虑模糊度和坐标两类参数)：

$$V = \begin{bmatrix} B_C & B_N \end{bmatrix} \begin{bmatrix} \hat{X}_C \\ \hat{X}_N \end{bmatrix} - L, P \tag{3-26}$$

其中，$\hat{X}_C$为坐标参数；$\hat{X}_N$为模糊度参数；$\hat{B}_C$和$\hat{B}_N$分别为$\hat{X}_C$和$\hat{X}_N$的子设计矩阵；P为观测值的权阵。

浮动解是通过将模糊度参数与坐标参数一起通过最小二乘法估计出来的。

参数估值为：

$$\begin{bmatrix} \hat{X}_C \\ \hat{X}_N \end{bmatrix} = ([B_C \quad B_N]^T P [B_C \quad B_N])^{-1} [B_C \quad B_N]^T P \tag{3-27}$$

单位权方差为：

$$\hat{\sigma}_0^2 = \frac{\Omega}{n-t-m} \tag{3-28}$$

其中，

$$\Omega = V^T P V \tag{3-29}$$

被估参数的协因数阵$Q_{\hat{X}\hat{X}}$及方差-协方差阵$D_{\hat{X}\hat{X}}$分别为：

$$\begin{aligned} Q_{\hat{X}\hat{X}} &= ([B_C \quad B_N]^T P [B_C \quad B_N])^{-1} \\ &= \begin{bmatrix} Q_{\hat{X}_C\hat{X}_C} & Q_{\hat{X}_C\hat{X}_N} \\ Q_{\hat{X}_N\hat{X}_C} & Q_{\hat{X}_N\hat{X}_N} \end{bmatrix} \end{aligned} \tag{3-30}$$

$$D_{\hat{X}\hat{X}} = \hat{\sigma}_0^2 Q_{\hat{X}\hat{X}} \tag{3-31}$$

在浮动解中，模糊度参数为实数值。

固定解通常是将以浮动解为基础确定出的模糊度整数值固定，仅将坐标作为待估参数所得到的基线解算结果。即固定解为在条件：

$$\hat{X}_N = N \tag{3-32}$$

下得出的，其中，N为一整数列向量。

参数估值为：

$$\hat{X}_C' = \hat{X}_C - Q_{\hat{X}_C\hat{X}_N} Q_{\hat{X}_C\hat{X}_C}^{-1} (X_N - N) \tag{3-33}$$

单位权方差为：

$$\hat{\sigma}_0'^2 = \frac{\Omega'}{n-t} \tag{3-34}$$

其中，

$$\Omega' = \Omega + R \tag{3-35}$$

$$R = (\hat{X}_N - N)^T Q_{\hat{X}_N\hat{X}_N}^{-1} (X_N - N) \tag{3-36}$$

被估参数的协因数阵为：

$$Q_{\hat{X}_C\hat{X}_C}' = Q_{\hat{X}_C\hat{X}_C} - Q_{\hat{X}_C\hat{X}_N} Q_{\hat{X}_N\hat{X}_N}^{-1} Q_{\hat{X}_N\hat{X}_C} \tag{3-37}$$

3.5.2 确定固定解的一般过程

当采用双差模型通过最小二乘法进行基线解算时，模糊度参数是连同站坐标参数一起在实数域中进行估计的，输出的是站坐标及双差模糊度的最优估值，最初的双差解被称为实数解或浮动解。但通常浮动解的精度较低，无法满足要求。为获得较高精度的结果，需要设法将模糊度参数固定成正确的整数值，这一过程通常由以下三个主要的步骤组成。

(1) 生成备选模糊度组合。在这一阶段，将构建一个由各种可能的整数模糊度组合所形成的搜索空间。在静态定位的情况下，该搜索空间可通过模糊度浮动解来实现。而对于动态定位，则通过码伪距解来实现。

(2) 确定最佳的整周模糊度组合。在这一阶段，通过某一准则从上一阶段确定出的备选的模糊度组合中挑选出最佳的组合。

(3) 模糊度的确认。在这一阶段，将对所确定出的整数模糊度加以确认，若能通过确认，则将模糊度参数加以固定，否则，保持模糊度为实数状态。

3.5.3 经典置信区间搜索法

根据初始解中模糊度参数 N_i 的估值 $\hat{N}_i$ 及其中误差 m_i($i = 1, 2, \cdots, l$，l 为模糊度参数的数量)，按所设定的置信度 $(1-\alpha)$ 确定该模糊度的置信区间：

$$(\hat{N}_i - \xi_{t(f, 1-\alpha/2)} m_i, \hat{N}_i - \xi_{t(f, 1-\alpha/2)} m_i) \tag{3-38}$$

其中，$\xi_{t(f, 1-\alpha/2)}$ 为置信度为 $(1-\alpha)$ 时，由自由度为 f 的 t-分布概率密度函数所得到的双尾置信区间上下界宽。凡是落在该置信区间内的整数值均作为该模糊度参数整数值的备选值，从而形成一个集合，共有 l 个这样的集合。从每一模糊度参数的备选值集合中任选一个值，形成一个备选组。依此所形成的备选组的数量为 $\prod_{i=0}^{l} n_i$，其中，n_i 为模糊度参数 N_i 整数备选值的数量。

将所得到的备选组依次作为模糊度参数的整数值在观测方程中加以固定，计算相应的单位权方差因子 $\hat{\sigma}_0^2$。对所有的单位权方差因子按大小排序，得到最小值 $\sigma_{0\min}^2$ 和次小值 $\sigma_{0\sec}^2$。

若

$$\frac{\sigma_{0\sec}^0}{\sigma_{0\min}^2} \geq \xi_{F(f, f, 1-\alpha)} \tag{3-39}$$

其中，$\xi_{F(f, f, 1-\alpha)}$ 为置信度为 $(1-\alpha)$ 时，由自由度为 f 和 f 的 F-分布概率密度函数所得到的右尾分位值。则将与 $\sigma_{0\min}^2$ 对应的备选组作为最终模糊度参数的整数值解，否则认为模糊度参数无法固定。

经典置信区间搜索法存在的主要问题是，当初始模糊度参数估值精度较低时，备选组的数量巨大，从而导致搜索计算量激增。为解决上述问题，人们提出了不同的方法，其中的一些方法将在下面几节中进行介绍。

3.5.4 最小二乘搜索方法

最小二乘模糊度方法是由 Hatch(1990, 1991) 提出的。该方法的基本原理是将卫星分成主要和次要的两组。主要组由 4 颗卫星组成(它们应具有良好的 PDOP)，根据这 4 颗卫星确定出可能的模糊度组。从该可能的解的集合中考虑次要组的信息，将不正确的解剔除。最后，可以将残差平方和作为评判解质量的指标。理论上，应仅有真实的模糊度组保留下来。若不是这样，则将如前面所介绍的，应在与第二最小残差平方和进行比较后，选择具有最小残差平方和的解。

3.5.5 快速模糊度确定方法

1990 年，Frei 和 Beutler 提出了快速模糊度确定法(Fast Ambiguity Resolution Approach，FARA)，此后，又有不少的学者对该方法进行了进一步的改进和完善。

FARA 方法的主要特点为：

(1) 利用来自初始平差的统计信息确定模糊度的搜索范围，形成备选的模糊度组。

(2) 使用模糊度初始实数解的验后方差-协方差阵剔除无法通过统计假设检验的模糊度组。

(3) 应用统计假设检验确定正确的模糊度组。

FARA 算法分为 4 步：

(1) 计算载波相位浮动解

根据载波相位观测值并通过平差过程估计出双差模糊度的实数值，同时也计算出未知参数的协因数阵及验后单位权方差(验后方差因子)。根据这些结果，也可以计算出未知参数的方差-协方差阵及模糊度的标准差。

(2) 挑选要进行检验的模糊度

确定模糊度范围的准则基于模糊度实数值的置信区间。因此，第一步的初始解的质量将影响可能的模糊度的范围。更详细地讲，若用 σ_N 表示模糊度 N 的标准差，则 $\pm k\sigma_N$ 是该模糊度的搜索范围，其中，k 由 t-分布导出。这是选择可能的模糊度组的第一个准则。

第二个准则是利用模糊度的相关性。令双差模糊度为 N_i 和 N_j，则其差值为：

$$N_{ij} = N_j - N_i \tag{3-40}$$

根据误差传播律，其标准差为：

$$\sigma_{N_{ij}} = \sqrt{\sigma_{N_i}^2 - 2\sigma_{N_iN_j} + \sigma_{N_j}^2} \tag{3-41}$$

其中，$\sigma_{N_i}^2$、$\sigma_{N_iN_j}$ 和 $\sigma_{N_j}^2$ 包含在参数的方差-协方差阵中。模糊度差值 N_{ij} 的搜索范围为 $k_{ij}\sigma_{N_{ij}}$，其中 k_{ij} 与单独的双差模糊度搜索范围类似。该准则将显著减少可能的整数组的数量。如果具有双频相位观测值，则可以减少更多。

(3) 计算与每一模糊度组相应的固定解

对于每一在统计上被接受的模糊度组，使用固定的模糊度进行最小二乘平差，产生经过平差的基线分量和验后方差因子。

(4) 对具有最小方差的固定解进行统计检验

将对具有最小验后方差的解进行进一步检验。将该解的基线分量与浮动解的进行比较，如果该解相容，则接受。该相容性可通过一个 χ^2 分布来进行检验，它用于检验验后方差与先验方差的相容性。另外，还可以应用另一项检验以确保第二最小方差与最小方差的差别足够大。

从算法可以看出，FARA 仅需要双差数据，因此，原则上不需要码数据和双频数据，但是这些数据将大量地增加可能的模糊度组的数量(见该算法的第二步)。

3.5.6 最小二乘模糊度降相关平差方法

Teunissen(1993)提出了最小二乘模糊度降相关平差(Least Squares Ambiguity Decorrelation Adjustment, LAMBDA)方法。经过多年来的发展与完善,该方法已成为了理论体系最完整、应用最广泛的方法。LAMBDA方法的主要特点是对原始模糊度参数进行整数变换,降低模糊度参数之间的相关性,从而达到缩小搜索范围的目的。

根据前面的内容,我们知道,通过在模糊度域中进行搜索所确定出的模糊度整数值应满足:

$$(\hat{N} - N)^T Q_{\hat{N}\hat{N}}^{-1} (\hat{N} - N) = \min \tag{3-42}$$

其中,$Q_{\hat{N}\hat{N}}$为模糊度实数估值的协因数阵。

不难看出,若$Q_{\hat{N}\hat{N}}$为对角阵,假设其为:

$$Q_{\hat{N}\hat{N}} = \begin{bmatrix} q_{\hat{N}_1\hat{N}_1} & 0 & \cdots & 0 \\ 0 & q_{\hat{N}_1\hat{N}_1} & & 0 \\ \vdots & & \ddots & \vdots \\ 0 & \cdots & 0 & q_{\hat{N}_1\hat{N}_1} \end{bmatrix} \tag{3-43}$$

此时模糊度参数之间误差独立,则

$$(\hat{N} - N)^T Q_{\hat{N}\hat{N}}^{-1} (\hat{N} - N) = \sum_{i=1}^{l} [q_{\hat{N}_i\hat{N}_i}(\hat{N}_i - N_i)^2] = \min \tag{3-44}$$

显然,在这一条件下所确定出的模糊度整数值就是最接近模糊度实数值的整数。

但实际上,$Q_{\hat{N}\hat{N}}$是一个满对称阵,也就是说,各模糊度参数之间误差相关,取整到最接近的整数值的方法将行不通。因此,需应用一个对模糊度去相关的转换,使转换后的模糊度协因数阵成为一个对角阵。

将$Q_{\hat{N}\hat{N}}$变换为对角阵看似容易,如一个特征值分解就可产生一个对角阵。但由于还必须对整数模糊度N进行转换,并保持它们的整数特性,因此,普通的特征值变换将无法满足这一要求。

通常,可将该过程表示为:

$$\begin{aligned} N' &= ZN \\ \hat{N}' &= Z\hat{N} \\ Q_{\hat{N}'} &= ZQ_{\hat{N}}Z^T \end{aligned} \tag{3-45}$$

其中,协因数阵的转换通过误差传播律获得。由于转换后所得到的模糊度N'必须保持整数值,因而矩阵Z必须满足3个条件:

(1)转换矩阵Z的元素必须为整数值;
(2)转换必须保持体积不变;
(3)转换必须使所有模糊度方差的乘积减小。

另外,转换矩阵Z的逆也必须仅由整数所组成,因为,一旦对(所确定出的)整数模糊度N'再次进行转换时,还必须保持模糊度的整数特性。

在通过Z变换将模糊度去相关后,可采用序贯条件平差进行搜索,一个接一个地确定模糊度。要估计第 i 个模糊度时，前面确定的第 $i-1$ 个模糊度将固定。序贯条件平差的模糊度不相关，因而 Z 变换的效果将不变。

由上面的介绍可以看出，LAMBDA 方法分为如下几步：

(1) 进行常规平差，产生基线分量和浮动模糊度。

(2) 采用 Z 变换，对模糊度搜索空间进行重新参数化，以使浮动模糊度去相关。

(3) 采用序贯条件平差连同一个离散的搜索方法，对整数模糊度进行估计。通过逆变换 Z^{-1} 将模糊度重新转换回原来的模糊度空间（所给出基线向量的空间）。由于 Z^{-1} 仅由整数元素所构成，因此，模糊度的整数特性将保留。

(4) 将整数模糊度作为整数固定，用最小二乘平差确定最终的基线向量。

3.5.7 Cholesky 分解快速模糊度搜索

解得双差载波相位模糊度的实数解后，可根据如下准则来搜索：

$$T = (\hat{N} - N)^{\mathrm{T}} Q_{\hat{N}}^{-1} (\hat{N} - N) = \min \tag{3-46}$$

为减少计算上述二次型的计算量，可对 $Q_{\hat{N}}^{-1}$ 进行 Cholesky 分解，

$$Q_{\hat{N}}^{-1} = C^{\mathrm{T}} C \tag{3-47}$$

其中，C 为一上三角阵：

$$C = \begin{bmatrix} c_{1,1} & c_{1,2} & \cdots & c_{1,m} \\ 0 & c_{2,2} & & \vdots \\ \vdots & & \ddots & c_{m-1,m} \\ 0 & \cdots & 0 & c_{m,m} \end{bmatrix} \tag{3-48}$$

则

$$\begin{aligned} T &= (\hat{N} - N)^{\mathrm{T}} Q_{\hat{N}}^{-1} (\hat{N} - N) \\ &= (\hat{N} - N)^{\mathrm{T}} C^{\mathrm{T}} C (\hat{N} - N) \\ &= [C(\hat{N} - N)]^{\mathrm{T}} [C(\hat{N} - N)] \\ &= f^{\mathrm{T}} f \\ &= f_1^2 + f_2^2 + \cdots + f_m^2 \end{aligned} \tag{3-49}$$

其中，n 和 $\hat{n}$ 分别为 N 和 $\hat{N}$ 的元素，

$$\begin{aligned} f_m &= (\hat{n}_m - n_m) c_{m,m} \\ f_{m-1} &= (\hat{n}_m - n_m) c_{m,m-1} + (\hat{n}_{m-1} - n_{m-1}) c_{m-1,m-1} \\ &\vdots \\ f_1 &= (\hat{n}_m - n_m) c_{m,1} + (\hat{n}_{m-1} - n_{m-1}) c_{m-1,1} + \cdots + (\hat{n}_1 - n_1) c_{1,1} \end{aligned} \tag{3-50}$$

Cholesky 分解快速模糊度搜索的步骤为：

(1) 选取首个模糊度整数值备选组，利用式(3-49)计算检验量 T_1，令 $T_{\min} = T_1$。

(2) 选取第二个模糊度整数值备选组，同样利用式(3-49)计算检验量 T_2。若 $T_2 > T_{\min}$，则令 $T_{\mathrm{sec}} = T_2$；若 $T_2 \leqslant T_{\min}$，则令 $T_{\mathrm{sec}} = T_{\min}$，$T_{\min} = T_2$。

(3) 继续选取一个模糊度整数值备选组，计算检验量 T_i。在计算时，由 $f_m \rightarrow f_1$ 进行，当计算到 $f_m^2 + f_{m-1}^2 + \cdots + f_k^2$ 时就已大于 T_{sec}，则停止计算，进入下一步；否则继续计算。若 $T_i < T_{min}$，则令 $T_{min} = T_i$；若 $T_{min} < T_i < T_{sec}$，则令 $T_{sec} = T_i$。

(4) 反复进行步骤(3)，直至所有备选组计算完毕。

(5) 对于 T_{min} 相对应的模糊度整数值进行相关的验证，以确定其是否可作为最终解。

Cholesky 的最大特点是减小了计算检验量 T 的计算量。

3.6 与电离层无关组合的模糊度固定

模糊度处理对于 GPS 基线解算来说至关重要，不仅对于原始的 L_1 和 L_2 载波相位观测值如此，对由 L_1 和 L_2 载波相位观测值所形成的组合观测值来说也是如此。在本章的前面已经对载波相位观测值模糊度的确定方法进行了详细介绍，它们可适用于任何类型的载波相位观测值，其中也包括组合观测值。不过，由于组合观测值具有一些有别于原始载波相位观测值的特性，因而在确定某些类型的组合观测值时，需要进行一些特殊处理。对于常用的 4 种特殊线性组合——无电离层组合 ϕ_{IF}、宽巷组合 ϕ_{WL}、窄巷组合 ϕ_{NL} 和无几何关系的组合 ϕ_{GF} 来说，ϕ_{GF} 的波长为无穷大，不存在模糊度问题，而其余三种组合需要确定模糊度。宽巷组合观测值 ϕ_{WL} 的模糊度 ϕ_{NL} 为：

$$N_{WL} = N_{L_1} - N_{L_2} \tag{3-51}$$

窄巷组合观测值 ϕ_{NL} 的模糊度 N_{NL} 为：

$$N_{NL} = N_{L_1} + N_{L_2} \tag{3-52}$$

而电离层折射延迟观测值 ϕ_{IF} 的模糊度 N_{IF} 为：

$$N_{IF} = N_{L_1} - \frac{f_{L_2}}{f_{L_1}} N_{L_2} \tag{3-53}$$

可以看出，宽巷组合观测值和窄巷组合观测值的模糊度仍然保持整数特性，因而可以直接采用前面所述的方法进行模糊度的确定，而无电离层折射延迟观测值的模糊度已不具有整数特性，因而无法直接采用前面所述的方法进行模糊度的确定。虽然如此，我们仍可以采用特殊的方法来确定无电离层折射延迟观测值的模糊度。下面将介绍数据处理中常用的无电离折射延迟组合 ϕ_{IF} 的模糊度确定方法。

以周为单位的无电离层折射延迟观测值 ϕ_{IF} 为：

$$\phi_{IF} = \phi_{L_1} - \frac{f_{L_2}}{f_{L_1}} \phi_{L_2} \tag{3-54}$$

无电离层折射延迟观测值 ϕ_{IF} 的频率 f_{IF} 和波长 λ_{IF} 分别为：

$$f_{IF} = f_{L_1} - \frac{f_{L_2}^2}{f_{L_1}} \tag{3-55}$$

$$\lambda_{IF} = \frac{c}{f_{IF}} = \frac{c}{f_{L_1} - \frac{f_{L_2}^2}{f_{L_1}}} = \frac{c \cdot f_{L_1}}{f_{L_1}^2 - f_{L_2}^2} \tag{3-56}$$

根据式(2-48)可以得出一种确定整周模糊度N_{IF}的方法，就是首先分别利用L_1和L_2载波相位观测值进行基线解算，确定出L_1和L_2的模糊度n_{L_1}和n_{L_2}，然后利用式(3-53)确定出ϕ_{IF}的模糊度。

虽然上述确定ϕ_{IF}模糊度N_{IF}的方法在理论上是正确的，但在实际数据处理过程中却仅适用于短基线模糊度的确定，而对于距离较长的基线，由于电离层折射延迟的影响较大，往往无法固定L_1和L_2原始载波相位观测值的模糊度N_{L_1}和N_{L_2}。

在数据处理过程中，实际上采用另外一种适用范围更广的方法来确定ϕ_{IF}的模糊度N_{IF}。由于

$$\begin{aligned}
\lambda_{IF} \cdot N_{IF} &= \frac{c \cdot f_{L_1}}{f_{L_1}^2 - f_{L_2}^2} \cdot \left(N_{L_1} - \frac{f_{L_2}}{f_{L_1}} N_{L_2}\right) \\
&= \frac{c \cdot f_{L_1}}{f_{L_1}^2 - f_{L_2}^2} \cdot N_{L_1} - \frac{c \cdot f_{L_2}}{f_{L_1}^2 - f_{L_2}^2} \cdot N_{L_2} \\
&= \frac{c \cdot f_{L_1}}{f_{L_1}^2 - f_{L_2}^2} \cdot N_{L_1} + \frac{c \cdot f_{L_2}}{f_{L_1}^2 - f_{L_2}^2} \cdot N_{L_1} - \frac{c \cdot f_{L_2}}{f_{L_1}^2 - f_{L_2}^2} \cdot N_{L_1} - \frac{c \cdot f_{L_2}}{f_{L_1}^2 - f_{L_2}^2} \cdot N_{L_2} \\
&= \left(\frac{c \cdot f_{L_2}}{f_{L_1}^2 - f_{L_2}^2} \cdot N_{L_1} - \frac{c \cdot f_{L_2}}{f_{L_1}^2 - f_{L_2}^2} \cdot N_{L_2}\right) + \left(\frac{c \cdot f_{L_1}}{f_{L_1}^2 - f_{L_2}^2} \cdot N_{L_1} - \frac{c \cdot f_{L_2}}{f_{L_1}^2 - f_{L_2}^2} \cdot N_{L_1}\right) \\
&= \frac{c \cdot f_{L_2}}{f_{L_1}^2 - f_{L_2}^2} \cdot (N_{L_1} - N_{L_2}) + \frac{c}{f_{L_1} + f_{L_2}} N_{L_1}
\end{aligned} \quad (3\text{-}57)$$

$N_{L_1} - N_{L_2}$为宽巷组合观测值ϕ_{WL}的模糊度N_{WL}，$\frac{c}{f_{L_1}+f_{L_2}}$为窄巷组合观测值$\phi_{NL}$的波长$\lambda_{NL}$，即$N_{WL} = N_{L_1} - N_{L_2}$，$\lambda_{NL} = \frac{c}{f_{L_1}+f_{L_2}}$，因而可将式(3-57)写成如下形式：

$$\lambda_{IF} \cdot N_{IF} = \frac{c \cdot f_{L_2}}{f_{L_1}^2 - f_{L_2}^2} \cdot N_{WL} + \lambda_{NL} \cdot n_{L_1} \quad (3\text{-}58)$$

由于宽巷组合观测值ϕ_{WL}的波长较长，约为86cm，因而其模糊度N_{WL}较易确定。这样，为了确定无电离层折射延迟观测值ϕ_{IF}，可以首先利用宽巷观测值ϕ_{WL}进行基线解算，确定出ϕ_{WL}的模糊度N_{WL}，或利用双频伪距直接确定出ϕ_{WL}的模糊度N_{WL}。由于N_{WL}已被事先确定，因而需要确定的模糊度参数只有1个，即N_{L_1}，它可采用前面所介绍的方法来确定。由于在式(3-58)中，模糊度N_{L_1}前面的系数为窄巷组合观测值的波长，因而有时也将N_{L_1}称为窄巷模糊度。

参 考 文 献

1. 李征航，黄劲松．GPS测量与数据处理[M]．武汉:武汉大学出版社，2005
2. Euler H J, Landau H. Fast GPS Ambiguity Resolution On-the-Fly for Real-time Application [C]．The 6th International Geodetic Symposium on Satellite Positioning, Columbus, Ohio, 1992

3. Frei E, Beutler G. Rapid Static Positioning Based on the Fast Ambiguity Resolution Approach FARA: Theory and First Result[J]. Manuscripta Geodaetica, 1990, 15: 325-356
4. Xu Guochang. GPS Theory, Algorithms and Applications[M]. 2nd ed. Berlin Heidelberg: Springer-Verlag, 2007
5. Han S. Carrier Phase-based Long-range GPS Kinematic Positioning[D]. New South Wales: The University of New South Wales, 1997
6. Hofmann-Wellenhof B, Lichtenegger H, Collins J. GPS Theory and Practice[M]. 5th ed. Wien: Springer-Verlag, 2001
7. Leick A. GPS Satellite Surveying[M]. 3rd ed. New York: John Wiley and Sons Inc., 2004
8. Teunissen P J G, Kleusberg A. GPS for Geodesy[M]. 2nd ed. Berlin: Springer-Verlag, 1998
9. Wolfgang W, Jon W. TCAR and MCAR Options with GALILEO and GPS[C]. ION GPS/GNSS 2003, Portland, 2003

第4章 基于GPS观测值的电离层电子含量反演及建模

4.1 概 述

电离层是高度约为 60～1000km 范围内的离子化的大气层。该区域内的大气分子或原子在太阳的紫外线、X 射线和高能粒子的作用下电离生成自由电子和正离子。带电粒子在外加电磁场的作用下将随之振动，从而产生二次辐射，同原来的场矢量相加，最终影响电离层的折射指数。电离层中的电子密度将随着高度的不同而变化，这种变化主要取决于太阳辐射的能量强度和大气的密度。在电离层的上层，大气已十分稀薄，单位体积内可供电离的气体分子和原子数很少，尽管太阳辐射的能量很强，但电子密度仍不大。在电离层的下层，虽然大气较为稠密，可供电离的中性气体分子较为充足，但太阳光在穿过电离层的过程中，其能量已逐渐损耗于电离的过程中而变得较弱，因而电子密度也很小。在高度为 300～400km 的区间，大气仍有足够的密度，太阳辐射也保持相当大的能量，所以电子密度可取得极大值，这也是在 2.2 节里将电离层单层高度通常取为 350km 的原因。

电离层结构可用电离层特性参量来表征，包括电子密度、离子密度、电子温度、离子温度等的空间分布。电子密度随高度的分布是其主要研究内容。电子密度（或称电子浓度）是指单位体积内的自由电子数，通常用 el/m^3 或 el/cm^3 来表示（$1 \times 10^6 el/m^3 = 1 el/cm^3$）。电子密度随高度的变化与不同高度上的大气成分、大气密度以及太阳辐射通量等因素有关。电离层在垂直方向上呈分层结构，一般划分为 D 层、E 层和 F 层，F 层又分为 F1 层和 F2 层（如图 4-1 所示）。D 层位于电离层的最低层，高度范围大约从 70～90km，白天最大电子密度约为 $7 \times 10^8 el/m^3$，夜晚减少到可以忽略；E 层高度约为 90～160km，最大电子密度约为 $1 \times 10^{11} el/m^3$；F 层在 E 层的上方，较低层为 F_1 层，最大电子密度约为 $3 \times 10^{11} el/m^3$，较高的为 F_2 层，最大电子密度约为 $1 \times 10^{12} el/m^3$。在电离层中，以 F 层的电子密度最高。

电离层分层结构只是电离层状态的理想描述，实际上，电离层总是随纬度、经度呈现复杂的空间变化，并且具有昼夜、季节、年、太阳黑子等周期变化。由于电离层各层的化学结构、热结构不同，各层的形态变化也不尽相同。

电离层中的电子密度、稳定程度和厚度等时刻都在不断变化，这些变化主要是受太阳活动的影响。太阳活动的剧烈程度通常可用太阳黑子数来表示。当太阳活动趋于剧烈时，太阳黑子数会增加，电离层中的电子数也会相应增加。在太阳活动高峰年与低峰年之间，总电子含量可相差 4 倍左右。太阳活动的周期约为 11 年（如图 4-2 所示），故总电子含量

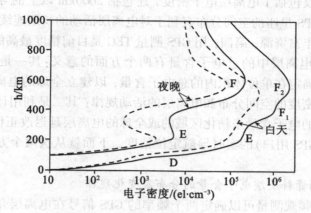

图 4-1 电离层电子密度的典型分布

也呈现出周期为 11 年左右的周期性变化。太阳发生耀斑时，就会使电离层的电子密度发生很大变化，产生所谓的电离层暴，并影响空间天气状况。

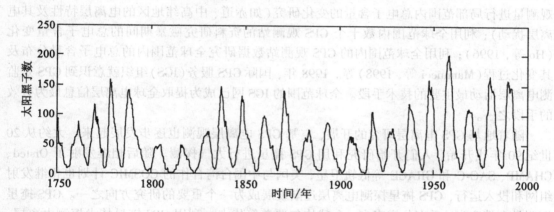

图 4-2 太阳黑子数的周期性变化

电离层作为一种传播介质使电波在电离层中被折射、反射、散射和吸收而损失部分能量。电离层对电波传播的影响与人类活动密切相关，如无线电通信、广播、无线电导航、雷达定位等。受电离层影响的波段从极低频(ELF)直至甚高频(VHF)，但中波和短波段影响最大。3~30MHz 为短波段，它是实现电离层远距离通信和广播的最适当波段，在正常的电离层状态下，它正好对应于最低可用频率和最高可用频率之间。但由于多路径效应，信号衰落较大，电离层暴和电离层突然骚扰，电离层对通信和广播可能造成严重影响，甚至信号中断。因此，对电离层活动进行监测和预报，对于揭示太阳和电离层活动的规律性，了解地球磁场及其他圈层变化和相互作用的规律，具有重要的意义。

以前，电离层的监测通常是通过复杂的电离层探测仪来实现的。GPS 系统建成后，基于 GPS 的电离层探测已成为国内外电离层研究领域的主要方向之一。利用 GPS 研究电离层，具有其他卫星探测技术无法比拟的优点：第一，GPS 卫星轨道高度约为 20000km，观测到的总电子含量不仅包括了电离层电子密度，还包括了2000km以上的等离子体层中电子密度的影响；第二，GPS星座的空间分布有利于对电离层活动的长期连续监测；第三，IGS为研究电离层提供了丰富资源；第四，用GPS测量TEC是目前精度最高的TEC测量手段。

利用GPS确定电离层中的总电子含量有两个方面的意义：其一是通过测定电离层对GPS信号的延迟来确定在单位体积内的总电子含量，以建立全球的电离层数值模型，研究并揭示电离层电子密度的空间分布和电离层的活动规律；其二是利用计算得到的高时空分辨率的全球电离层的电子含量来精化区域的或全球的电离层延迟改正模型，进而改善GPS用户(特别是单频GPS用户)的实时导航定位精度。下面就从这两个方面简要介绍国内外的发展状况。

1. 用GPS观测资料反演电子含量的分布及变化规律

利用GPS的双频观测量可以确定两个频率的GPS信号在电离层介质中传播的总时延量之差。在一级近似条件下，由这一时延差可以得到整个信号传播路径上电离层的总电子含量(李征航等，2005)。基于GPS技术进行电离层探测目前主要分为地基GPS电离层探测和空基GPS电离层探测。20世纪80年代，全球或区域性地面GPS观测网络的陆续建立并投入使用，为地基GPS电离层探测提供了丰富的地面观测资料。这些研究包括利用GPS观测量进行局部范围内总电子含量的变化研究(如赤道、中高纬地区的电离层特性及其电离层扰动)；利用全球范围内数十个GPS观测站的资料研究磁暴期间的总电子含量变化(Ho等，1996)；利用全球范围内的GPS观测站数据研究全球范围内的总电子含量分布及其变化过程(Mannucci等，1998)等。1998年，国际GPS服务(IGS)组织就意识到GPS是监测电离层活动最主要的技术手段。全球范围的IGS网已成为提取全球电离层信息最为有效的手段之一。

随着地基GPS电离层研究的开展，空基GPS电离层观测也逐步发展起来。大约从20世纪90年代开始，人们开始研究利用GPS掩星进行大气探测。随后相继发射了Orsted、CHAMP、SAC-C和GRACE等低轨卫星，美国与中国台湾合作的COSMIC计划也相继发射组网和投入运行，GPS掩星探测电离层逐渐发展成为一个重要的研究方向之一。GPS掩星探测具有精度高、垂直分辨率高、全球均匀覆盖等优点。利用GPS掩星技术探测电离层，极大地改善了反演结果的垂直分辨率，克服了地基电离层层析实验的不足。使用GPS掩星探测方法可以获得电离层和等离子层电子密度、异常分布和电离层扰动的全球连续三维图谱。掩星观测资料可以获得电子密度的垂直廓线，利用层析技术或数据同化技术可获得电子密度及其异常分布的三维图像。

总的来说，地基和空基GPS观测反演电离层参数可以研究电离层总电子含量的全球分布，电离层总电子含量的周日、季节、年变化规律特征，各种异常电离层现象如扰动、耀斑、日食以及电离层不均匀结构引起的信号闪烁等方面的问题。GPS监测电离层的方法不断更新和提高，已逐渐趋于高精度、近实时、高时空分辨率的监测，为电离层活动及其所反映的太阳活动规律的监测和研究提供了一条新的途径，也为地球上层大气动力学的研究注入了新的活力。

2. 用GPS观测资料建立高精度电离层延迟模型

电离层延迟误差是影响GPS测量、导航、定位与定轨精度的主要误差源之一，也是导致一般差分 GPS 的定位精度随用户和基准站间距离的增加而迅速降低的主要原因之一。目前，解决电离层延迟误差的方法一般有双频改正法、差分 GPS 定位法、半和改正法和电离层模型法。双频改正法是利用双频观测值间的某种线性组合来消除电离层延迟误差的影响；差分 GPS 定位法是认为相邻测站上的同步 GPS 观测值受到的电离层延迟误差近似相等，通过双差分的方法来削弱其对定位的影响；半和改正法是利用 GPS 伪距观测值和相位观测值受到的电离层延迟误差大小相等、符号相反的特性，通过对伪距观测值和相位观测值求和来抵消电离层延迟误差对定位的影响。下面主要介绍电离层模型法。

电离层模型大致可以分为理论模型和经验模型两类。理论电离层模型通常较为复杂，且可以定性地描述电离层的特征和变化规律，但其精度不够。经验模型是通过大量的、长期的来自地面、空间（火箭和卫星）的观测数据通过拟合得到的平均数值模型。现有的电离层经验模型大体又可分为两类。第一类经验模型是依据建立模型以前长时期内收集到的观测资料而建立起来的反映电离层平均变化规律的一些经验公式，如 Bent 模型、国际参考电离层（International Reference Ionosphere，IRI）模型、Klobuchar 模型等。由于影响电离层的因素很多，且我们对各因素间的相互关系、变化规律及其内部变化机制等又未完全搞清，从而使电离层中的电子含量呈现很多不规则的变化，所以利用这些模型得到的电离层延迟的精度一般都不高。第二类模型是基于 GPS 观测值建立的电离层模型，它是一种特殊的经验模型，是依据某一时段中在某一区域内实际测定的电离层延迟采用数学方法拟合出来的一个模型。显然，建立这种模型时，并不要求对电离层的变化规律有透彻的了解，一些时间尺度较长的不规则变化已经在模型中得到了反映。用双频 GPS 观测值已能较精确地测定电离层延迟，目前，GPS 卫星的数量较多，分布也大体均匀，利用数小时内地面监测站的 GPS 观测数据就能很好地拟合出全球性或区域性电离层模型，采用这种模型时，通常能取得较为理想的效果。目前主要有多项式函数模型、球谐函数模型、三角函数模型等。与第一类模型相比，其精度可大幅度提高。所以，为改善单频 GPS 用户的定位精度，削弱电离层延迟误差的影响，在广域差分 GPS 系统中，通常将电离层延迟误差"模型化"，通过各基准站的双频 GPS 观测资料建立区域性的电离层延迟模型，供广大单频 GPS 用户使用，可显著提高单频 GPS 用户的定位精度。

4.2　GPS 观测反演电子含量的基本原理

电磁波信号（如 GPS 卫星发射的信号）在穿过电离层时，其传播速度会发生变化（变化程度主要取决于电离层中的电子密度和信号频率），传播路径也会略微弯曲（但对测距结果所产生的影响不大，在一般情况下可不考虑），从而使得信号的传播时间 τ 乘上真空中的光速 c 后得到的距离 ρ 不等于从信号源至接收机天线相位中心的几何距离 R。对 GPS 测量来讲，这种差异在天顶方向可达数米甚至十几米，对低高度角的卫星信号，甚至超过数十米，因此，在 GPS 导航定位解算中，必须仔细地加以改正。

在仅顾及 f^2 项的情况下，电磁波在电离层中传播时所受到的电离层延迟改正量的大小可表示为（Hofmann，2000）：

$$\Delta \mathrm{Ion} = \frac{40.3}{f^2} \int_S Ne \cdot ds \qquad (4\text{-}1)$$

式中，Ne 为对应积分单元处的电子密度，单位为电子数/m³；f 为信号频率；S 为信号传播路径。根据电磁波信号穿过电离层介质时群速和相速的关系可知，GPS 测距码伪距观测值和载波相位观测值所受到的电离层延迟误差大小相等、符号相反(Hofmann, 2000)。

由式(4-1)可知，求 GPS 信号电离层延迟改正的关键在对电子密度 Ne 沿信号经过电离层路径的积分。由于电子密度 Ne 是高度 H 和地方时 t 的函数，如果直接对电子密度沿信号传播路径进行积分计算，将使问题变得较为复杂。为此，我们引入总电子含量 TEC (Total Electron Content)，即定义：

$$\mathrm{TEC} = \int_S Ne \cdot ds \qquad (4\text{-}2)$$

上式表明，总电子含量为沿卫星信号传播路径 S 对电子密度 Ne 进行积分所获得的结果，也即底面积为一个单位面积沿信号传播路径贯穿整个电离层的一个柱体中所含的电子数，单位通常为电子数/m²。

在 GPS 观测中，同历元时刻来自不同卫星的 GPS 信号到某一测站的传播路径方向，其 TEC 值是不相同的。卫星高度角 E 越小，卫星信号在电离层中的传播路径就越长，TEC 值就越大。对于同一测站相同历元观测到的不同方位的 GPS 卫星信号，其所经过的传播路径不同，不同路径上的 TEC 也不相同，在这些 TEC 值中有一个最小值，即天顶方向($E = 90°$)的总电子含量，通常用 VTEC (Vertical Total Electron Content)来表示，VTEC 可以反映测站上空电离层的总体特征，被广泛采用。

1. 中心电离层

我们知道，电离层分布在离地面 60~1000km 高度的区域内，当卫星不在测站的天顶时，信号传播路径上每点的地方时和纬度均不相同，于是，我们就需要对每个微分段 ds 分别计算，然后用式(4-2)积分求出总的电子含量。但这样会使计算变得十分复杂，所以在计算时，通常采用下列方法：将整个电离层压缩为一个单层，将整个电离层的自由电子都集中到该单层上，用它来代替整个电离层，这个单层就称为中心电离层，如图4-3所示，图中，H 为单层高度；R 为地球半径；z 为测站信号路径天顶距；z' 为电离层穿刺点处的信号路径天顶距。中心电离层离地面的高度通常取 350km。GPS 信号路径通过中心电离层的交点通常称为穿刺点。

2. 利用 GPS 双频观测量计算 TEC

从式(4-1)知，卫星信号所受到的电离层延迟与信号的频率 f 的平方成反比。如果卫星能同时用两种频率来发射信号，那么这两种不同频率的信号就将沿着几乎相同的路径传播到达 GPS 接收机天线。通过精确测定这两种不同频率的信号到达接收机天线的时延差，就能反推出信号传播路径上的总电子含量，这就是利用 GPS 进行电离层观测的基本原理。

根据双频 GPS 伪距观测方程并联合式(4-1)和式(4-2)，可以得到利用双频伪距观测量计算传播路径上的 TEC 的公式为：

$$\mathrm{TEC} = k \cdot (P_2 - P_1) \qquad (4\text{-}3)$$

式中，$k = \dfrac{f_2^2 f_1^2}{40.3(f_1^2 - f_2^2)}$ 为常数，f_1、f_2 分别为 L_1 和 L_2 信号的频率；P_2 和 P_1 分别为两个频

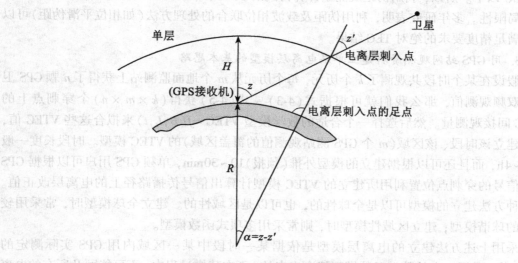

图 4-3 中心电离层单层示意图

率上的伪距观测值。

通常取 TECU 为 TEC 的单位,1TECU = 10^{16} 个电子$/m^2$(1TECU 对 GPS C/A 码伪距信号引起的距离延迟量约为 0.16m)。将 f_1、f_2 的数值代入 k 的表达式,且用 TECU 为单位,则 k 近似等于 9.5196433。根据双频 GPS 伪距观测值来计算 GPS 信号传播路径上的总电子含量 TEC 时,直接用 9.5196433 乘上双频伪距观测值之差($P_2 - P_1$ 以 m 为单位),就可以得到信号传播路径上以 TECU 为单位的 TEC 值。

类似地,采用载波相位观测值计算传播路径上的 TEC 的公式为:

$$TEC = k \cdot (\lambda_1 \varphi_1 - \lambda_2 \varphi_2) + k \cdot (\lambda_1 N_1 - \lambda_2 N_2) \tag{4-4}$$

式中,N_1 和 N_2 分别为相位观测值 φ_1 和 φ_2 的模糊度。

在单层模型中,穿刺点处的垂直方向上总电子含量 VTEC 值可以表示为:

$$VTEC = TEC \cdot \cos z' \tag{4-5}$$

式中,z' 为穿刺点处卫星传播路径方向的天顶距;TEC 为信号传播路径上的总电子含量,与 VTEC 对应,通常为了区分垂直方向上的总电子含量,我们用 STEC(Sloped Total Electron Content)表示信号倾斜路径上的总电子含量,即实际上式(4-4)和式(4-5)计算出的是 STEC。

双频载波 GPS 接收机可以提供两个频率的 GPS 信号从卫星到接收机之间的伪距观测量、载波相位观测量及卫星轨道参数。利用伪距观测量可以得到电离层的绝对 TEC 值,而利用载波相位观测量只能得到 TEC 值变化的相对值(除非我们知道非差相位模糊度参数)。由于受多路径效应以及伪距观测量噪声的影响,由双频伪距计算得到的 TEC 值的随机误差较大。利用双频载波相位观测值计算得到的 TEC 要比利用伪距观测量得到的 TEC 的相对精度高得多。实验表明,由伪距观测量得到的 TEC 的标准偏差在高仰角时可达到 10 TECU 的精度,而有一些电离层现象,如电离层行扰、太阳耀斑等引起的 TEC 变化的量级一般在

1 TECU以下。所以，利用伪距观测量计算得到的 TEC 结果在分析具体电离层现象时有一定的局限性。多年研究表明，利用伪距及载波相位联合的处理方法（如相位平滑伪距）可以得到满足精度要求的绝对 TEC 结果。

3. 用 GPS 站网观测资料建立单层电离层模型的基本思路

假设在某个时段共观测了 k 个历元，每个历元从 m 个地面监测站上获得了 n 颗 GPS 卫星的双频观测值，那么我们就可根据式(4-3)~式(4-5)获得 $(k \times m \times n)$ 个穿刺点上的 VTEC 间接观测量。然后选择一个合适的数学模型 VTEC = $f(B,L,t)$ 来拟合这些 VTEC 值，从而建立该时段、该区域（m 个 GPS 测站观测值的覆盖区域）的 VTEC 模型。时段长度一般为 2~4h，而且还可以根据建立的模型外推（预报）10~30min，单频 GPS 用户可以根据 GPS 观测信号的穿刺点位置利用所建立的 VTEC 模型计算出信号传播路径上的电离层改正值。用这种方法建立的模型可以是全球性的，也可以是区域性的。建立全球模型时，常采用较复杂的球谐模型；建立区域性模型时，则常采用多项式函数模型。

采用上述方法建立的电离层模型是依据某一时段中某一区域内用 GPS 实际测定的 VTEC 值，采用一定的数学函数模型拟合出来的，而在建模过程中，不可能顾及所有的电离层变化行为，这在一定程度上会影响所建立的电离层模型的精度。影响模型精度的主要因素有监测站的数量及其地理分布、GPS 双频观测值的精度、所采用模型是否能较好地表达电离层电子含量的分布及变化规律、电离层中一些短时间、小尺度的不规则变化等。但是相比传统的经验模型而言，利用 GPS 双频观测值已能较精确地测定电离层延迟量。目前，GPS 卫星的数量较多，分布也大体均匀，全球地面 GPS 观测站的数量越来越多，地理分布越来越密，所以采用这种方法时通常都可以取得较为理想的结果。当然，单独利用跟踪站网的 GPS 双频伪距观测量建立的电离层模型精度不会很高，满足不了高精度定位用户的需求，要获得较高精度的电离层模型，需要联合载波相位观测值进行计算。

4.3 几种典型的电离层单层模型

4.3.1 经典电离层模型

VTEC 是反映电离层特性的一个重要参数，有了准确的 VTEC 值，就能对 GPS 信号进行电离层延迟改正。VTEC 是时间和地点的函数，与太阳活动情况也有密切关系。依据大量的实测资料，可以建立起反映上述关系的经验公式。将电离层中的电子密度、离子密度、离子成分和总电子含量等参数的时空变化规律的数学公式称为经典电离层改正模型，主要有：

1. 本特(Bent)模型

用该模型可计算高度在 1000km 以下的电子密度垂直剖面图，从而获得 VTEC 等参数。在该模型中，电离层的上部是用 3 个指数层和一个抛物线层来逼近的，下部则用双抛物线层来近似。该模型着眼于尽可能使 VTEC 值正确，以便获得较准确的电离层延迟量。该模型的输入参数为日期、时间、测站位置、太阳辐射流量及太阳黑子数等。

2. 国际参考电离层(IRI)模型

1978年，国际无线电科学联盟(URSI)和空间研究委员会(COSPAR)建立并公布了一个电离层经验模型——国际参考电离层(IRI 1978)。该模型给出了高度在1000km以下的电离层中的电子密度、离子密度和主要正离子成分等参数的时空分布的数学表达式及计算程序。随着观测资料的不断积累，其后又推出了IRI 1980、IRI 1986、IRI 2000等。输入日期、时间、地点和太阳黑子数等参数后可给出电子密度的月均剖面图，从而求出总电子含量和电离层延迟。

3. 克罗布歇模型(Klobuchar)

这是一个被单频GPS接收机用户所广泛采用的电离层延迟改正模型。该模型将晚间的电离层时延视为常数，取值为5ns，而白天的电离层延迟则用余弦函数中正的部分来模拟。于是用调制在L_1载波上的测距码进行伪距测量时，在天顶方向上的电离层时延T_g可用下式计算：

$$T_g = 5\text{ns} + A\cos\frac{2\pi}{P}(t - 14\text{h}) \tag{4-6}$$

式中，t为观测瞬间在穿刺点处的地方时；A为余弦函数振幅；P为周期，可以分别用下列公式进行计算：

$$\begin{cases} A = \sum_{i=0}^{3}\alpha_i(\phi_m)^i \\ P = \sum_{i=0}^{3}\beta_i(\phi_m)^i \end{cases} \tag{4-7}$$

其中，α_i和β_i($i=0,1,2,3$)是地面控制系统根据该天为一年中的第几天(将一年分成37个区间)以及前5天太阳的平均辐射强度(共分为10挡)从370组常数中选取的，然后编入导航电文播发给用户；ϕ_m为穿刺点处的地磁纬度，具体计算方法见参考文献(Klobuchar, 1986)。GPS系统就是将电离层参数加到导航电文中，并将其播发给广大单频用户使用，单频GPS用户利用上述电离层参数就可以计算出每个单频观测值的电离层延迟改正。

利用上述三个电离层模型计算VTEC的优点是无需进行实际观测即可根据这些经验公式及一些具体参数(时间、地点、太阳辐射流量等)求得VTEC值。然而，这些电离层模型都是一些反映在正常情况下的理想电离层状况的经验公式。利用它们来计算某一时刻、某一地点的VTEC值的精度都不够理想，其误差可达20%~40%，甚至更大。

4.3.2 格网模型

格网模型假设电离层总电子含量(TEC)集中于单层，基于局域或广域参考站网络的GPS观测资料估计出单层上规则格网点上天顶方向上的总电子含量(VTEC)，并将这些格网点上天顶方向的总电子含量实时播发给区域内的GPS用户，GPS用户根据信号路径穿过单层的交点(即穿刺点)位置，利用该穿刺点所在网格的四个格网点上的VTEC，可内插出该穿刺点处的VTEC，并投影获得信号倾斜路径方向上的总电子含量，以改正GPS观测值所受到的电离层延迟误差。

格网模型主要应用于广域差分GPS(WADGPS)中。下面以美国的广域差分GPS系统

WAAS为例，简要介绍格网模型的实现过程。每个WAAS地面参考站所配备的双频GPS接收机对所有可视GPS卫星进行观测(观测截止高度角通常大于或等于20°)，利用观测到的双频GPS观测值可以计算出每个历元时刻的每个参考站至每颗可见卫星信号传播路径上的电离层延迟量，同时也可计算出信号传播路径与电离层单层的交点(穿刺点)的位置(经纬度)，通过网络将各基准站的上述电离层延迟量和穿刺点的位置实时传送到主控站数据处理中心。数据处理中心将来自各个地面基准站的电离层数据进行综合处理，从而可以估计出单层上5°×5°格网点上的天顶方向上的电离层延迟或电子含量。然后通过地球静止通信卫星将格网点上的天顶方向上的电离层延迟及对应格网点的经纬度等信息发送给基准站覆盖区域内的所有单频GPS用户。GPS用户根据可视卫星信号路径穿刺点的位置，利用该穿刺点周围四个格网点上的天顶方向的总电子含量，可内插出该穿刺点处的天顶方向的总电子含量，乘以所选择的投影函数，就可投影获得信号倾斜路径方向上的总电子含量，以改正GPS观测值所受到的电离层延迟误差。

单层模型的投影函数主要有以下两种形式：

第一种投影函数为：

$$F(z) = \frac{1}{\cos z'}, \quad \sin z' = \frac{R}{R+H}\sin z \tag{4-8}$$

式中，$R=6378$km为地球半径；H为单层高度；z'为穿刺点处信号路径方向的天顶距；z为测站处信号路径方向的天顶距。

第二种投影函数为：

$$F(z) = \frac{1}{\cos z'}, \quad \sin z' = \frac{R}{R+H}\sin(\alpha z) \tag{4-9}$$

式中，当$H=506.7$km，$\alpha=0.9782$，$R=6378$km，且假定天顶距最大为80°时，该投影函数与JPL的扩展单层模型(Extended Slab Model, ESM)的投影函数符合得最好。

4.3.3 多项式函数模型

多项式函数模型是将单层上的VTEC值看作是纬度和太阳时角的函数，其具体表达式如下：

$$\text{VTEC}(\varphi, \lambda) = \sum_{n=0}^{n_{\max}} \sum_{m=0}^{m_{\max}} E_{nm}(\varphi - \varphi_0)^n (\lambda - \lambda_0)^m \tag{4-10}$$

式中，(φ, λ)为穿刺点的太阳-地磁纬度和经度；$n_{\max}$、$m_{\max}$为二维泰勒级数展开的最大阶数；E_{nm}为需要估计的泰勒级数展开的系数；(φ_0, λ_0)为展开中心的太阳-地磁纬度和经度。

上述泰勒级数函数模的系数可以利用地面基准站的双频GPS观测资料利用最小二乘或Kalman滤波估计方法进行估计。该模型主要应用于建立局部区域的电离层模型。

4.3.4 球谐模型

局部区域的多项式函数模型一般不能用来描述模拟全球电离层的VTEC。Schaer (1995)等提出用球谐函数(SH)来建立全球电离层的VTEC。球谐模型是利用球谐展开级数函数来描述单层电离层模型的，可以用于建立全球或区域的电离层模型，其优势是大大减少向用户传输的数据量。球谐模型的数学表达式为(Schaer,199)：

$$\text{VTEC}(\varphi, \lambda) = \sum_{n=0}^{n_{max}} \sum_{m=0}^{n} \tilde{P}_{nm}(\sin\varphi)(\tilde{C}_{nm}\cos(m\lambda) + \tilde{S}_{nm}\sin(m\lambda)) \quad (4-11)$$

式中，φ 为穿刺点处的地磁纬度；λ 为穿刺点处在太阳-地磁参考框架下的地方时角(单位：rad)；n_{max} 为球谐展开的最大阶数；$\tilde{P}_{nm}$ 为规则化后的勒让得函数；$\tilde{C}_{nm}$、$\tilde{S}_{nm}$ 为需要事先估计的全球或区域球谐模型系数。

上述球谐电离层模型系数可以基于地面基准站网的双频 GPS 观测资料利用最小二乘估计方法估计。区域内的 GPS 用户就可以利用球谐模型系数计算可视卫星信号路径上的电离层延迟改正量。上述球谐电离层模型系数的更新率通常取决于地面基准站网的密度及分布，一般每 5~15min 可更新一次。

4.3.5 全球电离层图(GIM)

1. IONEX 电离层交换格式

大概在 20 世纪 90 年代，IGS 组织就意识到全球分布的 IGS 跟踪站网为我们观测电离层信息提供了很好的数据资料。1995 年 5 月在德国 Potsdam 和 1996 年 3 月在美国 Siliver Spring 举行的 IGS 研讨会上有专题专门讨论了电离层的问题。在后续举行的研讨会上，不同机构(CODE、DLR、ESOC、UNB 等)相互比较了各自计算的电离层图，当时仅分别考虑了区域的(如欧洲)和对应区域的全球电离层图(Feltens 等,1996)。随着研究的开展，逐步发展成了一种正式的电离层图交换格式(IONosphere map EXchange format, IONEX-Format)并被 IGS 组织所采用(Schaer 等,1998)。IONEX 格式不是 GPS 指定的格式，它主要是提供了一种非 GPS 用户的 IGS 电离层产品的接口。IGS 提出的这种电离层图交换格式，其作用是使基于各种理论和技术所获得的电离层图能在统一格式的基础上进行综合和比较分析。读者可参阅 IGS 关于 IONEX 格式说明来了解具体的数据格式(IONEX: The IONosphere Map Exchange Format Version 1, 1998)。

IONEX 数据产品是 IGS 数据处理中心每天利用全球大约 200 个 GPS/GLONASS 跟踪站的观测资料计算得到的全球电离层产品，以文本格式给出(IONEX 文件)，也可格网化生成全球电离层图(如图 4-4 所示)。各测站上的天顶总电子含量(VTEC)在太阳-地磁参考系下用 15 阶次的球谐展开进行建模，同一点处的 VTEC 值在时间域内用分段线性函数来表征。所有 GPS 卫星和地面站的仪器偏差(即所谓的 Differential P_1-P_2 Code Biases, DCB)每天作为一个常数进行估计，同时还有 $13 \times 256 = 3328$ 个模型参数需要估计(每天 13 个时段，每个时段 15 阶次的球谐系数个数为 $16 \times 16 = 256$)，这些参数可以用来表征全球 VTEC 的分布。投影函数采用类似于 JPL 扩展单层模型(Extended Slab Model, ESM)的投影函数。目前，IGS 的各个数据处理中心都能以 IONEX 格式，按每 2h 一组提供每天 24h 的全球电离层图(Global Ionosphere Maps, GIM)。每间隔 2h 给出一组全球电离层图产品，与输出的 VTEC 历元时间一致。

从 2002 年的第 76 天(第 1158 GPS 周)开始，CODE 最终给出的每天的 GIM 结果是利用三天的数据综合解出的中间一天的结果，因此，在求解过程中，需要计算 $37 \times 256 =$

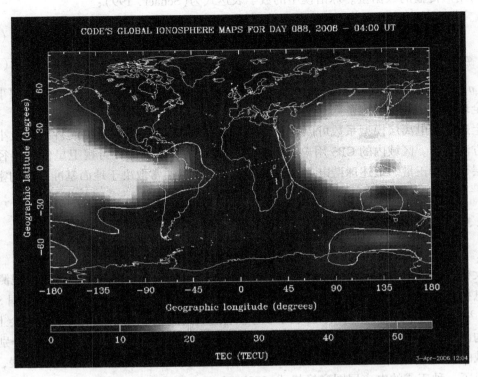

图 4-4 CODE 全球电离层图(DOY 088,2006-04:00 UT)

9 472个 VTEC 球谐模型参数以及一套卫星和接收机 DCB 常数,通过这种综合处理,就可以保证产品天与天之间的连续性。从2002年的第307天(第1191 GPS 周)开始,CODE 提供的所有电离层交换格式(IONEX)数据文件包括13个 VTEC 图(如图4-3所示)。第一个电离层图对应于00:00 UT(取代了原来的01:00 UT),最后一个对应于24:00 UT(取代了原来的23:00 UT)。相邻两个电离层图之间的时间间隔为2h,这样方便用户根据需要内插和计算相应时刻和位置的 VTEC 值。从2003年第117天(第1215 GPS 周)开始,处理时加入了双频双系统(GPS/GLONSS)跟踪站接收机接收到的 GLONASS 数据。

2. IONEX TEC 图的应用

我们可以利用 TEC 图($E_i = E(T_i)$,$i = 1, 2, \cdots, n$ 为对应的发布历元)通过三种不同的处理方法来计算格网点上以地心经纬度及世界协调时为函数的 TEC 值 E。

(1)简单地使用离观测时间最近的 T_i 时刻的 TEC 图上的格网点 TEC 值 $E_i = E(T_i)$:

$$E(\beta, \lambda, t) = E_i(\beta, \lambda), \quad |t - T_i| = \min \tag{4-12}$$

(2)根据两个相邻历元 T_i、T_{i+1} 时刻所对应的 TEC 图内插出观测时刻的格网点 TEC 值:

$$E(\beta, \lambda, t) = \frac{T_{i+1} - t}{T_{i+1} - T_i} E_i(\beta, \lambda) + \frac{t - T_i}{T_{i+1} - T_i} E_{i+1}(\beta, \lambda), \quad T_i \leq t \leq T_{i+1} \tag{4-13}$$

(3)根据两个相邻历元 T_i、T_{i+1} 时刻所对应的旋转后的 TEC 图内插出观测时刻格网点的 TEC 值：

$$E(\beta, \lambda, t) = \frac{T_{i+1} - t}{T_{i+1} - T_i} E_i(\beta, \lambda_i') + \frac{t - T_i}{T_{i+1} - T_i} E_{i+1}(\beta, \lambda_{i+1}') \quad (4-14)$$

式中，$T_i \leq t \leq T_{i+1}$，且 $\lambda_i' = \lambda + (t - T_i)$。为了补偿电离层电子含量与太阳位置之间的强相关性，TEC 图需要绕 Z 轴旋转 $(t - T_i)$。注意在使用方法(1)时，也需要考虑这种旋转，以获得更加精化的结果。IGS 推荐使用第(3)种方法来内插。

然后根据上述内插得到观测时刻的四个格网点的 TEC 值(见图 4-5)，再内插对应信号路径穿刺点处的 TEC 值。利用简单的四点内插公式进行内插计算：

$$E(\lambda_0 + p\Delta\lambda, \beta_0 + q\Delta\beta) = (1-p)(1-q)E_{0,0} + p(1-q)E_{1,0} + q(1-p)E_{0,1} + pqE_{1,1} \quad (4-15)$$

式中，$0 \leq p < 1$，$0 \leq q < 1$；$\Delta\lambda$、$\Delta\beta$ 表示经纬格网大小。

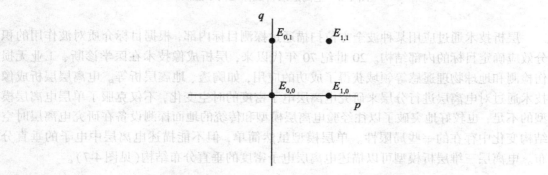

图 4-5　四点格网内插穿刺点 TEC 值示意图

4.4　电离层层析成像(CIT)

4.4.1　电离层层析成像技术

早期的 GPS 电离层研究主要是基于单层模型来研究电离层总电子含量(TEC)及其变化规律的，但它无法揭示电离层垂直结构的分布及其时空变化特征。1986 年，Austen 等首次提出联合应用卫星无线电信标测量和 CT 技术反演电离层电子密度二维分布的设想；Andreeva 等首次给出了电离层层析的试验结果(Andreeva 等，1990)；20 世纪 90 年代中期前后，基于 GPS 的电离层层析技术逐渐兴起，国内外先后有多名学者对电离层三维层析模型进行过研究(Fremouw 等，1992；Kersley 等，1993；Foster 等，1994；Raymund 等，1994；Raymund，1995；Mitchell 等，1995；Howe 等，1998；Meza，1999；吴雄斌，2001；Liu，2004 等)。电离层无线电层析逐渐成为 CT 技术应用的又一种新尝试，并获得迅速发展。

电离层层析成像(Computerized Ionospheric Tomography, CIT)是空间环境无线电探测的一种新技术，是层析技术(Computerized Tomography, CT)在电离层探测中的具体应用，它利用现代导航卫星资源，在地面设置一系列接收站网，实现对广大空间区域的断层扫描，进而用层析技术反演测量数据，得到电离层电子密度等物理参量的空间分布图像，已成为电离层大尺度结构的大范围内监测的有效手段(电离层CT探测的几何示意图见图4-6)。

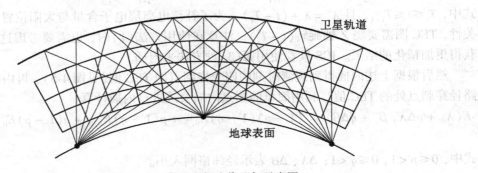

图4-6 电离层层析成像几何示意图

层析技术通过应用某种波全方位扫描通过探测目标内部，根据目标介质对波作用的积分效应确定目标的内部结构。20世纪70年代以来，层析成像技术在医学诊断、工业无损伤检测和地球物理遥感等领域获得了成功的应用，如胸透、地震层析等。电离层层析成像技术通过对电离层进行分层来研究电离层电子密度的时空变化，不仅克服了单层电离层模型的不足，也较好地突破了以往经验电离层模型和传统的地面探测设备在研究电离层时空结构变化中存在的一些局限性。单层模型虽然简单，但不能描述电离层中电子的垂直分布。电离层三维层析模型可以描述电离层电子密度的垂直分布结构(见图4-7)。

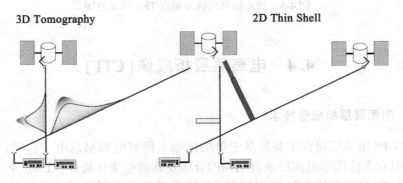

图4-7 三维层析模型与二维单层模型

电离层层析实验的成功以无可辩驳的事实说明电离层层析技术是一种全天候、独立的电离层探测技术，对于研究电离层不同尺度的不均匀性和全球范围的电离层环境监测、电离层时空变化的监测、测量电离层的异常变化，如赤道异常、中纬槽区和等离子体泡等现象；对于建立电离层预报模式以及电离层全球范围的监测均具有重要的意义。

4.4.2 电离层层析成像基本原理

我们知道，GPS卫星信号路径上的总电子含量(TEC)是沿卫星信号传播路径 S 对电子

密度 N_e 进行积分所获得的结果，也即底面积为一个单位面积沿信号传播路径贯穿整个电离层的一个柱体中所含的总电子数。电离层层析成像就是从 GPS 双频观测值确定的总电子含量 TEC 中重建电离层电子密度的过程。

当利用 GPS 发射的双频信号扫描通过电离层内部，根据电离层对无线电波的色散效应确定电离层的电子密度分布图像时，由于 GPS 卫星运动的角速度很小，为了获得充分的投影数据，一次观测就必须持续较长的时间（60～90 min）。而电离层中尺度大于 50km 的结构，其典型变化时间为 10～30 min，在一次观测持续期间，不能再忽略电离层电子密度随时间的变化。所以，在利用低轨卫星系统重建电离层电子密度二维分布时所采用的静态电离层的假设对 GPS 这样的高轨卫星系统不再适用。此外，GPS 的每个卫星轨道面上分布 4 颗卫星，相邻轨道面之间的夹角为 60°，轨道倾角为 55°，接收机需接收不同轨道面上的 GPS 卫星信号，所以卫星与接收机之间的连线一般不在同一平面内。因此，利用 GPS 观测数据反演电离层电子密度分布的问题一般是一个时变的三维 CT 问题。

空间电离层电子密度的分布与电离层所处区域的空间位置、离开地面的高度和时间有关，因此，电离层层析成像处理过程是一个四维（B, L, H, T）计算的复杂过程，如何利用所得信息将时间与空间分离，以获得电子密度的时空四维分布图像，是利用 GPS 数据反演电离层电子密度的关键。因此，从观测值计算得到的 TEC 重建电离层电子密度图像需采用有效的重建算法。图 4-8 给出了简化的电离层层析系统示意图。图中，$N_k(k=1,2,3,4)$ 表示第 k 个格网单元内的电子密度；$d_k(k=1,2,3,4)$ 表示 GPS 信号传播路径穿过第 k 个空间三维格网单元的路径长度，所以在上述简化的电离层层析成像系统原理示意图中，GPS 信号传播路径上的总电子含量表示为：

$$\text{TEC} = A(d_1 \times N_1 + d_3 \times N_3 + d_4 \times N_4) + \text{err} \tag{4-16}$$

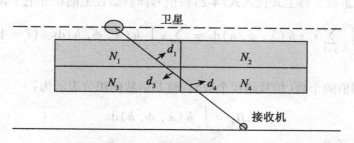

图 4-8　简化的电离层层析成像系统原理示意图

式中，A 为待估参数；err 为误差项；TEC 为层析反演观测量（GPS 双频观测值确定）。上面给出的是一种简化的原理性模型，实际情况要复杂得多。

4.4.3　电离层层析建模方法

电离层 CT 是一个典型的反问题（根据一个物理过程的结果来描述所涉及物理对象的状态则称为反问题），处理反问题的方法有变换法和级数展开法。与此相对应，求解时变三维 CIT 问题的算法分为变换算法和级数展开算法。在实际中，普遍应用级数展开型算法，它将待反演区域中的电子密度分布用某种基函数的展开表达，把反演问题转化为一个线性代数方程组的求解问题。

1. 变换算法

变换法的思想是将有限数目采集的数据集 d 作为某个连续函数在相应点上的采样，线性算子 G 看作是对物理模型 m 的一种变换，通过 G 的反变换 G^{-1} 得到求解该反问题的解析形式的解，再利用内插或外推等方法由数据集 d 得到上述解析解可以直接使用的数据，从而得到反问题的数值解。针对问题的不适定，可在将数据进行内插或外推时利用某些先验信息，或加入一定的约束条件。常用的变换方法有反投影重建算法、滤波反投影算法、直接傅立叶变换算法等。

变换算法基于投影定理，应用变换算法的前提是采集的实验数据是连续均匀且完备的，由于 CIT 实验本身的局限，如接收机布设不均匀、接收机数量稀少、视角有限以及观测数据时间采样有限，导致投影数据不完整，直接应用变换算法难以得到理想的结果，通常只用于理论研究。

2. 级数展开算法

电离层层析建模通常利用有限级数展开来表达电离层电子密度的空间分布。级数展开法适用于观测数据不均匀且不完备的场合，其算法简单，适用于不同的采样数据，并且可以结合先验知识进行图像重建。简单地说，电离层层析建模技术就是用一套模拟电子密度的基函数来分解信号路径上的倾斜积分总电子含量(STEC)，即将电子密度表示成：

$$N_e(\lambda, \phi, h) \cong \sum_{j=1}^{N_b} x_j \cdot b_j(\lambda, \phi, h) \tag{4-17}$$

式中，N_b 为基函数的个数；λ 和 ϕ 为水平方向坐标(λ 可以是地方时角或经度)；x_j 为对应基函数(b_j)的权系数。将上式代入式(4-2)得信号倾斜路径上的积分电子含量 STEC：

$$\text{STEC}_i \cong \int_{T_x}^{R_x} \sum_{j=1}^{N_b} x_j \cdot b_j(\lambda, \phi, h) \mathrm{d}s = \sum_{j=1}^{N_b} x_j \int_{T_x}^{R_x} b_j(\lambda, \phi, h) \mathrm{d}s \quad (i = 1, \cdots, N_p) \tag{4-18}$$

N_p 为 STEC 观测值的个数(信号路径个数)。将基函数的积分表示为：

$$B_{ij} = \int_{T_x}^{R_x} b_j(\lambda, \phi, h) \mathrm{d}s \tag{4-19}$$

那么式(4-18)可写成：

$$\text{STEC}_i = \sum_{j=1}^{N_b} B_{ij} \cdot x_j + \varepsilon_i \quad (i = 1, \cdots, N_p) \tag{4-20}$$

等效的向量形式为：

$$\overrightarrow{\text{STEC}} = \boldsymbol{B} \cdot \vec{x} + \vec{\varepsilon} \tag{4-21}$$

式中，$\overrightarrow{\text{STEC}}$ 为 STEC 观测向量；$\boldsymbol{B}$ 为设计矩阵；$\vec{x}$ 为权系数向量；$\vec{\varepsilon}$ 为观测噪声向量。所以电离层层析技术的关键是选择合适的基函数，选择了合适的基函数就可以确定 $\boldsymbol{B}$ 矩阵的值，并利用合适的估计方法重建出权系数向量 $\vec{x}$。

基函数形式上可分为局域基和全域基。局域基指像素类函数，包括方形像素、三角形像素等。在应用方式上，可将像素中的电子密度当作常数分布，也可用双线性插值或更高阶的插值表示一个像素中的电子密度值。全域基函数在整个图像区域中定义，通常有Fourier基、经验正交基和参数化电离层模型等。合理选择基函数，则其数目将大大减小，线性方程组的病态(指方程组的解不存在、不唯一或者不稳定的情况)程度就会降低很多。另外，级数展开型算法中也有很多分类：从求解方程组的方式上，算法可分为迭代型算法和非迭代型算法；从求解方法的性质上，算法可分为线性算法和非线性算法。

三维层析模型避免了单层模型隐含的映射函数固定不变的假设，提高了TEC的估计精度，特别适用于电离层梯度较大(如接近太阳活动高峰或接近地磁赤道附近)时的情形。另外，它考虑了一条信号路径隐含的水平梯度变化，这对低高度角观测、太阳活动高峰期及地磁赤道附近的GPS电离层观测尤其重要。同时，三维层析模型将水平分辨率和垂直分辨率结合起来，更好地揭示了电离层的空间结构，已成为GPS电离层探测的重要研究方向之一。限于篇幅，有关三维层析模型更详细的论述，读者可参阅相关文献。

4.5 掩星 GPS 电离层探测

4.5.1 掩星 GPS 电离层探测概况

GPS无线电掩星技术作为一门新型的应用技术始于20世纪90年代初期，目的是利用GPS进行大气层和电离层的临边探测(Limb Sounding)。无线电掩星技术最早起源于天文学研究，20世纪60年代，美国将此技术用于行星大气和电离层探测等研究(Fjeldbo等，1971)。GPS导航卫星星座建成后，它使得人们利用无线电掩星技术来精密探测地球大气和电离层成为可能。利用GPS掩星技术探测地球大气层和电离层，已成为当前研究近地空间环境的又一新型手段。

GPS无线电掩星技术是指在低轨(LEO)卫星上安装一台GPS双频接收机观测GPS信号。由于传播介质的垂直折射指数变化，导航卫星信号穿过地球电离层和中性大气时，电波路径出现弯曲(如图4-9所示)，根据测量的电波相位和卫星星历数据，可以计算大气折射率，推导大气密度、压力和温度(0~60 km)。同样，也可以根据电波相位延迟导出电离层折射率，得到电离层电子密度剖面。

1995年4月，美国Microlab-1低轨卫星(GPS/MET)发射成功，首次从理论和技术上证实了无线电GPS掩星技术用于探测地球大气的可行性(Kursinski等，1997)。随后，相继发射了Orsted、CHAMP、SAC-C和GRACE等掩星观测卫星，美国与中国台湾合作的COSMIC计划也相继发射组网并投入运行。1999年2月，丹麦发射奥斯特Orsted小卫星，南非发射SUNSAT小卫星；2000年7月发射的德国重力测量卫星CHAMP和2002年3月发射的欧美重力测量卫星GRACE也都利用GPS进行大气参数航天遥感测量的试验项目。2000年11月发射的阿根廷科学应用卫星SAC-C的一个重要项目也是GPS大气遥感试验。2002年，巴西发射了EQUARS卫星，澳大利亚也发射了FedSat卫星。欧洲空间局正在研制的重力测量卫星GOCE计划携带一个双频GPS和GLONASS组合接收机GRAS用于大气遥感测量。欧洲空间局的大气气候探测计划ACE+和替代的ACCURATE计划要发射若干小卫星

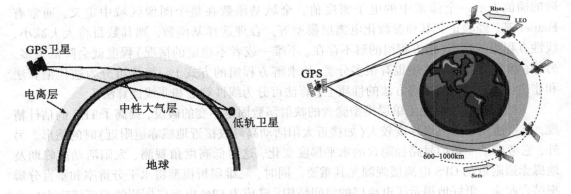

图 4-9 低轨卫星 GPS 掩星观测及掩星事件

组成星座，通过在卫星上安装的高精度 GPS 接收机获取掩星期间的信号，实现全球范围的高精度和高垂直分辨率的大气温度和湿度探测。

特别是由美国出设备技术、中国台湾出资 1 亿美元合作研究的 COSMIC 计划（气象、电离层和气候的星座观测计划），由 6 颗小卫星组成星座（台湾称为"福卫三号"），卫星高度在 700～800km 三个不同的轨道面上，每颗卫星重约 62kg，主要有效载荷是用于掩星观测的高精度 GPS 接收机，每天可以提供全球 2500 个观测点的大气和电离层资料，每 3h 更新一次，除用于气象研究外，还用于电离层和地球重力探测研究等。COSMIC 卫星计划从 1997 年 10 月开始启动，经过近 10 年，终于在 2006 年 4 月 14 日下午 6 时 40 分从美国范登堡空军基地成功发射，成为全球第一个投入业务的 GPS 气象小卫星星座。预计这颗卫星的工作寿命为 5 年。

目前，国际比较有名的空基 GPS 气象学研究单位有：

①GFZ(Geoforschungs Zentrum Potsdum) 的 ISDC(Information System and Data Center) 数据处理中心，网址为 http://isdc.gfz-potsdum.de/champ/，处理 CHAMP 掩星数据。

②喷气推进实验室 JPL(the Jet Propulsion Laboratory) 的 GENESIS(Global Environmental & Earth Science Information System) 数据处理中心，网址为 http://genesis.jpl.nasa.gov/html/index.htm，处理 CHAMP 和 SAC-C 掩星数据。

③美国大学大气研究联合会 UCAR 的 CDAAC(Cosmic Data Analysis and Archival Center) 数据中心，网址为 http://www.cosmic.ucar.edu:8080/cdaac/index.html，处理 GPS/MET、CHAMP 和 SAC-C 的掩星数据。

掩星观测提供了大量的电离层观测数据，它对于促进空间物理研究和发展具有重要价值。一颗 LEO 卫星一天可以得到 500 个左右的电离层和大气剖面，它们均匀分布在全球上空。这一技术获得的资料在探测高度、范围等方面远远优于传统气象和常规电离层观测手段的结果。GPS 掩星资料无需定标，提供的观测结果精度不随时间变化，能用于研究 10 年时间尺度的气候变化。其观测不受云、降雨和气溶胶等天气条件的影响，为全天候的空基观测。

GPS 掩星探测电离层，国内也有不少学者进行了相关研究，如电子密度掩星观测结果与地面雷达探测结果的比较（张训械等，2000）；掩星观测时，GPS 信号电离层延迟量受太阳活动、日变化和年变化的影响（杜晓勇等，2002）；电子密度水平的不均匀性对电离层掩星反演的影响（张训械等，2002）；电离层电子密度的单频和双频反演方法等（曾桢等，2004；曾桢，2003）。

4.5.2 GPS 掩星探测电离层 Abel 积分反演原理

目前，在掩星 GPS 电离层探测中，都采用 Abel 积分反演技术。Abel 反演技术可用于不少领域，如天文学上利用星体发射的光波来推求银河星系径向的质量分布。在空间电离层方面，根据低轨星载 GPS 观测到的信号传播路径的弯曲角或倾斜路径上的总电子含量（STEC），利用 Abel 反演技术可以获得不同高度上电离层的电子密度。Abel 反演技术简单直接，已广泛应用于掩星 GPS 数据处理中，基于低轨卫星的掩星 GPS 观测数据来获取电离层电子密度的垂直结构。

1. 利用 GPS 信号传播路径的弯曲角进行反演

在掩星 GPS 电离层探测中，我们可以利用 GPS 信号经过电离层的传播路径的弯曲角（Bending Angle）来反演获取电离层电子密度的垂直结构。由于大气折射的影响，GPS 信号路径在穿过不同高度的大气层时，其信号路径会产生弯曲。对于中性大气层（如对流层），大气折射指数取决于大气压、湿度和温度；对于大气中的电离层，其折射指数主要取决于电子密度。电磁波信号弯曲效应在低层大气更为显著，可用来反演对流层参数廓线，这部分内容会在后续的章节中进行专门介绍。在电离层区域，尽管信号也会弯曲，但弯曲效应较在低层大气更小，且观测值的噪声小。利用电磁波信号通过电离层区域的弯曲角反演电离层电子密度分布时，需要用到 GPS 卫星和 LEO 卫星的精密轨道或精密钟差数据来精确确定 GPS 卫星到 LEO 卫星间的距离。下面将主要介绍根据弯曲角反演掩星数据的基本原理。弯曲角的计算公式为：

$$\alpha = \theta_{LEO} + \theta_{GPS} + \Psi - \pi \tag{4-22}$$

通常，一次掩星观测主要用三个参量来定义，即电波射线的弯曲角 α、碰撞参数 a 和电波射线离地心的最短距离 p。仅利用式（4-22），还无法求出弯曲角 α。我们根据多普勒频移可以给出另外一个方程，即多普勒频移可以表示为低轨卫星和 GPS 卫星间的径向速度的函数：

$$D = -\frac{f_e}{c} v_p \tag{4-23}$$

式中，f_e 为发射信号的名义频率；c 为真空中的光速；v_p 为低轨卫星与 GPS 卫星间的相对径向速度。设信号传播路径在 GPS 卫星发射信号时刻位置处的切向单位矢量为 $\vec{k}_{GPS}$，GPS 卫星的速度矢量为 $\vec{v}_{GPS}$，信号传播路径在低轨卫星掩星观测时刻位置处的切向单位矢量为 $\vec{k}_{LEO}$，LEO 卫星的速度矢量为 $\vec{v}_{LEO}$，那么多普勒频移就可以表达为：

$$D = \frac{f_e}{c}(\vec{v}_{GPS} \cdot \vec{k}_{GPS} - \vec{v}_{LEO} \cdot \vec{k}_{LEO}) \tag{4-24}$$

基于图 4-10 中的几何关系，上式可写成：

$$D = \frac{f_e}{c}(v_{GPS}\cos(\phi_{GPS} - \theta_{GPS}) - v_{LEO}\cos(\phi_{LEO} - \theta_{LEO})) \quad (4-25)$$

式中，ϕ_{GPS} 和 ϕ_{LEO} 可以直接利用 GPS 卫星和 LEO 卫星的速度矢量和位置矢量点乘计算得到。

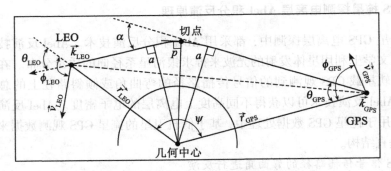

图 4-10 掩星观测几何示意图

为了利用式(4-25)求解出 θ_{LEO} 和 θ_{GPS}，进而求出弯曲角，我们假设电离层为球对称(即电子密度只与高度有关)，根据 Bouguer 公式(Born 和 Wolf，1980)，又可以写出下面等式：

$$n_{GPS}r_{GPS}\sin\theta_{GPS} = n_{LEO}r_{LEO}\sin\theta_{LEO} = a = \text{constant} \quad (4-26)$$

在式(4-26)中，通常假设 n_{GPS} 和 n_{LEO}(分别为 LEO 卫星处和 GPS 卫星处的大气折射指数)均为 1。根据 Hajj 和 Romans 等的研究表明，这种假设所带来的电子密度的估计误差不会超过 0.5%。

联合式(4-25)和式(4-26)可以计算出 θ_{LEO} 和 θ_{GPS}，然后代入式(4-22)并计算出 Ψ，就可算出弯曲角 α。其中，v_{GPS}、v_{LEO}、r_{GPS}、r_{LEO} 可根据卫星轨道求得，Ψ 可根据 LEO 卫星及 GPS 卫星的位置求得。

2. 用 Abel 积分反演电离层电子密度

利用 Bouguer 公式(Born 和 Wolf，1980)，在电离层球对称的假设条件下，可以推导出折射指数 n 和弯曲角 α 之间的关系式，即

$$\begin{aligned}\text{Straight line} &\Rightarrow r\sin(\theta_s) = a_s \\ \text{True ray (Bouguer's formula)} &\Rightarrow nr\sin(\theta) = a\end{aligned} \quad (4-27)$$

将上述两个式子进行微分，对第一个等式微分后的两边乘以折射指数后和第二个微分等式求差，就得到下面的关系式：

$$dn \cdot r \cdot \sin\theta + n \cdot dr(\sin\theta - \sin\theta_s) + n \cdot r(\cos\theta \cdot d\theta - \cos\theta_s \cdot d\theta_s) = 0 \quad (4-28)$$

GPS 信号通过电离层区域(尤其是经过 F 层)的弯曲角即使在白天太阳活动最激烈的时候也不会超过 0.03°(Hajj 和 Romans，1998)，所以可以将上式近似为：

$$dn \cdot r \cdot \sin\theta + n \cdot r \cdot \cos\theta(d\theta - d\theta_s) = 0 \quad (4-29)$$

事实上，弯曲角的微分 $d\alpha$ 就等于 $d\theta - d\theta_s$，再一次利用 Bouguer 公式，上式又写为：

$$\mathrm{d}\alpha = -\frac{\sin\theta}{\cos\theta}\frac{\mathrm{d}n}{n} = -\frac{\sin\theta}{\cos\theta}\mathrm{d}\ln(n) = -\frac{a}{\sqrt{x^2-a^2}}\mathrm{d}\ln(n) \tag{4-30}$$

式中，$x = n(r)r$ 为掩星电波射线上某积分元至地心的距离，如果我们用 s 表示掩星切点沿射线路径到对应积分元的距离，根据图 4-10 中的几何关系知 $x = \sqrt{a^2+s^2}$。对上式沿信号电波射线路径分别从切点（Tangent Point）向 GPS 卫星端和从切点向 LEO 卫星端进行积分，就可以获得 GPS 信号电波射线路径的弯曲角 α：

$$\alpha(a) = -a\left[\int_a^{x_{\mathrm{GPS}}}\frac{1}{\sqrt{x^2-a^2}}\frac{\mathrm{d}\ln(n)}{\mathrm{d}x}\mathrm{d}x + \int_a^{x_{\mathrm{LEO}}}\frac{1}{\sqrt{x^2-a^2}}\frac{\mathrm{d}\ln(n)}{\mathrm{d}x}\mathrm{d}x\right] \tag{4-31}$$

最后，在电离层球对称假设和切点两端信号路径几何对称假定条件下，可以得到简化后的弯曲角表达式：

$$\alpha(a) = -2a\int_a^{\infty}\frac{1}{\sqrt{x^2-a^2}}\frac{\mathrm{d}\ln(n)}{\mathrm{d}x}\mathrm{d}x \tag{4-32}$$

值得注意的是，上述公式推导过程中的球对称假设表示电离层折射指数只取决于高度。上式称为 Abel 积分，对上式利用 Abel 积分变换（Tricomi，1985），就可以获得以碰撞参数 a 为函数的折射指数：

$$\ln(n(x)) = \frac{1}{\pi}\int_x^{\infty}\frac{\alpha(a)}{\sqrt{a^2-x^2}}\mathrm{d}a \tag{4-33}$$

折射指数 n 与电子数的关系式为：

$$n = 1 - 40.3 \times \frac{N_e}{f^2} \tag{4-34}$$

式中，N_e 为电子密度，单位为电子数$/\mathrm{m}^3$；f 为信号频率，单位为 Hz。上述表达式是 GPS 掩星反演电子密度的一种近似，且只考虑了二次项的影响，没有考虑三次以上项的影响，实际上，高阶项的影响量级非常小（Hardy 等，1993）。上述反演过程中的近似处理产生的误差要比忽略高阶项所带来的影响大得多（Schreiner 等，1999）。

对电离层而言，利用式（4-33）无法获得 LEO 卫星高度以上的弯曲角序列。对于此问题，有以下三种解决方法：第一，忽略 LEO 卫星高度以上的弯曲场；第二，用气候模型值代替；第三，用外推的办法（Hajj 和 Romans，1998）。

3. 利用不同频率的 GPS 信号受到的电离层延迟量之差直接反演电子含量

除了利用弯曲角进行 GPS 掩星电离层反演外，还可以利用不同频率的掩星 GPS 信号受到的电离层延迟量之差直接反演电子含量。直接利用 STEC 数据反演电子密度是基于电波路径射线在电离层中的弯曲角很小的假设条件下进行的，特别是对于 F_2 层以上的电离层部分，不同频率的 L_1 和 L_2 信号路径差异小于 3km（Hajj 和 Romans，1998），信号路径弯曲角的小角度假设在 E 层可能产生一定的模型误差，但这项误差要小于电离层球对称假设所产生的误差。因此在这一假设条件下，低轨卫星和 GPS 之间的信号路径可以近似成直线路径（如图 4-11 所示）。这种方法的优点是不受卫星钟和卫星轨道误差的影响。

若将电波路径近似成直接（忽略弯曲角），LEO 卫星观测到 GPS 电波信号路径切点高度（碰撞参数 p）可表示为：

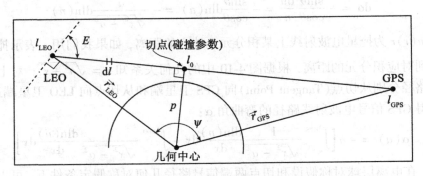

图4-11 直线近似的低轨卫星GPS观测反演电离层几何示意图

$$r_{切点} = p = r_{LEO} \cdot \sin(90 + E) = r_{LEO} \cdot \cos E \tag{4-35}$$

式中，r_{LEO}为低轨卫星地心矢径；E为低轨卫星观测到的GPS卫星的高度角，电波信号路径在LEO卫星观测地平线（图4-10中左上角的虚线）以下取为"$-$"，在LEO卫星观测地平线以上取为"$+$"。

电波信号从l_{GPS}到l_{LEO}的传播路径上的总电子含量在球对称（即电子密度N_e只与高度h有关）假设条件下按下式积分求得：

$$\begin{aligned} STEC(p) &= \left[\int_{l_0}^{l_{LEO}} + \int_{l_0}^{l_{GPS}}\right] N_e(r) dl \\ &= \left[\int_{l_0}^{l_{LEO}} + \int_{l_0}^{l_{GPS}}\right] \frac{N_e(r) r}{\sqrt{r^2-p^2}} dr \quad \left(l = \sqrt{r^2-p^2} \Rightarrow dl = \frac{r}{\sqrt{r^2-p^2}} dr\right) \end{aligned} \tag{4-36}$$

将STEC表达成电子密度的Abel积分变换为：

$$STEC(p) \cong 2\int_{l_0}^{l_{LEO}} \frac{N_e(r)r}{\sqrt{r^2-p^2}} dr = A[N_e(r)] \tag{4-37}$$

式中，"$\cong$"表示忽略低轨卫星LEO以上高度的电子含量，电子密度从l_0到l_{GPS}和从l_0到l_{LEO}几何对称，所以可以将式(4-36)中的两段积分近似合并为两倍的从l_0到l_{LEO}的电子密度积分。Abel反演结果为(Bracewell, 2000)：

$$N_e(r) = -\frac{1}{\pi} \int_r^{r_{LEO}} \frac{dSTEC(p)/dp}{\sqrt{p^2-r^2}} dp \tag{4-38}$$

在利用上式进行电子密度反演时，要注意STEC会受到仪器通道延迟偏差和相位模糊度（利用双频载波相位观测值）的影响，处理时要考虑这些因素。此外，上述表达式的推导过程中忽略了低轨卫星LEO以上高度的电子含量，同时假设电子密度从l_0到l_{GPS}和从l_0到l_{LEO}几何对称。

4.5.3 Abel积分中的奇点问题

在电离层球对称假设和切点两端信号路径几何对称假定条件下，可以得到简化后的弯曲角表达式为：

$$\alpha(a) = -2a\int_a^\infty \frac{1}{\sqrt{x^2-a^2}} \frac{\mathrm{d}\ln(n)}{\mathrm{d}x}\mathrm{d}x \tag{4-39}$$

其逆变换为：

$$n(a) = \exp\left(\frac{1}{\pi}\int_a^\infty \frac{\alpha(x)}{\sqrt{x^2-a^2}}\mathrm{d}x\right) \tag{4-40}$$

显然，以上两式中的积分为广义积分形式，$x\to\infty$ 和 $x=a$ 分别是积分上、下限的两个奇点。由于地球大气的分布随高度的上升而很快地衰减，积分的上限可以设置在一定的高度上截止，引入的误差可以忽略。而对于积分下限的奇点，目前可通过以下几种方法进行处理。

方法一：对积分变量进行积分变量变换。令

$$x = \frac{a}{2}(e^z + e^{-z}) \tag{4-41}$$

或写为：

$$z = \ln\left(\frac{\xi}{a} + \sqrt{\left(\frac{\xi}{a}\right)^2 - 1}\right) \tag{4-42}$$

代入式(4-33)，得：

$$\ln(n(a)) = \frac{1}{\pi}\int_0^\infty \alpha(z)\mathrm{d}z \tag{4-43}$$

从而消除了积分的下奇点。

方法二：在 $x=a$ 奇点附近设一个断点 $a_1 = a+\delta$，其中 δ 是一个小量，将式(4-33)写成：

$$n(a) = \exp\left(\frac{1}{\pi}\int_a^{a_1}\frac{\alpha(\xi)}{\sqrt{\xi^2-a^2}}\mathrm{d}\xi + \frac{1}{\pi}\int_{a_1}^\infty\frac{\alpha(\xi)}{\sqrt{\xi^2-a^2}}\mathrm{d}\zeta\right) \tag{4-44}$$

从而式(4-33)中的奇点被分离出来。再将上式括号内的第一项进行分部积分，可以得到：

$$\ln(n(a)) = \frac{1}{\pi}\left[\alpha(a_1)\ln(a_1 + \sqrt{a_1^2-a^2}) - \alpha(a)\ln(a) - \int_a^{a_1}\ln(\xi + \sqrt{\xi^2-a^2})\frac{\mathrm{d}\alpha(\xi)}{\mathrm{d}\xi}\mathrm{d}\xi\right] + \frac{1}{\pi}\int_{a_1}^\infty\frac{\alpha(\xi)}{\sqrt{\xi^2-a^2}}\mathrm{d}\xi \tag{4-45}$$

方法三：

引入变换

$$\sqrt{x^2-a^2} = -a_{\mathrm{ref}}\ln(\eta) \tag{4-46}$$

根据 Abel 变换的特性，对电离层反演，取 $a_{\mathrm{ref}} = 2000\mathrm{km}$，将上式代入式(4-33)，得：

$$n(a) = \exp\left(\frac{1}{\pi}a_{\mathrm{ref}}\int_0^1\frac{\alpha(\xi)}{\xi\eta}\mathrm{d}\eta\right) \tag{4-47}$$

在上式中，方程(4-33)的下限奇点成为上式的积分上限，奇异性不再存在；式(4-33)的上限奇点存在极限：$\eta\to 0$，$\xi\to\infty$。如上所述，式(4-33)中的积分上限取一定的高度，所以上式积分下限在不到零点的附近就截止了。

参 考 文 献

1. 杜晓勇，王景青，薛震刚，等．GNSS 掩星电离层观测的模拟试验[J]．解放军理工大学学报(自然科学版)，2002，3(1)：71-74
2. 李征航，黄劲松．GPS 测量与数据处理[M]．武汉:武汉大学出版社，2005
3. 刘经南，陈俊勇，等．广域差分 GPS 原理与方法[M]．北京：测绘出版社，1999
4. 严豪健，符养，洪振杰，等．天基 GPS 气象学与反演技术[M]．北京：中国科学技术出版社，2007
5. 徐继生，邹玉华，马淑英．GPS 地面台网和掩星观测结合的时变三维电离层层析[J]．地球物理学报，2005，48(4)
6. 吴小成，胡雄，张训械，等．电离层 GPS 掩星观测改正 TEC 反演方法[J]．地球物理学报，2006，49(2)：328-334
7. 吴雄斌，徐菊生，马淑英，等．电离层 CT 数据采集和图像重建[J]．遥感学报，2001，5(1)
8. 袁运斌，欧吉坤．建立 GPS 格网电离层模型的站际分区法[J]．科学通报，2002，47(8)
9. 袁运斌，欧吉坤．GPS 观测数据中仪器偏差对确定电离层延迟的影响及处理方法[J]．测绘学报，1999，28(2)：110-114
10. 曾桢，胡雄，张训械，等．电离层 GPS 掩星观测反演技术[J]．地球物理学报，2004，47(4)：578-583
11. 曾桢．地球大气无线电掩星观测技术研究[D]．武汉:中国科学院武汉物理与数学研究所，2003
12. 张东和，曹冲，甄卫民，等．接收 GPS 信号测量电离层总电子含量结果的初步分析[J]．地球物理学报，1996，39(增刊)：27-34
13. 张训械，Hoeg P，Larsen G B，等．奥斯特/GPS 掩星和地面雷达联合观测电离层电子密度的初步结果[J]．全球定位系统，2000，25(3)：1-5
14. 张训械，曾桢，胡雄，等．电离层水平不均匀性对无线电掩星资料反演的影响[J]．地球物理学报，2002，45(增刊)：1-6
15. 张小红，李征航，蔡昌盛．用双频 GPS 观测值建立小区域电离层延迟模型研究[J]．武汉大学学报(信息科学版)，2001，26(2)：140-143
16. 蒋虎，等．GPS 无线电掩星反演大气参数中的算法研究[J]．地球物理学进展，2002，17(3)：451-455
17. 李黄．我国的天基 GPS/MET 掩星技术(上)[J]．中国气象报，2006-06-13
18. 邹玉华．GPS 地面台网和掩星观测结合的时变三维电离层层析[D]．武汉:武汉大学，2004
19. 郭鹏，严豪健，洪振杰，等．GPS/LEO 掩星技术中 Abel 积分变换的奇点问题[J]．天文学报，2004，45(3)：330-337
20. 郭鹏，徐会作．GPS 无线电掩星数据处理系统[J]．中国科学院上海天文台年刊，

2006, (27):118-128

21. 邹玉华,徐继生. 一种时变三维电离层 CT 算法[J]. 电波科学学报, 2003, 18(6):638-643

22. Andreeva, E S, Galinov A V, Kunitsyn V E, et al. Radiotomographic Reconstructions of Ionization Dip in the Plasma Near the Earth[J]. Journal of Experimental and Theoretical Physics Letter, 1990, 52:145-148

23. Austen J R, Franke S J, Liu C H, et al. Application of Computerized Tomography Technique to Ionospheric Research[C]. URSI and COSPAR International Beacon Satellite Symposium on Radio Beacon Contribution to Study of Ionization and Dynamics of the Ionosphere and to Corrections to Geodesy and Technical Workshop, Oulu, Finlan, 1986

24. Born M, Wolf E. Principles of Optics: Electromagnetic Theory of Propagation, Interference and Difference of Light[M]. Pergamon Press, 1975

25. Bracewell R. The Fourier Transform and Its Applications [J]. McGraw-Hill Higher Education, 2000

26. Censor Y. Finite Series-expansion Reconstruction Methods [J]. IEEE, 1983, 71(3):409-419

27. Fjeldbo G F, Eshleman V R, Kliore A J. The Neutral Atmosphere of Venus as Studied with the Mariner V Radio Occultation Experiments [J]. The Astronomical Journal, 1971, 76(2): 123-140

28. Foster J C, Buonsanto M J, Holt J M, et al. Russian-American Tomography Experiment[J]. Int. J. Imaging Syst. Tech-nol., 1994, 5: 148-159

29. Fremouw E J, Secan J A, Howe B M. Application of Stochastic Inverse Theory to Ionospheric Tomography[J]. Radio Sci., 1992, 17: 721-732

30. Gao Y, Heroux P, Kouba J. Estimation of GPS Receiver and Satellite L_1/L_2 Signal Delay Biases Using Data from CACS[C]. KIS-94, Banff, Canada, 1994

31. Hajj G, Romans L. Ionospheric Electron Density Profiles Obtained with the Global Positioning System: Result from the GPS/MET Experiment[J]. Radio Science, 1998, 33(1):175-190

32. Hardy K, Hajj G A, Kursinski E, et al. Accuracies of Atmospheric Profiles Obtained from GPS Occultations[C]. ION GPS-93 Conference, 1993

33. Ho C M, Mannucci A J, Lindqwister U J, et al. Global Ionospheric Perturbations Monitored by the Worldwide GPS Network[J]. Geophys. Res. Lett., 1996, 23(22): 3219-3222

34. Hofmann-Wellenhof B, Lichtenegger H, Collins J. Global Positioning System: Theory and Practice[M]. New York: Springer-Verlag, 2000

35. Howe B W, Runciman K, Secan J. Tomography of Ionosphere: Four-dimensional Simulations [J]. Radio Science, 1998, 33(1):109

36. Kersley L, Heaton J A T, Pryse S E, et al. Experimental Ionospheric Tomography with

Ionosonde Input and EISCAT Verification[J]. Ann. Geophysicae, 1993, 11: 1064-1074

37. Kersley L, Pryse S E, Walker I K, et al. Imaging of Electron Density Trough by Tomographic Techniques[J]. Radio Science, 1997, 32:1607-1621
38. Kliore A J, Cain D L, Levy G S, et al. Occultation Experiments: Results of the Direct Measurements of Mars' Atmosphere and Ionosphere[J]. Science, 1995, 149:1243-1248
39. Klobuchar J A. Ionospheric Time-Delay Algorithm for Single-Frequency GPS Users[J]. IEEE Transactions on Aerospace and Electronic Systems, 1987, AES-23(3)
40. Klobuchar J A. Design and Characteristics of the GPS Ionospheric Time Delay Algorithm for Single Frequency Users[C]. PLANS-86 Confrence, Las Vegas, Nevada, 1986
41. Klobuchar J A. Ionospheric Effects on GPS, in Global Positioning System: Theory and Applications[C]. American Institute of Aeronautics and Astronautics, Washington D C, 1996
42. Komjathy A, Langley R. An Assessment of Predicted and Measured Ionospheric Total Electron Content Using A Regional GPS Network[C]. ION GPS-96 National Technical Meeting, Santa Monica, California, 1996
43. Kunitake M, Ohtaka K, Maruyama T, et al. Tomographic Imaging of the Ionosphere over Japan by the Modified Truncated SVD Method[J]. Annales Geophysicae, 1995, 13: 1303-1310
44. Kursinski E R, Hajj G A, Schofield J T, et al. Observing Earthps Atmosphere with Radio Occultation Measurements Using the Global Positioning System[J]. J. Geophys. Res., 1997, 102(D19): 23429-23465
45. Liao X Q. Carrier Phase Based Ionosphere Recovery Over a Regional Area GPS Network [D]. Calgary: University of Calgary, 2000
46. Liu Z Z. Ionosphere Tomographic Modeling and Applications Using Global Positioning System (GPS) Measurements[D]. Calgary:University of Calgary, 2004
47. Lindal G F, Hotz H B, Sweetnam D N, et al. The Atmosphere of Jupiter: An Analysis of the Voyager Radio Occultation Measurements[J]. J. Geophys. Res., 1981, 86:8721-8727
48. Mannucci A J, Wilson B D, Yuan, D N, et al. A Global Mapping Technique for GPS-derived Ionospheric Total Electron Content Measurements[J]. Radio Science, 1998, 33 (3):565-582
49. Mitchell C N, Jones D G, Kersley L, et al. Imaging of Field-aligned Structures in the Auroral Ionosphere. Ann[J]. Geophysicae, 1995, 13: 1311-1319
50. Raymund T, Bresler Y, Anderson D, et al. Model-assisted Ionospheric Tomography: A New Algorithm[J]. Radio Science, 1994, 29(6):1493-1512
51. Raymund T D. Comparison of Several Ionospheric Tomography Algorithms[J]. Ann. Geophysicae, 1995, 13: 1254-1262
52. Schaer S, Gurtner W, Feltens J, IONEX: The Ionosphere Map Exchange Format Version 1 [C]. IGS AC Workshop, Darmstadt, Germany, 1998

53. Schaer S. Mapping and Predicting the Earth's Ionosphere Using the Global Positioning System[D]. Berne: University of Berne, 1999
54. Schreiner W, Sokolovskiy S, Rocken C, et al. Analysis and Validation of GPS/MET Radio Occultation Data in the Ionosphere[J]. Radio Science, 1999, 34(4):949-966
55. Seeber G. Satellite Geodesy: Foundations, Methods & Applications[J]. Walter de Gruyter, 1993
56. Skone S. An Adaptive WADGPS Ionospheric Grid Model for the Auroral Region[C]. ION GPS-98, The 11th International Technical Meeting of the Satellite Division of the Institute of Navigation, Nashville, Tennessee, 1998
57. Tricomi G. Integral Equations[M]. New York: Dover Publications, 1985
58. Ware R, Exner M, Feng D, et al. GPS Sounding of the Atmosphere from Low Earth Orbit: Preliminary Results[J]. Bulletin of the American Meteorological Society, 1996, 77(1)
59. Wanninger L. Effects of the Equatorial Ionosphere on GPS[J]. GPS World, 1993

第 5 章 利用星间观测值进行卫星的自主定轨

随着空间卫星的数量越来越多，依靠地面测控站进行卫星的跟踪与定轨将难以承受其高负荷的数据传输与处理。特别是与国家安全相关的导航卫星、军事侦察卫星与通信卫星等，由于过分依赖地面站的测控，将大大降低其战时的生存能力。因此，发展高精度的航天器(包括卫星)自主定轨是航天器自主运行的一个重要方面。

卫星自主定轨(或导航)是指卫星不依赖地面支持，利用星上自备的测量设备实时地测定自身的位置、速度和姿态。该功能与卫星姿态控制系统相结合，可以实现航天器轨道和姿态的自主保持，有助于提高卫星网的生存能力，即在地面站发生故障时，仍能保持系统的正常运行。随着航天器测量技术和星上计算能力的发展，航天器的自主定轨已经成为可能。航天器实现自主定轨后，地面测控网不需要跟踪测轨功能，只需建立少量的数据收发站完成数据上行、下行传送功能。

本章将分为三个部分，第一部分讨论利用星载 GPS 接收机的观测数据实时自主确定近地卫星的轨道、速度和时间等参数(简称为星载 GPS 自主定轨)的基本原理与方法；第二部分讨论利用导航卫星之间的观测值(方向观测值、距离观测值及速度观测值等)来实现导航卫星系统本身的自主定轨；第三部分则介绍综合利用星间距离观测值和地面观测值进行联合定轨。严格地讲，这部分内容不属于自主定轨的范畴，但单独列为一章也不太合适，故暂放在这一章中，也可视为一个附录。

5.1 星载 GPS 自主定轨

5.1.1 概述

自 20 世纪 60 年代开始，美国就开始航天器自主导航的方案研究[1]，先后研制了与各种自主导航系统方案相配套的敏感器，包括地平扫描仪、已知和未知陆标跟踪器、CCD 恒星敏感器、捷联式陀螺以及空间六分仪等。到 80 年代后期，美国、俄罗斯和欧洲空间局等着手研究更高精度具有完全自主能力的导航系统[2]，如麦氏自主导航系统(MANS)、星光折射/星光色散法自主导航、基于雷达高度计的自主导航系统和基于地磁场测量的自主导航系统等。这些基于光电磁等传感器的完全自主导航系统的定轨精度只能达到百米甚至几公里，可用于对轨道精度要求不高的卫星自主导航。

随着 GPS 卫星导航系统的建立和完善，利用 GPS 实现低轨卫星的自主定轨成为一个新的发展方向。星载 GPS 自主定轨就是在没有地面站支持的情况下，利用卫星上搭载的 GPS 接收机和数据处理单元实时地测量和估计卫星的运行轨道与速度等参数，并将卫星运行状态参数提供给姿态控制系统以及其他有效载荷，维持卫星的自主运行。低轨卫星实现自主定轨后，将不再需要地面测控网的跟踪测量，可大大降低地面站的维持费用。

1. 星载 GPS 自主定轨的发展概况

GPS 在航天方面的首次应用可追溯到 1982 年，GPS 尚处于试验研究阶段，GPS 接收机第一次被搭载到遥感卫星 LandSat4 上。由于当时 GPS 在轨试验的卫星数量有限，大多数时间内无法实现定轨。但在 GPS 卫星可视情况较好的有限时段内，定轨精度可达到 20m，初步验证了 GPS 测定低轨卫星轨道的可行性[3]。

首次用星载 GPS 测量获得厘米级精密定轨精度的成功范例是十年后发射的 Topex/Poseidon 海洋测高卫星（简称为 T/P 卫星）。1992 年 8 月 10 日，美国航空航天局与法国国家空间研究中心（CNES）联合发射了 T/P 卫星，其主要任务是通过卫星距离海洋表面的高度测量实现全球海洋学和全球气象学的研究。T/P 卫星要成功实施海洋测高任务，设计时对定轨精度的要求是达到 13cm。为此，T/P 卫星搭载了三种独立的定轨系统：一是法国建立的 DORIS；二是激光后向反射阵列，用于地面卫星激光测距定轨；三是 Motorola 公司研制的 6 通道可跟踪双频 P 码和载波相位的 GPS 接收机，目的是验证 GPS 用于精密定轨的潜力。JPL 应用 GPS 测量数据精密定轨的结果表明，T/P 卫星径向轨道精度 RMS 达到 3cm，切向和法向的轨道精度优于 10cm[4,5]。

星载 GPS 测量在卫星精密定轨方面取得巨大成功的同时，世界各国也在积极开展自主定轨的研究和试验工作。1997 年发射的美国航空航天局（简称 NASA）小卫星 SSTI/Lewis，目的是利用 GPS 测定卫星的飞行姿态，同时验证 GPS 自主定轨、测定姿态和授时的潜能。为了实现这一目标，NASA 下属的 Goddard 空间飞行中心（简称 GSFC）提前几年开始研究星载 GPS 自主定轨的相关模型和算法，并成功研制出 GEODE 自主定轨软件[6]。在 Lewis 卫星飞行之前，用 EP/EUVE 和 T/P 卫星的实测伪距与模拟卫星机动期间的伪距和多普勒频移等数据，对 GEODE 软件的性能进行了分析。结果表明，在实施 SA 之前，使用 T/P 卫星的实测数据在滤波收敛期间，实时定轨精度优于 50m，收敛后的卫星轨道和速度的 3d RMS 为 7.8m 和 5.9mm/s；在有 SA 影响时，EP/EUVE 卫星的实时定轨精度 3d RMS 在 4～14m 之间；用卫星机动期间的模拟数据，卫星轨道精度能够保持在 200m 以内，在机动结束 2.5h 后，卫星轨道的精度指标能够恢复到机动前的水平。与此同时，NASA 下属的喷气推进实验室（JPL）在高精度定轨和定位软件 GIPSY 的基础上，研制出一套实时版 GIPSY 软件——RTG（Real-Time GIPSY）软件[7]。该软件不仅可用于低轨卫星的自主定轨，也可用于地面飞机的实时定位。对于低轨卫星的自主定轨应用，RTG 中增加了两项技术改进：一是改进了动力学模型和 GPS 观测模型以及滤波算法；二是增加模块使用 WADGPS 或 WAAS 的实时差分改正信息。用 T/P 卫星实测数据验证表明，在有 SA 的影响下，经过约 4h 的滤波收敛时间后，RTG 实时定轨的轨道误差 3d RMS 为 3～5m。此外，英国的 Nottingham 大学也进行了类似的自主定轨模型研究[8]。

进入 21 世纪后，GPS 系统的完善、SA 政策的取消、星载 GPS 接收机技术和微处理器技术的发展，对星载 GPS 自主定轨的发展产生了巨大的推动作用。越来越多的对地观测小卫星搭载廉价的 GPS 接收机，为卫星的姿态控制系统和对地观测设备实时提供高精度的卫星轨道参数。自 1999 年开始，德国航天中心（DLR）开展星载 GPS 高精度自主定轨相关的模型和工程预研工作[9,10]。2001年10月22日,DLR用印度的PSLV火箭将双光谱红外探测(Bi-spectral Infra-Red Detection, BIRD)小卫星成功发射到568km高度的近圆形太阳同步轨道,BIRD卫星总重量仅为92kg,主要用于森林火灾和火山喷发等热源地区的探测和科学调查[11]。令人关注的是,BIRD卫星上搭载了一台由Rockwell Collins提供的GEM-S五通道单频GPS接收机,实时地为BIRD卫星的姿态控制系统和飞行期间红外影像数据的地理位置编码提供高精度卫星轨道参数。BIRD自主定轨系统的运行结果表明,自主定轨精度可达到5m,速度精度为6mm/s;如果GPS观测中断2h,自主定轨系统的预报轨道精度优于110m[12]。BIRD卫星GPS自主定轨系统的成功运行证明了用廉价的单频接收机能够为对地观测设备提供高精度的轨道参数。此后,DLR先后与新加坡南洋理工大学和南非Stellenbosch大学合作,将星载GPS自主定轨技术应用于新加坡的监测东南亚地区环境的遥感卫星X-SAT[13]和南非的多光谱遥感卫星SUNSAT[14],实时自主地为遥感卫星提供轨道参数。

对于将来的星载GPS应用的发展,Yunck预测:星载GPS接收机将更加小型化、轻质量和低功耗,实时自主地为科学观测系统提供高精度的卫星轨道、速度和时间等信息,然后直接将科学观测产品通过在轨通信系统发送给用户,无需建立地面跟踪系统来维持卫星的轨道[15]。

2. 星载GPS自主定轨方法

对于低轨卫星来说,基于星载GPS观测数据的自主定轨和精密定轨使用的数学模型和软件实现等方面存在较大的差异[16,17]。表5-1给出了当前星载GPS精密定轨和自主定轨之间的差异。

表5-1 基于星载GPS观测值的精密定轨和自主定轨的模型比较

比较内容	精密定轨	自主定轨
GPS星历	精密星历	广播星历
使用的观测数据类型	伪距、载波相位	伪距、多普勒频移
重力场模型	JGm3 70×70或EGM 96 300×300等更高精度的重力场模型	JGm3 50×50通常截断到30×30或更低
大气阻力	复杂的阻力模型	简化的阻力模型
电离层改正模型	双频改正或其他精确的改正模型	不改正或简单的模型改正
滤波器	批处理或序贯滤波	推广卡尔曼滤波
处理器运行速度	几千MHz以上	几十MHz
计算耗时	事后处理	实时处理,小于观测数据采样间隔

根据使用的观测数据与处理算法的不同,星载 GPS 自主定轨可分为三种:几何法实时定轨、基于几何法实时定轨结果的滤波定轨(简称为松散滤波法)、基于伪距观测值的滤波定轨(简称紧密滤波法)。

(1) 几何法实时定轨

几何法实时定轨的原理来自于 GPS 单点定位,要求接收机至少观测到 4 颗 GPS 卫星,分别用伪距和多普勒频移观测数据直接计算接收机天线相位中心的位置和速度。几何法实时定轨的优点是原理简单、计算量小,但是其缺点非常明显,定轨精度受观测数据质量的限制;观测卫星数少于 4 颗时,就无法进行几何法定轨;速度确定的精度低,无法进行轨道预报等。例如,2000 年 7 月 15 日发射的 CHAMP 卫星,采用几何法实时定轨为姿态控制系统(AOCS)提供卫星的位置和速度参数。在卫星在轨运行初期,GPS 接收机因为软件故障每天要进行 4 次重启动,导致观测中断,无法为 AOCS 提供实时轨道参数。另外,因为 GPS 伪距观测值中存在粗差,导致几何法实时定轨出现错误的轨道参数。在错误的轨道参数的指导下,AOCS 向卫星发动机发出错误指令,并点火进行轨道机动。经过 2000 年 11 月 8 日的 GPS 接收机软件更新,减少了接收机每天重启动的次数,但是要求至少锁定 5 颗卫星时才向 AOCS 提供轨道参数,由此导致每天有一定的时间因不足 5 颗 GPS 卫星而无法进行实时定轨[19]。由此可知,几何法实时定轨因其存在的主要问题不能保证卫星自主运行的要求。

(2) 基于几何法实时定轨结果的滤波定轨(松散滤波法)

松散滤波法是以几何法实时定轨的结果作为滤波定轨的观测值,历元之间使用动力学模型进行积分预报,用推广卡尔曼滤波或贝叶斯最小二乘估计卫星的最终轨道[19,20]。该自主定轨系统可以简单地分为两块:一块是几何法实时定轨,可以由接收机内部软件实现;另一块是动力学滤波定轨,可以由星上处理器来实现。但是松散滤波法自主定轨也存在与几何法实时定轨相类似的问题:当观测到的 GPS 卫星少于 4 颗时,无法对滤波器进行测量更新;如果观测数据中存在粗差,在影响几何法实时定轨的同时,又影响滤波更新的轨道精度;滤波器的动态噪声协方差矩阵和观测噪声协方差矩阵难以准确确定等。

(3) 基于星载 GPS 伪距观测值的滤波定轨(紧密滤波法)

紧密滤波法是以星载 GPS 伪距观测值和多普勒频移观测值作为卡尔曼滤波的观测量,使用合适的动力学模型,用推广卡尔曼滤波估计卫星状态。JPL 的 RTG 软件和 GSFC 的 GEODE 均采用这种算法。紧密滤波法的优点在于:配合以合适的滤波方法,在卫星数少于 4 颗时,仍然能够对卫星状态进行更新;能够合理根据观测值的精度设置观测噪声协方差矩阵;通过调整滤波器的随机参数设置,改变滤波器的性能。但是,紧密滤波法需要考虑接收机钟差模型,估计向量的维数较大,数学模型比松散滤波法更为复杂。

5.1.2 卫星自主定轨的滤波算法

卫星自主定轨就是根据带有随机误差的观测数据和并不完善的动力学模型,依照一定的准则,对卫星运行状态参数、动力学模型参数、观测模型参数等进行最优估计的过程。限于卫星轨道的实时性要求,自主定轨常以序贯或递推方式进行数据处理和参数估计,即卡尔曼滤波估计。其不要求储存过去的观测数据,当有新的观测数据后,只要根据新的数据和前一时刻的估计量,借助于动态系统本身的状态转移方程,按照一套递推公式,即可算出新的估计量。因此,随着观测时间的增加,可随时适应新的情况,并且大大减少了计算机的存储量和计算量,适用于需要实时处理的工程应用。

本节首先介绍标准卡尔曼滤波,在此基础上,结合自主定轨可能出现滤波发散的原因,详细讨论了推广卡尔曼滤波、白噪声驱动的有色动态噪声的卡尔曼滤波和 U-D 分解滤波,为星载 GPS 自主定轨系统的滤波模型建立理论基础。

1. 标准卡尔曼滤波

假定系统分别用下列线性离散方程所描述:

$$\begin{cases} \boldsymbol{X}_{k+1} = \boldsymbol{\Phi}_{k+1,k}\boldsymbol{X}_k + \boldsymbol{\Gamma}_{k+1,k}\boldsymbol{W}_k \\ \boldsymbol{Z}_{k+1} = \boldsymbol{H}_{k+1}\boldsymbol{X}_{k+1} + \boldsymbol{V}_{k+1} \end{cases} \quad (5-1)$$

式中,$\boldsymbol{X}_{k+1}$ 为 n 维随机状态矢量(被估计量);$\boldsymbol{\Phi}_{k+1,k}$ 为 $n \times n$ 维一步状态转移矩阵;$\boldsymbol{\Gamma}_{k+1,k}$ 为 $n \times p$ 维动态噪声驱动阵;$\boldsymbol{W}_k$ 为 p 维动态(或系统)噪声矢量;$\boldsymbol{Z}_{k+1}$ 为 m 维观测矢量;$\boldsymbol{H}_{k+1}$ 为 $m \times n$ 维观测矩阵;$\boldsymbol{V}_{k+1}$ 为 m 维观测噪声矢量,且系统噪声 $\boldsymbol{W}_k$ 和观测噪声 $\boldsymbol{V}_{k+1}$ 为零均值白噪声系列,即对所有的 k、j,有:

$$\begin{cases} E(\boldsymbol{W}_k) = 0 \\ E(\boldsymbol{V}_k) = 0 \\ E(\boldsymbol{W}_k\boldsymbol{W}_j^T) = \boldsymbol{Q}_k\delta_{kj} \\ E(\boldsymbol{V}_k\boldsymbol{V}_j^T) = \boldsymbol{R}_k\delta_{kj} \\ E(\boldsymbol{W}_k\boldsymbol{V}_j^T) = 0 \end{cases} \quad (5-2)$$

式中,$\boldsymbol{Q}_k$ 和 $\boldsymbol{R}_k$ 分别为动态噪声协方差阵和观测噪声协方差阵;δ_{kj} 为克罗尼克 δ 函数。

假定初始状态有下列统计特性:

$$E(\boldsymbol{X}_0) = \hat{\boldsymbol{X}}_0, \quad E[(\boldsymbol{X}_0 - \hat{\boldsymbol{X}}_0)(\boldsymbol{X}_0 - \hat{\boldsymbol{X}}_0)^T] = \boldsymbol{P}_0 \quad (5-3)$$

$\boldsymbol{X}_0$ 与 $\boldsymbol{W}_k$、$\boldsymbol{V}_k$ 都不相关,即

$$E(\boldsymbol{X}_0\boldsymbol{W}_k^T) = 0, \quad E(\boldsymbol{X}_0\boldsymbol{V}_k^T) = 0 \quad (5-4)$$

$\hat{\boldsymbol{X}}_{k+1,k+1}$ 的最优滤波估计由以下递推关系式给出:

$$\begin{cases} \hat{\boldsymbol{X}}_{k+1,k+1} = \boldsymbol{\Phi}_{k+1,k}\hat{\boldsymbol{X}}_{k,k} + \boldsymbol{K}_{k+1}[\boldsymbol{Z}_{k+1} - \boldsymbol{H}_{k+1}\boldsymbol{\Phi}_{k+1,k}\hat{\boldsymbol{X}}_{k,k}] \\ \boldsymbol{K}_{k+1,k} = \boldsymbol{P}_{k+1,k}\boldsymbol{H}_{k+1}^T[\boldsymbol{H}_{k+1}\boldsymbol{P}_{k+1,k}\boldsymbol{H}_{k+1}^T + \boldsymbol{R}_{k+1}]^{-1} \\ \boldsymbol{P}_{k+1,k} = \boldsymbol{\Phi}_{k+1,k}\boldsymbol{P}_{k,k}\boldsymbol{\Phi}_{k+1,k}^T + \boldsymbol{\Gamma}_{k+1,k}\boldsymbol{Q}_k\boldsymbol{\Gamma}_{k+1,k}^T \\ \boldsymbol{P}_{k+1,k+1} = [\boldsymbol{I} - \boldsymbol{K}_{k+1}\boldsymbol{H}_{k+1}]\boldsymbol{P}_{k+1,k} \end{cases} \quad (5-5)$$

以上的递推滤波方程首先由卡尔曼证明,所以通常把式(5-5)所表达的递推滤波算法称为卡尔曼滤波器。卡尔曼滤波器的特点是它的递推形式,这对用计算机来计算滤波值特别有利。计算最优滤波值只需要即时的观测值,无需储存以前的观测数据,可大大节省储存单元。

根据无偏性的要求,应选取滤波初值 $\hat{\boldsymbol{X}}_0 = E(\boldsymbol{X}_0)$,$\boldsymbol{P}_0 = \mathrm{var}(\boldsymbol{X}_0)$,这实际上是难以做到的。可以证明,当线性系统(5-1)为一致完全可控和一致完全可观测时,滤波估值 $\hat{\boldsymbol{X}}_{k,k}$ 与

方差 $P_{k,k}$ 将渐近与初值 $\hat{X}_0$、P_0 的选取无关。这表明，即使滤波初值选取得不恰当，随着 k 的增加，滤波估计值 $\hat{X}_{k,k}$ 与 $P_{k,k}$ 的偏差会逐渐消失。

2. 推广卡尔曼滤波(EKF)

标准卡尔曼滤波除了要求动态噪声和观测噪声是零均值、高斯白噪声序列外，还要求系统的状态方程和测量方程都是线性的。对于卫星轨道确定而言，卫星运动方程和观测方程都是高度非线性方程，若要用标准卡尔曼滤波方法来估计系统的状态，首先要对非线性的状态方程和观测方程进行线性化处理。为了减小线性化带来的截断误差，通常不使用事先预报的标称轨道作为线性化的初值，而是使用滤波估计的轨道进行线性化，在此基础上的滤波称为推广卡尔曼滤波，简称 EKF。

假设非线性系统的动态方程为如下连续非线性方程：

$$\frac{\mathrm{d}}{\mathrm{d}t}x(t) = f[x(t)] + w(t) \tag{5-6}$$

式中，$x(t)$ 为 n 维状态列向量；$w(t)$ 为 p 维模型噪声向量，假定为零均值高斯白噪声，其方差阵 $E[w(t)w^\mathrm{T}(\tau)] = Q(t)\delta(t-\tau)$。

观测方程为连续非线性方程：

$$z(t) = h[x(t)] + v(t) \tag{5-7}$$

式中，$z(t)$ 为 m 维状态列向量；$v(t)$ 为观测噪声向量，假定为零均值高斯白噪声，其方差阵 $E[v(t)v^\mathrm{T}(\tau)] = R(t)\delta(t-\tau)$。

现把连续型的动态方程(5-6)展开成幂级数，有：

$$x(t+\Delta t) = x(t) + f(x)\Delta t + \frac{\partial}{\partial x}f(x)\frac{(\Delta t)^2}{2!} + \int_{\Delta t} w(t)\mathrm{d}t \tag{5-8}$$

式中右端第四项为模型噪声，其方差阵为：

$$E\left(\int_{\Delta t} w(t)\mathrm{d}t\right)\left(\int_{\Delta t} w(\tau)\mathrm{d}\tau\right)^\mathrm{T} = \iint_{\Delta t\Delta t} E[w(t)w^\mathrm{T}(\tau)]\mathrm{d}t\mathrm{d}\tau$$

$$= \iint_{\Delta t\Delta t} Q(t)\delta(t-\tau)\mathrm{d}t\mathrm{d}\tau = \int_{\Delta t} Q(t)\delta(t-\tau)\mathrm{d}t \tag{5-9}$$

令 $x(t) = x_k$，$x(t+\Delta t) = x_{k+1}$，$\int_{\Delta t} w(t)\mathrm{d}t = w_k$，并设 $\left.\frac{\partial f}{\partial x}\right|_{x=x_k} = A(x_k)$，式(5-8)可表示为：

$$x_{k+1} = x_k + f(x_k)\Delta t + A(x_k)f(x_k)\frac{(\Delta t)^2}{2} + w_k \tag{5-10}$$

假定已有时刻状态的参考估计 $\hat{x}_k^*$，令 $\hat{x}_{k+1}' = \hat{x}_k^* + f(\hat{x}_k^*)\Delta t + A(\hat{x}_k^*)f(\hat{x}_k^*)\frac{(\Delta t)^2}{2}$，离散化动态方程(5-8)右端围绕 $\hat{x}_k^*$ 线性化，得：

$$x_{k+1} - \hat{x}_{k+1}' = \Phi(\hat{x}_k^*)(x_k - \hat{x}_k^*) + O(2) + w_k \tag{5-11}$$

式中，$\Phi(x) = I + A(x)\Delta t + \frac{\mathrm{d}}{\mathrm{d}x}A(x)f(x)\frac{(\Delta t)^2}{2}$，当右端的第三项较小时，可近似取 $\Phi(x) = I + A(x)\Delta t$；$O(2)$ 表示与 $|x_k - \hat{x}_k^*|^2$ 同阶的项，代表由动态方程非线性所引进的线性化误差。

再令观测方程(5-7)右端围绕 $\hat{x}_{k+1}^*$ 线性化(这里的 $\hat{x}_{k+1}^*$ 可以与式(5-11)中对应 $k+1$ 时刻的 $\hat{x}_{k+1}^*$ 相同,也可以不同),得:

$$z_{k+1} - h(\hat{x}_{k+1}^*) = H(\hat{x}_{k+1}^*)(x_{k+1} - \hat{x}_{k+1}^*) + O(2) + v_{k+1} \tag{5-12}$$

式中,$H(x) = \dfrac{\partial h(x)}{\partial x}$;$O(2)$ 表示与 $|x_{k+1} - \hat{x}_{k+1}^*|^2$ 同阶的项,代表由观测方程非线性所引进的线性化误差。

对于线性化系统(5-11)和(5-12),应用卡尔曼滤波可导出如下递推公式:

$$\begin{cases} \hat{x}_{k+1,k} = x_{k+1} + \Phi(x_k^*)(\hat{x}_{k,k} - x_k^*) \\ P_{k+1,k} = \Phi(x_k^*) P_{k,k} \Phi(x_k^*)^{\mathrm{T}} + Q_k^* \\ K_{k+1} = P_{k+1,k} H(\hat{x}_{k+1}^*)^{\mathrm{T}} \left[H(\hat{x}_{k+1}^*) P_{k+1,k} H(\hat{x}_{k+1}^*)^{\mathrm{T}} + R_{k+1}^* \right]^{-1} \\ \hat{X}_{k+1,k+1} = \hat{X}_{k+1,k} + K_{k+1} \left[z_{k+1} - H(\hat{x}_{k+1}^*) - H(\hat{x}_{k+1}^*)(\hat{X}_{k+1,k} - \hat{X}_{k+1}^*) \right] \\ P_{k+1,k+1} = \left[I - K_{k+1} H(\hat{x}_{k+1}^*) \right] P_{k+1,k} \end{cases} \tag{5-13}$$

贾沛璋[21]对动态方程和观测方程的线性化误差进行了定性分析,结果表明,观测方程的非线性主要影响滤波初始阶段的精度,而对滤波长时间递推的精度影响小;而动态方程的非线性对滤波初始阶段的精度影响不大,主要影响滤波长时间递推的精度。

3. 白噪声驱动的有色动态噪声的卡尔曼滤波

在上面讨论的滤波问题中,假定动态噪声和观测噪声是完全不相关的白噪声序列,在这种情况下导出的卡尔曼滤波方程可以说是卡尔曼滤波的基本方程。在卫星自主定轨应用中,大气阻力等非保守力无法精确模型;受星上计算能力的限制,无法提高地球非球形引力位的阶数,由此导致动力学模型噪声并非白噪声序列,需要将其作为白噪声驱动的有色噪声来处理。有色噪声指的是噪声序列中每一时刻的噪声与另一时刻的噪声相关。这里考虑的是有色噪声序列的一种情况,即只考虑一种由白噪声驱动的线性系统所产生的相关噪声。

如果方程(5-1)中的动态噪声 W_k 为白噪声驱动的有色噪声的情形,可以采用扩大状态向量维数的方法来处理。设方程(5-1)中的动态噪声 W_k 为白噪声 $\eta_k (k \geq 0)$ 驱动的有色噪声,即

$$W_k = F_{k,k-1} W_{k-1} + \eta_{k-1} \tag{5-14}$$

且有:

$$\begin{cases} E(\eta_k) = 0, \ \mathrm{var}(\eta_k) = D_k \\ E(W_0) = 0, \ \mathrm{var}(W_0) = Q_0 \\ \mathrm{cov}(W_0, \eta_k) = 0 \\ \mathrm{cov}(X_0, \eta_k) = 0, \ \mathrm{cov}(X_0, W_0) = 0 \end{cases} \tag{5-15}$$

将 W_k 看成状态向量的一部分,将式(5-1)写为:

$$\begin{cases} \begin{bmatrix} X_{k+1} \\ W_{k+1} \end{bmatrix} = \begin{bmatrix} \Phi_{k+1,k} & \Gamma_{k+1,k} \\ 0 & F_{k+1,k} \end{bmatrix} \begin{bmatrix} X_k \\ W_k \end{bmatrix} + \begin{bmatrix} 0 \\ E \end{bmatrix} \eta_k \\ Z_{k+1} = \begin{bmatrix} H_{k+1} & 0 \end{bmatrix} \begin{bmatrix} X_{k+1} \\ W_{k+1} \end{bmatrix} + V_{k+1} \end{cases} \tag{5-16}$$

若记

$$\begin{cases} X_k^* = \begin{bmatrix} X_k \\ W_k \end{bmatrix}, \Phi_{k+1,k}^* = \begin{bmatrix} \Phi_{k+1,k} & \Gamma_{k+1,k} \\ 0 & F_{k+1,k} \end{bmatrix} \\ G_k^* = \begin{bmatrix} 0 \\ E \end{bmatrix}, H_k^* = \begin{bmatrix} H_k & 0 \end{bmatrix} \end{cases} \tag{5-17}$$

则可得到一组新的动态方程和观测方程:

$$\begin{cases} X_{k+1}^* = \Phi_{k+1,k}^* X_k^* + G_k^* \eta_k \\ Z_{k+1} = H_{k+1}^* X_{k+1}^* + V_{k+1} \end{cases} \tag{5-18}$$

其初始状态 X_0^* 的方差阵 $\mathrm{var}(X_0^*) = \begin{bmatrix} P_0 & 0 \\ 0 & Q_0 \end{bmatrix}$。式(5-18)的随机模型的形式和系统式(5-1)是一致的，可以按照卡尔曼滤波的递推公式计算。

4. U-D 分解滤波

针对计算误差引起的滤波发散，可以采用平方根算法和 **U-D** 分解方法。这里介绍由 Bierman 和 Thornton 提出的 **U-D** 分解滤波方法，并将之用于自主定轨的数据处理。

令

$$\begin{cases} P_{k,k} = U_{k,k} D_{k,k} U_{k,k}^\mathrm{T} \\ P_{k,k-1} = U_{k,k-1} D_{k,k-1} U_{k,k-1}^\mathrm{T} \end{cases} \tag{5-19}$$

式中，U 为单位上三角阵；D 为对角阵。显然，P 阵的正定性与 D 阵相同。

P 阵可以通过下述方法进行 **U-D** 分解:

$$\begin{cases} D_{nn} = P_{nn} \\ U_{in} = \begin{cases} 1; & i = n \\ P_{in}/D_{nn}; & i = n-1, n-2, \cdots, 1 \end{cases} \end{cases} \tag{5-20}$$

$$\begin{cases} D_{jj} = P_{jj} - \sum_{k=j+1}^{n} D_{kk} U_{jk}^2 \\ U_{ij} = \begin{cases} 0; & i > j \\ 1; & i = j \\ \left(P_{ij} - \sum_{k=j+1}^{n} D_{kk} U_{ik} U_{jk} \right)/D_{jj}; & i = j-1, j-2, \cdots, 1 \end{cases} \end{cases} \tag{5-21}$$

式中，$j = n-1, n-2, \cdots, 1$。

(1) Bierman **U-D** 测量更新算法

令 $P = P_{k,k-1}$，$U = U_{k,k-1}$，$D = D_{k,k-1}$，$H = H_k$，且假定观测量为标量。

根据卡尔曼滤波公式(5-5)，可得:

$$\begin{cases} P_{k,k} = P - PH^\mathrm{T}(1/\alpha)HP \\ \alpha = HPH^\mathrm{T} + R \end{cases} \tag{5-22}$$

将式(5-22)进行 **U-D** 分解，得:

$$U_{k,k} D_k U_{k,k}^\mathrm{T} = UDU^\mathrm{T} - \frac{1}{\alpha} UDU^\mathrm{T} H^\mathrm{T} HUDU^\mathrm{T}$$

$$= U\left[D - \frac{1}{\alpha}DU^{\mathrm{T}}H^{\mathrm{T}}HUD\right]U^{\mathrm{T}} \tag{5-23}$$

令 $f = U^{\mathrm{T}}H^{\mathrm{T}}$, $v = [v_1, v_2, \cdots, v_n] = DF(v_j = D_{jj}f_j; j = 1, 2, \cdots, n)$，将其代入式(5-23)得：

$$U_{k,k}D_{k,k}^{\mathrm{T}}U_{k,k}^{\mathrm{T}} = U\left[D - \frac{vv^{\mathrm{T}}}{\alpha}\right]U^{\mathrm{T}} = U\overline{U}\,\overline{D}\,\overline{U}^{\mathrm{T}}U^{\mathrm{T}} \tag{5-24}$$

式中，$\overline{U}$、$\overline{D}$ 为 $D - \frac{vv^{\mathrm{T}}}{\alpha}$ 的 U-D 分解。

由式(5-24)可得：

$$U_{k,k} = U\overline{U}, \quad D_{k,k} = \overline{D} \tag{5-25}$$

$\overline{U}$、$\overline{D}$ 的计算过程如下：

$$\begin{cases} \alpha_j = \sum_{k=1}^{j} D_{kk}f_k^2 + R \\ \overline{D}_{jj} = D_{jj}\alpha_{j-1}/\alpha_j \\ \overline{U}_{ij} = \begin{cases} -D_{ii}f_if_j/\alpha_{j-1}; & i = 1, 2, \cdots, j-1 \\ 1; & i = j \\ 0; & i = j+1, j+2, \cdots, n \end{cases} \end{cases} \tag{5-26}$$

其中，$j = 1, 2, \cdots, n$; $\alpha_0 = R$。

由式(5-23)至式(5-26)可推导出观测量为标量时的测量更新 U-D 分解算法：

$$\begin{aligned} f &= U_{k,k-1}^{\mathrm{T}}H_k^{\mathrm{T}} \\ v_j &= D_{k,k-1}(jj)f_j; \quad j = 1, 2, \cdots, n \\ \alpha_0 &= R \end{aligned}$$

$$\begin{cases} \alpha_i = \alpha_{i-1} + f_iv_i \\ D_{k,k}(ii) = D_{k,k-1}(ii)\alpha_{i-1}/\alpha_i \\ b_i \leftarrow v_i \\ p_i = -f_i/\alpha_{i-1} \\ U_{k,k}(ji) = U_{k,k-1}(ji) + b_jp_i \\ b_j \leftarrow b_j + U_{k,k-1}(ji)v_i \\ K_{k,k} = b/\alpha_n \\ x_{k,k} = x_{k,k-1} + K_{k,k}(z_k - H_kx_{k,k-1}) \end{cases} j = 1, 2, \cdots, i-1 \tag{5-27}$$

式中，$i = 1, 2, \cdots, n$; ←表示改写；$U_{kk}(ji)$ 表示 U_{kk} 矩阵的第 j 行第 i 列元素。

(2) Thornton U-D 时间更新算法

令

$$Y_{k+1,k} = [\Phi_{k+1,k}U_{k,k} \quad \Gamma_k] = \begin{bmatrix} w_1^{\mathrm{T}} \\ w_2^{\mathrm{T}} \\ \vdots \\ w_n^{\mathrm{T}} \end{bmatrix}$$

$$\tilde{D}_{k+1,k} = \begin{bmatrix} D_{k,k} & 0 \\ 0 & Q_k \end{bmatrix} = \text{Diag}(D_{k,k}, Q) \tag{5-28}$$

其中，行向量$\{w_i\}$包含$n+k$个元素。定义加权内积表达式为：

$$<a, b>_D = a^T D b = \sum_{i=1}^{n+k} a_i^T D_i b_i \tag{5-29}$$

那么，U-D 卡尔曼滤波 $Y_{k+1,k}\tilde{D}_{k+1,k}Y_{k+1,k}^T$ 时间更新算法表示如下：

$$\begin{cases} \tilde{D}_j = <w_j, w_j>_D \\ \tilde{U}_{ij} = \dfrac{<w_i, w_j>_D}{\tilde{D}_j} \\ w_j \leftarrow w_i - \tilde{U}_{ij}w_j, \quad i = 1, 2, \cdots, j-1 \end{cases} \tag{5-30}$$

式中，$j = n, n-1, \cdots, 1$。

5.1.3 卫星自主定轨的动力学模型

卫星围绕地球运转所受的作用力大致分为两类：保守力和非保守力。保守力包括地球中心引力、地球非球形引力、日月等N体引力、地球固体潮汐和海洋潮汐摄动力、广义相对论摄动等。这些引力只与卫星的位置有关，和卫星的速度及表面特性无关。非保守力包括大气阻力、太阳光压力、机动推力和地球反照光压力等。非保守力不仅与卫星的位置和速度有关，而且和卫星的几何形状和星体表面特性存在密切关系。在动力学定轨中，大部分保守力能够用比较精确的数学模型表示，而非保守力具有较强的随机性，很难用数学模型来精确描述。因此，在精确的动力学模型的基础上，为了补偿无法模型化或错误模型的微小摄动力的影响，常引入经验力模型。

表5-2列出了两种不同轨道高度卫星（如400km的CHAMP和20 000km的GPS）的摄动加速度的量级。可以看出，卫星轨道高度不同，所受的摄动力差异很大。因此，在对不同轨道高度的卫星进行自主定轨处理时，摄动力模型的选择存在很大的不同。如对CHAMP卫星来说，大气阻力是一个重要的摄动力，而对于GPS卫星来说，太阳光压力则必须精细考虑。

表 5-2　　　　CHAMP卫星与GPS卫星的主要摄动力加速度量级　　　　（$m \cdot s^{-2}$）

摄动力	CHAMP卫星	GPS卫星
J_2	1.6×10^{-2}	5×10^{-5}
非球形引力	2.1×10^{-4}	3×10^{-7}
日月引力	1.3×10^{-6}	6×10^{-6}
大气阻力	5.3×10^{-7}	—
相对论效应	2.1×10^{-8}	3×10^{-10}
太阳辐射压力	7.6×10^{-9}	6×10^{-8}

1. 动力学模型

(1)地球引力

地球对外部空间点的引力位以球谐系数展开的形式表示为：

$$U(r, \varphi, \lambda) = \frac{GM}{r}\left[1 + \sum_{l=2}^{\infty}\sum_{m=0}^{l}\left(\frac{a_e}{r}\right)^l \overline{P}_{lm}(\sin\varphi)\left[\overline{C}_{lm}\cos m\lambda + \overline{S}_{lm}\sin m\lambda\right]\right] \quad (5\text{-}31)$$

式中，GM 为地球引力常数；r 为卫星矢量长度；φ 和 λ 分别为地心纬度和地心经度；a_e 为地球平均半径；$\overline{P}_{lm}(\sin\varphi)$ 为 l 阶 m 次规格化的 Legendre 函数；$\overline{C}_{lm}$、$\overline{S}_{lm}$ 为规格化的地球重力场球谐系数，由相应的重力场模型给出。方程右边的第一项表示地球中心引力，第二项为地球非球形引力。

地球非球形引力加速度可用非球形引力位函数的梯度来计算，因此，非球形引力的摄动加速度为：

$$\ddot{r} = \frac{\partial U}{\partial r}\left(\frac{\partial r}{\partial \boldsymbol{r}}\right) + \frac{\partial U}{\partial \varphi}\left(\frac{\partial \varphi}{\partial \boldsymbol{r}}\right) + \frac{\partial U}{\partial \lambda}\left(\frac{\partial \lambda}{\partial \boldsymbol{r}}\right) \quad (5\text{-}32)$$

将其扩展成分量的形式表示为：

$$\begin{cases}\ddot{x} = \dfrac{\partial U}{\partial r}\dfrac{\partial r}{\partial x} + \dfrac{\partial U}{\partial \varphi}\dfrac{\partial \varphi}{\partial x} + \dfrac{\partial U}{\partial \lambda}\dfrac{\partial \lambda}{\partial x} \\ \ddot{y} = \dfrac{\partial U}{\partial r}\dfrac{\partial r}{\partial y} + \dfrac{\partial U}{\partial \varphi}\dfrac{\partial \varphi}{\partial y} + \dfrac{\partial U}{\partial \lambda}\dfrac{\partial \lambda}{\partial y} \\ \ddot{z} = \dfrac{\partial U}{\partial r}\dfrac{\partial r}{\partial z} + \dfrac{\partial U}{\partial \varphi}\dfrac{\partial \varphi}{\partial z} + \dfrac{\partial U}{\partial \lambda}\dfrac{\partial \lambda}{\partial z}\end{cases} \quad (5\text{-}33)$$

式中，

$$\begin{cases}\dfrac{\partial U}{\partial r} = -\dfrac{GM}{r^2}\sum_{l=2}^{\infty}\sum_{m=0}^{l}\left(\dfrac{a_e}{r}\right)^l(l+1)\overline{P}_{lm}(\sin\varphi)\left[\overline{C}_{lm}\cos m\lambda + \overline{S}_{lm}\sin m\lambda\right] \\ \dfrac{\partial U}{\partial \varphi} = \dfrac{GM}{r}\sum_{l=2}^{\infty}\sum_{m=0}^{l}\left(\dfrac{a_e}{r}\right)^l\left(\overline{C}_{lm}\cos m\lambda + \overline{S}_{lm}\sin m\lambda\right)\left[\overline{P}_{l,m+1}(\sin\varphi) - m\tan\varphi \overline{P}_{lm}(\sin\varphi)\right] \\ \dfrac{\partial U}{\partial \lambda} = \dfrac{GM}{r}\sum_{l=2}^{\infty}\sum_{m=0}^{l}\left(\dfrac{a_e}{r}\right)^l m\overline{P}_{lm}(\sin\varphi)\left(\overline{S}_{lm}\cos m\lambda - \overline{C}_{lm}\sin m\lambda\right)\end{cases}$$

$$(5\text{-}34)$$

$$\begin{cases}\dfrac{\partial r}{\partial \boldsymbol{r}} = \dfrac{\boldsymbol{r}^{\mathrm{T}}}{r} \\ \dfrac{\partial \varphi}{\partial \boldsymbol{r}} = \dfrac{1}{\sqrt{x^2 + y^2}}\left(-\dfrac{z\boldsymbol{r}^{\mathrm{T}}}{r^2} + \dfrac{\partial z}{\partial \boldsymbol{r}}\right) \\ \dfrac{\partial \lambda}{\partial \boldsymbol{r}} = \dfrac{1}{x^2 + y^2}\left(x\dfrac{\partial y}{\partial \boldsymbol{r}} - y\dfrac{\partial x}{\partial \boldsymbol{r}}\right)\end{cases} \quad (5\text{-}35)$$

由此可得在地固坐标系中的摄动加速度。在惯性坐标系中，非球形引力的摄动加速度为：

$$\ddot{\boldsymbol{R}} = \boldsymbol{PN\Theta\Pi}\ddot{\boldsymbol{r}} \quad (5\text{-}36)$$

式中，$\boldsymbol{P}$ 为岁差矩阵；$\boldsymbol{N}$ 为章动矩阵；$\boldsymbol{\Theta}$ 为地球自转矩阵；$\boldsymbol{\Pi}$ 为极移矩阵。

(2)日月等 N 体引力

太阳、月球和行星的引力摄动可近似用点质量来描述,在地心惯性系中,天体对卫星的 N 体引力加速度为:

$$\ddot{r} = \sum_i GM_i \left(\frac{r - r_i}{|r - r_i|^3} - \frac{r}{|r|^3} \right) \tag{5-37}$$

式中,GM_i 为相应星体的引力常数;r_i 和 r 分别为相应星体和卫星在地心惯性系中的位置矢量。在精密定轨中,高精度的太阳和月球的位置矢量根据 JPL 编制的行星星历表计算。对于自主定轨来说,可用近似公式计算,具体计算方法参考文献[22,23]。

(3) 地球潮汐摄动力

地球不是完全刚性的球体,在日月等天体的引力作用下,地球出现质量重新分布和形状变形,称之为地球潮汐现象。地球的弹性形变表现为固体潮、海潮和大气潮。地球潮汐使地球引力位发生变化,进而对卫星产生一附加的引力,称为地球潮汐摄动力。

已知日(或月)对地面点的引力位球谐展开式为:

$$V_j = GM_j \sum_{n=0}^{\infty} \frac{R_e^n}{r_j^{n+1}} P_n(\cos\varphi_j) \tag{5-38}$$

式中,M_j 为太阳或月球引力体的质量;r_j 为引力体的地心矢量;φ_j 为引力体和卫星相对地心的夹角;$P_n(\cos\varphi_j)$ 为 n 阶 Legendre 函数。

从式(5-38)中排除不产生形变位差的 0 和 1 阶项,且只取 $n=2$ 阶项,可得到日月潮汐形变对卫星产生的摄动位:

$$U = \sum_{j=S,L} \frac{GM_j}{r_j^3} \frac{R_e^5}{r^3} k_2 P_2(\cos\varphi_j) \tag{5-39}$$

式中,k_2 为 Love 数。

(4) 大气阻力

对于低轨卫星来说,大气阻力是非保守力中量级最大的一项。由于上层大气的密度很难精确获得,大气分子和卫星表面的作用过程难以模型,卫星姿态变化导致卫星截面积难以精确确定等因素,导致很难获得高精度的大气阻力模型。大气阻力一般可描述为:

$$\overline{F}_D = -\frac{1}{2}\rho \left(\frac{C_D A}{m}\right) V_r^2 \boldsymbol{e}_v \tag{5-40}$$

式中,ρ 为大气密度;C_D 为大气阻力系数,一般在 1.5~3.0 间变化,在定轨中,常作为参数进行估计;A 为垂直于 V_r 的卫星截面积;m 为卫星质量;V_r 为卫星相对于大气的运行速度;$\boldsymbol{e}_v$ 为 V_r 方向的单位向量。

对于不同表面形状的卫星,如带太阳能面板的卫星,大气阻力模型必须考虑太阳能面板所受的阻力:

$$\overline{F}_{\text{panel}D} = -\frac{1}{2}\rho \left(\frac{C_{pD} A_p \cos\gamma}{m}\right) V_r^2 \boldsymbol{e}_v \tag{5-41}$$

式中,C_{pD} 为太阳能面板的大气阻力系数;$A_p \cos\gamma$ 为垂直于 V_r 的太阳能面板的有效截面积。

(5) 太阳辐射压力

照射到卫星上的太阳光对卫星产生一入射作用力,卫星吸收一部分太阳光转变成热能和电能,另一部分被反射回去。入射力和反射力统称为太阳辐射压力,即太阳光压力。太阳辐射压力产生的加速度与太阳光强度、垂直于入射方向的有效面积、表面反射率、与到太阳的距离和光速有关。由于卫星表面材料的老化、太阳能量随太阳活动的变化以及卫星姿态控制的误差等因素的影响,使得太阳辐射压摄动也是难以精确模型的摄动力。

直接的太阳辐射压力可以表示为:

$$\overline{F}_R = -P(1+\eta)\frac{A}{m}v\boldsymbol{u} \tag{5-42}$$

式中,P 为太阳常数,等于 $4.5604 \times 10^{-6} \text{N/m}^2$,其物理意义是完全吸收的物体在距太阳一个天文单位处单位面积上所受的辐射压力;η 为卫星表面的反射系数;A 为垂直于卫星与太阳方向的截面积;m 为卫星质量;v 为蚀因子(如果卫星处于阴影区,$v=0$;卫星处于太阳光照区,$v=1$;卫星部分处于阴影区,$0<v<1$);$\boldsymbol{u}$ 为卫星到太阳方向的单位矢量。

与此类似,太阳光照射在卫星的太阳能面板产生的辐射压力为:

$$\overline{F}_{\text{panel}R} = -P\frac{|A_p\cos\gamma|}{m}v(\boldsymbol{u}+\eta_p\boldsymbol{n}) \tag{5-43}$$

式中,A_p 为太阳能面板面积;$\boldsymbol{n}$ 为太阳能面板表面的法向单位矢量;γ 为 $\boldsymbol{n}$ 和 $\boldsymbol{u}$ 间的夹角,即 $\cos\gamma = \boldsymbol{u} \cdot \boldsymbol{n}$;$|A_p\cos\gamma|$ 为与 $\boldsymbol{u}$ 方向正交的太阳能面板的有效面积。

(6)经验力

为了弥补一些作用在卫星上但未能很好模型化的摄动力,通常在卫星运动方程中引入一些经验参数。在卫星精密定轨中,经验参数包括径向、切向及法向的线性经验摄动和周期性经验摄动参数,以及 CODE 最先提出并应用于 GPS 卫星精密定轨的虚拟脉冲加速度摄动参数等[17]。这些参数的应用能较好地吸收动力学模型的误差。在自主定轨中,一般用随机过程来描述,或者不考虑经验力的影响。

2. 卫星运动方程及其数值解法

(1)卫星运动方程

在地心惯性系,卫星运动方程为:

$$\ddot{\boldsymbol{r}} = -\frac{GM\boldsymbol{r}}{r^3} + \boldsymbol{R} \tag{5-44}$$

式中,$\boldsymbol{r}=(x,y,z)$ 为卫星在惯性系下的位置矢量;$\boldsymbol{R}$ 表示卫星受到的各种摄动加速度之和,包括保守力和非保守力。式(5-44)给出的卫星运动方程为二阶微分方程,为了便于数值求解,可将其转化为一阶微分方程组来表示:

$$\begin{cases} \dot{\boldsymbol{r}} = \boldsymbol{v} \\ \dot{\boldsymbol{v}} = -\dfrac{GM\boldsymbol{r}}{r^3} + \boldsymbol{R} \end{cases} \tag{5-45}$$

式中,$\boldsymbol{v}$ 为卫星运动速度矢量。根据 t_0 时刻的初始状态向量 $(\boldsymbol{r}_0,\boldsymbol{v}_0)$,通过数值积分可得到下一时刻 t 的状态向量 $(\boldsymbol{r}_t,\boldsymbol{v}_t)$。因此,卫星运动方程的数值解可归结为一个常微分方程的初值问题。

（2）卫星运动方程的数值解法

卫星运动方程的解有分析法、数值法和半分析半数值方法等。分析法是将力模型展开取有限项，给出任意时刻解的表达式，通常称之为一般摄动法。其优点是便于定性地给出轨道的特征；但对摄动力模型处理限制较大，使定轨精度受到影响。数值法是基于所有摄动力的卫星运动方程进行数值积分求解，亦称之为特别摄动法。其优点是能完整地顾及所选择的动力学模型，处理简单，计算精度高，便于编程计算，是高精度卫星轨道计算最实际有效的方法。根据每向前积分一步所需要的已知积分节点的个数，数值法可分为单步法和多步法。

星载 GPS 自主定轨的大量计算工作是在星上处理器中运行的，当获得新的观测数据后，定轨软件立刻对卫星状态进行更新。数值积分器将以更新后的状态作为初值，在新的观测数据到来之前，积分预报下一时刻的卫星状态。因此，自主定轨中，卫星轨道积分使用的是不断被初始化的轨道初值，此时，对于需要单步法起动的多步法积分器不再适用。表 5-3 列出了现有的在轨导航系统采用的积分方法。因此，以下主要讨论以 Runge-Kutta 法为基础的单步积分法。

表 5-3　　　　　　　　　　在轨导航系统及其积分方法

在轨导航系统	积分方法	积分步长
TONS	4 阶 RK	10s(EUVE)
DIODE	4 阶 RKG	10s
DIOGENE	6 阶 RK	60s(LEO)，5min(GEO)
GEODE	4 阶 RK	40s
CHAMP	4 阶 RK	10s
BIRD	4 阶 RK	35~65s，平均滤波更新间隔 30s

1）经典 Runge-Kutta 方法

Runge-Kutta 数值积分方法（简称 RK 方法）的基本原理是间接引用泰勒展开，即用积分区间 $[t_n, t_{n+1}]$ 上若干点的右函数值 f 的线性组合来代替 f 的导数，然后用泰勒展开式确定相应的系数，这样既能避免计算 f 的各阶导数，又能保证精度。m 阶 RK 方法的一般形式为：

$$x_{n+1} = x_n + \sum_{i=1}^{m} c_i k_i \tag{5-46}$$

其中，k_i 满足方程 $k_i = hf(t_n + \alpha_i h, x_n + \sum_{j=1}^{i-1} \beta_{ij} k_j)$；$h$ 为积分步长；c_i、α_i、β_{ij} 为固定系数，它们的数值选择不是唯一的，不同的选择就确定了不同的 RK 公式。经典的 4 阶 Runge-Kutta(RK4) 的固定系数见表 5-4。

表 5-4　　　　　　　　　　　　　　　经典 RK4 系数组

α_i	β_{ij}			
0	0			
$\frac{1}{2}$	$\frac{1}{2}$			
$\frac{1}{2}$	0	$\frac{1}{2}$		
0	0	0	1	
c_i	$\frac{1}{6}$	$\frac{2}{6}$	$\frac{2}{6}$	$\frac{1}{6}$

2) Runge-Kutta-Fehlberg 方法

为了克服 RK 方法本身难以估计截断误差的缺点，Fehlberg 提出一种使用嵌套技术的 RK 方法，简称为 RKF 方法。该方法同时给出 n 阶和 $n+1$ 阶两组 RK 计算公式，用两组公式算出 n 阶和 $n+1$ 阶的积分结果，两者求差估算截断误差，并确定下一步的步长，起到自动选择步长的作用。一般来说，RKF 嵌套算法中 n 阶的目的是积分计算，$n+1$ 阶的作用是估计积分误差，确定积分步长。两组公式相差并不多，$n+1$ 阶公式只是在 n 阶公式的基础上多计算少量次数的右函数。RKF 方法较简单，能够保持所需要的精度，稳定度较高。表 5-5 给出了 4 阶 RKF（积分结果采用 c_i）和 5 阶 RKF（积分结果采用 $\hat{c}_i$）的系数组。

表 5-5　　　　　　　　　　　　　　　RKF4 嵌套积分系数组

α_i	β_{ij}					
0	0					
$\frac{1}{4}$	$\frac{1}{4}$					
$\frac{3}{8}$	$\frac{3}{32}$	$\frac{9}{32}$				
$\frac{12}{13}$	$\frac{1932}{2197}$	$-\frac{7200}{2197}$	$\frac{7296}{2197}$			
1	$\frac{439}{216}$	-8	$\frac{3680}{513}$	$-\frac{845}{4104}$		
$\frac{1}{2}$	$-\frac{8}{27}$	2	$-\frac{3544}{2565}$	$\frac{1859}{4104}$	$-\frac{11}{40}$	
c_i	$\frac{25}{216}$	0	$\frac{1408}{2565}$	$\frac{2197}{4104}$	$-\frac{1}{5}$	RKF4
$\hat{c}_i$	$\frac{16}{135}$	0	$\frac{6656}{12825}$	$\frac{28561}{56430}$	$-\frac{9}{50}$	$\frac{2}{55}$ RKF5

3. 状态转移矩阵计算

在卫星定轨计算中,状态转移矩阵的作用有两个:一是用于状态误差协方差矩阵的传播计算,即将不同时刻的卫星状态误差协方差矩阵联系起来;二是在卫星运动方程线性化过程中提供相应的偏导数(在动力法精密定轨中,用来将后续的状态和初始状态联系起来,通过大量的观测数据高精度求解初始状态)。状态转移矩阵的计算精度越高,轨道确定的精度也就越高。如果要精确地计算状态转移矩阵,首先要计算所有摄动加速度相对卫星状态的偏导数,并组成变分方程,然后对变分方程积分才能得到状态转移矩阵。因此,精确的状态转移矩阵的计算量大,适用于精密定轨。

一般来说,定轨可分为以下两种情况[22]:

- 在通常情况下,定轨弧段不会太长。对于人造地球卫星而言,一般为1~2天到几十天的弧段,计算 $\Phi_{t,0}$ 时,只要考虑到主要摄动(J_2 项摄动)的一阶长期项即可,转移矩阵可由分析公式计算,对定轨精度的影响很小。
- 如果定轨弧段较长,精度要求也较高,像利用长弧资料研究地球物理问题(包括地球引力场系数及其变化等)这类工作,上述近似较难满足要求,又难以给出高精度的分析解。此时,必须对状态微分方程进行相应的线性化,以提供所需要的状态转移矩阵 Φ。在此前提下,状态微分方程的求解通常采用数值解法。

在卫星实时定轨中,轨道计算采用"积分预报-滤波修正"的模式,状态转移矩阵的作用只是用来传播状态误差协方差矩阵。为了减小星上处理器的计算耗时,常用的方法是使用较为精密的摄动力模型积分预报卫星轨道,使用二体问题或仅顾及 J_2 项影响的分析法计算状态转移矩阵。Goodyear(1965)提出了仅考虑二体问题的状态转移矩阵的解析计算方法,适用于各种类型的卫星轨道。后来,Markley(1986)提出了顾及 J_2 项影响的状态转移矩阵的计算方法,该方法在很短的时间间隔内用泰勒级数展开近似计算状态转移矩阵。下面详细介绍这两种计算状态转移矩阵的方法。

(1)Goodyear 方法

二体问题下的卫星运动方程为:

$$\ddot{r} = -\frac{GMr}{|r|^3} \tag{5-47}$$

式中,$|r| = \sqrt{x^2 + y^2 + z^2}$。

不同时刻卫星轨道和参考轨道间的轨道偏差与状态转移矩阵之间的关系为:

$$\begin{pmatrix} \delta r \\ \delta v \end{pmatrix} = \Phi(t, t_0) \begin{pmatrix} \delta r_0 \\ \delta v_0 \end{pmatrix} \tag{5-48}$$

式中,r 和 v 分别为 t 时刻的卫星位置和速度;r_0 和 v_0 分别为 t_0 时刻的卫星初始位置和速度;设状态转移矩阵表示为:

$$\Phi(t_0, t) = \begin{pmatrix} \phi_{11} & \phi_{12} \\ \phi_{21} & \phi_{22} \end{pmatrix} = \begin{pmatrix} \dfrac{\partial r}{\partial r_0} & \dfrac{\partial r}{\partial v_0} \\ \dfrac{\partial v}{\partial r_0} & \dfrac{\partial v}{\partial v_0} \end{pmatrix} \tag{5-49}$$

根据 Goodyear 的计算方法,4 个 3×3 子矩阵可写为:

$$\begin{cases} \boldsymbol{\phi}_{11} = f\boldsymbol{I} + \begin{pmatrix} r \\ v \end{pmatrix} \begin{pmatrix} M_{21} & M_{22} \\ M_{31} & M_{32} \end{pmatrix} \begin{pmatrix} r_0 \\ v_0 \end{pmatrix}^{\mathrm{T}} \\ \boldsymbol{\phi}_{12} = g\boldsymbol{I} + \begin{pmatrix} r \\ v \end{pmatrix} \begin{pmatrix} M_{22} & M_{23} \\ M_{32} & M_{33} \end{pmatrix} \begin{pmatrix} r_0 \\ v_0 \end{pmatrix}^{\mathrm{T}} \\ \boldsymbol{\phi}_{21} = \dot{f}\boldsymbol{I} - \begin{pmatrix} r \\ v \end{pmatrix} \begin{pmatrix} M_{11} & M_{12} \\ M_{21} & M_{22} \end{pmatrix} \begin{pmatrix} r_0 \\ v_0 \end{pmatrix}^{\mathrm{T}} \\ \boldsymbol{\phi}_{11} = \dot{g}\boldsymbol{I} - \begin{pmatrix} r \\ v \end{pmatrix} \begin{pmatrix} M_{12} & M_{13} \\ M_{22} & M_{23} \end{pmatrix} \begin{pmatrix} r_0 \\ v_0 \end{pmatrix}^{\mathrm{T}} \end{cases} \quad (5\text{-}50)$$

式中，$\boldsymbol{I}$ 为 3×3 单位阵；$M_{ij}(i,j=1,2,3)$ 是 3×3 矩阵 $\boldsymbol{M}$ 的分量，将在下文介绍；下面介绍 f、g、$\dot{f}$、$\dot{g}$ 的计算过程。已知初始卫星状态 r_0、v_0 和时间间隔 $\Delta t = t - t_0$，有：

$$r_0 = \sqrt{x_0^2 + y_0^2 + z_0^2}, \quad v_0 = \sqrt{\dot{x}_0^2 + \dot{y}_0^2 + \dot{z}_0^2}$$
$$h_0 = x_0\dot{x}_0 + y_0\dot{y}_0 + z_0\dot{z}_0, \quad \alpha = v_0^2 - \frac{2GM}{r_0}, \quad \frac{1}{a} = -\frac{\alpha}{GM} \quad (5\text{-}51)$$

式中，a 为长半轴。

根据卫星运动的开普勒方程以及二体问题的轨道特性，可以计算 t 时刻的偏近点角 E：

$$\begin{cases} M_0 = E_0 - e\sin E_0 \\ n = \sqrt{\dfrac{GM}{a^3}} \\ M = n\Delta t + M_0 \end{cases} \quad (5\text{-}52)$$

然后由 M、e 根据 t 时刻的开普勒方程迭代求解 E。因此，偏近点角的变化量为：

$$\Delta E = E - E_0, \quad 0 \leq \Delta E \leq 2\pi \quad (5\text{-}53)$$

在计算 f、g、$\dot{f}$、$\dot{g}$ 的函数之前，先建立几个辅助函数 s_0、s_1、s_2，其计算式为：

$$\begin{cases} s_0 = \cos\Delta E \\ s_1 = \sqrt{\dfrac{a}{GM}}\sin\Delta E \\ s_2 = \dfrac{a}{GM}(1 - s_0) \end{cases} \quad (5\text{-}54)$$

f、g、$\dot{f}$、$\dot{g}$ 的函数计算如下：

$$\begin{cases} r = r_0 s_0 + h_0 s_1 + GM s_2 \\ f = 1 - \dfrac{GM s_2}{r_0} \\ g = (t - t_0) - GM s_3 \\ \dot{f} = -\dfrac{GM s_1}{r r_0} \\ \dot{g} = 1 - \dfrac{GM s_2}{r} \end{cases} \quad (5\text{-}55)$$

下面讨论 M 矩阵的计算过程。如果转移矩阵的时间间隔 Δt 大于一个轨道周期，必须重新考虑偏近点角的计算：$\Delta E = \Delta E + \text{IFIX}\left(\Delta t \dfrac{n}{2\pi}\right) 2\pi$，其中，$\text{IFIX}(x)$ 为取整函数。令

$$\begin{aligned} s_4 &= \cos\Delta E - 1 \\ s_5 &= \sin\Delta E - \Delta E \\ U &= s_2 \Delta t + \sqrt{\left(\dfrac{a}{GM}\right)^5}(\Delta E s_4 - 3s_5) \end{aligned} \quad (5\text{-}56)$$

M 矩阵中的各元素为：

$$M_{11} = \left(\dfrac{s_0}{rr_0} + \dfrac{1}{r_0^2} + \dfrac{1}{r^2}\right)\dot{f} - GM^2 \dfrac{U}{r^3 r_0^3} \quad (5\text{-}57\text{a})$$

$$M_{12} = \left(\dfrac{\dot{f} s_1}{r} + \dfrac{(\dot{g} - 1)}{r^2}\right) \quad (5\text{-}57\text{b})$$

$$M_{13} = \dfrac{(\dot{g} - 1) s_1}{r} - GM \dfrac{U}{r^3} \quad (5\text{-}57\text{c})$$

$$M_{21} = -\left(\dfrac{\dot{f} s_1}{r_0} + \dfrac{f - 1}{r_0^2}\right) \quad (5\text{-}57\text{d})$$

$$M_{22} = -\dot{f} s_2 \quad (5\text{-}57\text{e})$$

$$M_{23} = -(\dot{g} - 1) s_2 \quad (5\text{-}57\text{f})$$

$$M_{31} = \dfrac{(f - 1) s_1}{r_0} - GM \dfrac{U}{r_0^3} \quad (5\text{-}57\text{g})$$

$$M_{32} = (f - 1) s_2 \quad (5\text{-}57\text{h})$$

$$M_{33} = g s_2 - U \quad (5\text{-}57\text{i})$$

$\boldsymbol{\Phi}$ 矩阵的逆矩阵 $\boldsymbol{\Phi}^{-1}$ 表示将 t 时刻卫星状态递推回 t_0 时刻，其表达式为：

$$\boldsymbol{\Phi}^{-1}(t_0, t) = \boldsymbol{\Phi}(t, t_0) = \begin{pmatrix} \boldsymbol{\phi}_{22}^{\mathrm{T}} & -\boldsymbol{\phi}_{12}^{\mathrm{T}} \\ -\boldsymbol{\phi}_{21}^{\mathrm{T}} & \boldsymbol{\phi}_{11}^{\mathrm{T}} \end{pmatrix} \quad (5\text{-}58)$$

（2）Markley 方法

带有初值的状态转移矩阵的微分方程可定义为：

$$\begin{cases} \dot{\boldsymbol{\Phi}}(t, t_0) = \begin{bmatrix} 0 & I \\ G(t) & 0 \end{bmatrix} \boldsymbol{\Phi}(t, t_0) \\ \boldsymbol{\Phi}(t_0, t_0) = I \end{cases} \quad (5\text{-}59)$$

其中，I 为 3×3 单位阵；$G(t) = \dfrac{\partial f(r, t)}{\partial r}$ 为摄动加速度对卫星位置的偏导数，此处，摄动加速度仅考虑地球非球形引力中 J_2 项的影响。

根据 Markley 方法，状态转移矩阵近似表示为：

$$\boldsymbol{\Phi}(t_0, t) \approx \begin{pmatrix} \boldsymbol{\Phi}_{rr} & \boldsymbol{\Phi}_{rv} \\ \boldsymbol{\Phi}_{vr} & \boldsymbol{\Phi}_{vv} \end{pmatrix} \quad (5\text{-}60)$$

其中，
$$\begin{cases} \boldsymbol{\Phi}_{rr} = \boldsymbol{I} + (2\boldsymbol{G}_0 + \boldsymbol{G})\frac{(\Delta t)^2}{6} \\ \boldsymbol{\Phi}_{rv} = \boldsymbol{I}\Delta t + (\boldsymbol{G}_0 + \boldsymbol{G})\frac{(\Delta t)^3}{12} \\ \boldsymbol{\Phi}_{vr} = (\boldsymbol{G}_0 + \boldsymbol{G})\frac{\Delta t}{2} \\ \boldsymbol{\Phi}_{vv} = \boldsymbol{I} + (\boldsymbol{G}_0 + 2\boldsymbol{G})\frac{(\Delta t)^2}{6} \end{cases}, \quad \boldsymbol{G}(t) = \frac{\partial f(r,t)}{\partial r} = \begin{bmatrix} \frac{\partial f_x}{\partial x} & \frac{\partial f_x}{\partial y} & \frac{\partial f_x}{\partial z} \\ \frac{\partial f_y}{\partial x} & \frac{\partial f_y}{\partial y} & \frac{\partial f_y}{\partial z} \\ \frac{\partial f_z}{\partial x} & \frac{\partial f_z}{\partial y} & \frac{\partial f_z}{\partial z} \end{bmatrix}。$$

考虑 J_2 摄动项影响的加速度为：

$$\begin{cases} f_x = -\frac{GMx}{r^3}\left[1 + \frac{3}{2}\frac{J_2 R_e^2}{r^2}\left(1 - \frac{5z^2}{r^2}\right)\right] \\ f_y = \frac{y}{x}f_x \\ f_z = -\frac{GMz}{r^3}\left[1 + \frac{3}{2}\frac{J_2 R_e^2}{r^2}\left(3 - \frac{5z^2}{r^2}\right)\right] \end{cases}$$

由此可推导相关的偏导数。

5.1.4 基于星载 GPS 伪距观测值的自主定轨方法

星载 GPS 自主定轨是指利用离散的带有观测噪声和粗差的星载 GPS 伪距观测数据，结合高度非线性的动力学模型，在没有人工干预的情况下，实时获得卫星运动状态的最优估计。在使用卡尔曼滤波来估计卫星轨道时，首先需要建立滤波的动态方程和观测方程，然后用卡尔曼滤波算法递推估计卫星的轨道参数。为了确保自主定轨系统的稳定性，在建立滤波模型时，还必须考虑卡尔曼滤波发散的问题。本节首先讨论使用星载 GPS 观测数据建立自主定轨系统的数学模型，如自主定轨系统的动态方程、状态方程；然后重点讨论自主定轨滤波算法及其稳定性问题。

1. 自主定轨的状态方程

星载 GPS 自主定轨中，卫星动力学模型越精确，轨道积分的精度越高，但是需要的计算量就越大。考虑到自主定轨算法是由星上处理器来运行的，其计算速度有限，因此，在自主定轨系统动力学模型的选取上，不可能和地面精密定轨一样精确。在这些简化的卫星动力学模型的影响下，如果采用标准的卡尔曼滤波模型来估计卫星的运动状态，将会降低滤波的精度，严重时会导致滤波发散。

20 世纪 70 年代初，在没有精确的月球轨道动力学模型的条件下，为了提高 Apollo 登月飞船的轨道确定精度，Tapley 等[24]首次提出了动力学模型补偿方法(简称 DMC)，并应用于 Apollo 10 和 11 月球轨道确定，下面将作详细介绍。

卫星运动的非线性动态系统方程可表示为：

$$\begin{cases} \dot{r} = v \\ \dot{v} = a_m(r, v, t) + w(t) \end{cases} \tag{5-61}$$

式中，r 和 v 分别为三维的位置和速度向量；$a_m(r, v, t)$ 为可用确定的数学模型描述的加速度;$w(t)$表示全体没有模型或错误模型的加速度。DMC 将 $w(t)$ 假定为一阶高斯-马尔可夫过程,即它们是由时间相关分量和纯随机分量的叠加组成的:

$$w(t) = -\beta w(t) + u(t) \tag{5-62}$$

其中,β 为常量,$\beta = \begin{bmatrix} \beta_x & 0 & 0 \\ 0 & \beta_y & 0 \\ 0 & 0 & \beta_z \end{bmatrix} = \begin{bmatrix} 1/\tau_x & 0 & 0 \\ 0 & 1/\tau_y & 0 \\ 0 & 0 & 1/\tau_z \end{bmatrix}$,$\tau$ 为相关时间;$u(t)$ 为零均值的高斯白噪声,其统计特性为:

$$\begin{cases} E[u(t)] = 0 \\ E[u(t)u^T(t_0)] = \sigma^2 I \delta(t - t_0) \end{cases} \tag{5-63}$$

其中,σ 为指定的常量;I 为 3×3 的单位阵;$\delta(t - t_0)$ 为 Dirac-δ 函数。为了简化并减小计算量,假定各坐标分量的相关时间相等,即 $\beta_x = \beta_y = \beta_z = \beta = \dfrac{1}{\tau}$。

把相关时间 β 作为状态向量的一部分,并将其用随机游走过程来模拟,那么卫星状态向量扩展为 $X(t) = \begin{bmatrix} r(t) \\ v(t) \\ w(t) \\ \beta \end{bmatrix}$,经过动力学模型补偿后,系统的状态方程变为:

$$\begin{cases} \dot{X}(t) = f(X, t) + u(t) \\ X(t_0) = X_0 \end{cases} \tag{5-64}$$

对于 $t > t_i$(t_i 为某一参考历元),方程(5-64)的解用积分形式表示为:

$$\begin{cases} r(t) = r_i + v_i \Delta t + \int_{t_i}^{t} a(r, v, w, t)(t - \tau) d\tau \\ v(t) = v_i + \int_{t_i}^{t} a(r, v, w, t) d\tau \\ w(t) = EW_i + l_i \\ \beta(t) = \beta_i \end{cases} \tag{5-65}$$

其中,$\Delta t = t - t_i$;$a = a_m(r, v, t) + w(t)$;$E = e^{-\beta \Delta t} \cdot I_{3 \times 3}$;$l_i = \dfrac{\sigma}{2\beta} \sqrt{1 - e^{-2\beta \Delta t}} u$。

2. 自主定轨的观测方程

(1) 星载 GPS 接收机钟差随机模型

用星载 GPS 伪距和多普勒频移观测量确定卫星的运动状态,必须建立合理的接收机钟差和频差模型。在几何法实时定轨中,将每个观测时刻的接收机钟差和频差作为未知参数,和卫星轨道参数一起参与最小二乘计算。在卡尔曼滤波实时定轨中,通常用随机过程来模拟接收机钟差。最简单的模拟钟差的随机过程为白噪声过程,在每一个测量历元,钟差值假设同其他历元的值不相关,白噪声钟差同其他参数一起估计。研究结果表明,频率误差模型中的随机误差部分包括白噪声、积分白噪声和闪烁噪声。顾及所有这些噪声的随机钟差模型是非常复杂的。不过其中主要的误差成分是积分白噪声。通常,钟差随机模型可以简化为只考虑频率误差是积分白噪声的模型,即

$$\ddot{b}_u = u_b(t) \tag{5-66}$$

其中，$u_b(t) \rightarrow N(0, \sigma_b^2)$。

除此之外，其他常用的接收机钟差随机模型包括：① 基于白噪声输入的二阶马尔可夫模型[25]；② 将接收机钟差和频差同时用随机游走过程来模型[26]。后者将接收机的钟差模型定义为：

$$\begin{cases} \dot{b} = f + w_f + ch \\ \dot{f} = w_g \end{cases} \tag{5-67}$$

式中，f 为接收机频差；h 为相对论效应引起的频率改正；c 为真空中的光速；w_f 和 w_g 为零均值高斯白噪声过程，其功率谱密度分别为 S_f 和 S_g。在距地表 400km 轨道高度的近圆形的卫星轨道上，h 近似为常量，其值为 $h = -3.47 \times 10^{-10}$(s/s)。

离散形式的接收机钟差随机模型可表示为：

$$\boldsymbol{B}(t_k) = \boldsymbol{\Phi}_b(t_k, t_{k-1})\boldsymbol{B}(t_{k-1}) + \boldsymbol{w}_b(t_{k-1}) + c\boldsymbol{h} \tag{5-68}$$

式中，$\boldsymbol{B} = \begin{bmatrix} b \\ f \end{bmatrix}$；$\boldsymbol{\Phi}_b(t_k, t_{k-1}) = \begin{bmatrix} 1 & \Delta t \\ 0 & 1 \end{bmatrix}$；$\boldsymbol{h} = \begin{bmatrix} h\Delta t \\ 0 \end{bmatrix}$；$\Delta t = t_k - t_{k-1}$。接收机钟差模型的过程噪声协方差矩阵为：

$$\boldsymbol{Q}_B = E(\boldsymbol{w}_b \boldsymbol{w}_b^T) = \begin{bmatrix} S_g \dfrac{\Delta t^3}{3} + S_f \Delta t & S_g \dfrac{\Delta t^2}{2} \\ S_g \dfrac{\Delta t^2}{2} & S_g \Delta t \end{bmatrix} \tag{5-69}$$

(2) 基于星载 GPS 伪距测量的观测方程

对于低轨卫星来说，大气阻力是对卫星轨道影响较大，同时又是难以精确模型的摄动力，在动力学定轨时，常将大气阻力系数 C_D 作为状态参数进行滤波估计。同时考虑 DMC 算法与星载 GPS 接收机钟差模型，自主定轨系统状态向量可选取为：

$$\boldsymbol{X} = [\boldsymbol{r} \quad \dot{\boldsymbol{r}} \quad \boldsymbol{b} \quad C_D \quad \beta \quad \boldsymbol{w}]^T \tag{5-70}$$

式中，$\boldsymbol{r}$ 为卫星位置向量，包括 x、y、z 三个分量；$\dot{\boldsymbol{r}}$ 为卫星速度向量，包括 $\dot{x}$、$\dot{y}$、$\dot{z}$ 三个分量；$\boldsymbol{b}$ 中包含星载 GPS 接收机的钟差和频差两个分量；C_D 为大气阻力系数；β 为 DMC 算法中相关时间的倒数；$\boldsymbol{w}$ 为补偿加速度向量，包括 w_x、w_y、w_z 三个分量。

假定 t_k 时刻的状态预报为 $\tilde{X}_k$，将星载 GPS 伪距观测方程线性化，可得：

$$Y_k - Y_c(\tilde{X}_k) = \boldsymbol{H}_k(\tilde{X}_k)(X_k - \tilde{X}_k) + v_k \tag{5-71}$$

式中，Y_k 为 t_k 时刻的伪距观测值；$Y_c(\tilde{X}_k)$ 为根据预报的卫星状态得到的伪距的计算值；v_k 为观测噪声和线性化误差的综合影响；$\boldsymbol{H}_k(\tilde{X}_k)$ 为观测矩阵，对于伪距观测值，可表示为 $\boldsymbol{H}_k(\tilde{X}_k) = \left[\dfrac{\tilde{x}_k - X_g}{\rho_k}, \dfrac{\tilde{y}_k - Y_g}{\rho_k}, \dfrac{\tilde{z}_k - Z_g}{\rho_k}, 0, 0, 0, 1, 0, 0, 0, 0, 0\right]$，其中，$X_g$、$Y_g$、$Z_g$ 为信号发射时刻的 GPS 卫星的三维坐标；$\dot{X}_g$、$\dot{Y}_g$、$\dot{Z}_g$ 为信号发射时刻的 GPS 卫星的三

维速度；ρ_k 为站星距离，$\rho_k = \sqrt{(\tilde{x}_k - X_g)^2 + (\tilde{y}_k - Y_g)^2 + (\tilde{z}_k - Z_g)^2}$。

3. 自主定轨系统的卡尔曼滤波模型

为了增强星载 GPS 自主定轨的滤波算法的稳定性，在结合动力学模型建立卡尔曼滤波模型时，必须考虑引起滤波发散的几个主要因素。一般来说，低轨卫星的自主定轨主要受三种类型的模型误差影响：

- 由于非线性的状态模型和观测模型线性化带来的误差；
- 卫星运动方程中所选取的摄动力模型不可能完全和卫星的实际受力模型一致，那些忽略的或错误模型的小量级摄动力给轨道估计带来的模型误差；
- 轨道估计过程中由于计算机的字长等限制带来的计算误差。

在目前的自主定轨文献中，第一种误差常用推广卡尔曼滤波（EKF）的方法来解决，在滤波器的状态估计时，并非采用预先的标称轨道进行线性化，而是围绕轨道的估计值进行线性化，以减小线性化带来的误差。对于忽略的或错误模型的小量级摄动力引起的模型误差，使用动力学模型补偿算法来解决。对于因计算机字长的限制带来的计算误差，在滤波算法中使用 **U-D** 分解滤波，不仅避免状态误差协方差矩阵因为矩阵相减后进行求逆运算可能出现的奇异矩阵的情况，而且还可以减少星上处理器的计算量。下面详细讨论星载 GPS 自主定轨滤波算法。

(1) 滤波初值设定

星载 GPS 自主定轨滤波状态初值采用几何法实时定轨来求定，状态误差协方差矩阵根据几何法实时定轨的精度概略设置。对于稳定的滤波器来说，随着滤波的序贯递推，滤波的状态逐渐收敛到最优估计值，初始状态的精度及其状态误差协方差矩阵的确定对滤波器的影响很小。

假定初始时刻 t_0 的卫星状态向量为 $\hat{X}_0$，相应的协方差矩阵为 P_0。对滤波进行初值设定时，实际上将 P_0 进行 **U-D** 分解为：

$$P_0 = U_0 D_0 U_0^T \tag{5-72}$$

用 U_0 和 D_0 来表示滤波器的状态误差协方差矩阵 P_0。

(2) 时间更新

假定 t_{k-1} 时刻卫星的状态向量估计值为 $\hat{X}_{k-1}$，相应的状态误差协方差矩阵估计值为 $\hat{U}_{k-1}$ 和 $\hat{D}_{k-1}$，在下一个有效观测数据到来时，滤波器要完成时间更新计算。具体的计算过程包括：

- 根据卫星运动方程和选定的摄动力模型，以 $\hat{X}_{k-1}$ 作为积分初值，用 RK4 积分方法对运动方程进行数值积分，计算 t_k 时刻卫星状态的预报值 $\tilde{X}_k$。
- 用 Goodyear 或 Markley 方法计算卫星运动状态向量的转移矩阵，同时根据钟差和补偿加速度等转移矩阵的计算方法，计算 t_{k-1} 时刻到 t_k 时刻的状态转移矩阵 $\boldsymbol{\Phi}(t_k, t_{k-1})$。
- 计算动态噪声协方差矩阵 Q_{k-1}。
- 根据 **U-D** 分解滤波时间更新的计算方法，对卫星状态协方差矩阵进行更新，计算得

到 $\tilde{U}_k$ 和 $\tilde{D}_k$，时间更新过程完毕。

(3) 测量更新

在时间更新后，滤波系统将用星载 GPS 接收机测量得到多颗 GPS 卫星的伪距和多普勒频移观测数据进行测量更新过程。由于 *U-D* 分解滤波的特性，滤波系统将对每一颗 GPS 卫星的观测数据依次进行测量更新计算。对于每一个观测数据来说，测量更新过程包括：

- 根据 t_k 时刻的卫星状态预报值 $\tilde{X}_k$ 计算 GPS 卫星的位置、速度和卫星钟差等，并对观测方程线性化，计算观测矩阵 H_k 以及滤波新息向量 $y_k = Y(t_k) - Y_c(t_k)$。

- 根据 *U-D* 滤波算法计算新息向量的 Ratio 值 $D = \dfrac{y_k}{\sqrt{\alpha_n}}$。通过该 Ratio 值，可以检验观测数据是否含有粗差数据。如果 $|D| \leq 3$，则接受该观测数据，继续进行测量更新；如果 $|D| > 3$，则拒绝该观测数据。

- 计算滤波的增益矩阵 K，更新状态向量和状态误差协方差矩阵。然后继续对 t_k 时刻的其他卫星的观测数据进行更新，直到所有观测数据的测量更新过程计算完毕，输出该历元的状态向量估计值 $\hat{X}_k$ 和状态误差协方差矩阵 $\hat{U}_k$ 和 $\hat{D}_k$，结束 t_k 历元的测量更新过程。

根据上文的自主定轨理论和方法，用自主研制的自主定轨软件 SATODS 对 2006.4.30~5.1 两天的 CHAMP 卫星上的 GPS 实测数据进行模拟计算。CHAMP 卫星是用于地球科学和大气研究的小卫星，配备有 JPL 研制的 BlackJack GPS 接收机。该接收机是 JPL 研制的测量型星载 GPS 接收机，可以获得 C/A 码伪距、双频 P 码伪距和双频载波相位观测数据，最多可同时接收到 10 颗 GPS 卫星信号。在模拟计算中，使用的动力学模型和观测模型如表 5-6 所示。将自主定轨系统模拟计算的卫星轨道与 JPL 公布的低轨卫星精密星历进行比较，卫星轨道和速度的误差图形见图 5-1、图 5-2。

表 5-6　　　　　　　　自主定轨使用的动力学模型及参数

动力学模型	
重力场	JGM3 50×50
N 体引力	日月位置采用近似算法
大气阻力	改进的 Harris-Priester 模型
大气阻力系数	随机游走过程
补偿加速度	一阶高斯-马尔可夫过程
观测模型	
GPS 观测量	P_1, P_2
电离层模型	双频伪距组合改正
接收机钟差	随机过程模拟
GPS 卫星星历	广播星历

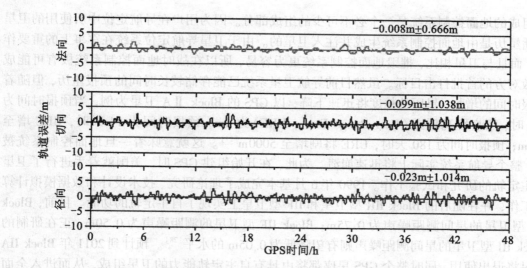

图 5-1 基于星载 GPS 伪距观测值的自主定轨的轨道误差(CHAMP)

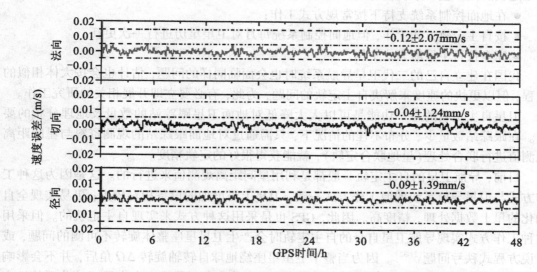

图 5-2 基于星载 GPS 伪距观测值的自主定轨的速度误差(CHAMP)

由上述计算结果可知，基于星载 GPS 伪距观测值的自主定轨的轨道和速度的 3D RMS 可以达到 1.60m 和 2.8mm/s。

5.2 导航卫星的自主定轨

5.2.1 前言

在传统的卫星导航定位系统中，由主控站、监测站、注入站和相应的数据传输系统等所组成的地面控制系统是一个必不可少的组成部分。因为用户在导航定位中所使用的卫星广播星历是由地面控制系统生成并注入卫星的。由于卫星导航定位系统在军事上的重要作用，而且与卫星相比，摧毁地面控制系统更为容易，所以在战时地面控制系统极有可能成为敌对方的首批打击目标。虽然目前导航卫星系统已能存储较长时间的预报星历，但随着预报时间的增加，星历的精度将迅速下降，以 GPS 的 Block ⅡA 卫星为例，当预报时间为 10h 时，用户距离误差(User Range Error, URE)为 6m；预报时间为 14 天时，URE 增至 200m；预报时间为 180 天时，URE 将剧增至 5000m[27]。这就意味着一旦地面控制系统被毁，整个导航系统实际上将迅速崩溃。为此，在开始组建 GPS 时，美国就着手进行了卫星自主定轨的研究和试验工作。1990 年 6 月基本完成了理论研究、技术设计和数据模拟计算等工作，并在随后的 Block IIR 型卫星和 IIF 型卫星上实现了自主定轨的功能。目前，Block IIR 型卫星的星间测距噪声为 0.75m；Block IIF 型卫星的测距噪声为 0.50m；正在研制的 Block III 型卫星的星间测距噪声则有望降低为 0.05m 的水平[28]。预计到 2011 年 Block IIA 卫星将退出使用，届时整个 GPS 星座都将由具有自主定轨能力的卫星组成，从而进入全面自主定轨阶段。整个系统就能按下列三种方式进行工作[27]：

- 在地面控制系统支持下按常规方式工作；
- 按自主定轨方式工作，但地面控制系统每月对卫星星历进行一次更新；
- 完全按自主导航方式工作。

我国在建立自己的二代卫星导航系统时也会面临同样的问题，估计也会按大体相似的过程，但以更快的速度来解决自主定轨的问题，为此，有必要立即开展相关的研究工作。

卫星自主定轨的另一功能是可以大大降低对地面卫星跟踪站的数量及地理分布的要求。在跟踪站数量少、分布不佳的情况下，只需通过对地面跟踪站的观测资料与星间距离观测值进行联合处理(星地联合定轨)，就能获得很好的定轨精度。

目前，导航卫星的自主定轨一般都是利用星间距离观测值来进行的。这是因为这种工作方式与卫星导航系统的原工作方式一致，卫星上需增加的设备相对较少；更易实现全自动化的星上数据处理，精度高。因此，GPS 也是采用这种方式来实现自主定轨的。但采用这种工作方式实现导航卫星自身的自主定轨时会产生卫星星座整体旋转不可测的问题，或者说方程式秩亏问题[27-32]。因为当整个卫星星座绕地球自转轴旋转 $\Delta\Omega$ 角后，并不会影响星间距离观测值。换言之，星间距离观测值并没有确定各卫星升交点赤经 Ω 产生系统性变化的能力，而所有的 GPS 卫星在半年时间内，其升交点赤经平均要变化 7°左右[29]。解决上述问题的途径一般有：

1. 加入方向观测值

在一颗或者几颗导航卫星上搭载星敏感器，以恒星为参照物测定至其他可视卫星的方向(α, δ)，经岁差、章动、地球自转、极移等改正后求得导航星座在 ITRF 框架中的定向信息，以解决星座的整体旋转问题。但这种方法也存在下列缺点：在部分导航卫星上需配备 CCD 等星敏感器，将增加卫星的负荷和能耗；其数据处理过程相对较为复杂，精度也难以满足导航卫星自主定轨的要求，如当两颗导航卫星相距 5 万 km 时，若要求方向观测所引起的横向误差小于或等于 5m 时(这种精度在距离观测中是很容易达到的)，就要求测向精度达到 0.02″。目前，星敏感器的测向精度远低于此精度[33]。因此，这种方法对于轨道高度为 2 万 km 左右、精度要求又很高的导航卫星的自主定轨并不十分适合。

2. 地面用户自行校正[34,35]

导航卫星星座绕地球自转轴整体旋转 $\Delta\Omega$ 角后，星座中所有卫星的升交点赤经 Ω 中都将含有系统误差 $\Delta\Omega$。用户利用这些卫星星历进行导航定位后所求得的测站经度 L 中也将含有同样的误差 $\Delta\Omega$。在地面控制系统被摧毁前，用户已用该系统在地面上测定了成千上万个地面控制点的坐标，从原理上讲，只需在任一控制点上重新进行较长时间的单点定位，并将测定的测站经度与已知经度值进行比较，就能精确测定星座的整体旋转量 $\Delta\Omega$。将确定的星座整体旋转量 $\Delta\Omega$ 通过地面通信系统(广播、电视、计算机网络等)发布给用户后，就能由用户自行加以校正。

导航卫星自主定轨面临的另一个问题是，由于地面至卫星的上传通信链路中断，由甚长基线干涉测量 VLBI、激光测卫 SLR 等空间大地测量技术所测定的地球定向参数 EOP 已无法送往卫星。在实现地心天球参考系 GCRS 与国际地球参考系 ITRS 的坐标转换时所需的地球定向参数 EOP，如地球自转参数(UT1-UTC)、极移参数(X_p，Y_p)等将不得不采用长期预报值。由于影响上述参数的因素很多，成因又十分复杂，故长期预报的精度并不很好。表 5-7 中给出了地球自转参数预报值的精度(RMS 值)，这些数值摘自 IERS Annual Report 2006[36]。

表 5-7　　　　　　地球自转参数预报值的精度(RMS 值)

预报天数	极移值		地球自转参数	章动参数	
	X_p/mas	Y_p/mas	UT1-UTC/ms	$\delta\psi$/mas	$\delta\varepsilon$/mas
1	0.42	0.36	0.147	0.35	0.16
5	2.33	1.51	0.518	0.35	0.16
10	4.44	2.55	1.06	0.35	0.17
20	8.25	4.72	3.11	0.38	0.18
40	16.3	9.14	6.88	0.41	0.20
90	33.5	18.7	22.1		

从表中可以看出，除黄经章动 $\delta\Psi$、交角章动 $\delta\varepsilon$ 能长期精确预报外，地球自转参数(UT1-UTC)、极移参数(X_p，Y_p)的预报误差将随着时间的增加几乎成比例地增加。例如，预报 90 天时，(UT1-UTC)的误差达 22.1ms，相当于赤道地区东西方向移动了 10m。对于这类误差，地面用户只需输入准确的地球定向参数(实测值或短期预报值)以及卫星上使用的长期预报值后，即可用一个简单的软件自行加以校正。正因为如此，美国在计算自主定轨的精度 URE 值时，并未顾及此类误差。地面校正法是一种行之有效的、实施起来也不像人们想像的那么麻烦的一种方法。但这种工作模式毕竟从理论上讲已不完全符合严格定义下的自主导航的定义。此外，实施时还会碰到一些具体问题，如怎样避免由于地面控制点本身的地壳形变和局部变形对校正参数的影响等。

3. 利用已有的卫星星历所提供的先验信息进行自主定轨

导航卫星上都存储了较长时间的预报星历，例如，GPS 卫星上存储了 180 天的预报星历,每天更新一次。一旦地面控制系统被毁,无法再向卫星注入新的预报星历时,系统将由正常的工作状态转为自主定轨状态。此时,卫星就能利用预报星历所提供的先验轨道信息来弥补星间距离观测值中所缺省的基准信息,并通过最小二乘配置法或滤波法进行参数估计,实现自主定轨和轨道预报,然后再将预报轨道作为先验信息供下次自主定轨中使用。由于星间距离观测值对轨道误差具有一定的约束和校正能力,所以迭代算法的精度一般比直接采用180天的预报星历作为先验信息要好。从这个意义上讲,具有自主定轨能力后,导航卫星上就不一定要存储长时间的预报星历了。

利用先验信息进行自主定轨的方法简便易行,也无需增添新的设备。早在20世纪70年代,在同时精确确定地面站的坐标及子午卫星轨道的卫星测地(短弧平差)中已被广泛使用,并取得了很好的效果。GPS自主定轨也采用这种方法,这样做不但可以解决自主定轨中的秩亏问题,还可以避免有效先验信息的丢失。

5.2.2 星间距离观测值的生成

1. 距离观测值生成的原则

由于利用星间距离观测值进行导航卫星自主定轨项目的敏感性,至今仍无法获得实测的数据,因而在研究工作中只能采用模拟的观测值。星间距离观测值可能受到对流层延迟、电离层延迟、卫星钟差、天线相位中心偏差、发射和接收系统的设备延迟(硬件延迟)、相对论效应及测量噪声等误差的影响。按理说,应首先按各种模型生成各类误差,加入卫星间的几何距离中,使模拟观测值尽可能接近实际情况,然后在数据处理时,再用各种模型来加以改正。但考虑到我们研究项目的性质(主要从事理论和方法研究),这样做并无太大的实际意义,而且还会增加工作量,因而做了简化处理:首先依据卫星精密星历计算出卫星间的真实距离,然后加入测量噪声ε和残余的系统误差σ,σ是由于未模型化或模型不完善而在观测值中残留下来的系统性偏差,ε和σ的数值可任意给定,但不再追究它们是由哪些模型误差所造成的。

2. 信号覆盖范围

显然,卫星j只有位于卫星i的星间测距信号的信号覆盖范围内,才有可能接收到测距信号进行距离测量,发射天线的主轴一般都与卫星的Z轴一致,指向地心。目前,卫星的姿态控制已能做得相当好,故在模拟计算时,不再考虑姿态误差,这样只要根据发射天线的波束角θ即可确定信号的覆盖区域,并根据卫星j的坐标判断出卫星是否位于卫星i的信号覆盖区域内。

3. 通视条件

位于信号覆盖区域内的卫星还可能因为地球的遮挡而无法接收到测距信号,即不满足通视条件。因而在生成测距信号前,还需进行此项检验。此外,考虑到星间距离观测值的数量已足够多,为消除对流层延迟和电离层延迟误差,在导航卫星的自主定轨中,常采用一种较为简单但非常彻底的方法:将穿过对流层和电离层的观测值全部予以剔除。我们也采用了这种方法,即取障碍球的半径为$(R+H)$,其中,R为地球平均半径,H为电离层的高度,只有当卫星间的连线位于信号障碍球外时,才能生成距离观测值。

4. 模拟距离观测值的生成

对于既位于信号覆盖区域内又能满足通视条件的卫星,首先依据 IGS 提供的精密星历(精度优于 5cm)求出卫星间的几何距离,然后再依据 IGS 所给出的卫星钟差(优于 0.1ns)加入钟差对距离的影响项 $c(\mathrm{d}t_i - \mathrm{d}t_j)$,其中,$\mathrm{d}t_i$ 为发射信号的卫星 i 的钟差,$\mathrm{d}t_j$ 为接收信号的卫星 j 的钟差;最后再加入系统误差和测量噪声(测量噪声是按设定的均方差 ε,按 $N(0, \varepsilon^2)$ 正态分布,由计算机自动生成),最终生成模拟的伪距观测值。

5.2.3 数学模型和软件

1. 力模型

卫星在绕地球运行的过程中会受到多种作用力的影响。这些力可分为保守力和非保守力。其中,保守力包括地球中心引力和非球形引力、第三体(日、月、行星等)万有引力、潮汐(固体潮、海潮、大气潮)摄动等。这些作用力只与卫星位置有关,通常可用较为严格的数学模型来描述。非保守力包括大气阻力、太阳光压力(地球反照光压力)、卫星位置控制和姿态控制中的喷射力等。非保守力不仅与卫星的位置和速度有关,而且还与卫星的几何形状及表面材料特性有关,一般较难用严格的数学模型来表示。在高精度定轨中,通常采用经验力模型来吸收无法模型化或模型不完善所残留的误差。在我们的软件中也顾及了后牛顿效应。上述各种力模型的具体数学表达式在卫星轨道理论及精密定轨的参考资料中已有详细的介绍,此处不再赘述。下面仅对几个问题加以说明。

(1) 光压摄动:对于高度为 2 万千米左右的导航卫星来说,光压摄动是影响定轨精度的主要因素之一,必须仔细加以处理。光压摄动的改正模型一般可分为两类:一类是在卫星发射前对卫星的几何形状、表面的光学属性和热学属性进行精确的测量后所建立的地面测量模型;另一类则是根据定轨资料所建立起来的经验模型。在我们的软件中,同时收录了在 GPS 精密定轨中被广为使用的、精度较好的三种模型:ROCK 4/42 模型、Bernese 的 ECOM 模型和 JPL 的 GSPM.04 模型,用户可任意选用。

(2) 地球重力场模型:软件中采用 EGM96 模型,取至 10 阶次。因为据我们的计算,对 GPS 卫星而言,在 48h 内采用 12 阶次的模型与 10 阶次模型所求得的轨道在径向、切向、法向三个方向上的差异仅为 1mm,可忽略不计。

(3) 潮汐摄动:计算结果表明,在卫星自主定轨中,即使只需米级的精度,也必须顾及潮汐摄动,否则会严重影响定轨精度。这是因为在导航卫星的自主定轨中,各卫星的升交点赤经 Ω 实际上是由预报星历(作为先验信息)来提供的,而升交点赤经的变率 $\mathrm{d}\Omega/\mathrm{d}t$ 则是由力模型来决定的。若力模型不是足够精确(如忽略了潮汐摄动),就将影响 $\Delta\Omega = \int \frac{\mathrm{d}\Omega}{\mathrm{d}t} \cdot \mathrm{d}t$。而星间距离观测值对其中的系统误差又无控制和校正能力,从而将使新求得的卫星星历中的 Ω 参数中含有系统差(即星座产生了整体旋转)。而这种星历又将作为先验信息传递给下一时段的自主定轨,从而使上述误差不断积累,最终损害定轨精度。因而在利用星间距离观测值进行导航卫星的自主定轨中,对于可能导致 $\frac{\mathrm{d}\Omega}{\mathrm{d}t}$ 产生系统误差的力模型要特别小心。这种情况与利用地面观测资料进行定轨有很大的不同,在地面定轨中,星地距离观测值本身对卫星星座的整体旋转具有控制和校正能力,而且误差不会积累,即使力模型较为粗略,也不致严重损害定轨结果。

2. 数值积分器

为满足自主定轨的需要,我们设计了一个联合积分器,首先用8阶Runge-Kutta积分器起步,然后用混合的Adams-Cowell积分器求解。为检验积分器的正确性,我们将GPS的PRN2卫星在2007年4月22日0h00m00s时的密切轨道作为开普勒轨道,以30s和60s为步长对其进行数值积分,在24h内,数值积分求得的轨道与开普勒轨道互差均在0.1mm以内。为确定合适的步长,我们分别利用30s、60s、90s对GPS卫星的真实轨道(考虑摄动模型)进行了48h的积分,它们间的差异均在1mm以内。经综合考虑后,在后面的计算中采用了60s作为步长。

3. 初始值及其精度信息的获取

当导航卫星系统由传统的地面定轨方式转为卫星自主定轨方式时,必须首先获取6个轨道根数及力模型参数的初值及其精度信息,这些信息是从卫星预报星历中获取的。以GPS为例,所需信息可以从广播星历或者IGS快速星历中获取。但这些星历一般并不能直接给出上述信息。我们是通过动力学拟合来获取所需信息的。其主要做法如下:首先利用卫星星历求出表列时刻卫星的三维坐标、三维运动速度,并将其视为一组虚拟的观测值 L_i,然后任意给出一组上述参数的初值 L_i^0,根据我们的定轨模型采用数值积分的方法求出各表列时刻的卫星位置、速度及钟差 L_i^C;最后用最小二乘法在 $[pvv] = \min$ 的条件下来改进初值 L_i^0,以便使 L_i^C 与 L_i 相符得最好,其中 $v_i = L_i^C - L_i$。这里所说的任意给出一组初值,是指初值并不具有唯一性,当然实际上应尽量准确。利用上述算法即可获得所需的各参数的初始值及其精度信息。一旦转入自主定轨的工作模式后,任一时段自主定轨中所需的先验信息即可由前一时段的自主定轨结果来提供。

4. 最小二乘配置法[37,38]

现有误差方程如下:

$$\underset{n\times 1}{V} = \underset{n\times m}{A}\underset{m\times 1}{X} - \underset{n\times 1}{L} \tag{5-73}$$

设在 m 个待估参数 $\underset{m\times 1}{X}$ 中有 m_2 个待估参数具有可靠的先验信息,其先验参数值为 $\overline{X}_{m_2}$,先验方差信息为 D_{m_2}。可将这 m_2 个待估参数作为随机参数进行处理,剩下的 $m_1 = m - m_2$ 个待估参数作为非随机参数,按最小二乘配置原理进行参数估计。在最小二乘配置中,可将随机参数当作虚拟观测值 L_{m_2},即 $L_{m_2} = \overline{X}_{m_2}$,相应的先验权 $P_{m_2} = s_0^2 D_{m_2}^{-1}$,则误差方程(5-73)可写为:

$$\begin{bmatrix} V_{n\times 1} \\ V_{m_2 \\ m_2\times 1} \end{bmatrix} = \begin{bmatrix} A_1 & A_2 \\ 0 & I \end{bmatrix} \begin{bmatrix} \hat{X}_{m_1} \\ \hat{X}_{m_2} \end{bmatrix} - \begin{bmatrix} L_{n\times 1} \\ L_{m_2 \\ m_2\times 1} \end{bmatrix} \tag{5-74}$$

按照广义最小二乘原理,在 $V^T P V + V_{m_2}^T P_{m_2} V_{m_2} = \min$ 的条件下进行求解,可得到:

$$X = \begin{bmatrix} X_{m_1} \\ X_{m_2} \end{bmatrix} = \begin{bmatrix} A_1^T P A_1 & A_1^T P A_2 \\ A_2^T P A_1 & A_2^T P A_2 + P_{m_2} \end{bmatrix}^{-1} \begin{bmatrix} A_1^T P L \\ A_2^T P L + P_{m_2} L_{m_2} \end{bmatrix} \tag{5-75}$$

验后单位权方差为：

$$\hat{s}_0^2 = \frac{V^T PV + V_{m_2}^T P_{m_2} V_{m_2}}{m - m_1}$$

当所有待估参数都具有先验信息时，最小二乘配置就成为最小二乘滤波[37,38]。当先验信息的精度非常高时，这些参数趋于固定值，即相当于是已知值。

5. 数据处理方法

在自主定轨中，一般可采用两种不同的模式来进行定轨：一是分布式模式，即每颗卫星利用与自己有关的资料单独进行数据处理，分别确定自己的轨道，并加以预报和发播。采用这种模式时，数据处理工作量小，但精度较差，且要求每颗卫星都具有数据处理能力，早期星载计算机的功能较差时，常采用这种工作模式。二是在中心卫星上集中进行整个星座的数据处理工作，采用这种模式的优点是精度好、整体性强，仅要求少量卫星具有数据处理能力（为保证安全，一般需配置1~2颗在轨的具有中心卫星功能的备用卫星），缺点是计算工作量大。另外也有人提出一种中间做法：将整个卫星星座分为若干部分，每部分进行集中解算，但此方法至今未实际采用过。实际应用时，可据星载计算机的性能来决定采用的模式。

在求出变分方程的数值解，组成线性化的误差方程进而组成法方程后，还必须采用恰当的参数估计方法来求解。精密定轨中，状态参数估计一般可采用两种方法：一种是逐历元解算的滤波方法，另一种是分批求解的最小二乘法。各卫星单独定轨时，既可采用滤波算法，也可采用最小二乘法分批进行解算。整个卫星星座进行统一的整体数据处理时，由于待定参数个数很多，如采用9个光压参数和6个轨道根数时，即使采用先消除钟差参数，统一解算后再回代的方法，30颗卫星也有450个待定参数，此时，采用滤波方法将非常耗时。我们进行过试算，采用上述待定参数时，使用UD分解的扩展卡尔曼滤波法在微机上解算一天的轨道将耗时15h，而采用最小二乘分批解算时，则只需15min。在我们的研究工作中，需进行大量的计算，以便进行分析比较，故我们采用最小二乘分批解算法，正式运行时，可根据当时星载计算机的性能选择合适的处理算法。

6. 软件

为验证上述方法的正确性和可行性，评估自主定轨精度，我们研制了一套利用星间距离观测值进行导航卫星自主定轨以及综合利用地面和星间测距资料进行联合定轨的计算和分析研究软件包，该软件包主要由星间距离观测值生成模块、利用卫星星历进行动力学拟合，以生成自主定轨中所需的先验信息的模块、利用星间距离观测值进行自主定轨的模块、卫星星历预报和精度估算模块，以及星地联合定轨模块（本章未涉及该模块）等模块。经反复调试和改进后，可为后续的研究工作提供可靠的基础平台。

5.2.4 算例

1. 模拟方案

考虑到GPS已有现成的卫星星历可供使用，卫星数量也比较多，且在自主定轨方面已进行了长时间的研究，有不少数据和资料可供我们参考和对比，故选用GPS系统来进行模拟计算。但从原则上讲，本方法同样适用于其他卫星导航定位系统。

模拟计算从2007年4月22日（年积日第112天）开始至8月9日（年积日第221天）结束，共110天。在此期间，GPS卫星星座中共有31颗卫星，但有8颗卫星在此期间发动机点火，调整了卫星轨道，而当时在我们的软件中还未引入处理这种情况的子程序块，故在计算中，只能剔除这些卫星而仅使用余下的23颗卫星（我们之所以只计算110天而不再往下算，一个重要原因是此后又有不少卫星点火调整了轨道）。

在模拟计算中，发射天线的波束角θ取90°，接收天线则无限制，可接收星座中任一通视的卫星的测距信号。此时，这23颗卫星中的任一卫星可观测的卫星数在16~22间变化，PDOP值在1.0~2.0之间变化，相对于地面跟踪网来讲，星间观测的图形结构更好，更易获得好的定轨结果。由于GPS卫星的运行轨道几乎为一圆轨道，故位于同一轨道面上"编队飞行"的卫星间若能保持通视，则此后也将永远保持通视，其星间距离的变化也不大，而位于不同轨道面上的卫星则可能有时保持通视，有时不能通视，星间距离观测值的变化范围可达2~3万km，且距离变化有明显的周期性，周期约为半周[29]，见图5-3。

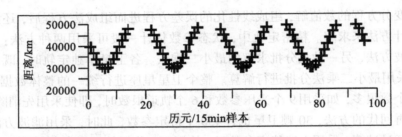

图5-3 位于不同轨道面上的PRN2~PRN31卫星间的通视情况及距离变化情况

生成星间距离观测值时所加的测量噪声分别采用0.75m、0.50m、0.05m，它们分别为Block IIR、Block IIF和Block III卫星进行星间距离测量时的测量噪声。由于当时尚未查找到残留在观测值中的未被改正的系统误差的具体数值，故在模拟计算中也暂未引入此项误差。

2. 先验信息的获取

如前所述，由传统的地面定轨方式转为自主定轨方式后，存储在卫星上的广播星历本身并不能直接提供自主定轨中所需的各种先验信息，而需通过动力学拟合来获取所需的信息。为进行比较，我们也利用IGS的快速精密星历进行了计算，计算结果见表5-8。

表5-8　利用DOY112的广播星历和快速精密星历所求得的初始值的精度

星历	位置/m			速度/mm·s^{-1}		
	径向R	沿迹A	法向C	径向R	沿迹A	法向C
广播星历	0.226	1.353	0.444	0.191	0.125	0.169
IGS快速星历	0.012	0.016	0.022	0.018	0.121	0.144

表中给出的精度为23颗卫星的RMS的平均值，详见参考文献[29]。从表中可以看出，利用IGS快速精密星历经动力学拟合后所求得的初值精度要远优于广播星历。

3. 不进行自主定轨时预报星历的精度

为了对比，我们根据获得的先验信息用自编软件直接进行长期预报，所得的预报星历的精度见表5-9。

表5-9　　　　　　　　不进行自主定轨时长期预报星历的精度/m

预报天数	用广播星历获取先验信息				用IGS快速精密星历获取先验信息			
	R	A	C	URE	R	A	C	URE
1	0.26	1.73	0.50	0.37	0.01	0.02	0.02	0.01
5	2.00	51.78	0.88	7.66	0.16	3.53	0.25	0.53
10	5.10	264.56	1.59	38.14	0.61	23.18	0.50	3.37
20	14.69	1205.79	3.06	172.88	2.45	144.37	1.03	20.7
30	29.56	2847.71	4.44	407.89	5.97	436.88	1.57	62.70
60	101.56	12014.08	7.93	1719.30	28.56	2958.11	3.49	423.55
90	194.74	26894.29	10.84	3846.97	75.94	8996.57	6.13	1287.47
110	263.97	39679.70	12.25	5674.67	123.61	15284.16	7.63	2186.95

注：(1) R(Radial)表示径向误差，A(Along)表示沿迹方向误差，C(Cross)表示法向误差，下同；

(2) 上述误差均为均方误差RMS，并按习惯将三维直角坐标的误差化算为径向、沿迹和法向的误差；

(3) URE为用户距离误差，是用以衡量卫星自主定轨的一项重要指标，其计算公式如下：

$$URE = \sqrt{(R - CLK)^2 + \frac{1}{49}(A^2 + C^2)}$$

式中，CLK为卫星的钟差，表中未列出，计算时也未予考虑。

表5-9中给出的数据与国外各参考资料中给出的数据基本一致。若以URE≤6m作为指标，那么广播星历的预报星历只能使用5～10天，此后的预报星历就不能直接使用了。

4. 自主定轨的计算结果

由于自主定轨中所涉及的函数关系式过于复杂，因而采用解析方法来定量地讨论不同因素对定轨精度的影响是极其困难的，为此，我们采用数值计算的方法来进行研究和讨论，获得了一些有益的结论。

(1) 星间距离观测值的测量噪声对定轨精度的影响

为了研究星间测距时的测量噪声对自主定轨精度的影响，以广播星历动力学拟合的结果作为先验信息，我们分别用测量噪声的均方差为0.75m、0.50m、0.05m的模拟观测值进行了计算，解算结果见表5-10。

表 5-10　测量噪声对自主定轨精度的影响

自主定轨天数/天	噪声均方差/cm	R/m	A/m	C/m	Clock/ns	URE/m
1	5	0.04	0.47	0.45	0.04	0.10
	50	0.04	0.48	0.46	0.35	0.15
	75	0.05	0.49	0.47	0.53	0.19
10	5	0.03	0.54	0.54	0.04	0.11
	50	0.03	0.56	0.56	0.36	0.16
	75	0.03	0.57	0.56	0.54	0.20
30	5	0.05	0.93	0.99	0.03	0.20
	50	0.05	0.95	1.00	0.35	0.23
	75	0.05	0.96	1.00	0.52	0.26
60	5	0.05	1.13	1.17	0.03	0.24
	50	0.05	1.09	1.13	0.34	0.25
	75	0.05	1.07	1.11	0.50	0.27
110	5	0.03	1.98	2.09	0.03	0.41
	50	0.03	1.87	1.97	0.33	0.40
	75	0.03	1.81	1.91	0.50	0.41

从表 5-10 可以看出，在均方差为 0.05m、0.50m、0.75m 三种不同的噪声下，自主定轨第 110 天时，其 URE 分别为 0.41m、0.40m、0.39m，说明星间距离观测值的测量噪声对自主定轨结果的影响并不显著。究其原因，我们认为这与表 5-10 中衡量精度的方法有关。在表 5-10 中，我们并不是依据观测值与平差值之间的离散程度（内符合精度）来衡量自主定轨的精度，而是以 IGS 的综合精密星历作为标准来衡量自主定轨的精度。这样评定的精度实际上是一种外符合精度，即以 IGS 的综合精密星历作为外部标准来评价自主定轨所确定的轨道的准确程度。由于星间距离观测值的数量很多，采用 23 颗卫星时，平均每个历元约有 400 个距离观测值，只要观测值是无偏的（不含显著的系统误差），即使测量噪声较大，最终也不会对所求得的轨道的准确度产生很大的影响。这也是目前在 GPS 的自主定轨中采用测码伪距观测值而不采用载波相位观测值的一个重要原因。采用测码伪距观测值的另一个原因是：导航卫星的自主定轨只需要分米级至米级的精度即可，这样做可以减少在卫星上自动进行的定轨工作的复杂程度。

先前 GPS 在进行自主定轨时，自始至终都是由预报星历来提供先验信息的，因此，卫星上需存储180~210天的预报星历供自主定轨使用。而现在在进行自主定轨时，只是在一开始需使用由预报星历提供的先验信息，随后就改用自主定轨本身提供的先验信息。由于有星间距离观测值的约束和修正，自主定轨的精度将优于预报星历的精度。随着时间的推移，这种趋势将越来越明显。采用新的自主定轨后，卫星上已无必要存储过长时间的预报星历。我们认为存储5~10天的预报星历已能满足需要。

(2) 先验信息对自主定轨精度的影响

为了讨论先验信息对自主定轨的影响，我们分别用2007年第112日的广播星历和IGS的快速星历进行动力学拟合来提供先验信息，然后用相同的力模型（均已考虑潮汐改正）和计算软件（自编软件）分别进行了110天的模拟自主定轨计算，结果见表5-11。

表5-11 用不同卫星星历所提供的先验信息进行自主定轨的精度

自主定轨天数	广播星历做初值					快速精密星历做初值				
	R/m	A/m	C/m	Clock/ns	URE/m	R/m	A/m	C/m	Clock/ns	URE/m
1	0.05	0.49	0.47	0.53	0.19	0.02	0.06	0.05	0.53	0.16
5	0.04	0.47	0.45	0.53	0.19	0.03	0.20	0.19	0.53	0.17
10	0.03	0.57	0.56	0.54	0.20	0.03	0.27	0.26	0.54	0.17
20	0.03	0.67	0.69	0.56	0.22	0.03	0.53	0.52	0.56	0.20
30	0.05	0.96	1.00	0.52	0.26	0.02	0.75	0.74	0.52	0.22
60	0.05	1.07	1.11	0.50	0.27	0.03	0.75	0.75	0.50	0.21
90	0.04	1.68	1.76	0.54	0.39	0.02	0.53	0.54	0.54	0.20
110	0.03	1.81	1.91	0.50	0.41	0.03	0.47	0.46	0.50	0.18

从表5-11中可以看出，采用由不同的卫星星历所提供的先验信息来进行自主定轨时对定轨精度还是会有相当大的影响，利用IGS的快速星历进行自主定轨的精度要远优于利用广播星历进行自主定轨的精度。以URE为例，第110天用广播星历进行自主定轨时的值为0.41m，而用快速星历进行自主定轨的URE的值只有0.18m，为前者的44%。从表中还可看出，采用不同星历进行自主定轨时，对钟差及径向误差的影响均不显著，主要影响的是沿迹方向和法向的误差。因此，卫星导航定位系统在按传统方式向卫星注入广播星历供实时导航定位用户使用外，最好在获取快速星历后再尽快向卫星注入，以便供自主定轨时使用。

(3) 潮汐摄动对自主定轨精度的影响

为了研究在自主定轨中是否必须顾及潮汐摄动，我们分别用顾及潮汐摄动的力模型和不顾及潮汐摄动的力模型进行了计算。计算时，采用快速星历提供的先验值，具体结果见表5-12。

表 5-12　潮汐摄动对自主定轨的影响

自主定轨天数	不顾及潮汐摄动					顾及潮汐摄动				
	R/m	A/m	C/m	Clock/ns	URE/m	R/m	A/m	C/m	Clock/ns	URE/m
1	0.02	0.06	0.05	0.52	0.13	0.02	0.06	0.05	0.53	0.16
5	0.03	0.19	0.20	0.52	0.14	0.03	0.20	0.19	0.53	0.17
10	0.03	0.31	0.34	0.53	0.15	0.03	0.27	0.26	0.54	0.17
20	0.03	0.50	0.54	0.55	0.18	0.03	0.53	0.52	0.56	0.20
30	0.03	0.64	0.74	0.51	0.21	0.02	0.75	0.74	0.52	0.22
60	0.03	1.30	1.45	0.49	0.32	0.02	0.75	0.75	0.50	0.21
90	0.02	2.80	3.21	0.53	0.69	0.02	0.53	0.54	0.54	0.20
110	0.03	3.88	4.35	0.49	0.93	0.03	0.47	0.46	0.50	0.18

从表 5-12 中可以看出,顾及潮汐摄动后对减小卫星的径向误差 R 及提高卫星钟差的精度几乎无任何帮助,但能使卫星轨道的沿迹误差 A 和法向误差 C 迅速减小,从而导致用户的距离误差 URE 也迅速减小。因而在高精度的导航卫星自主定轨中,必须顾及潮汐摄动的影响。我们之所以特别强调这一点,是因为在自主定轨中,潮汐摄动对定轨结果的影响方式与地面定轨有很大的不同。在地面定轨中,星地间的距离观测值对星座的整体旋转具有约束和校正能力,而且每个时段的轨道都是依据定轨站的坐标来确定的,星历误差不会向下传递,因此,即使在力模型中未顾及潮汐摄动,也不至对定轨结果产生很大的影响。而在自主定轨中,情况却有了很大的差别:①潮汐摄动力在轨道面法线方向的分力 W 将导致卫星升交点赤经产生变化 $\Delta\Omega$,而星间距离观测值对 $\Delta\Omega_i$ 中的公共部分(星座整体旋转)却无任何约束和校正能力,从而影响定轨结果。②上述误差又将通过先验信息这一渠道影响下一时段的定轨结果。③在新时段中,由于力模型不够精确,还将产生新的误差,通过这种传承和不断加大的过程,自主定轨的结果将变得越来越差。

当然,潮汐摄动还会引起其他的误差,如轨道倾角误差 Δi,但由于星间距离观测值对 Δi 具有一定的约束和校正能力,因而可将其控制在一定的范围内。

总之,由于在自主定轨中,误差具有传承性,因此对于力模型中可能产生系统误差的那些摄动因素,特别是可能导致星座整体旋转的那些摄动因素必须予以特别的关注。

(4) 预报星历的精度

利用星间距离观测值进行自主定轨后,还需进行预报供用户使用。由于自主定轨是采用动力学定轨的方法进行的,所以能很方便地进行轨道预报,且短期预报(如预报 1 天)的精度也相当好,这一点从表 5-9 即可看出。为了更清楚地说明这一点,我们又用第 110 天自主定轨的结果为初值,用同样的力模型来预报第 111 天的卫星轨道,并以 IGS 的精密星历为标准来评定全部 23 颗卫星的预报星历的精度,结果见表 5-13。为节省篇幅,表中仅列出 23 颗卫星的 RMS 的平均值。

表 5-13　　　　　　　　　　　　预报星历的精度/m

广播星历解				IGS 快速星历解			
R	A	C	URE	R	A	C	URE
0.48	3.57	3.49	0.64	0.20	1.83	0.89	0.32

5.2.5 结论

导航卫星的自主定轨功能对于维持系统在战时的生存能力具有重要作用。我国在组建自己的卫星导航定位系统时，也应予以考虑，并尽快开展相关的研究工作。本节从导航卫星自主定轨方法以及软件实现两方面展开了较为深入的讨论，并通过自编软件对 110 天的模拟数据进行了自主定轨计算，获得了如下的结论：

（1）利用星间距离观测值和由卫星预报星历所提供的先验信息，采用最小二乘配置法来进行导航卫星的自主定轨是完全可行的，不仅解决了秩亏性问题，而且获得了很好的定轨结果；采用观测噪声均方差为 75cm 的模拟星间测距数据，以广播星历为初值进行自主定轨，在不顾及地球自转参数预报误差的情况下，自主定轨第 110 天的 URE 为 0.41m。与其他方案相比，这种方法具有需增加的设备少、精度高、易于实施等优点。

（2）星间距离观测值的测量噪声对自主定轨结果的影响并不显著，这也是目前在 GPS 的自主定轨中采用测码伪距观测值而不采用载波相位观测值的一个重要原因。

（3）采用本节的自主定轨后，卫星上已无必要存储过长时间的预报星历，我们认为，存储 5～10 天的预报星历已能满足需要。

（4）先验信息的好坏对自主定轨的影响较大。因此，卫星导航定位系统在按传统方式向卫星注入广播星历供实时导航定位用户使用外，最好在获取快速星历后再尽快向卫星注入，以便供自主定轨时使用。

（5）计算结果表明，潮汐对 110 天自主定轨的沿迹和法向的误差影响可达数米，因此在高精度的自主定轨中，必须顾及潮汐影响，并仔细进行处理。

5.3 导航卫星的星地联合定轨

5.3.1 前言

长期以来，导航卫星的轨道一直是根据地面定轨站的坐标，以及在这些站上对导航卫星所进行的方向观测和（或）距离观测和（或）多普勒测速来确定，并进而进行预报的。定轨精度除了取决于定轨站坐标的精度、观测值的类型、数量和精度、定轨时所用的数学力学模型及相应软件的完善程度等因素外，很大程度上还取决于定轨站的地理分布及数量。需要说明的是，此处所说的数量是指有良好的地理分布的"有效的"定轨站的数量。在小范围内布设大量的卫星定轨站,对于提高定轨精度的贡献是极其有限的。所有的定轨站都分布在一个相对狭小的范围内所产生的主要问题是:

- 可观测的卫星弧段较短,卫星在大部分时间内都处于各站均无法观测的"失踪"状态。例如,用国内北京、上海、武汉、乌鲁木齐、拉萨和昆明6站来确定GPS卫星的轨道时,其中,PRN2、PRN31等卫星大约有2/3的时间是处于完全无法观测的状态[29]。利用一小段观测资料来推算大部分空白弧段中的卫星状态参数,如卫星的三维位置、三维运动速度、卫星钟差及光压摄动参数等力学模型参数,其精度必然会大幅度下降。
- 地面站与卫星所组成的几何图形强度较差,方程状态数不好。例如,从国内地理分布较好的四个定轨站对GEO卫星进行距离测量,从而确定其轨道,虽然能对整个弧段实现100%的跟踪和观测,但GDOP数将超过20,定轨精度很差。

然而,定轨站的地理分布及有效站的数量是受国土范围限制的。通过国际协作或商业租借等方式在国际布站也会受到国家关系及国际政治等因素的制约,想通过这种方式在全球均匀设站并不是一件容易的事情,而星地联合定轨则为我们提供了解决上述问题的另一条途径。

卫星导航定位系统具有自主定轨的功能后,不但在战时地面控制系统被摧毁的情况下仍能维持整个系统的正常运行,而且在平时也可通过综合利用地面对卫星的观测值进行星地联合平差的方法来解决地面定轨站地理分布不好和有效站不足的问题。这是因为加入星间观测值后,图形强度将大为加强,方程式的状态将明显改善。原来一些因不通视而无法从地面定轨站上进行观测的卫星现在可以通过通视卫星间接地进行观测了。完全无法观测(无法进行直接或间接观测)的空白弧段将几乎消失。这样即使定轨站分布在一个相对狭小的范围内,也可通过星地联合定轨来获得较好的定轨精度。当然,从理论上讲,星地联合定轨并不一定要求卫星具有自主定轨的能力,而只需要卫星间具有星间观测的能力和数据传输能力即可。

5.3.2 数学模型及软件

星地联合定轨可以充分发挥卫星自主定轨和地面定轨各自的优势来综合确定卫星轨道。其数学模型和软件与前面介绍过的自主定轨有许多相似之处,例如,两者所用的卫星力模型基本相同;数值积分时所用的积分器也相同,无需另行编写;为节省计算时间,在联合定轨中参数估计也采用了最小二乘整体解算方法;生成模拟观测值时,所遵循的原则和使用方法也大体相同。为节省篇幅,不再一一重复介绍。下面仅把不同之处作一简要说明。

- 在联合定轨中,要把星间伪距观测值和地面距离观测值放在一起一并进行解算。
- 由于引入了地面定轨站的已知坐标,从而解决了基准缺失的问题,因而在联合定轨中不再出现秩亏问题,也就是说,不再存在整个卫星星座围绕地球自转轴旋转中的不可定问题。因此在联合定轨中,由预报星历所给出的卫星先验信息已不再像自主定轨中那么重要,甚至可以不用。

- 一些在星间观测值中无需考虑的误差，如对流层延迟、电离层延迟等，在地面观测值中应予以考虑。
- 在生成星间观测值时，两个卫星间是否通视是依据信号的覆盖范围和通视条件来加以判断的，而在生成地面距离观测值时，上述条件将被"截止高度角"所取代。
- 进行星地联合定轨时，不仅在星间距离观测值和地面距离观测值中加入了随机误差（测量噪声），同时也加入了未被完全消除的残余的系统误差，使定轨结果更接近实际情况。
- 对软件作了扩展修改，使之能同时适用于卫星自主定轨、地面定轨和联合定轨，用户可根据需要自行选择。
- 地面定轨站的坐标为已知值，计算时也采用由 IGS 所给出的值。地面站的接收机钟差的"真值"原则上可任意设定，因为我们关心的不是它们的具体数值，而是经星地联合定轨后所求得的平差值与原设定值之间的差异，即钟差的确定精度。为方便计算，计算时将地面接收机的钟差"真值"均设定为零。

5.3.3 模拟计算的结果和分析

由于同样的原因，在星地联合定轨中，也采用了数值计算的方法来分析讨论各种因素对定轨精度所产生的影响。

1. 模拟计算的方法

模拟计算时用的解算策略列于表 5-14 中。

表 5-14　　　　　　　　　　模拟计算时所用的解算策略

观测值	星地间伪距观测值和星间伪距观测值
采样间隔	15min
卫星天线相位中心模型	NGA 模型
星表	DE 405
地球重力场模型	10 阶次的 EGM 96 模型
光压模型	JPL 的 GSPM 04 模型
地球定向参数	IERS 提供的 EOP
积分器及积分步长	自编的联合积分器，步长 60s
估计器	标准最小二乘法
状态参数	每个弧段(24h)、每个卫星估计一组状态参数，估计时固定地面定轨站的坐标
钟差参数	每个卫星、每台接收机、每个历元设置一个钟差参数，估计时固定北京站的钟差。仅用国内 6 站来定轨时，不估计钟差参数

星间距离观测值中残留的系统误差采用了 JPO 的 C. Dauglas Marteccia 在参考文献[39]中所给出的值(见表 5-15)。

表 5-15　　　　　　　　　　　星间距离观测值中的残余系统误差/cm

残余系统误差		规定的限差	实际值
发射机	固定偏差	75	31
	周期项幅度	75	21
接收机	固定偏差	120	51
	周期项幅度	105	27

固定偏差主要来自信号发射设备和接收设备内的时间延迟，周期项则与卫星的轨道运动有关。对 GPS 卫星而言，其周期约为 12h。Block ⅡR 卫星具有在卫星上进行时延校正的能力。表中所列的数值是经过工厂校正和卫星在轨校正后的值，其符号可为正，也可为负。实际值为对产品进行检测时所得的数值。在模拟计算时，我们一般都采用了实际值，每颗卫星的残余系统误差也是随机分配的，但一旦给定，就不再变化。地面站接收机的系统误差因未找到确切的资料，也采用了表 5-15 中的数值。

星间距离观测值的测量噪声分别采用下列数值：Block ⅡR 卫星：±75cm；Block ⅡF 卫星：±50cm；Block Ⅲ 卫星：±5cm。地面站的测量噪声在一般情况下采用 ±30cm，与经载波相位平滑后的伪距观测值的测量噪声大致相当。

对全部 31 颗卫星从 2007 年第 112 日至第 126 日共 15 天的观测值进行了拟合和定轨计算，并以 IGS 的精密星历为标准来检验模拟计算的结果，并评定其精度。

2. 地面定轨结果及分析

为了说明星地联合定轨的优点，我们首先计算了仅利用地面观测资料进行定轨的结果，以供比较。计算按两种方案进行：第一种方案是利用国内北京、上海、武汉、昆明、乌鲁木齐和拉萨 6 个地面站进行定轨；第二个方案是利用在全球较为均匀分布的 17 个地面站来进行定轨。

(1) 利用国内 6 站的定轨结果

利用国内 6 站来确定 GPS 卫星的轨道时，部分卫星在很长一段时间内都处于无法被任一地面站跟踪观测的"失踪"状态，因而定轨精度不好。在动力学定轨中，对空白弧段中的卫星钟差的约束将更差，因此，处于失踪状态下的卫星钟差的估计精度也将更差。计算结果见表 5-16。

表 5-16　　　　　　　　　利用国内 6 站进行定轨时的定轨精度/m

MJD	整个星座(31 颗卫星)的定轨精度(RMS 值)				最大值			
	R	A	C	URE	R	A	C	URE
54212.0	5.00	19.19	6.70	5.78	28.58	122.71	20.50	32.13
54213.0	4.82	19.90	6.88	5.68	26.62	116.79	19.41	30.33
54214.0	4.59	18.94	6.83	5.42	21.49	96.19	18.58	24.51
54215.0	4.84	19.87	6.74	5.70	22.17	97.55	18.47	25.10

续表

MJD	整个星座(31 颗卫星)的定轨精度(RMS 值)				最大值			
	R	A	C	URE	R	A	C	URE
54216.0	5.39	20.11	6.92	6.19	36.48	150.65	22.38	41.40
54217.0	4.36	19.10	6.91	5.24	20.88	100.33	21.47	24.83
54218.0	5.29	27.19	6.66	6.63	39.01	231.68	21.27	51.16
54219.0	5.83	26.97	6.77	7.05	33.67	207.09	21.50	44.44
54220.0	5.37	25.75	6.63	6.58	34.41	204.81	23.31	45.17
54221.0	5.08	24.81	6.60	6.26	24.85	175.18	25.54	35.27
54222.0	5.42	24.21	6.76	6.50	33.31	171.97	23.42	35.16
54223.0	4.84	23.90	6.89	6.01	29.67	173.15	27.80	38.63
54224.0	4.73	23.72	6.74	5.90	29.56	168.23	26.96	38.10
54225.0	4.61	23.28	6.92	5.69	22.53	145.97	26.59	30.70
54226.0	5.94	25.14	6.96	7.01	32.99	147.90	25.60	37.65
平均值	5.07	22.74	6.59	6.11	29.08	154.01	22.85	35.64

表中,"整个星座的 RMS 值"是据全部 31 颗卫星在一天中的 96 个历元中的定轨结果与 IGS 精密星历之差 V_{ij} 按下式求得的:

$$\text{RMS} = \sqrt{\frac{\sum_{i=1}^{31}\sum_{j=1}^{96} V_{ij}^2}{31 \times 96}} \tag{5-76}$$

它反映了每天的整体定轨精度。表中的最大值则是全部 31 颗卫星在 96 个历元中的最大的坐标差值,它反映了在一天中最大的定轨误差。URE 是反映卫星导航定位系统精度的一个极其重要的指标,其计算公式如下:

$$\text{URE} = \sqrt{(R - \delta t)^2 + \frac{1}{49}(A^2 + C^2)} \tag{5-77}$$

式中,δt 为卫星钟差的误差。

从表 5-16 中可以看出,仅利用国内 6 站来确定 GPS 卫星的轨道时,定轨精度很差。在不计卫星钟的误差 δt 以及预报误差的情况下,整个卫星星座的 URE 的 RMS 值已整体上超过 6 m,无法满足导航定位的需要。

(2) 全球 17 站的定轨结果

倘若能在全球范围内较均匀地布设 17 个卫星跟踪站(与目前 GPS 在确定广播星历时所用的地面站大致相当),则卫星的跟踪状况将大为改善。所有卫星的轨道几乎都能 100% 地被跟踪观测,且大部分时间都有 4 个以上的定轨站在同时进行观测。此时,定轨精度将大为改善。计算结果见表 5-17。

表 5-17　利用全球 17 个地面跟踪站进行定轨时的定轨精度

MJD	整个星座(31 颗卫星)的定轨精度(RMS 值)					最大值				
	R/m	A/m	C/m	Clock/ns	URE/m	R/m	A/m	C/m	Clock/ns	URE/m
54212.0	0.13	0.30	0.22	1.52	0.51	0.56	1.53	0.72	4.87	1.82
54213.0	0.15	0.34	0.23	1.55	0.53	0.73	1.31	0.72	4.92	2.11
54214.0	0.15	0.33	0.23	1.60	0.55	0.76	1.29	0.68	4.80	2.00
54215.0	0.16	0.31	0.22	1.61	0.57	0.90	1.26	0.74	5.08	1.95
54216.0	0.15	0.34	0.22	1.54	0.53	0.60	1.55	0.67	5.40	1.84
54217.0	0.14	0.32	0.23	1.58	0.54	0.59	1.35	0.63	5.36	1.88
54218.0	0.13	0.30	0.25	1.51	0.50	0.46	1.17	0.78	5.15	1.72
54219.0	0.18	0.33	0.20	1.56	0.56	1.06	1.33	0.63	5.53	2.11
54220.0	0.16	0.32	0.26	1.54	0.55	0.87	1.60	0.79	5.29	2.46
54221.0	0.14	0.34	0.21	1.48	0.51	0.62	1.85	0.64	4.57	1.52
54222.0	0.14	0.31	0.23	1.42	0.48	0.59	1.44	0.82	4.34	1.84
54223.0	0.13	0.29	0.24	1.55	0.51	0.66	1.22	0.71	4.73	1.80
54224.0	0.15	0.33	0.23	1.54	0.54	0.78	1.69	1.02	4.96	1.71
54225.0	0.16	0.35	0.21	1.52	0.54	0.85	2.05	0.71	4.94	2.22
54226.0	0.15	0.35	0.26	1.59	0.55	0.58	1.44	0.68	5.11	2.10
平均值	0.148	0.324	0.229	1.541	0.531	0.707	1.472	0.729	5.003	1.939

计算时，所采用的系统误差同上(见表 5-15)，随机误差仍为 30 cm。从表中可以看出，利用全球分布较为均匀的 17 个站对 GPS 卫星进行定轨时，整个星座的定轨误差的 RMS 值为 0.53 m(15 天的平均值)，而且各天的定轨精度也较为一致，反映其离散程度的中误差仅为 0.025 m，为平均值的 4.7%。URE 的最大值也仅为 2.46 m，可满足精度要求。

需要说明的是，目前，GPS 地面跟踪站的分布大体与此相仿，不加预报的定轨精度为 0.25 m[40]，大约是我们所估算值的一半左右。我们认为，其原因是 GPS 跟踪站上所用的接收机的性能要稍优于模拟计算中所采用的值，而且观测时的采样间隔也远小于 15min。

(3) 随机误差对定轨精度的影响

为了探讨随机误差对地面定轨精度的影响，我们分别采用 5 cm、30 cm、50 cm 和 75 cm 四种随机误差值对在全球较均匀分布的 17 个定轨站进行了定轨计算。计算时，其余参数均保持一样。为节省篇幅，表 5-18 中仅列出了 15 天全星座定轨误差的 RMS 值的平均值，而不再给出每天的 RMS 值，计算结果见表 5-18。从表中可以看出，随着随机误差的增大，轨道的三个分量(R，A，C)和钟差的误差都将随之增加，但增加的速率并不一样，当随机误差从 5 cm 增加至 75 cm 时(即扩大了 15 倍)，R 扩大了 9.3 倍，A 扩大了 12.5 倍，C 扩大了 7.3 倍，Clock 扩大了 1.8 倍，最后导致 URE 从 39.7 cm 增加至 96.7 cm，为原来的 2.4 倍。也就是随机误差对定轨精度有一定的影响，但对卫星钟差的测定影响较小。

表 5-18　　　　　　　　　　　　随机误差对定轨精度的影响

随机误差	R/cm	A/cm	C/cm	Clock/ns	URE/cm
±5 cm	3.9	6.5	7.5	1.31	39.7
±30 cm	14.8	32.4	22.9	1.54	53.1
±50 cm	24.3	53.7	37.1	1.89	70.9
±75 cm	36.1	81.5	55.1	2.42	96.7

（4）系统误差对定轨精度的影响

为了探讨系统误差对定轨精度的影响，我们对全球较均匀分布的 17 个定轨站按下列三种方案分别进行了计算。

方案 1：系统误差均取方案 2 所列数值的一半。

方案 2：卫星发射信号的时延偏差为 ±31 cm，地面接收信号的时延偏差为 ±51 cm，地面接收信号时的周期性误差的振幅为 ±33 cm。

方案 3：系统误差均取方案 2 所列数值的 2 倍。

计算时，随机误差取 30 cm，计算结果见表 5-19。

表 5-19　　　　　　　　　　　　系统误差对定轨精度的影响

方案	R/cm	A/cm	C/cm	Clock/ns	URE/cm
1	14.7	32.5	22.5	1.48	40.7
2	14.8	32.4	22.9	1.54	53.1
3	14.7	32.5	21.9	2.73	85.8

从表中可以看出，距离观测值中的系统误差对定轨精度几乎没有影响，在固定一个地面站的钟差的情况下，这些误差最终都将影响卫星钟差和 URE。

3. 星地联合定轨

（1）仅利用一个地面站的星地联合定轨

表 5-20 中给出的是利用北京站和星间距离观测值进行联合定轨的结果，计算时，星间观测值和地面观测值的随机误差均采用 ±50 cm，系统误差同上，为节省篇幅，表中仅给出 15 天的平均值。

表 5-20　　　　　　　　　　　　单个地面站联合定轨的精度

整个星座定轨误差的 RMS 值					最大值				
R/cm	A/cm	C/cm	Clock/ns	URE/cm	R/cm	A/cm	C/cm	Clock/ns	URE/cm
7.0	40.9	39.3	1.480	47.0	23.6	101.3	80.5	4.290	136.3

将表 5-20 和表 5-17 进行比较后可以看出，即使是将随机误差从 30 cm 增加至 50 cm 的情况下，加入一个地面站进行联合定轨精度即可优于在全球布设 17 个地面跟踪站时的定轨精度。

（2）地面站的数量对联合定轨精度的影响

为了研究联合定轨时需加入多少个地面站较为合适的问题，我们分别用国内 6 个站及全球均匀分布的 17 个站进行了联合定轨的模拟计算。为节省篇幅，表 5-21 中也仅给出了整个卫星星座 15 天的 RMS 值的平均值，计算结果见表 5-21。

表 5-21　　　　　　　地面站数量对联合定轨的精度的影响

地面站数量	R/cm	A/cm	C/cm	Clock/ns	URE/cm
1	7	40.9	39.3	1.480	47.0
2	7	36.7	35.3	1.479	46.8
3	7	34.0	32.5	1.478	46.7
4	7	31.0	29.3	1.477	46.5
5	7	30.7	29.0	1.477	46.3
6	7	30.9	29.3	1.475	46.4
17	7	20.5	15.6	1.467	45.9

从表 5-21 中可以看出，随着地面站数量的增加，沿迹误差 A 和法向误差 C 也将逐步减少，但对径向误差 R 及卫星钟差的测定误差的影响都很小，由于 URE 主要取决于 R 和 Clock，所以 URE 的改善程度也很小。这是因为星间距离观测值的数量将远远超过地面站上的观测值的数量，如对于 31 颗 GPS 卫星而言，除个别卫星被"障碍球"遮挡外，在任一历元的星间双向观测值数量可超过 800 个，而 17 个地面站的观测值个数一般只有 100 个左右，而且星间观测值的图形强度也优于地面观测的图形强度，所以增加地面站数量对于提高联合定轨精度贡献并不大，因而在一般情况下，在国内布设 2~4 个地面站已可满足生成广播星历的要求。

（3）随机误差对联合定轨精度的影响

为了讨论观测值中的随机误差对联合定轨精度的影响，我们在单地面站联合定轨的情况下分别用 ±5 cm、±50 cm、±75 cm 三种随机误差进行了模拟计算，计算结果见表 5-22。

表 5-22　　　　　　距离观测值中的随机误差对联合定轨精度的影响

随机误差	R/cm	A/cm	C/cm	Clock/ns	URE/cm
±5 cm	6	31.6	29.9	1.268	39.9
±50 cm	7	32.3	30.3	1.347	43.4
±75 cm	7	40.9	39.3	1.480	47.0

从表 5-22 中可以看出，随着观测值中随机误差的增加，轨道分量及卫星钟差的测定误

差也将随之缓慢增加。但增加速度已比表 5-18 中的增加速度小，在用 17 个站进行地面定轨时，当随机误差从 5 cm 增加至 75 cm 时，URE 加大为原来的 2.4 倍，而在联合定轨中，则只增加为原来的 1.2 倍。这是由于联合定轨中观测值的数量远远多于地面定轨中的观测值个数所致。这就意味着我们在组建自己的卫星自主定轨和联合定轨系统时，即使由于技术方面的原因，使观测值中含有较大的测量噪声，也不会对结果产生显著的影响。

(4) 观测值中的系统误差对联合定轨精度的影响

为研究观测值中的系统误差对联合定轨精度的影响，我们分别按下列三种方案对单地面站联合定轨进行了模拟计算：

方案 1：采用的系统误差为（含偏差和周期性误差）为方案 2 的一半；

方案 2：星间距离观测值中的系统误差采用表 5-15 中的值，地面站的固定偏差采用 51 cm，周期性误差的振幅取 31 cm；

方案 3：采用的系统误差为（含偏差和周期性误差）方案 2 的两倍。

此外，在计算时，均加入了 ±50 cm 的随机误差，计算结果见表 5-23。

表 5-23   距离观测值中的系统误差对联合定轨精度的影响

方案	R/cm	A/cm	C/cm	Clock/ns	URE/cm
1	4.0	23.9	23.1	0.867	27.3
2	7.0	32.3	30.3	1.347	43.4
3	11.3	61.5	56.9	2.550	79.5

从表 5-23 中可以看出，轨道误差和卫星钟差都将随着系统误差的增加而增加。当系统误差增加至原来的 4 倍时，URE 将增大至原来的 2.9 倍。因而在测定信号时延和周期性误差的幅度时，应特别仔细，以减少残留下来的误差。

5.3.4 结论

(1) 利用地面跟踪站来确定卫星的轨道时，定轨精度在很大程度上取决于地面站的数量及其地理分布。若以 URE≤6 m 为标准，则仅利用国内 6 个地面定轨站的观测资料来进行定轨是无法满足上述要求的。利用全球均匀分布的 17 个地面站来进行定轨可较好地满足要求。

(2) 利用 17 个地面站进行定轨时，定轨误差将随着观测值中的随机误差的增加而逐渐加大。当随机误差从 ±5 cm 增加至 ±75 cm 时（增加至原来的 15 倍），URE 将从 39.7 cm 加大至 96.7 cm（增加至原来的 2.4 倍）。同样，定轨误差也会随着观测值中残留的系统误差的增加而加大。当系统误差增加至原来的 4 倍时，URE 将增加为原来的 2.1 倍，其影响较随机误差更为显著。

(3) 若导航卫星具有星间测距能力和数据传输能力，在战时可很快形成自主导航的能力，在平时只需加入一个地面站的观测资料进行联合定轨，即可解决自主定轨中的秩亏问题，定轨精度将优于在全球较均匀地布设 17 个地面站时的定轨精度，因而是解决难以在全球均匀布设地面定轨站的好方法。

（4）在星地联合定轨时，地面站的数量及其地理分布对定轨精度的影响并不大。只用一个地面站进行联合定轨时，URE 为 47.0 cm。利用全球均匀布设的 17 个地面站进行联合定轨时，URE 为 45.9 cm。因而只需在国内设置 2~4 个地面站即可满足生成广播星历的要求，并保证系统的可靠性。

（5）在星地联合定轨中，当观测值中的随机误差从 5 cm 增加至 75 cm 时（增加了 15 倍），URE 从 39.9 cm 增加至 47.0 cm（仅增加了 1.2 倍），这表明随机误差对联合定轨的精度的影响是相当有限的。所以在联合定轨中，可考虑采用伪距观测值而不必采用载波相位观测值，以减少数据处理的工作量。但残余的系统误差对联合定轨的精度有较大影响，在测定和校正系统误差时，应十分仔细。引入经验力模型以吸收残余的系统误差，也可能是一种行之有效的办法，应进一步研究试验。

参 考 文 献

1. 潘科炎. 航天器的自主导航技术[J]. 航天控制，1994(2):18-27
2. 李勇，魏春岭. 卫星自主导航技术发展综述[J]. 航天控制，2002(2):70-74
3. Yunck T P. Orbit Determination, Global Positioning System: Theory and Applications[J]. AIAA, 1996:559-592
4. Bertiger W, Server Y B, et al. The First Low Earth Orbiter with Precise GPS Positioning: Topex/Poseidon[C]. ION GPS-93 Proceedings, Salt Lake City, 1993
5. Tapley B D, Ries J C, Davis G W, et al. Precision Orbit Determination for Topex/Poseidon[J]. Journal of Geophysical Rersearch, 1994, 99(12): 24383-24404
6. Hart R C, Hartman K R. Global Positioning System Enhanced Orbit Determination Experiment (GEODE) on the Small Satellite Technology Initiative (SSTI) Lewis Spacecraft[C]. ION-96, Kansas city, Missouri, 1996
7. Bertiger W, Haines B, Kuang D, et al. Precise Real-Time Low-Earth-Orbiter Navigation with the Global Positioning: System (GPS)[R]. TMO Progress Report 42-137, 1999
8. Ashkenazi V, Chen W, Hill C J, et al. Real-Time Autonomous Orbit Determination of LEO Satellites Using GPS[C]. ION-97, Kansas City, Missouri, 1997
9. Gill E, Montenbruck O, Briess K. GPS-based Autonomous Navigation for the BIRD Satellite[C]. The 15th International Symposium on Spaceflight Dynamics, Biarritz, 2000
10. Montenbruck O, Gill E, Kayal H. The BIRD Satellite Mission as Milestone Towards GPS-based Autonomous Navigation[C]. GPS-ION 2000, Salt Lake City, 2000
11. Gill E, Montenbruck O, Briess K. Flight Experience of the BIRD Onboard Navigation System[C]. The 16th International Symposium on Spaceflight Dynamics, Pasadena, 2001
12. Gill E, Montenbruck O, Montenegro S. Flight Results from the BIRD Onboard Navigation System[C]. 107 5th International ESA Conference on Guidance, Navigation and Control System, Frascati, 2002

13. Gill E, Montenbruck O, Arichandran K, et al. High-precision Onboard Orbit Determination for Small Satellites-the GPS-based XNS on X-SAT[C]. The 6th Symposium on small Satellites Systems and Services, LaRochelle, France, 2004
14. Montenbruck O. A Miniature GPS Receiver for Precise Orbit Determination of the Sunsat 2004 Micro-Satellite[C]. ION NTM 2004, San Diego, California, 2004
15. Yunck T P. The Promise of Spaceborne GPS for Earth Remote Sensing[C]. The International Workshop on GPS Meteorology, Japan, 2003
16. 宋福香, 左文辑. 近地卫星的GPS自主定轨算法研究[J]. 空间科学学报, 2000(1)
17. 赵齐乐. GPS导航星座及低轨卫星的精密定轨理论和软件研究[D]. 武汉：武汉大学, 2004
18. Bock R, Lühr H, Grunwaldt L. CHAMP Scientific Payload and Its Contribution to a Stable Attitude Control System[C]. G61A-04, AGU Fall Meeting, 2000
19. Yoon J C, Lee B S, Choi K H. Spacecraft Orbit Determination Using GPS Navigation Solutions[J]. Aerosp. Sci. Technol, 2000(4):215-221
20. Enderle W, Feng Y, Zhou N. Orbit Determination of FedSat Based on GPS Receiver Position Solutions——First Results[C]. SatNav 2003, Melbourne, Australia, 2003
21. 贾沛璋, 朱征桃. 最优估计及其应用[M]. 北京：科学出版社, 1984
22. 刘林. 航天器轨道理论[M]. 北京：国防工业出版社, 2000
23. Montenbruck O, Gill E. Satellite Orbits——Models, Methods, and Applications[M]. Heidelberg：Springer-Verlag, 2000
24. Tapley B D, Ingram D S. Orbit Determination in the Presence of Unmodeled Accelerations [J]. IEEE Transactions on Automatic Control, 1973
25. 茅旭初, WadaMassaki, 桥本秀纪. 一种用于GPS定位估计滤波算法的非线性模型[J]. 上海交通大学学报, 2004, 38(4):610-615
26. Ebinuma T. Precision Spacecraft Rendezvous Using Global Positioning System：An Integrated Hardware Approach[D]. Austin：University of Texas, 2001
27. Ananda M P, Bernstein H, Cunningham K E, et al. Global Positioning System Autonomous Navigation[J]. IEEE, 1990:497-508
28. Rajan J A, Brodie P, Rawicz H. Modernizing GPS Autonomous Navigation with Anchor Capability[C]. ION GPS/GNSS 2003, Portland, 2003
29. 刘万科. 导航卫星自主定轨及星地联合定轨的方法研究和模拟计算[D]. 武汉：武汉大学, 2008
20. Menn M D, Berstein H. Ephemeris Observability Issues in the Global Positioning System Autonomous Navigation[J]. IEEE, 1994:677-680
31. 刘林, 刘迎春. 关于星-星相对测量自主定轨中的亏秩问题[J]. 飞行器测控学报, 2000, 29(3)
32. 刘经南, 曾旭平, 等. 导航卫星自主定轨的算法研究及模拟结果[J]. 武汉大学学报（信息科学版）, 2004, 29(12)

33. 李平. 星敏感器测角精度改进的研究[D]. 哈尔滨:哈尔滨工程大学, 2006
34. 李征航, 卢珍珠, 刘万科, 等. 导航卫星自主定轨中系统误差 dw 和 dt 的消除方法[J]. 武汉大学学报(信息科学版), 2007, 32 (1)
35. 卢珍珠, 李征航, 刘万科, 等. 导航卫星星座整体旋转的检测与校正[J]. 宇航学报, 2006, 27(6)
36. Dick W R, Richter B. International Earth Rotation and Reference Systems Service[R]. IERS Annual Report 2006, 2008
37. 崔希璋, 於宗俦, 陶本藻, 等. 广义测量平差. 武汉:武汉测绘科技大学出版社, 2001
38. 姚宜斌. GPS 精密定位定轨后处理算法与实现[D]. 武汉:武汉大学, 2004
39. Frueholz R P, Wu A, Bernstein H. GPS Satellite Timing Performance Using the Autonomous Navigation[C]. The 11th International Technical Meeting of the Satellite Division of the Institute of Navigation, Nashville, TN, 1998
40. Creel T, Dorsey A J, Mendicki P J, et al. New Improved GPS-The Legacy Accuracy Improvement Initiative[J]. GPS World, 2006

第6章 无整周问题的基线解算新方法

6.1 前　言

测码伪距的精度一般仅为分米级至米级,因而只能用于导航和低精度定位。在高精度定位等应用领域,通常需使用载波相位测量观测值。然而载波只是一组无特殊标记的正弦波,所以在载波相位测量中存在整周模糊度的问题。此外,由于卫星信号被暂时遮挡以及外界干扰等原因,在载波相位测量观测值中还会产生整周跳变的问题,所以在基线向量的解算前,还需进行周跳的探测与修复工作,以便获得一组无周跳的干净的观测值。然后再设法准确确定整周模糊度,从而将这组观测值换算为高精度的距离观测值,最终求得基线向量,从而使得数据处理显得十分繁琐、复杂。

然而,在诸如高精度的大坝变形监测等应用领域中,卫星至接收机间究竟包含了多少个整波段数(即整周计数 $int(\phi)$ 与整周模糊度 N 之和)是可以根据较为精确的测站近似坐标(例如用上一期变形监测中所求得的站坐标)和精密星历计算出来的。这样,我们就能绕过整周跳变的探测和修复、整周模糊度的确定等棘手问题来直接求解变形矢量。2002年,李征航教授等在"利用GPS进行高精度变形监测的新模型"一文中首次公开提出了这一方法[1]。此文也被收录在2002年测绘学报英文版的论文选集中[2]。朱智勤在其硕士论文"全球定位系统进行变形监测的新方法、模型及软件研究"中曾用这种方法对一些变形测量资料进行过试算,取得了良好的效果,证实了该方法和自编软件的正确性[3]。2003年,张小红博士在ION国际会议上发表论文"A New Model for Deformation Detection with GPS",将这一方法介绍给国外同行[4]。2004年,楼益栋又将这一方法成功地用于基线向量解算。该方法的要点为:首先用双频伪距观测值进行基线向量的解算,求得待定点的近似坐标;然后用波长为1.63m的载波相位组合观测值$(4\varphi_2-3\varphi_1)$以及波长为86cm的宽巷观测值$(\varphi_1-\varphi_2)$依次进行基线向量解算,求得较为精确的待定点近似坐标;最后利用L_1载波相位观测值φ_1进行解算,求得待定点的精确坐标。参考文献[5,6]系统地介绍了该方法的原理、计算过程,并用多组实测数据进行了验证,取得了很好的效果。该方法在运算过程中不涉及周跳的探测及修复、整周模糊度的确定等问题,计算较为简单,对于周跳频繁的观测资料特别适用。然后由于已绕过了整周问题,无法进行电离层延迟的改正,故该方法只适用于短基线。为解决此问题,余金艳在其硕士论文"无模糊度和整周跳变问题的中长基线解算方法的研究"中利用了国际GPS服务(IGS)的CODE数据处理中心发布的全球电离层图(GIM)所给出的时间间隔为2h、2.5°×5°的格网点上的VTEC值进行内插的方法来进行测站的电离层延迟改正。利用边长为31~107km的一个GPS网的实测资料进行了试算,取得了较好的结果[7]。此外,邱卫宁教授和王新洲教授等也对相关问题进行过研究和讨论[8,9]。

6.2 无整周问题的变形监测新模型

6.2.1 前言

GPS定位技术具有测站间无需保持通视,观测不受气候条件的限制,可同时测定点的三维位移,自动化程度高等优点。短距离变形监测的精度可达亚毫米级[10,11],从而为大型建筑物(如大坝、桥梁、大型厂房等)及滑坡崩塌等高精度变形监测提供了一种新的手段。

迄今为止,利用GPS进行变形监测一直沿用下列方法:首先依据某期(一般选用首期)GPS测量中的变形监测点及基准点(工作基点)上的观测资料进行相对定位,进而求得变形监测点的三维坐标$(X_0, Y_0, Z_0)^T$,并将其作为变形监测中的参考标准。然后,采用类似方法进行定期或不定期的复测。若第i期复测求得的变形监测点的坐标为$(X_i, Y_i, Z_i)^T$,则该变形监测点在第i期的变形量$\Delta \vec{u}$为:

$$\Delta \vec{u} = \begin{pmatrix} \Delta X_i \\ \Delta Y_i \\ \Delta Z_i \end{pmatrix} = \begin{pmatrix} X_i \\ Y_i \\ Z_i \end{pmatrix} - \begin{pmatrix} X_0 \\ Y_0 \\ Z_0 \end{pmatrix} \tag{6-1}$$

采用上述方法进行大型建筑物及滑坡崩塌等地质灾害的变形监测时存在下列缺点:

(1)对上述变形监测物进行测量时,往往对监测精度提出很高的要求,用户随接收机一并购买的配套软件是无法满足要求的。而国际上一些著名的高精度GPS数据处理软件(如GAMIT软件、Bernese软件、GIPSY软件等)则是为长距离高精度定位而研制的,不完全适用于短距离高精度的变形监测。且这些软件对计算机和作业人员的素质也提出了较高的要求,从而使数据处理成为推广普及该项技术时的瓶颈问题。

(2)由于变形量是两次定位结果之差,而在定位过程中又不可避免地会遇到周跳的探测及修复与整周模糊度的确定等问题,所以数据处理时,作业人员要花费大量时间和精力来解决这些问题,当观测值质量欠佳时,尤其困难。

(3)某些高精度GPS软件在进行数据处理的过程中(如探测修复周跳时)使用了双频观测值,从而排除了在短距离GPS变形监测中使用单频接收机的可能性,使GPS变形监测系统的成本居高不下,影响了该项技术的推广和普及。

6.2.2 提取变形量的新模型

1. 短距离高精度GPS变形监测的特点

利用GPS定位技术对大型工程建筑物及滑坡崩塌等地质灾害进行变形监测时有下列特点:

(1)通常对监测精度提出很高的要求。以混凝土大坝为例,重力坝和支墩坝的平面位移和垂直位移的监测精度均应优于1mm。

(2) 基准点与变形监测点间的距离一般仅为数百米及数公里。

(3) 使用性能很好的 GPS 接收机和高质量的数据处理软件,各种误差能较完善地得以消除。

此时,双差观测值的残差为:

$$V = \Delta\nabla\varphi_c - \Delta\nabla\varphi_0 \tag{6-2}$$

一般仅为百分之几周,通常不会超过 0.1 周。式(6-2)中的 $\Delta\nabla\varphi_c$ 是据平差计算后的站坐标及卫星星历给出的观测瞬间的卫星位置而算得的双差观测值;$\Delta\nabla\varphi_0$ 则表示是由载波相位观测值组成的双差观测值(已修复周跳,并加上整周模糊度 $\Delta\nabla N$ 和各种改正),均以周为单位。

2. 变形对双差观测值的影响

在图 6-1 中,A 为基准点,B 为变形监测点,p 和 q 为卫星,则有:

$$\Delta\nabla\rho_c = (Bq - Aq) - (Bp - Ap) \tag{6-3}$$

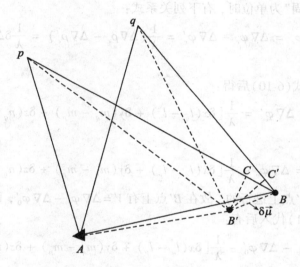

图 6-1 变形量 $\delta\vec{u}$ 对双差值的影响

若变形监测点 B 产生了位移 δu 后移至 B' 点,则根据基准点 A 和变形后的监测点位置 B' 算得的距离双差为:

$$\Delta\nabla\rho_c' = (B'q - Aq) - (B'p - Ap) \tag{6-4}$$

显然,据变形前的监测点位置 B 和变形后的监测点位置 B' 算得的距离双差之间的差异 $\delta\Delta\nabla\rho_c$ 为:

$$\delta\Delta\nabla\rho_c = \Delta\nabla\rho_c - \Delta\nabla\rho_c'$$
$$= (Bq - B'q) - (Bp - B'p) \tag{6-5}$$

从图 6-1 可以看出:

$$Bp - B'p = BC = \delta\vec{u} \cdot \vec{Bp_0} \tag{6-6}$$

式中,$\vec{Bp_0}$ 为 Bp 方向上的单位矢量。若令

$$\vec{Bp_0} = (l_p, m_p, n_p)$$
$$\delta \vec{u} = (\delta x, \delta y, \delta z)$$

则有：

$$Bp - B'p = \delta x l_p + \delta y m_p + \delta z n_p \tag{6-7}$$

式中，l_p、m_p、n_p 是从变形监测点 B 至卫星 p 的方向余弦，可据变形监测点的坐标及由卫星星历给出的卫星位置求得。同样可求得：

$$Bq - B'q = \vec{BC'} = \delta \vec{u} \cdot \vec{Bq_0} = \delta x l_q + \delta y m_q + \delta z n_q \tag{6-8}$$

式中，各符号的含义同前。将式(6-7)、式(6-8)代入式(6-5)后可求得变形矢量 $\delta \vec{u}$ 和距离双差之差 $\delta \Delta \nabla \rho_c$ 间的关系式：

$$\begin{aligned}\delta \Delta \nabla \rho_c &= \delta \vec{u}(Bq_0 - Bp_0) \\ &= \delta x(l_q - l_p) + \delta y(m_q - m_p) + \delta z(n_q - n_p)\end{aligned} \tag{6-9}$$

当载波相位以"周"为单位时，有下列关系式：

$$\delta \Delta \nabla \varphi_c = \Delta \nabla \varphi_c - \Delta \nabla \varphi_c' = \frac{1}{\lambda}(\Delta \nabla \rho_c - \Delta \nabla \rho_c') = \frac{1}{\lambda}\delta \Delta \nabla \rho_c \tag{6-10}$$

式中，λ 为载波波长。

将式(6-9)代入式(6-10)后得：

$$\Delta \nabla \varphi_c - \Delta \nabla \varphi_c' = \frac{1}{\lambda}[\delta x(l_q - l_p) + \delta y(m_q - m_p) + \delta z(n_q - n_p)]$$

或写为：

$$\Delta \nabla \varphi_c' = \Delta \nabla \varphi_c - \frac{1}{\lambda}[\delta x(l_q - l_p) + \delta y(m_q - m_p) + \delta z(n_q - n_p)] \tag{6-11}$$

由于观测是在 B' 点上进行的，故在 B' 点上有 $V = \Delta \nabla \varphi_c' - \Delta \nabla \varphi_0'$，而计算时却采用了 B 点的坐标，将式(6-11)代入后有：

$$V = \Delta \nabla \varphi_c - \Delta \nabla \varphi_0' - \frac{1}{\lambda}[\delta x(l_q - l_p) + \delta y(m_q - m_p) + \delta z(n_q - n_p)] \tag{6-12}$$

为方便起见，令

$$\delta \Delta \nabla \varphi = \Delta \nabla \varphi_c - \Delta \nabla \varphi_0' \tag{6-13}$$

最后有：

$$V = \delta \Delta \nabla \varphi - \frac{1}{\lambda}[\delta x(l_q - l_p) + \delta y(m_q - m_p) + \delta z(n_q - n_p)] \tag{6-14}$$

式(6-14)即为新模型中的误差方程式。

从上面的讨论可以看出：

(1) 如果我们和往常一样在变形后的监测点上进行观测，并组成双差相位观测值 $\Delta \nabla \varphi_0'$，但却用变形前的监测点坐标来计算双差观测值 $\Delta \nabla \varphi_c$，则这两者之差 $\delta \Delta \nabla \varphi = \Delta \nabla \varphi_c - \Delta \nabla \varphi_0'$ 就包含有变形信息 δu。由一个双差观测值就可列出一个误差方程。

(2) 从式(6-12)可知，$\Delta \nabla \varphi_c - \Delta \nabla \varphi_0' = V + \frac{1}{\lambda}\delta u(Bq_0 - Bp_0)$。$V$ 的绝对值一般仅为百分之几周。在正常情况下，大型工程建筑物及崩塌滑坡监测中的变形量都很小。以隔河岩

大坝为例,自 GPS 自动监测系统建立至今的 3 年时间内,大坝的最大变形仅为 18mm。此时,$\Delta\nabla\varphi_c$ 与 $\Delta\nabla\varphi_0'$ 之间的差异小于半周。这就意味着根据 $\Delta\nabla\varphi_c$ 中的整周数来导得双差相位观测值 $\Delta\nabla\varphi_0'$ 中的整周数(指整周模糊度 $\Delta\nabla N$ 与整周计数 $\Delta\nabla \text{int}(\varphi)$ 之和)是可能的。也就是说,在处理变形量很微小的变形监测资料时,我们可绕过整周跳变的探测与修复以及整周模糊度的确定等棘手问题,而只需处理双差观测值中的小数部分。

综上所述,新模型的基本思路是:既然变形矢量的值很小(如数毫米),对 $\delta\Delta\nabla\varphi$ 的影响远小于 1 周,而残差 V 的值也仅为百分之几周,那么 $\delta\Delta\nabla\varphi = \Delta\nabla\varphi_c - \Delta\nabla\varphi_0'$ 中的整数部分就恒为零,所以我们只需把注意力集中到小数部分即可。由于周跳的探测及修复、整周模糊度的确定等项只会影响整波段数而不会影响小数部分,故可不必进行(均指用全波长仪器获得的观测值)。如果钟误差、大气延迟误差等在双差观测值中尚未被彻底消除,而变形监测的精度要求又很高,当然应予以估计。

6.2.3 几种特殊情况的处理方法

如前所述,当变形量 δu 的值很小时,用本方法可很方便地(不涉及周跳、整周模糊度等问题)直接从 $\delta\Delta\nabla\varphi = \Delta\nabla\varphi_c - \Delta\nabla\varphi_0'$ 中提取变形信息 $\delta u = (X_i, Y_i, Z_i)^T - (X_0, Y_0, Z_0)^T$。其中,$\Delta\nabla\varphi_c$ 是据首期观测时(变形前)的监测点位置 $(X_0, Y_0, Z_0)^T$ 求得的,而组成双差观测值 $\Delta\nabla\varphi_0'$ 时的载波相位观测值却是从第 i 期时的监测点位置 $(X_i, Y_i, Z_i)^T$ 上获得的。下面介绍当 δu 值较大可能影响 $\delta\Delta\nabla\varphi$ 中的整周数时的几种处理方法。

(1)变形缓慢,但随着时间的增加可积累至较大数值时,可用近期复测中求得的变形监测点坐标作为临时基准,用本模型求得相对于该位置的变形量。例如,以前一年的最后一期变形监测中求得的监测点位置作为本年度监测中的临时基准,将长期的积累过程进行分段,以便使变形量满足要求。

(2)变形较快且较有规律时,可据开始时的若干变形值建立变形预测模型,并用该模型来进行预报。这样,我们就能用预报出来的变形监测点坐标来计算 $\Delta\nabla\varphi_c$,然后用本模型求得相对于预报位置的变形矢量 $\delta\vec{u}$。$\delta\vec{u}$ 实际上就是该预报坐标上应加的改正矢量。显然,预报的变形量与上述改正矢量 $\delta\vec{u}$ 之和即为最终的精确变形量。已用常规方法进行监测的大型建筑物和滑坡等一般均已具备上述条件。新监测对象在尚未建立起预报模型前则可采用下述方法。

(3)变形快且不规则,难以准确预报时,可以将用接收机生产厂商提供的配套软件求得的结果当作预报值。然后用第(2)种方法求出该预报值的改正矢量。在外业观测中,为了对观测值的质量进行检核,通常总是要用厂方提供的配套软件进行基线向量的解算,以便进行同步环检核、异步环检核、重复基线检核等。上述结果一般就能满足对预报值提出的精度要求。从上述讨论可知,虽然本模型是从变形监测的角度导得的,但如能获得符合要求的基线向量的初始值,则还可用于基线向量的精处理。

6.2.4 试验与检测结果

根据前面所述的变形监测新模型,我们编制了相应的计算软件。为检验本方法的原理、数学模型及所编软件的正确性,我们进行了专门的试验。现将试验方法和检测结果介绍如下。试验于 2001 年 2 月 20~22 日在原武汉测绘科技大学的新天文台观测墩和四号教学楼楼顶的 4 个观测墩上进行。试验时,将 4 台 JAVAD 双频 GPS 接收机的接收天线分别安置在 4 个观测墩上始终保持不动,以模拟变形监测中的 4 个固定的基准站;另一台 JAVAD 双频 GPS 接收机的天线则安置在新天文台观测墩上的一个仪器平台上。该仪器平台可以在两个互相垂直的导轨上移动。移动量可用显微测微器精确测定(误差在 0.01 mm 以内),故可视为已知值。由于接收机天线与仪器平台是固联在一起的,所以仪器平台的移动量即为接收机天线的移动量。试验前,先将一根导轨安置在南北方向上,另一导轨则指向东西方向。这样,我们就能人为地使接收机在南北方向和东西方向上产生移动,以模拟变形监测点。试验时,共观测了 11 个时段。第一时段观测 9h,作为基准。所有的变形都是相对于基准时段所测得的位置而言的。此后的 10 个时段,各观测 6h。时段间移动仪器平台,并精确测定移动量。这样,我们也能从 4 个基准点上通过 GPS 测量分别测定变形监测点上的 GPS 接收机天线的移动量,并从它们之间的差异中求出其内符合精度。此外,我们还能从用 GPS 测量技术所求得的接收机天线移动量与用测微器所测得的变形量的精确值之差中求出利用 GPS 进行变形监测的外符合精度,并用这些精度来检验我们所提出的新模型的原理、数学模型及所编软件的正确性。GPS 观测时采样间隔取为 30s,截止高度角为 10°;由于 4 条基线向量的长度都只有 300 多米,故在采用自编的专用软件进行数据处理时,只采用了 L_1 载波相位观测值,且未加电离层延迟改正。计算时,使用了所有的观测值,未进行粗差剔除;施加了对流层延迟改正;采用了 IGS 精密星历。计算结果见表 6-1 至表 6-3。

表 6-1 自编专用软件计算结果(南北分量 X)/mm

时段	用 GPS 定位技术测定的变形量 X						测微器测定的变形量 X_0	$\sigma_x = X - X_0$
	基准点 1	基准点 2	基准点 3	基准点 4	平均值 X	m_x		
1	-6.3	-5.3	-5.4	-6.0	-5.75	±0.48	-6.00	+0.250
2	-9.4	-8.7	-9.1	-9.3	-9.125	±0.31	-9.00	-0.125
3	-13.3	-12.2	-12.3	-12.4	-12.550	±0.51	-12.00	-0.550
4	-16.9	-16.4	-16.8	-16.8	-16.725	±0.22	-15.00	-1.725
5	-19.1	-18.4	-18.5	-18.7	-18.675	±0.31	-18.00	-0.675
6	-22.5	-22.1	-22.2	-22.3	-22.275	±0.71	-21.00	-1.275
7	-25.3	-23.9	-24.6	-24.5	-24.575	±0.57	-24.00	-0.575
8	-27.9	-27.6	-27.6	-27.8	-27.725	±0.43	-27.00	-0.725
9	-31.1	-30.3	-30.1	-30.5	-30.500	±0.43	-30.00	-0.500
					平均值	±0.35		$m_{\sigma_x} = ±0.853$

表 6-2　　自编专用软件计算结果(东西分量 Y)/mm

时段	用 GPS 定位技术测定的变形量 Y						测微器测定的变形量 Y_0	$\sigma_y = Y - Y_0$
	基准点 1	基准点 2	基准点 3	基准点 4	平均值 Y	m_y		
1	6.4	4.8	5.9	5.8	5.725	±0.670	6.00	-0.275
2	9.8	8.6	9.7	9.8	9.475	±0.585	9.00	0.475
3	14.0	12.8	12.8	13.1	13.175	±0.568	12.00	1.175
4	14.0	13.0	14.4	14.2	13.900	±0.622	14.00	-0.100
5	13.3	12.5	13.1	13.4	13.025	±0.499	13.00	+0.025
6	11.6	10.7	11.5	11.6	11.350	±0.436	11.00	+0.350
7	9.8	9.3	9.6	9.7	9.600	±0.216	9.00	+0.600
8	4.3	3.5	4.1	4.3	4.050	±0.379	4.50	-0.450
9	1.6	1.1	1.7	2.0	1.600	±0.374	1.50	+0.100
					平均值	±0.486		$m_{\sigma_y} = ±0.515$

表 6-3　　自编专用软件计算结果(高程 H)/mm

时段	用 GPS 定位技术测定的变形量 H						测微器测定的变形量 H_0	$\sigma_H = H - H_0$
	基准点 1	基准点 2	基准点 3	基准点 4	平均值 H	m_H		
1	-1.4	0.0	-0.5	-0.5	-0.600	±0.583	0.0	-0.600
2	1.5	3.1	2.6	2.8	2.500	±0.698	0.0	2.500
3	2.0	3.2	2.0	2.7	2.475	±0.585	0.0	2.475
4	3.4	4.4	1.5	3.2	3.125	±1.204	0.0	3.250
5	-1.6	0.7	-1.1	-0.9	-0.725	±0.995	0.0	-0.725
6	1.9	3.6	3.1	3.5	3.025	±0.780	0.0	3.025
7	0.9	1.5	0.8	0.9	1.025	±0.320	0.0	1.025
8	1.2	2.9	0.6	0.8	1.375	±1.047	0.0	1.375
9	0.8	1.7	0.8	0.5	0.950	±0.520	0.0	0.950
					平均值	±0.748		$m_{\sigma_H} = ±2.001$

为了进行比较，我们用高精度的 GPS 数据处理软件 Bernese 4.0 对上述观测资料也进行了计算，计算结果见表 6-4 至表 6-6。其中有一个时段的资料从 4 个基准点上测定的变形值彼此符合很好，用两种软件计算的结果也符合得很好，但与测微器测定的值有很大差异，估计是测微器读数有误，因而该时段的结果未列入表中。由于用新模型和自编专用软件进行计算时，无需进行周跳的探测及修复、整周模糊度的确定等繁琐工作，故计算时间大为减少。在奔腾 200MMX 机上计算时，计算速度要比 Bernese 软件快 3~4 倍。

表 6-4　　　　　　　　　　Bernese 软件计算结果（南北分量 X）/mm

时段	用 GPS 定位技术测定的变形量 X						测微器测定的变形量 X_0	$\sigma_x = X - X_0$
	基准点 1	基准点 2	基准点 3	基准点 4	平均值 $\bar{X}$	m_x		
1	−5.0	−4.3	−4.6	−5.0	−4.725	±0.340	−6.00	+1.725
2	−8.8	−8.2	−8.4	−8.6	−8.500	±0.258	−9.00	+0.500
3	−13.5	−12.7	−13.0	−13.2	−13.100	±0.337	−12.00	−1.100
4	−16.3	−15.6	−16.2	−16.1	−16.050	±0.310	−15.00	−1.05
5	−17.3	−16.7	−17.0	−17.3	−17.075	±0.257	−18.00	+0.925
6	−20.8	−20.1	−20.5	−20.5	−20.475	±0.290	−21.00	+0.525
7	−24.0	−23.4	−23.7	−23.8	−23.725	±0.250	−24.00	+0.275
8	−27.1	−26.6	−27.0	−27.2	−26.975	±0.260	−27.00	+0.025
9	−29.4	−28.7	−29.1	−29.5	−29.175	±0.360	−30.00	+0.825
					平均值	±0.296		$m_{\sigma_x} = \pm0.822$

表 6-5　　　　　　　　　　Bernese 软件计算结果（东西分量 Y）/mm

时段	用 GPS 定位技术测定的变形量 Y						测微器测定的变形量 Y_0	$\sigma_y = Y - Y_0$
	基准点 1	基准点 2	基准点 3	基准点 4	平均值 $\bar{Y}$	m_y		
1	5.8	5.3	5.1	5.6	5.450	±0.331	6.00	−0.550
2	9.3	8.6	8.4	9.1	8.850	±0.420	9.00	−0.150
3	12.9	12.2	11.9	12.4	12.350	±0.420	12.00	+0.350
4	13.8	13.3	12.8	13.4	13.325	±0.411	14.00	−0.675
5	13.1	12.7	12.3	13.0	12.775	±0.359	13.00	−0.225
6	11.2	10.8	10.3	11.0	10.825	±0.386	11.00	−0.175
7	9.4	9.2	8.5	9.1	9.050	±0.387	9.00	+0.050
8	4.4	4.1	3.2	3.8	3.875	±0.512	4.50	−0.625
9	1.7	1.6	0.9	1.6	1.450	±0.370	1.50	−0.050
					平均值	±0.397		$m_{\sigma_y} = \pm0.392$

表 6-6　　　　　　　　　　Bernese 软件计算结果(高程 H)/mm

时段	用 GPS 定位技术测定的变形量 H						测微器测定的变形量 H_0	$\sigma_H = H - H_0$
	基准点 1	基准点 2	基准点 3	基准点 4	平均值 H	m_H		
1	1.9	3.5	1.9	2.3	2.400	±0.757	0.00	2.400
2	0.8	2.4	1.3	1.3	1.450	±0.676	0.00	1.450
3	−0.5	0.3	−0.5	0.2	−0.125	±0.435	0.00	−0.125
4	−2.1	−0.5	−2.4	−2.4	−1.850	±0.911	0.00	−0.185
5	2.2	4.0	2.8	3.2	1.050	±0.755	0.00	3.050
6	1.0	2.7	1.7	1.4	1.700	±0.726	0.00	1.700
7	−0.1	1.5	−0.5	0.2	0.275	±0.866	0.00	0.275
8	−0.4	1.3	−0.9	0.0	0.000	±0.942	0.00	0.00
9	2.1	3.7	2.1	2.3	2.550	±0.772	0.00	2.550
					平均值	±0.760		$m_{\sigma H} = \pm 1.828$

现将表 6-1 至表 6-6 的计算结果归总列于表 6-7。从表 6-7 可以看出，用自编专用软件所求得的结果是正确可靠的，从而证实了我们所提出方法的原理、数学模型和自编软件的可靠性。由于不存在整周问题，无需进行周跳的探测与修复工作，无需确定整周模糊度，所以计算工作十分简单，计算速度比 Bernese 快 3～4 倍。目前，用该软件所求得的精度还略逊于 Bernese 所求得结果的精度(三维点位中误差要大 5%～10% 左右)，这是因为自编软件所加的误差改正远不如 Bernese 软件周全、严密。如果今后对误差模型加以改进和精化，相信自编软件可以达到和 Bernese 软件相同的精度。

表 6-7　　　　　　　　　　计算结果统计表/mm

所用软件	内符合精度				外符合精度			
	m_x	m_y	m_H	m_p	m_{σ_x}	m_{σ_y}	m_{σ_H}	m_{σ_p}
自编软件	±0.35	±0.48	±0.75	±0.96	±0.85	±0.51	±2.00	±2.23
Bernese 软件	±0.30	±0.40	±0.76	±0.91	±0.82	±0.39	±1.83	±2.04

6.2.5　小结

利用本方法进行计算时的主要步骤如下：

(1)选择观测时间长、高度角大的卫星作为基准星 q，将基准点 A 和变形监测点 B' 上的载波相位观测值(如有必要，还应进行对流层延迟改正、电离层延迟改正等各项改正)组成双差观测值 $\Delta \nabla \varphi_0' = \nabla \varphi_{B'} - \nabla \varphi_A = \varphi_{B'}^p - \varphi_{B'}^q - \varphi_A^p + \varphi_A^q$。

(2)根据基准点 A 的已知三维坐标和变形监测点的近似位置 B 上的近似坐标(如采用上一期变形监测所得的变形监测点的三维坐标或预报出来的该点当前的三维坐标)以及由

卫星星历所给出的卫星 p 和卫星 q 的三维坐标来计算从测站至卫星的距离，并组成双差距离观测值 $\Delta\nabla\rho_c = \nabla\rho_B - \nabla\rho_A = \rho_B^p - \rho_B^q - \rho_A^p + \rho_A^q$，求得双差观测值 $\Delta\nabla\varphi_c = \frac{1}{\lambda}\Delta\nabla\rho_c$，$\lambda$ 为载波波长。同时计算出从 B 点至卫星 p 和卫星 q 方向上的方向余弦(l_p, m_p, n_p)和(l_q, m_q, n_q)。

（3）求得 $\delta\Delta\nabla\varphi = \Delta\nabla\varphi_c - \Delta\nabla\varphi_0'$。当改正量（变形量）远小于载波波长 λ 时，$\Delta\nabla\varphi_c$ 与 $\Delta\nabla\varphi_0'$ 中的整波波段数恒相等，$\delta\Delta\nabla\varphi$ 仅有不足一波段的小数部分。

（4）按式(6-14)组成误差方程式。每个观测历元可组成$(n-1)$个误差方程，n 为该历元观测的卫星数。

（5）组成法方程，并求解改正向量（变形向量）$\delta\vec{u} = (\delta x, \delta y, \delta z)$。

当边长较短时，双差观测值可较好地消除电离层延迟、对流层延迟、卫星星历误差、卫星钟和接收机钟的钟差等各项误差。因此，即使采用广播星历和较为简单的误差改正模型，也可取得相当不错的效果。在前面所举的例子中，我们仅采用了一般的对流层延迟改正模型（并没有将测站天顶方向的对流层延迟当作未知参数），也未进行其他改正，所求结果的精度和用 Bernese 软件所得结果的精度仅相差 0.1~0.2mm。本方法的优点是无整周问题，不需要进行周跳的探测与修复工作，也无需确定整周模糊度，因而计算较为简单。对于有频繁周跳的观测资料而言，本方法的优点尤为明显。但本方法本身并不能提高精度，其精度理论上讲与完成了周跳的探测与修复、正确确定了整周模糊度，并采用相同误差模型的常规方法所获得的精度是相同的。

但这种方法也存在下列缺点：

（1）变形量 δu 不能太大。尽管不少变形监测能满足这一条件，同时还能采取其他措施（例如，用本期变形监测点的预报值来取代上期的位置）以减少 δu（此时，δu 为预报值与真实值之差）。但当变形监测点产生不规则的大变形时，该方法将失效。

（2）使用该方法时，第一期监测成果仍需要采用其他定位软件来处理（如 GAMIT 软件、Bernese 软件等），以获得变形监测点的首期初始精确坐标，此后才能用上述方法解出后续的变形量。也就是说，这种方法及相应软件不能独立使用，这在很大程度上影响了此方法的推广使用。

6.3 一种解算 GPS 短基线向量的新方法

6.3.1 解算基线向量的新方法

如果我们把图 6-1 中的 A 点看成是基线解算中的已知端点，把 B' 看成是未知端点，B 看成是 B' 点的近似初始位置，那么我们就能采用上述方法求得改正矢量 $\delta\vec{u} = BB'$，进而求得正确的待定点位置 B'。其前提是 $\delta\vec{u}$ 必须远小于波长 λ。这就意味着只要能获得足够精确的初始值位置，我们就能避开周跳的探测与修复、整周模糊度的确定等问题，快速而准确地求得改正矢量 $\delta\vec{u}$，进而求得基线向量 $AB' = AB + \delta\vec{u}$。因此，问题的焦点就在于如何获得满足条件的初始值。

用双差伪距观测值进行相对定位的精度还远低于 $\lambda_1/3$ 的水平（λ_1 为 L_1 载波的波长），故其结果还不能直接作为用 L_1 双差相位观测值进行相对定位时的初始值。我们必须选择合适的线性组合观测值来作为中间过渡，以便将它们衔接起来。这些虚拟的组合观测值不但应有足够长的波长，而且还应有较小的测量噪声，以便获得所需要的定位精度。

根据上述目的和要求，经分析比较后，形成下列算法：

第一步，用高质量的测码伪距观测值（采用 Z 跟踪技术获得的 P 码观测值或采用相关技术获得的 C/A 码观测值）组成双差伪距观测值进行相对定位，求得基线向量，并进而求得未知点的近似坐标。为准确评估利用测码伪距观测值进行相对定位的精度，我们进行了大量的模拟计算。计算时，选用了 3 条短基线，分别位于哈尔滨、武汉和海口。时间为 2002 年 11 月 5 日，将其等分为 12 个时段，每时段 2h。计算是依据各站各时段实际所观测的 GPS 卫星及其几何分布进行的，采用的参数如下：截止高度角 15°，采样间隔 15 s，伪距测量的标准差采用了不少文献的推荐值 ±1m。据此所求得的点位中误差 δ_p 为 ±15cm。因此，我们有理由相信：利用 2h 左右的高质量测距码伪距观测值在短基线上进行相对定位所求得的待定点的点位误差不会超过 ±45cm（$3\delta_p$）。利用实测资料计算的结果也都证实了这一点。需要说明的是，计算时，并没有利用载波相位平滑伪距，因为这么做又将涉及周跳等棘手问题。

第二步，组成宽波观测值 1：

$$\phi_{WL1} = -3\phi_1 + 4\phi_2 \tag{6-15}$$

式中，ϕ_1 和 ϕ_2 分别为 L_1 和 L_2 的载波相位观测值。虚拟观测值 ϕ_{WL1} 所对应的载波波长为 163 cm。这样，我们就能用第一步所求得的待定点位置作为初始值，组成虚拟的双差观测值 $\Delta\nabla\phi_{WL1}$，然后用新方法来求解基线向量的精化改正数。由于初始值误差不会大于 $0.28\lambda_{WL1}$（$45cm/163cm = 0.28\lambda_{WL1}$），故在解算过程中不会涉及周跳及模糊度确定等问题。

考虑到各种残余误差的影响，在模拟计算中将 ϕ_1 和 ϕ_2 的标准差取为 ±0.05 周，可得虚拟观测值的标准差为：

$$\sigma_{\phi_{WL1}} = \sqrt{(3\phi_1)^2 + (4\phi_2)^2} = 0.25 \text{ 周} \tag{6-16}$$

其相应的距离标准差为 163cm × 0.25 = 41cm。用 $\Delta\nabla\phi_{WL1}$ 进行相对定位时，其卫星几何图形（PDOP）与用伪距双差定位完全相同，但测距误差为原来的 41%，故求得的点位误差也应为原来的 41% 左右，即标准差 ±6cm，点位误差不会大于 ±18cm（3 倍中误差）。

第三步，组成宽波观测值 2：

$$\phi_{WL2} = \phi_1 - \phi_2 \tag{6-17}$$

该虚拟观测值所对应的波长为 86 cm，由于第二步所求得的点位误差不会大于 $0.2\lambda_{WL2}$（$18cm/86cm = 0.2\lambda_{WL2}$），故可作为第三步计算中的初始值。利用同样的方法可估算出利用 $\Delta\nabla\phi_{WL2}$ 进行相对定位所求得的点位标准差为 ±0.9cm，点位误差不会超过 ±2.7cm。该值为 L_1 波长的 14%，为 L_2 波长的 11%，完全可以作为下一步计算的初始值。

第四步，用 L_1 或 L_2 的双差观测值，即 $\Delta\nabla\phi_1$ 或 $\Delta\nabla\phi_2$ 进行计算，求得最终的基线向量值。

需要说明的是，卫星星历误差、对流层延迟等误差的影响不会随着波长的减小而成比例地减小，故第三步估算出来的点位精度可能偏高，但实测资料表明，用其作为第四步的初始值是没有问题的。

我们按上述算法和模型，用 Visual C++ 6.0 编写了相应的计算软件。软件顾及了对流层延迟、地球自转、接收机天线相位中心偏差及变化等改正。

6.3.2 实例与分析

为检验上述方法及所编软件的正确性，我们用大量资料进行了计算。现将计算结果分析如下。

1. 同步环闭合差检验

某 GPS 网是用 5 台 Trimble5700 接收机布测的，时段长度为 1.5h，截止高度角为 20°，采样间隔为 15 s，边长皆小于 5 km。从中随机选取一期同步观测数据，用广播星历进行单基线解算，组成了 10 个同步三角形。表 6-8 中列出了各同步三角形的闭合差。计算结果稳定可靠，内符合精度良好。

表 6-8　　　　　　　　　　　同步三角形闭合差

同步三角环	环长/km	同步三角环闭合差/mm		
		ΔX	ΔY	ΔZ
1-4-5	11.9	0	0	0
1-4-2	11.1	1	−2	−1
1-4-3	10.4	0	1	1
1-5-2	10.9	−2	1	0
1-5-3	11.4	−1	0	1
1-2-3	10.1	1	1	1
4-5-2	6.5	−3	3	0
4-5-3	8.3	−1	−1	0
4-2-3	7.5	2	−4	−1
5-2-3	4.4	0	0	0

2. 与 Bernese 软件计算结果的比较

从某 GPS 网中任意选取了 18 条短基线向量，其长度从数百米至数千米不等。采样间隔为 15 s，时段长度从 0.5h 到 1.5h 不等。分别用自编软件和 Bernese 软件进行基线向量解算，解算时均采用广播星历。自编软件与 Bernese 的计算结果之差见表 6-9。

表 6-9　　　　　　　自编软件与 Bernese 软件计算结果之差

基线号	时段长/min	结果之差/mm		
		ΔN	ΔE	ΔU
1	92	1.9	−2.4	1.9
2	92	0	−1.0	−1.3

续表

基线号	时段长/min	结果之差/mm		
		ΔN	ΔE	ΔU
3	63	1.0	-1.4	-0.8
4	93	1.2	-0.2	-2.0
5	91	-1.4	0.8	-2.0
6	69	-0.2	1.4	-4.9
7	93	-1.4	1.2	-2.9
8	42	-0.3	0.2	-1.1
9	92	-0.5	0.9	-2.4
10	75	2.8	0.5	6.8
11	61	3.5	1.6	11.8
12	89	2.7	-0.2	10.5
13	73	1.5	0.2	-8.6
14	81	2.9	2.8	-3.7
15	62	3.2	-0.9	-2.5
16	94	0	1.5	2.1
17	97	-0.2	-0.3	4.5
18	95	-0.8	-1.7	3.2
标准差		1.81	1.31	5.15

从表 6-9 中可以看出，自编软件与 Bernese 软件的解算结果在平面坐标上的差异（标准差）为 1~2 mm，高程上的差异（标准差）为 5 mm 左右。为了对比，我们还用 TGO 软件对同一组资料进行了解算。TGO 软件与 Bernese 软件解算结果之差（标准差）为 $\sigma_N = \pm 3.84$ mm，$\sigma_E = \pm 3.34$ mm，$\sigma_U = \pm 10.71$ mm。这说明了与 TGO 软件相比，自编软件的计算结果与 Bernese 软件的计算结果符合得更好些。

3. 与已知变形量之间的比较

仍用 §6.2 中的测试资料为例，用本节中所用的算法和自编计算软件来进行计算，将各时段所求得的变形量与"已知量"比较后求得其差值 ΔN、ΔE、ΔU，然后用 $\sigma = \sqrt{\dfrac{[\Delta\Delta]}{n}}$ 来计算标准差，计算结果见表 6-10。从表 6-10 中可以看出，在数百米的短基线上观测 6h，用本章所提出的方法和自编软件从一个基准点上进行变形监测，所测定的南北方向和东西方向的位移的精度（标准差）均可达到亚毫米级水平，垂直位移的监测精度可达 1~2 mm。

表 6-10　　　　　用自编软件求得的变形量的标准差/mm

基线向量	σ_N	σ_E	σ_U
1	0.79	0.62	1.13
2	0.67	0.68	1.93
3	0.73	0.48	1.18
4	0.66	0.43	1.06

6.3.3 结论和建议

1. 结论

(1) 本节提出了一种解算基线向量的新方法。该方法分步构建较准确的基线向量初始值，逐步精化，在解算过程中成功地避开了周跳的探测及修复、整周模糊度的确定等问题，数学模型简单，计算速度快。对于周跳频繁、用一般方法难以处理的观测资料，用该方法可方便地进行处理。

(2) 本方法的关键在于分步构建精确的基线向量的初始值。例如，规定该初始值的误差不超过对应波长的 0.33 倍。本节利用双频组合观测值 $(-3\phi_1+4\phi_2)$ 和 $(\phi_1-\phi_2)$ 作为中间过渡，成功地实现了上述目标。当然，这种选择并不是唯一的。

(3) 依据上述方法编写了相应的数据处理软件，并进行了大量的试算。试算结果表明，该方法原理正确，结果稳定可靠，与 Bernese 软件的计算结果以及已知变形量较为一致。

2. 建议及展望

(1) 从理论上加深本方法的研究，深入探讨一些本质性的问题，如本方法与模糊度函数法之间的关系及异同点等。

(2) 进一步精化模型。目前，软件中仅考虑了对流层延迟、地球自转、接收机天线相位中心偏差及其变化等误差的影响。目前可用于短基线解算，并认为电离层延迟误差在双差过程中基本上消除。今后我们准备进一步加入电离层延迟改正，引入测站天顶方向对流层延迟残余参数，以提高定位精度，增加该方法的适用范围。

(3) 随着 GPS 现代化的实现及伽利略系统的投入运行，双系统兼容接收机所观测的卫星数量将比现在增加一倍以上。随着民用频率的增加，相应观测值线性组合的方式更加丰富多样；电离层延迟将更方便更完善地得以消除；双差伪距相对定位精度有望能有实质性的提高，这些都将为本方法提供更为有利的应用环境。

6.4 无整周模糊度的中长基线解算方法

6.4.1 电离层延迟改正

利用 §6.2 和 §6.3 两节中所介绍的方法来进行变形监测和基线向量解算时，可避开整周问题，仅利用不足一周的部分来计算变形向量及改正数向量，使计算工作较为简便。但这样做又会产生一个新问题：因为不知道正确的整周计数 int(ϕ) 和整周模糊度 N，不能利用双频载波相位观测值来进行电离层延迟改正，所以上述方法只适用于短基线向量。电离层中尽管有一些不规则变化，但从总体上讲仍具有较好的空间相关性，因此，短基线向量(如长度小于 10 km)两端测站上的电离层延迟即使不加改正也可通过求差来予以消除，从而使双差相位观测值中残余的电离层延迟不会对定位结果产生较大的影响。但对中长基线两端的测站相距较远或相距甚远，两站上空的电离层延迟已有明显差异，无法通过求差来予以消除。这是利用本方法和一般方法进行中长基线向量解算时的主要差别。其余误差(如卫星和接收机钟的钟差、对流层延迟误差、卫星和接收机天线的相位中心偏差、地球固体潮和海潮所引起的地壳形变等误差)皆与双频载波相位观测值无关，故仍可采用常规方法进行改正。因此，利用本方法进行中长基线解算时的主要困难在于如何消除电离层延迟的影响，以求得高精度的基线向量。

由于在本方法中已无法用双频相位观测值来消除电离层延迟，可供选择的方法还有下列两种：一是利用双频伪距观测值所确定的电离层延迟反号后对载波相位观测值进行改正。采用这种方法后将使改正后的载波相位观测值的测量噪声大为增加，导致定位精度急剧下降，甚至导致解出错。二是利用现有的电离层延迟模型来进行改正。我们采用由 IGS 所提供的全球电离层延迟格网图 GIM 以及 24 h 的实测 GPS 资料对边长为 31～107 km 的一个 GPS 控制网进行了数据处理，获得了 0.2×10^{-6} 的定位精度，证实了该方法的可行性。

1998 年，IGS 成立电离层工作组，致力于提供全球的电离层延迟信息。GIM 采用电离层信息数据交换格式 IONEX 来提供时间间隔为 2 h、经差为 5°、纬差为 2.5°的全球格网点上的 VTEC 值。用户先按时间进行线性内插求得观测历元 t 位于信号路径穿刺点周围的 4 个格网点上的 VTEC 值，然后再在空间进行线性内插，求得 t 时刻穿刺点上的 VTEC 值。计算方法如下：设穿刺点周围的 4 个格网点上的 VTEC 值为 $V_i(i=1,2,3,4)$，则穿刺点上的 VTEC 值为：

$$\text{VTEC} = \sum_{i=1}^{4} W_i(x,y) \cdot V_i \tag{6-18}$$

式中，权函数 W_i 的计算公式如下：

$$\begin{cases} W_1(x,y) = W(x,y) \\ W_2(x,y) = W(1-x,y) \\ W_3(x,y) = W(1-x,1-y) \\ W_4(x,y) = W(x,1-y) \end{cases} \tag{6-19}$$

而 $W(A,B)$ 的计算公式为：

$$W(A,B) = A^2 B^2 (9 - 6A - 6B + 4AB) \tag{6-20}$$

式(6-19)中的 x、y 的计算公式为：

$$\begin{cases} x = \dfrac{\Delta \lambda}{5°} \\ y = \dfrac{\Delta \varphi}{2.5°} \end{cases} \tag{6-21}$$

$\Delta\lambda$、$\Delta\varphi$ 和 V_i 的编号见图 6-2。

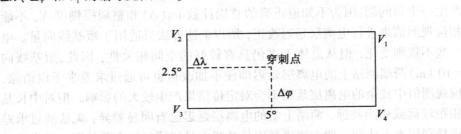

图 6-2　线性内插示意图

求得穿刺点上的 VTEC 值后乘上信号传播路径所对应的倾斜因子 F 后即可求得该传播路径上的 TEC 值：

$$\text{TEC} = F \cdot \text{VTEC} = \sqrt{1 - \left(\frac{R\cos E}{R + H}\right)^2} \cdot \text{VTEC} \tag{6-22}$$

式中，R 为地球平均半径，取为 6371 km；E 为信号传播路径的高度角；H 为电离层单层的高度，取为 450 km。求得信号传播路径上的电子含量 TEC 后，即可据下式对 L_1 的载波相位观测值进行改正：

$$(\delta\varphi_1)_{\text{ion}} = 0.162292\text{TEC}(\text{m}) = 0.85285\text{TEC}(周) \tag{6-23}$$

式中，TEC 是以 TECU 为单位的。1TECU = 10^{16} 个电子/m^2。其他改正项如对流层延迟改正、地球自转改正等均与双频载波相位观测值无关，可按老办法进行改正，从而求得改正后的与几何距离相对应的载波相位中的不足一周的部分 $Fr(\phi)$，以便用本算法进行基线向量的解算。

6.4.2　算例

为验证上述方法的可行性，我们用一个中等边长的 GPS 控制网的观测资料进行了计算。该控制网由 5 个测站组成，最短边长为 31 km，最长边长为 107 km。数据采集工作是用 Leica 双频 GPS 接收机完成的。采样间隔为 30s，截止高度角为 15°，共观测了 24 h。

我们分别用 TGO 软件和采用上述算法的自编软件对该网的实测数据进行了计算。计算时采用的策略和参数尽可能保持一致，如都采用广播星历进行计算；都采用 Hopfield 模型进行对流层延迟改正，且均未引入待估参数；卫星天线相位中心偏差也都采用相同的参数来进行改正。这两种算法之间的差别有两点：第一，TGO 软件是采用双频载波相位观测值的线性组合来消除电离层延迟的，而自编软件则利用 IGS 提供的电离层格网模型来消除 L_1 载波相位观测值中的电离层延迟。第二，TGO 软件是采用传统的算法来解算基线向量的，而自编软件则根据载波相位观测值中不足一周的部分 $Fr(\phi)$ 项来进行基线向量解算。计算结果见表 6-11。从表中可看出，从总体上讲，两组边长间符合得很好，最大的较差仅为 3 mm。但仔细分析后可以发现，这两组结果之间仍有一定的系统误差。用 TGO 软件所求得的边长平均要比自编软件所求得边长长 2×10^{-8}。表 6-12 给出了用两种方法求得的三维

坐标差$(\Delta x, \Delta y, \Delta z)^T$。从表中可以看出，两组坐标差之间也符合得较好，最大差值为 11.3 mm。$|\Delta|/s$ 的平均值为 0.08×10^{-6}，最大值为 0.22×10^{-6}，表明我们所提出的算法是可行的。

表6-11　　　　　　　　　　　两种算法所求得的基线长度

编号	起点站-终点站	TGO 软件求得边长 s/m	自编软件求得边长 s'/m	$\Delta = s - s'$/mm	$\Delta/s/10^{-8}$
1	1-4	31183.4362	31183.4364	-0.2	-0.64
2	1-5	83260.5010	83260.4998	+1.2	1.44
3	1-2	68128.6709	68128.6683	+2.6	3.82
4	4-2	53192.6038	53192.6013	+2.5	4.70
5	4-5	57541.1213	57541.1202	+1.1	1.91
6	2-5	31644.9087	31644.9087	0.0	0.0
7	2-3	75312.2026	75312.2016	+1.0	1.33
8	3-5	50341.8658	50341.8642	+1.6	3.18
9	4-3	106548.2718	106548.2688	+3.0	2.82

注：Δ/s 的平均值为 2.06×10^{-8}。

表6-12　　　　　　　　　　　两种算法求得的三维坐标差

编号	三维坐标差	TGO 求得的三维坐标差/m	自编软件求得的三维坐标差/m	较差 Δ/mm	$\Delta/s/10^{-6}$
1	Δx	-26294.8330	-26294.8356	+2.6	0.08
	Δy	-16297.7190	-16297.7143	-4.7	0.15
	Δz	3920.8170	3920.8210	-4.0	0.13
2	Δx	-77113.0780	-77113.0763	-1.7	0.02
	Δy	-21924.5280	-21924.5298	+1.8	0.02
	Δz	-22476.6390	-22476.6385	-0.5	0.01
3	Δx	-57615.5230	-57615.5270	+4.0	0.06
	Δy	-1210.0830	-1210.0735	-9.5	0.14
	Δz	-36338.7260	-36338.7151	-10.9	0.16
4	Δx	-31320.6910	-31320.6915	+0.5	0.09
	Δy	15087.6390	15087.6403	-1.3	0.24
	Δz	-40259.5400	40259.5358	-4.2	0.08
5	Δx	-50818.2460	-50818.2404	-5.6	0.10
	Δy	-5626.8050	-5626.8163	+11.3	0.20
	Δz	-26397.4540	-26397.4600	+6.0	0.10

续表

编号	三维坐标差	TGO 求得的三维坐标差/m	自编软件求得的三维坐标差/m	较差 Δ/mm	$\Delta/s/10^{-6}$
6	Δx	-19497.5540	-19497.5510	+3.0	0.09
	Δy	-20714.4450	-20714.4521	+7.1	0.22
	Δz	13862.0850	13862.0787	+6.3	0.20
7	Δx	65971.6280	65971.6237	+4.3	0.06
	Δy	36252.6060	36252.6121	-6.1	0.08
	Δz	-2328.2440	-2328.2396	-4.4	0.06
8	Δx	46474.0730	46474.0737	-0.7	0.01
	Δy	15538.1620	15538.1580	-4.0	0.08
	Δz	11533.8420	11533.8378	+4.2	0.08
9	Δx	97292.3180	97292.3147	+3.3	0.03
	Δy	21164.9680	21164.9695	-1.5	0.01
	Δz	37931.2960	37931.2950	+1.0	0.01

为验证前面所提出的算法的精度和可靠性，我们又用国际上著名的 GPS 数据处理软件 Bernese5.0 对上述观测资料进行了处理。为了使其能作为检验精度的标准，在计算时采用了 IGS 的精密星历；在进行对流层改正时，仅将由对流层改正模型所求得的延迟值当作初始近似值，仍将其视为未知参数，通过平差计算来估计其精确数值；在其他细节问题上也作了尽可能精确的处理。用 Bernese5.0 软件求得的结果及其与自编软件求得的结果比较见表 6-13 和表 6-14。从表中可见，用这两种方法和软件所求得的边长仍能符合得较好，其边长最大差值为 18.5 mm，相对误差最大值为 0.24×10^{-6}。但从表中可看出这两组结果之间有明显的系统偏差，用自编软件算得的边长都比 Bernese5.0 软件求得的边长要短，平均尺度误差为 $(\overline{\Delta}/s) = 0.142 \times 10^{-6}$。扣除上述系统误差的影响后，所有边长的较差均在 5 mm 以内，相应的相对误差均在 0.1×10^{-6} 以内。从表 6-14 可见，用 Bernese5.0 软件和自编软件（及各自对应的算法）所求的三维坐标差也相差较大，其较差 Δ 的最大值为 1.49 cm，较差的相对误差 Δ/s 的最大值为 0.24×10^{-6}。顾及两组结果间的尺度比后，精度能有较明显的提高，Δ 的最大值降为 0.95 cm，相对误差 Δ/s 的最大值降为 0.12×10^{-6}。

表 6-13　　　　　　　　　　两种方法求得的基线长度

编号	起点站-终点站	Bernese 软件求得边长 s/m	自编软件求得边长 s'/m	$\Delta = s - s'$ /mm	Δ/s /10^{-6}	$\Delta/s - \overline{\Delta}/s$ /10^{-6}	扣除系统误差后的 Δ'/mm
1	1-4	31183.4384	31183.4364	2.0	0.06	-0.08	-2.5
2	1-5	83260.5090	83260.4998	9.2	0.11	-0.03	-2.5

续表

编号	起点站-终点站	Bernese 软件求得边长 s/m	自编软件求得边长 s'/m	$\overline{\Delta}=s-s'$/mm	Δ/s/10^{-6}	$\Delta/s-\overline{\Delta}/s$/$10^{-6}$	扣除系统误差后的 Δ'/mm
3	1-2	68128.6793	68128.6683	11.0	0.16	+0.02	+1.4
4	4-2	53192.6138	53192.6013	12.5	0.24	+0.09	+4.8
5	4-5	57541.1297+	57541.1202	9.5	0.16	+0.02	+1.2
6	2-5	31644.9115	31644.9087	2.8	0.09	-0.05	-1.6
7	2-3	75312.2105	75312.2016	8.9	0.12	-0.02	-1.5
8	3-5	50341.8725	50341.8642	8.3	0.16	+0.02	+1.0
9	4-3	106548.2873	106548.2688	18.5	0.17	+0.03	+3.2

注：尺度比 $\overline{\Delta}/s=0.142\times 10^{-6}$。

表 6-14   两种方法求得的三维坐标差

编号	三维坐标差	Bernese 求得的三维坐标差 Δ/m	自编软件求得的三维坐标差 Δ'/m	较差 $\delta=\Delta-\Delta'$/mm	δ/s/10^{-6}	扣除系统误差后的 δ'/mm	δ'/s/10^{-6}
1	Δx	-26294.8376	-26294.8356	-2.0	0.06	+1.7	0.05
1	Δy	-16297.7143	-16297.7143	0	0	+2.3	0.07
1	Δz	3920.8234	3920.8210	2.4	0.08	+1.8	0.06
2	Δx	-77113.0835	-77113.0763	-7.2	0.09	+1.4	0.04
2	Δy	-21924.5310	-21924.5298	-1.2	0.01	+1.4	0.02
2	Δz	-22476.6467	-22476.6385	-8.2	0.10	+0.2	0.06
3	Δx	-57615.5336	-57615.5270	-6.6	0.10	+1.6	0.02
3	Δy	-1210.0734	-1210.0735	0.1	0	+0.3	0
3	Δz	-36338.7252	-36338.7151	-10.1	0.15	-5.1	0.08
4	Δx	-31320.6960	-31320.6915	-4.5	0.08	-0.1	0.01
4	Δy	15087.6409	15087.6403	0.6	0.01	-1.5	0.02
4	Δz	-40259.5486	40259.5358	-12.8	0.24*	-7.1	0.14
5	Δx	-50818.2459	-50818.2404	-5.5	0.10	+1.7	0.04
5	Δy	-5626.8167	-5626.8163	-0.4	0.01	+0.4	0.01
5	Δz	-26397.4701	-26397.4600	-10.1	0	-6.4	0.11
6	Δx	-19497.5499	-19497.5510	1.1	0.04	+3.9	0.12*
6	Δy	-20714.4576	-20714.4521	-5.5	0.17	-2.6	0.08
6	Δz	13862.0785	13862.0787	-0.2	0.01	-2.2	0.07

续表

编号	三维坐标	Bernese求得的三维坐标差 Δ/m	自编软件求得的三维坐标差 Δ'/m	较差 $\delta = \Delta - \Delta'$ /mm	δ/s /10^{-6}	扣除系统误差后的 δ'/mm	$\delta'/s/10^{-6}$
	Δx	65971.6322	65971.6237	8.5	0.11	−0.9	0.01
7	Δy	36252.6151	36252.6121	3.0	0.04	−2.1	0.03
	Δz	−2328.2387	−2328.2396	0.9	0.01	+1.2	0.02
	Δx	46474.0823	46474.0737	8.6	0.17	+2.0	0.04
8	Δy	15538.1575	15538.1580	−0.5	0.01	−2.7	0.05
	Δz	11533.8398	11533.8378	2.0	0.04	+0.4	0.01
	Δx	97292.3282	97292.3147	13.5	0.13	−0.3	0
9	Δy	21164.9742	21164.9695	4.7	0.04	+1.7	0.02
	Δz	37931.3099	37931.2950	14.9*	0.14	+9.5*	0.09

注:打*为该列中的最大值,δ/s 的平均值为 0.078×10^{-6},δ'/s 的平均值为 0.046×10^{-6}。

6.4.3 结论

(1)仅采用 $Fr(\phi)$ 项的基线向量解算法由于不进行整周模糊度的探测及修复工作,也无需确定整周模糊度,故无法利用双频观测值来消除电离层延迟。本节利用 IGS 所提供的全球电离层图 GIM 来进行电离层延迟改正,在中等长度的基线向量解算中取得了较好的效果。

(2)我们采用上述算法,用相应的自编软件及 TGO 软件分别对一个边长从 31~107 km 的中等长度的实测 GPS 网进行了计算。两种算法所求得的结果之间相符很好,网中 9 条边的边长最大相差 3.0 mm,其相对误差为 0.03×10^{-6}。TGO 软件是用双频观测值来消除电离层延迟的,而我们则用 IGS 提供的 GIM 来消除电离层延迟。计算结果表明该方法是可行的。

(3)为了能客观地检验本方法及相应软件的精度,我们又用著名的高精度 GPS 数据处理软件 Bernese5.0 对上述 GPS 网进行了数据处理。两组计算结果之间的差异如下:边长之差 Δs 最大为 18.5 mm,边长的相对误差 $\dfrac{\Delta s}{s}$ 的最大值为 0.24×10^{-6};三维坐标之差的最大值为 14.9 mm,三维坐标之差的相对误差最大为 0.24×10^{-6}。国家 GPS 测量规范的相关规定如下:A 级点观测时段数大于等于 6,每时段长度大于等于 9h,总观测时间大于等于 54h,平均边长为 300 km,精度指标为 $5mm + 0.1 \times 10^{-6} \cdot D$。B 级点观测时段数大于等于 4,时段长度为大于等于 4h,总观测时间大于等于 16h,平均边长为 70 km,精度指标为 $8mm + 1 \times 10^{-6} \cdot D$。我们计算的 GPS 网总观测时间为 24 h,介于 A、B 级之间靠近 B 级点,如根据观测时间进行"内插",相应的精度指标大约为 $7mm + 0.8 \times 10^{-6} \cdot D$。用 Bernese5.0 软件所求得的结果虽然精度较高,但本身也是有一定误差的。即使我们不计这种误差,将它们视为真值,用来衡量我们的结果,也均能符合上述精度指标。说明我们的方法和软件能满足生产上的要求。

(4)用 Bernese5.0 软件求得的结果与用我们的方法和软件求得的结果间尚有大约 0.14×10^{-6} 的尺度误差。消除上述尺度误差后两组成果之间能符合得非常好。边长和三维坐标之差的相对误差能保持在 0.1×10^{-6} 以内。我们初步认为这一尺度误差是由下列原因引起的:

1)所用的卫星星历不同。本方法和相应软件以及 TGO 软件在计算时都用广播星历,而 Bernese5.0 软件在计算时采用了 IGS 精密星历。

2)对流层延迟改正的方法不同。本方法和软件以及 TGO 软件在进行基线向量解算时,都采用 Hopfield 模型来进行对流层延迟改正,Bernese 5.0 软件则仅将用模型求得的对流层延迟视为近似值,在平差计算过程中还要对它们进行修正。

3)进行卫星天线相位中心偏差改正时所用的模型不同。

当然,确切的原因还有待进一步的研究和分析。

参 考 文 献

1. 李征航,张小红,朱智勤. 利用 GPS 进行高精度变形监测的新模型[J]. 测绘学报,2002,31(3)
2. Li Zhenghang, Zhang Xiaohong, Zhu Zhiqin. A New Model of High-Precision Deformation Monitoring with GPS[J]. Acta Geodaetica of Cartographica Sinica, 2002:46-52
3. 朱智勤. 全球定位系统进行变形监测的新方法、模型及软件研究[D]. 武汉:武汉大学,2001
4. Zhang Xiaohong, Liu Jingnan, Li Zhenghang. An Ambiguity Free Model for Deformation Detection with GPS[C]. ION GPS/GNSS, 2003
5. 楼益栋. 无模糊度和整周跳变问题的短基线解算方法研究与实现[D]. 武汉:武汉大学,2004
6. 李征航,张小红,楼益栋,等. 一种解算 GPS 短基线向量的新方法[J]. 大地测量学与地球动力学,2005,25(3):19-23
7. 余金艳. 无模糊度和整周跳变问题的中长基线解算方法的研究[D]. 武汉:武汉大学,2007
8. 邱卫宁,陈永奇. 用载波相位宽巷组合高精度确定大数值变形[J]. 武汉大学学报(信息科学版),2004,29(10):888-892
9. 王新洲,花向红,邱蕾. GPS 变形监测中整周模糊度解算的新方法[J]. 武汉大学学报(信息科学版),2007,32(1):24-30
10. 李征航,屈小川,龚晓颖. 无整周模糊度和整周跳变问题的中长基线解算法研究[J]. 中国科技论文在线,2008

第7章 GAMIT/GLOBK 软件和 Bernese 软件简介

GPS 测量数据的处理是研究 GPS 定位技术的一个重要内容。选用好的数据处理方法和软件对 GPS 测量结果影响很大。在 GPS 静态定位领域里,几十千米以下的定位应用已经较为成熟,接收机厂商提供的随机软件可满足大部分的应用需要。但在定轨及长距离的定位,尤其是在监测全球性的板块运动应用中,一般接收机厂商提供的随机软件均不能满足需要,因为它们忽略了很多在定轨和长距离定位中不可忽略的因素,如有关轨道的各种摄动计算、大气对流层改正、测站位置受地壳运动的固体潮引起的漂移等。世界上有 4 个比较有名的 GPS 高精度科研分析软件,即美国麻省理工学院(MIT)和美国加利福尼亚大学 SCRIPPS 海洋研究所(SIO)共同开发的 GAMIT 软件、美国喷气动力实验室(Jet Propulsion Laboratory,JPL)的 GIPSY 软件、瑞士伯尔尼大学研制的 Bernese 软件、德国 GFZ 的 EPOS 软件。另外,还有美国得克萨斯大学的 TEXGAP 软件、英国的 GAS 软件、挪威的 GEOSAT 软件以及由武汉大学卫星导航定位技术研究中心自主研制的 PANDA 软件。由于设计用途的出发点和侧重点不同,在对 GPS 数据的处理方面,这几个软件有着各自的应用特点。

高精度定位软件其观测值一般可以分为两种:一种是双差观测值,这是我们所常用的,另一种是非差观测值。双差观测值可以较好地消除或大大地削弱 GPS 卫星钟差和接收机钟差。双差观测模型被大部分的接收机随机软件所选用(主要用于工程网的短基线处理),也是高精度定位软件常用的一种模型。

7.1 GAMIT/GLOBK 软件简介

7.1.1 GAMIT/GLOBK 软件的发展历史及现状

1. GAMIT 软件简介

GAMIT 是由美国麻省理工学院(MIT)和美国加利福尼亚大学 SCRIPPS 海洋研究所(SIO)共同研制的用于定位和定轨的 GPS 数据分析软件包。其发展主要经历了如下四个阶段:

(1) 20 世纪 70 年代末,美国麻省理工学院在研究 GPS 接收机时,就开始了 GAMIT 软件的编写工作,其初始代码来自于 1960—1970 年间行星星历解算及 VLBI 等相关软件;

(2) 自 1987 年起,GAMIT 软件被正式移植到基于 Unix 的操作系统平台;

(3) 1992 年,IGS 组织的建立促进了 GAMIT 软件自动化处理能力的提高;

(4) 自 20 世纪 90 年代中期以来,GAMIT 软件真正实现了对 GPS 数据的自动批处理。

GAMIT 软件代码基于 Fortran 语言编写，由多个功能不同并可独立运行的程序模块组成，具有处理结果准确、运算速度快、版本更新周期短以及在精度许可范围内自动化处理程度高等特点。利用 GAMIT 可以确定地面站的三维坐标和对空中飞行物定轨，在利用精密星历和高精度起算点的情况下，基线解的相对精度能够达到 10^{-9} 左右，解算短基线的精度能优于 1mm，是世界上最优秀的 GPS 软件之一。

近年来，该软件在数据自动处理方面做了较大的改进。其不仅可在基于工作站的 Unix 操作平台下运行，而且可以在基于微机的 Linux 平台下运行。

科研单位通过申请，可以免费获取 GAMIT 软件。由于 GAMIT 软件开放源代码，使用者可根据需要进行源程序修改。相对于 Bernese、EPOS 和 GIPSY 等软件来说，在我国应用得比较广泛。我国 A、B 级 GPS 网的基线解算是采用该软件进行的。

2. GLOBK 软件简介

GLOBK(Globle Kalman Filter)是一个卡尔曼滤波器，可联合解算空间大地测量和地面观测数据。其处理的数据为"准观测值"的估值及其协方差矩阵，"准观测值"是指由原始观测值获得的测站坐标、地球自转参数、轨道参数和目标位置等信息。其发展主要经历了如下三个阶段：

(1) 20 世纪 80 年代中期，由美国麻省理工学院开始了 GLOBK 软件的代码编写工作，该软件最初用于处理 VLBI 数据；

(2) 自 1989 年起，GLOBK 软件扩展了其对利用 GAMIT 得到的 GPS 基线解算结果的数据处理能力；

(3) 20 世纪 90 年代，GLOBK 软件扩展了其对 SLR 及 SINEX 文件的数据处理能力，完成了其主要功能模块的构造。

GLOBK 软件主要有以下三个方面的应用：

(1) 产生测站坐标的时间序列，检测坐标的重复性，同时确认和删除那些产生异常域的特定站或特定时段；

(2) 综合处理同期观测数据的单时段解，以获得该期测站的平均坐标；

(3) 综合处理测站多期的平均坐标，以获得测站的速度。

7.1.2 GAMIT/GLOBK 软件的功能及组成

1. GAMIT 软件的功能及组成

(1) GAMIT 软件模块

GAMIT 软件由许多功能不同的模块组成，这些模块可以独立地运行。各个模块具有一定的独立性，但它们之间又紧密地联系在一起，共同完成数据处理和分析的全过程。这些模块按其功能可以分成两个部分：数据准备和数据处理。此外，该软件还带有功能强大的 SHELL 程序。数据准备部分包括原始观测数据的格式转换、计算卫星和接收机钟差、星历的格式转换等；数据处理部分包括观测方程的形成、轨道的积分、周跳的修复和参数的解算等。

1) 数据准备模块

MAKEXP:数据准备部分的驱动程序,建立所有准备文件的输出及一些模块的输入文件;BCTOT(NGSTOT):将星历格式(RINEX、SP3、SP1)转换成 GAMIT 所需的文件;MAKEJ:读取观测数据,生成卫星钟差文件 J 文件;MAKEX:将原始观测数据的格式(RINEX)转换成 GAMIT 所需的接收机时钟文件 K 文件和观测文件 X 文件;

2)数据处理模块

FIXDRV:数据处理部分的驱动程序;ARC:轨道积分模块;MODEL:求偏导数,组成观测方程;AUTCLN:进行相位观测值周跳和粗差的自动修复;SINCLN:单站自动修复周跳;DBLCLN:双差自动修复周跳;CVIEW:在可视化界面下,人工交互式修复周跳;SOLVE:利用双差观测按最小二乘法解算参数;CFMRG:用于创建 SOLVE 所需的 M 文件,选择和定义有关参数。

3)辅助模块

辅助模块包括 CTOX、XTORX、TFORM 等。

(2) GAMIT 常用文件及格式说明

1)测站信息文件

所有接收机和天线的型号、版本、天线高等情况均记录于测站信息文件 station.info 中,该文件会被 MAKEXP、MAKEX、MODEL 模块读取。此文件由用户自己准备,其具体形式如表 7-1 所示。

表 7-1　　　　　　　　　　　　　测站信息文件

*SITE	Station Name	Session Start	Session Stop	Ant Ht	HtCod	Ant N	Ant E
Receiver Type	Vers	SwVer	Receiver SN	Antenna Type	Dome	Antenna SN	
WUHN	WUHAN	2002 026 00 00 00	9999 999 00 00 00	2.3610	DHPAB	-0.0094	-0.0022
ASHTECH Z-XII3	CD00-1D02	9.20	LP03210	ASH700936E	SNOW	CR15810	

表中,前后两行是相互对应的,其中,SITE 为四个字符的测站名;Station Name 为该测站的完整测站名;Session Start 与 Session Stop 标明了该测站信息的起始时段;Ant Ht 为天线高;HtCod 为天线高的量测类型;Ant N 为天线北方向改正;Ant E 为天线东向改正;Receiver Type 为接收机型号;Antenna Type 为天线类型编号。天线高和天线高量测方式的输入需认真核对,一旦出错,将会对解算结果产生系统性偏差。

2)测站信息控制文件

测站信息控制文件 sittbl. 分为 long 型和 short 型两种文件格式。short 型 sittbl. 文件适用于对 GAMIT 软件尚不够了解的初学者,该文件将大部分参数设定为缺省设置;而 long 型的 sittbl. 文件其可操作性更强,更有利于那些对 GAMIT 数据处理有一定了解的使用者根据具体情况修改相应参数。以下仅以 long 型的 sittbl. 文件进行说明,文件格式如表 7-2 所示。

表 7-2　　　　　　　　　　　　　测站信息控制文件

```
SITE              FIX  WFILE  --COORD. CONSTR. -- --EPOCH-- CUTOFF APHS CLK  KLOCK
CLKFT DZEN  WZEN  DMAP WMAP  ---MET. VALUE----   --SAT.--  ZCNSTR ZENVAR ZENTAU
   << default for regional stations >>
ALL               NNN  NONE   20.    20.   20.   001-  *    15.0   NONE  NNN      3
SAAS  SAAS  NMFH  NMFW 1013.25 20.0 50.0 YYYYYYY  0.500  0.020  100.
   << IGS core stations >>
WUHN WUHN_GPS     NNN  NONE  0.005  0.005  0.01  001-  *    15.0   NONE  NNN      3
SAAS  SAAS  NMFH  NMFW 1013.25 20.0 50.0 YYYYYYY  0.500  0.020  100.
```

测站信息控制文件 sittbl. 中，SITE 为四字符点名；FIX 决定该测点是否为固定点，YYY 表示是固定点，NNN 表示不是固定点；WFILE 表示是否存在水汽辐射计文件，若存在，则为 WVR 文件名，一般情况设为 NONE；COORD. CONSTR. 表示测站三维坐标约束量，如表 7-2 中的 0.005、0.005、0.010 分别表示 WUHN 测站的三维坐标约束量，单位为 m。因为该例中将 WUHN 作为固定点，即起算点，所以约束量较小，如果是非固定点的测站，约束量通常取 20.00 20.00 20.00；EPOCH 指参加计算的起始历元数，001-* 表示所有历元；CUTOFF 指截止高度角，通常取 15.0；CLK 指是否解算接收机钟差的漂移量；KLOCK、CLKFT 指接收机钟差改正模型；DZEN 为对流层干项延迟的计算模型，默认为 SAAS；WZEN 为对流层湿项延迟的计算模型，默认为 SAAS；DMAP 与 WMAP 分别指干项延迟映射因子和湿项延迟映射因子；MET. VALUE 为标准气象参数，即气压、温度以及相对湿度。对于未在 sittbl. 文件中进行设置的测站，其测站参数将被赋予 sittbl. 文件中所指定的默认值。

3）测段信息控制文件

测段信息控制文件 sestbl. 主要是对 GAMIT 软件进行参数设定，其格式如表 7-3 所示（只列出主要部分）。

表 7-3　　　　　　　　　　　　　测段信息控制文件

Session Table	
Type of Analysis = 0-ITER	; 1-ITER/0-ITER (no postfit autcln)/PREFIT
Choice of Observable = LC_AUTCLN	; L1_SINGLE/L1&L2/L1_ONLY/L2_ONLY/LC_ONLY/
	; L1, L2_INDEPEND./LC_HELP/LC_AUTCLN
Choice of Experiment = BASELINE	; BASELINE/RELAX./ORBIT
Zenith Delay Estimation = Y	; Yes/No (default No)
Interval zen = 2	; 2 hrs = 13 knots/day (default is 1 ZD per day)
Zenith Model = PWL	; PWL (piecewise linear)/CON (step)
Atmospheric gradients = Y	; Yes/Np (default No)

该文件中，Type of analysis 指对解算方法进行选择，具体如下：
0-ITER：ARC(optional)，MODEL，AUTCLN(optional)，SOLVE，SCANDD；
1-ITER：指两个 0-ITER 序列，但第一个是 QUICK 解；
2-ITER：指在 1-ITER 基础上再加一个序列，用于确定轨道。
Choice of observable 指对观测量类型进行选择，具体如下：
LC_HELP：用 LC 观测解模糊度；
L1_ONLY：仅仅使用 L_1 解模糊度，对于几公里的小网；
L2_ONLY：仅仅使用 L_2 解模糊度，对于几公里的小网；
L1, L2_INDEPEND：分别使用 L_1、L_2 来解模糊度，对于几公里的小网。
Choice of experiment 指对解算类型进行选择，具体如下：
RELAX：包括定位、定轨，并解 ERP；
BASELINE：仅仅是定位。
Zenith Delay Estimation 是指是否估算对流层天顶延迟，若选 YES，则对下列项进行设置：Interval zen 设置间隔多少小时估计一个天顶延迟参数；Zenith Model 天顶延迟估算模型选择，PWL 指线性插值法；Atmospheric gradients 设置是否估算大气的水平梯度，默认为 NO。

4) 近似坐标文件

GAMIT 的输入文件 L 又叫站坐标文件，内容包括测站的先验坐标，测站坐标以空间直角坐标表示。利用程序 glbtol 将 apr 文件转换为当前观测历元的 L 文件，而 apr 文件可由 ITRF 直接获得。如果不利用 GLOBK 进行平差，可以直接采用更新后的 L 文件作为当天的坐标平差结果。

测站近似坐标的正确与否对于基线解算精度有着较大的影响。在批处理中，其概略坐标是根据所读取的测站观测文件自动生成的。将高精度已知点或与其进行了长时间联测的点位坐标作为基线处理的参考基准进行约束，解算各点间的基线结果。在此必须强调，近似坐标文件所提供的各站点近似坐标其绝对误差必须小于 300m。这是因为在每个历元相位观测值的处理中，我们都需要计算出接收机的钟差。如果接收机和卫星的坐标已知，根据所观测的伪距值，可按如下公式求出接收机钟的偏差：

$$D_t = \frac{pl - r}{c} \tag{7-1}$$

式中，pl 为伪距观测值；r 为卫星与接收机间的预报距离；c 为光速。当接收机钟的精度达到 $1\mu s$ 时，据此所解得的基线解算精度约为 1mm。为了达到这样一个测量的精度水平，我们要求测站近似坐标误差对接收机钟所造成的偏差影响要小于 $1\mu s$。对应地，此时则要求测站的近似坐标，其误差不能大于 300m。

5) 基线处理结果文件和站坐标系

GAMIT 的数据处理输出文件为基线约束解 o 文件和基线松弛解 h 文件，主要包括测站的球面坐标及基线结果。球坐标与 ITRF 坐标的转换公式为：

$$\begin{cases} \varphi = \arctan\left(\dfrac{Y}{X}\right) \\ \lambda = \arctan\left(\dfrac{Z}{\sqrt{X^2+Y^2}}\right) \\ r = \sqrt{X^2+Y^2+Z^2} \end{cases} \quad (7\text{-}2)$$

使用球坐标系的优点是：球坐标系与直角坐标系之间的转换简单，不需要像大地坐标那样进行迭代运算，经度与大地经度相同，纬度与大地纬度比较接近，并且径向方向的变化可以近似认为是高程的变化。严格地说，GPS 数据处理是为了解算未知点的三维坐标，而不是基线分量，基线是由坐标计算的，即先有坐标，后有基线，一些测量工作者往往混淆了这一概念。在建立误差方程时，一般是以测站坐标作为未知数。由于采用双差观测值作为基本观测量，往往在测站之间按全组合形成不同的基线。GAMIT 是将所有基线的观测方程一并处理，只建立一个法方程，一次性解算出所有未知点的坐标，在 o 文件中以基线形式输出。无论精度如何，闭合差总为 0，不需要进行三维平差。在 o 文件中，基线形式以直角坐标系和站坐标系两种形式给出，即（DX，DY，DZ，S）和（DN，DE，DU，S）以及各个分量的标准差。站坐标与直角坐标的转换公式为：

$$\begin{bmatrix} N \\ E \\ U \end{bmatrix} = H \begin{bmatrix} X \\ Y \\ Z \end{bmatrix} = \begin{bmatrix} -\sin B\cos L & -\sin B\sin L & \cos B \\ -\sin L & \cos L & 0 \\ \cos B\cos L & \cos B\sin L & \sin B \end{bmatrix} \begin{bmatrix} X \\ Y \\ Z \end{bmatrix} \quad (7\text{-}3)$$

需要说明的是，基线分量的协方差矩阵是根据站坐标未知数的协方差（法方程系数阵的逆和观测值方差相乘）计算的，NEU 分量的标准差可以由（DX，DY，DZ）的方差协方差阵根据误差传播律计算。一般将站坐标系中基线于 NEU 分量的误差作为基线水平方向和大地高方向的误差，在基线较短时，可以这样认为；基线较长时，应考虑基线 NEU 分量的精度与测点 NEU 分量的精度之间的差别。如图 7-1 所示，设基线方向为站 A 到站 B，站坐标的原点为 A 点，假设 A 点坐标没有误差，基线分量的误差即代表 B 站的坐标误差。基线较长时，U 方向的误差几乎是 B 点水平方向的误差。因此，在分析测站水平和大地高方向的误差时，如果基线较长，不能仅从 NEU 基线结果的精度来分析，而应以 B 站的站坐标精度为准。

以拉萨至上海基线为例，基线长为 2865km，当基线 NEU 方向变化 0、0、40mm 时，反映到上海站站坐标的位移量是 1mm、−17mm、36mm。在分析测站水平和大地高方向位移或精度时，如果以基线为对象，应考虑这一微小区别。

（3）数据处理质量的评价标准

GAMIT 基线解算结果的好坏一般有以下几种评判标准：

1）GAMIT 解算结果中的标准化均方根误差 NRMS（Normalized Root Mean Square）用来表示单时段解算出的基线值偏离其加权平均值的程度，是从历元的模糊度解算中得出的残差。NRMS 是衡量 GAMIT 解算结果的一个重要指标，其计算公式如下：

$$\text{NRMS} = \sqrt{\dfrac{1}{N}\sum_{i=1}^{n}\dfrac{(Y_i - Y)^2}{\sigma_i^2}} \quad (7\text{-}4)$$

一般说来，NRMS 值越小，基线估算精度越高；反之，精度较低。根据国内外 GPS 数

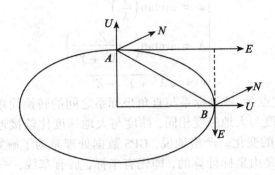

图 7-1 测站误差分析示意图

据处理经验,其值一般应小于 0.3;若 NRMS 太大,则说明处理过程中周跳可能未得到完全修复。

2)参数的改正量不能大于其约束量的 2 倍。

3)当 Choice of Observable 为 L1_ONLY 时,B1Ll 计算的整周模糊度必须是整数。

4)一般以坐标的重复性作为衡量坐标解算结果的评价指标,X_{ij}、Y_{ij}、Z_{ij} 表示 j 点在 i 测段($i=1,2,\cdots,n$ 为测段数)算得的坐标,则点坐标分量重复性为:

$$\sigma_{Xj} = \sqrt{\frac{\sum_{i=1}^{n} P_{Xi}(X_{ij}-\overline{X}_j)^2}{\sum_{i=1}^{n} P_{Xi}}}, \sigma_{Yj} = \sqrt{\frac{\sum_{i=1}^{n} P_{Yi}(Y_{ij}-\overline{Y}_j)^2}{\sum_{i=1}^{n} P_{Yi}}}, \sigma_{Zj} = \sqrt{\frac{\sum_{i=1}^{n} P_{Zi}(Z_{ij}-\overline{Z}_j)^2}{\sum_{i=1}^{n} P_{Zi}}}$$

(7-5)

其中,σ_{Xj}、σ_{Yj}、σ_{Zj} 分别为点的坐标分量重复性;P_{Xi}、P_{Yi}、P_{Zi} 为 i 测段解得的坐标分量的中误差平方倒数;$\overline{X}_j$、$\overline{Y}_j$、$\overline{Z}_j$ 为坐标分量加权平均值,可分别由下式求得:

$$\overline{X}_j = \sum_{i=1}^{n} P_{Xi}X_{ij} \Big/ \sum_{i=1}^{n} P_{Xi}, \quad \overline{Y}_j = \sum_{i=1}^{n} P_{Yi}Y_{ij} \Big/ \sum_{i=1}^{n} P_{Yi}, \quad \overline{Z}_j = \sum_{i=1}^{n} P_{Zi}Z_{ij} \Big/ \sum_{i=1}^{n} P_{Zi} \quad (7-6)$$

5)基线重复率是衡量数据处理质量的重要指标之一(刘经南等,1995),GAMIT 软件解算长基线的相对精度能达到 10^{-9} 量级,解算短基线的精度能优于 1mm。以下两式分别计算基线向量的重复性和相对重复性:

$$R_l = \left[\frac{n}{n-1} \frac{\sum_{i=1}^{n} \frac{(L_i-\overline{L})^2}{\delta_i^2}}{\sum_{i=1}^{n} \frac{1}{\delta_i^2}}\right]^{\frac{1}{2}}$$

(7-7)

$$R_r = \frac{R_l}{\overline{L}}$$

(7-8)

其中,R_l 为基线向量的重复性;R_r 为基线向量的相对重复性;n 为基线单日解数目;L_i 为第 i 日的基线分量(或边长);$\overline{L}$ 为单天解基线分量(或边长)的加权平均值,其公式如下:

$$\bar{L} = \frac{\sum_{i=1}^{n} L_i/\delta_i^2}{\sum_{i=1}^{n} 1/\delta_i^2} \tag{7-9}$$

进一步以基线重复性为观测值,用线性拟合求出重复性的常数部分和与边长成比例的部分:

$$R_k = a + bL_k \tag{7-10}$$

2. GLOBK 软件功能及组成

(1) GLOBK 软件模块

GLOBK 软件模块可大致划分为四大类。

1) 格式转换模块(htoglb)

这个模块是将 GPS、VLBI 和 SLR 等分析软件的解文件转换成 GLOBK 软件所需要的二进制文件 h-文件。目前支持如下几类文件:

① GAMIT 软件 h-文件;

② 关于 GPS(或其他空间大地测量技术)SINEX 格式文件;

③ FONDA 软件 h-文件;

④ JPL 机构提供的 Stacov 文件;

⑤ 包含站坐标和速度场的 SLR/GSFC 文件;

⑥ 包含站坐标和速度场的 VLBI/GSFC 文件。

2) 运算模块(GLRED、GLOBK 和 GLORG)

GLRED 模块通过调用 GLOBK 模块分析单天解,对于分析基准站网非常适用,其生成的解文件可以用来形成时间序列。

GLOBK 模块是 GLOBK 软件的主模块,实现该软件的功能。

GLORG 模块可以为平差结果定义参考框架,具体通过固定(或约束)站坐标和速度由坐标转换来实现。GLORG 模块可以单独运行,也可以被 GLOBK/GLRED 模块调用。

文件 cmd_file 是 GLOBK 和 GLORG 的控制文件,里面包含解的策略等。

3) GMT 图形应用模块

这类模块主要包括 sh_plotcrd、sh_globk_scatter、multibase、sh_plotvel 等。主要功能是利用 GMT 软件绘制时间序列、速度场等图形,可用于分析数据质量和测站的地壳运动等情况。

4) 其他辅助模块

其他辅助模块主要包括 glist、glsave、extract、exbrk、corcom、cvframe、velrot 等。这里面有两类,一类是为 GLOBK 等模块服务的,如 glist、glsave 等;一类是用于框架之间和板块运动分析的,如 corcom、cvframe、velrot 等。

(2) GLOBK 常用文件及格式说明

1) 输入文件:GPS、SLR、VLBI 和 SINEX 文件

随机特征可由 apr_XXX 和 mar_XXX 表述。

2) 数据文件和控制文件

- 二进制 H- 文件
- 指令 (cmd) 文件

3) GLOBK 结果文件中的 NEU 坐标

GLOBK 的输出文件一般为 *.prt 和 *.org，在给出 ITRF 坐标的同时还给出了新的 NEU 坐标，它与站坐标定义的 NEU 不同，这种坐标类似于平面坐标，属于圆锥投影。由 XYZ 先计算出测点的大地经纬度和大地高 U，直角坐标与大地坐标的转换公式为：

$$\begin{cases} x = N_e \cos B \cos L \\ y = N_e \cos B \sin L \\ z = [(1-e^2)N_e + H]\sin B \\ N_e = \dfrac{a_e}{\sqrt{1-e^2\sin^2 B}} \end{cases} \quad (7-11)$$

式中，a_e 为 WGS84 椭球的长半径；e^2 为第一偏心率；N、E 应严格定义为：

$$\begin{cases} N = a_e B \\ E = r_0 L \end{cases} \quad (7-12)$$

式中，B、L 的单位为 rad；r_0 为余纬为 θ_0 时的纬圈半径，即

$$r_0 = a_e \sin\theta_0 \quad (7-13)$$

θ_0 定义为最接近 0.00005 rad（约 10 角秒）的余纬，

$$\theta_0 = \text{int}\left[\left(\frac{\pi}{2} - B\right)/0.00005 + 0.5\right] \times 0.00005 \quad (7-14)$$

如此定义的 NEU 坐标的意义在于：经度方向的平差值不受纬度方向的微小变化而变化，而 NEU 方向的中误差仍以站坐标的形式表示。

4) 运行 GLOBK 时的注意事项

①GLOBK 是基于线性模型的，所以，在测站坐标或轨道参数的改正值较大时（测站坐标改正值大于 10m 或轨道参数的改正值大于 100m），需要进行前期数据的再处理，以获得满足要求的准观测数据；

②GLOBK 不能解决在前期数据处理阶段因周跳未得到完全探测、数据质量差或大气层延迟模型误差所带来的问题。在 GLOBK 数据处理阶段，不能彻底消除特定测站或卫星的影响，只能通过特定手段减弱其影响；

③GLOBK 不能进行整周模糊度的解算，因此，在前期数据处理阶段，必须完成整周模糊度的解算。

7.1.3 软件安装

目前，随着 PC 机性能的不断提高，越来越多的用户喜欢在基于 PC 机的 Linux 系统下运行 GAMIT/GLOBK 软件。

本书介绍使用 Linux 操作系统下 gamit/globk 软件安装，并且在采用 Linux 系统下的 Fortran 编译器（如 gcc）编译后方可进行 GPS 基线解算及网平差运算，故在此分别就安装 Linux 操作系统、gcc 编译器和 GAMIT/GLOBK 软件这三部分工作中可能遇到的一些问题进

行说明。

1. Linux 操作系统

（1）安装 Linux 操作系统

1）明确硬件及其驱动程序的类型，例如，

网卡：Marvell Yukon 88E8053 PCI-E Gigabit Ethernet Controller

声卡：CMI8738

显卡：Mobile Intel® 945 Express Chipset Family

2）硬盘空间的重新配置

建议将 Linux 安装在不小于 10GB 的分区中，其中，

Boot：100MB

Swap：2GB

Root：5GB

其他：3GB

其中，建议 Swap 设置为本机内存的两倍，即如该计算机有 1GB 的内存，则将 Swap 设置为 2GB。

3）Linux 系统的安装

这一部分由用户自行进行，此处不予详细阐述。

注意，因为有些 Linux 系统的 Fortran 和 C 编译器系统默认文件选项中的 MXUNIT (maximum unit number) 为 99，而 GAMIT/GLOBK 软件源代码中要求的 UNIT 大于 100。如果直接进行编译安装，则会造成安装后软件无法运行的后果。因此，需要在 Linux 安装完成后自行安装 gcc 编译器。

（2）Linux 操作系统的常用命令

1）有关目录和文件操作的命令

ls/dir：列出目录的内容，格式：ls/dir [options] names

mkdir：创建目录，格式：mkdir dirname

rm/rmdir：删除文件或目录，格式：rm/rmdir [options] filename

cd：改变工作目录，格式：cd 或 cd dirname

cp：将文件拷贝至另一个文件或目录，格式：cp source dest

mv：文件或目录的移动或更名，格式：mv [options] file1 [file2…] target

cat：在标准输出上显示文件或连接文件，格式：cat file1，cat file1 file2 > file3

more/page：在终端屏幕按帧显示文本文件，格式：more/page [options] filename

chmod：改变文件或目录的许可机制，格式：chmod[who]-op-permission file

chgrp：改变文件或目录所属的组，格式：chgrp groupname filename

chown：改变文件的属主，格式：chown username filename

compress/gzip：压缩文件，格式：compress/ gzip [options] filename

uncompress/gunzip：解压文件，格式：uncompress [options] filename (.Z)，gunzip [options] filename(.gz)

diff/xdiff：逐行比较两个文本文件，列出其不同处，格式：diff [options] file1 file2

find：搜索文件并执行指定的操作，格式：find dir options
grep：按给定的模式搜索文件，格式：grep [options] pattern file
head：显示指定文件的前若干行，格式：head [-n] [filename]
ln：建立文件的链接(link)，格式：ln [options] file target
od：多种格式显示(解释)文件内容，格式：od [-format] [file]
paste：合并指定文件中的输入行，以便把几个文件按列接成一个文件，格式：paste [-dlist] [file…]
pr：对文件进行格式化显示，格式：pr [options] filename
spell：检查拼写错误，格式：spell [options] [filename]
split/csplit：按指定行数截断文件(csplit 可按上下文模式分割文件)，格式：split [-n] file [name]
tail：显示指定文件的最后部分，格式：tail [options] filename
tar：将若干文件存档或读存档文件，格式：tar [options] [tarfile] filename…
tr：将标准输入的选定字符进行转换，送至标准输出，格式：tr [options] [string1] [string2]
wc：显示指定文件中的行数、词数或字符数，格式：wc [options] [filename]
clear：清除屏幕，格式：clear
pwd：显示当前路径，格式：pwd
vi：文本编辑程序，格式：vi filename

2）编辑软件 vi 常用命令
/exp：往后寻找字符串 exp
?exp：往前寻找字符串 exp
:w：写盘
:w file：写至盘文件 file
:w>>file：写至盘文件 file 原有内容之后
:w! file：强行写盘至文件 file
:q：退出编辑程序
:q!：强行退出编辑程序，放弃编辑缓冲区的内容
:wq：写盘并退出编辑程序
:x：必要时写盘，并退出编辑
:r file：将文件 file 读入编辑缓冲区
:e：另编辑文件
:e!：另编辑，并放弃编辑缓冲区
:e file：编辑名为 file 的文件
:s/old/new：将当前行中第一个字符串 old 改为字符串 new
:s/old/new/g：将当前行中所有的字符串 old 改为字符串 new
:3,9s/old/new：将从第3行至第9行中的第一个字符串 old 改为字符串 new
:%s/old/new：对所有行，将每行第一个字符串 old 改为字符串 new

:%s/old/new/g：对所有行，将所有的字符串 old 改为字符串 new
:set nu：在编辑时显示行号
3）命令方式的常用操作
h(或←)：光标往左移动一个字符
l(或→)：光标往右移动一个字符
j(或↓)：光标移至下行
k(或↑)：光标移至上行
G：光标移至文件的最后一行
5G：光标移至第五行行首
0：光标移至行首
$：光标移至行尾
H：光标移至屏幕的最上一行
M：光标移至屏幕中部
L：光标移至屏幕最下面一行
w：光标右移一个单词
3w：光标右移三个单词
d：光标左移一个单词
3d：光标左移三个单词
x：删除光标所在处的字符
dw：删除光标所在处的单词
dd：删除光标所在处的行
D：删除至行尾
d0：删除至行首
dG：删除至文件尾
4dd：从光标所在行开始删除四行
u：取消下一次命令操作
.：重复上一次命令操作
Y：拷贝当前行至编辑缓冲区
5Y：拷贝当前行开始的五行至编辑缓冲区
p：将编辑缓冲区内容拷贝至光标后的行
P：将编辑缓冲区内容拷贝至光标前的行
J：将下一行接到当前行之后
^d, ^f：屏幕往下(往前)滚动
^u, ^b：屏幕往上(往后)滚动
^G：显示当前编辑的文件的有关信息
ZZ：必要时写盘，并退出 vi
4）插入方式的常用命令
a：把文本添加在光标之后

A：把文本添加至行尾
cw：修改一个单词
c3w：修改三个单词
i：把文本插在光标之前
I：把文本插入行首
o：在光标所在行下面开新行
O：在光标所在行上面开新行
r：在光标所在位置替换一个字符
R：替换若干字符
插入方式的命令除 r 外，都要以[Esc]键作为结束，返回命令方式

5）有关状态信息查询的命令
date：显示或设置日期、时间，格式：date [+format]，date[currentdate]
df：报告磁盘空间使用情况，格式：df [options] [resource]
du：统计目录（或文件）所占磁盘空间的大小，格式：du [options] [filename]
file：判断文件类型，格式：file filename
history：显示用户用过的命令，格式：history
hostid：显示主机的唯一标识，格式：hostid
hostname：设置或显示主机名，格式：hostname
ps：显示当前进程状态，格式：ps [options] [namelist]
quota：显示用户的磁盘空间限额及使用情况（BSD 命令），格式：quota [-v] [username]
stty：设置或改变终端的任选项，格式：stty [options]
time：计算程序或命令执行的时间，格式：time command
tty：显示终端名，格式：tty
w：显示目前注册的用户及用户正进行的命令，格式：w [options] [username]
whereis：确定一个命令的 2 进制执行码、源码及联机帮助手册所在的位置，格式：whereis command
who：列出正在使用系统的用户，格式：who

6）网络和通信命令
arp：网地址的显示及控制，格式：arp hostname
finger：显示用户信息，格式：finger [options] name…
ftp：文件传送，格式：ftp [hostname]
mail：发送/接收电子邮件，格式：mail [recipient]…
mesg：允许或拒绝其他用户向自己所用的终端发送信息
ping：向网络上的主机发送 ICMP ECHO REQUEST 包，格式：/usr/etc/ping host
rcp：远程文件拷贝，格式：rcp [-r] source dest
rlogin：远程注册，格式：rlogin hostname [-l username]
rsh：远程 Shell，格式：rsh hostname [command]

telnet：使用 telnet 协议（可用于不同的操作系统）的远程登录，格式：telnet [hostname]
talk：与另一组用户对话，格式：talk username [ttyname]
traceroute：显示到达某一主机所经由的路径及所使用的时间，格式：traceroute hostname
write：向其他用户的终端写信息，格式：write user[ttyname]

7) 程序运行的命令
at/batch：要求系统在指定时间执行命令或命令文件，格式：at time [day] [file]
echo：参数回应至标准输出，格式：echo [-n] [arguments]
kill：向指定进程发送信号（缺省情况是终止进程），格式：kill [-signal] pid
nice：以低优先级运行某一程序（命令），格式：nice [-increment] command [argument]
tee：将标准输出同时复制至文件，格式：tee [options] filename

8) 其他命令
ar：创建或维护库（档案）文件，格式：ar key [posname] arfile filename…
cal：打印日历，格式：cal [[month] year]
man：显示参考手册的信息，格式：man [section/options] title
passwd：设置或修改口令，格式：passwd [username]

2. gcc 编译器
(1) 软件下载：
gcc 编译器是开放式软件，可以从有关网站获取。
建议安装 gcc-2.9.5 以上，gcc-4.1.2 以下版本的 gcc/g77 编译器，安装需要至少 200M 剩余硬盘空间。
(2) 解压缩（解压文件会存在当前的目录内，此处假设为/home/username/software/ 目录下）
gunzip ＊gz ↙　　　　:解压命令；
tar xvf ＊tar ↙　　　　:TAR 文件展开命令（xvf- > cvf 压缩功能）。
3) 最大可处理文件数 MXUNIT 的修改：
路径：
../libf2c/libI77/fio.h 文件
……
define MXUNIT = 100
……
改为：MXUNIT = 10000
(4) 建立一个存放执行程序的路径
mkdir software ↙（自己定义）
cd software ↙
mkdir gcc3.4.5_bin ↙
(5) 在/home/username/software/gcc-3.4.5/下运行
./configure --prefix = /home/username/software/gcc3.4.5_bin ↙

159

其目的是设置系统环境及将 gcc 编译后的程序放入指定的目录内。

(6) 编译 gcc

在/home/username/software/gcc-3.4.5/目录下执行 make 命令

(7) 安装 gcc

在/home/username/software/gcc-3.4.5/目录下执行 make install 命令

过程中缺省的存放路径与要求的路径不一致时，请接受中断程序的指令。以上过程视计算机硬件情况不同而需要 1h 左右的时间。

3. GAMIT/GLOBK 软件

从美国麻省理工学院的 FTP 服务器(chandler.mit.edu)下载 GAMIT/GLOBK 软件包，其中包括软件的源代码和安装包，在 Linux 下建立软件安装目录/gamit，将安装包目录/source 下的文件拷贝至此文件地址中，其中有安装批处理文件 install_software 和几个压缩文件，以 10.32 版为例，分别为：

com.10.32.tar.Z	组件压缩包；
gamit.10.32.tar.Z	10.32 版压缩包；
help.10.32.tar.Z	帮助系统压缩包；
install_software	安装批处理文件；
kf.10.32.tar.Z	10.32 版压缩包；
libraries.10.32.tar.Z	库文件压缩包。

另外，可选的还有：

templates.10.32.tar.Z	数据模板压缩包；
maps.10.1.tar.Z	地图数据压缩包。

在开始安装前，需要对 GAMIT/GLOBK 安装配置文件 Makefile.config 进行相关的修改配置。因为 GAMIT/GLOBK 发行版兼顾各种不同 Unix 版本，不同的版本其相关系统路径的设置也不同。

解决办法是将 libraries.10.32.tar.Z 文件解压，在生成的 libraries 目录中找到 Makefile.config 文件，根据所安装的 Linux 版本设置相应的系统路径，在此文件中还有许多其他的设置文件，可以根据数据处理的需要进行修改，如：

(1) 设置 X11 的路径

根据所安装的 Linux 版本设置对应的路径信息，首字母为#表示该行信息被注释，不会参与编译，以下实例是针对 RedHat 7 或 8 的 Linux 版本进行设置。

```
# X11 library location - uncomment the appropriate one for your system
# Generic (will work on any system if links in place)
#X11LIBPATH /usr/lib/X11
#X11INCPATH /usr/include/X11
# Specific for Sun with OpenWindows
#X11LIBPATH /usr/openwin/lib
#X11INCPATH /usr/openwin/share/include
# Specific to Linux RedHat 7 and 8
```

X11LIBPATH /usr/X11R6/lib
X11INCPATH /usr/X11R6/include/X11
Specific for MIT HP and Sun for Release 5
#X11LIBPATH /usr/lib/X11R5
#X11INCPATH /usr/include/X11R5
Specific for IBM AIX4.2
#X11LIBPATH /usr/lpp/X11/lib
#X11INCPATH /usr/lpp/X11/include
Specific for MacOSX
#X11LIBPATH /usr/X11R6/lib
#X11INCPATH /usr/include/X11

2）GAMIT 软件参数设置

如果是做与对流层相关的研究，对流层天顶延迟估算参数个数要求较多时，可将上述文件中的 MAXATM 项由 13 改为所需要的数值，同时还要解开 gamit.10.32.tar.Z 文件，找到/gamit/includes 下的 dimpar.h 文件，将其中对应的 MAXATM 项改过来，使二者一致。需要注意的是，在修改完以后，要将 gamit.10.32.tar.Z 文件删除或移除，以免后面安装时软件再重新解压，将已经做过改动的文件覆盖，使得前功尽弃。下面一段就是 Makefile.config 文件中 GAMIT 的默认值，可以根据需要按上述类似的方法修改。

GAMIT size dependent variables (read by script 'redim' which edits the include files)
MAXSIT 45
MAXSAT 30
MAXATM 13
MAXEPC 2880

注意，最大测站数和时段数等参数设置由分析计算的环境决定，如内存、磁盘（硬盘）容量及 CPU 的性能等，如设置得过大，可能导致编译过程中或 GAMIT 运行时报错。

接下来就可以开始安装了，首先确保该目录下的 install_software 文件具有可执行属性，键入命令 ./install_software，再依屏幕提示给予回应即可，整个过程大约需要 30~60min 时间。

(3) 路径设置

在 Linux 中软件安装以后，利用 ln 命令在自己的账户目录中建立与 GAMIT 的链接。

ln -s /home/username/software/gamit gg ↙

此外，还需要给系统配置文件里加上 GAMIT/GLOBK 软件的路径指示。具体则根据操作系统类型、使用的 shell 版本以及用户级别而有所不同。一般说来，目前可以使用的 shell 语言有两种模式：bash 和 csh。因此，在路径设置时，可以任选一种并修改 .bashrc 或 .cshrc 文件。下面说明如何设置 .bashrc 文件及 .cshrc 文件。

1）csh

在/root 目录下可以找到 .cshrc 文件，该文件为隐藏文件，在其末尾加入以下代码：

set path = (. /home/username/gg/com /home/username/gg/gamit/bin /usr/bin /usr/

sbin /bin /home/username/gg/kf/bin /usr/X11R6/bin /home/username/software/gcc3.4.5/bin)

2）bash

如果在服务器上安装，则在用户目录下手工生成一个 .bashrc 文件；如果在单机上安装，则在/root 目录下已有 .bashrc 和 .bash_profile 文件，是隐藏文件，用命令行方式打开：

　　ls -a ✓

　　vi .bashrc ✓

则用 vi 打开了 .bashrc 文件，在 .bashrc 中设置：

　　alias gg = '/home/username/gg/source'

类似地，在 .bash_profile 中设置：

　　PATH = /home/username/gg/com: $PATH

　　PATH = /home/username/gg/gamit/bin: : $PATH

　　PATH = /home/username/gg/kf/bin: $PATH

　　HELP_DIR = /home/username/gg/help/

　　Export PATH HELP_DIR gg

相关设置应根据用户路径的不同以及 gcc 版本等的差异做适当修改。

至此，GAMIT/GLOBK 的安装设置结束，重新启动以后就可以开始利用它的强大功能进行 GPS 数据处理和分析了。建议用户创建单独的目录作为工作目录，尽量避免在 GAMIT 源程序目录中直接进行运算，以免造成文件混乱而损坏系统文件。

在其他的 Linux 发行版本下，如 Mandrake Linux、Turbo Linux、Blue Point Linux 以及 Apollo、Sun、Hp/Apollo、Hp700、IBM/RISC 和 DEC 工作站等，只需进行相应的设置，同样可以安装成功。

7.1.4　GAMIT/GLOBK 数据处理流程

1. GAMIT 数据处理流程

（1）数据准备

建立测站的先验坐标文件 L-file，如果原始数据中的先验坐标可靠，在 process.defaults 和 site.defaults 中配置相应的参数，软件即可自动配置 L-file；配置包含天线类型、天线高类型、接收机类型等信息的 station.info 文件，如果此类信息在 rinex 观测文件中准确，软件亦可自动配置此文件；sestbl. 为测段分析策略文件；sittbl. 对各站使用的钟差、大气模型及先验坐标进行约束；process.defaults 和 site.defaults 是数据处理控制文件。用 makexp 建立所有准备文件；执行 makej 程序和 makex 程序读取接收机的观测文件（RINEX 格式），并获得用于分析的卫星时钟文件 J 和接收机时钟文件 K 以及观测文件 X，执行 BCTOT 程序，获得各卫星的运行轨迹。

（2）批处理

首先为批处理分析编辑建立控制文件 sittbl. 和 sestbl.，执行 FIXDRV 程序，产生批处理文件，实施批处理的工作主要由 ARC、MODEL、AUTCLN、CFMRG、SOLVE 模块完成。ARC 程序通过对卫星的位置和速度的最初条件文件 G 的数学积分获得星历表文件 T；

MODEL 程序计算观测的理论值和相对于这些观测估计参数的偏差,并将它们写入输入文件 C 用于编辑和估算;AUTCLN 程序完成相位观测的周跳(CYCLE SLIP)和异常域(outlier)的自动编辑;CFMRG 程序写一个观测方式的文件(M);SOLVE 程序完成最小二乘法分析,并将打印输出信息写到 Q 文件,同时根据所计算得到的协变矩阵等信息形成 H 文件。

3) 分步处理及结果分析

用于每时段基线解算。如果数据处理质量很差,其原因可能是周跳未得到完全修复所造成的,可调用 CVIEW 模块在可视化图形界面下交互编辑从 C-file 中获得的残差,这项工作可在 SCANRMS、SCAND 和 SCANM 程序协助下进行。

对于未编辑数据的标准处理包括通过 MODEL、AUTCLN 和 SOLVE 两类。第一类利用 SOLVE 运算获得了轨道参数和测点坐标的最初估算值,它是采用对周跳和异常域无影响的代数方法完成的。第二类是用改进的初始轨道和测站坐标,假定在 SOLVE 上解的调整对于最小二乘法而言是在线性范围内,使 AUTCLN 程序进行完全的周跳修复工作。在较好处理过的数据和好的初始坐标和轨道条件下,通常用模糊解直接进行最后的解是可能的。然而,经常需要用 CVIEW 最初的批处理运算中所检查获得的相位残差,以加入消除数据的指令到 AUTCLN 的命令文件中,或者用 CVIEW 修复剩余的少量周跳。在这样处理之后,通过修改已有的批处理文件或再运算 FIXDRV 程序形成新的批处理序列,完成最后的数据处理,为此,需将清理过的 C 文件转换成 X 文件,GAMIT 进一步的运算就可以从该 X 文件开始,而较大的 C 文件则可删除掉。

SOLVE 的输出包括通过分析检验的估算值 Q 文件(如 qtesta. 200)估算的基线矢量值和它们的不定度的表,这些估算值用于统计和作图,以及用参数松散限制计算得到的全协变矩阵 H 文件。H 文件提供了 GAMIT 和 GLOBK 的交互面。GLOBK 则用卡尔曼滤波对许多时段和测次的单时段解进行综合处理,从而获得了测站位置和速度、卫星轨道基本参数和地球旋转参数。

GAMIT 分析软件在数据处理时考虑了以下模型和参数:

1) 地球 8×8 阶次重力场模型,并顾及 C_{21}、S_{21} 的影响;
2) 日、月引力摄动;
3) 太阳辐射压模型缺省值为简单的球面模型,解算辐射系数、Y 偏差与 Z 偏差;
4) 对流层折射改正模型可选用 Saastamoinen 模型或 Hopfield 模型,解算天顶对流层折射改正参数;
5) 卫星时钟改正和站钟差改正;
6) 电离层折射改正;
7) 卫星和接收机天线相位中心改正;
8) 测站固体潮、海潮、极潮及大气负荷潮等模型改正;
9) 轨道约束与测站约束。

程序允许用户根据实际情况和具体的要求选择不同的参数和不同的约束条件、可选用的不同截止高度角、不同数据采样率、固定轨道或松弛轨道、采用精密星历或广播星历。在得到单时段基线解后,首先分析单时段解的重复性,对重复性差的解进行仔细的分析,找出误差产生的原因,必要时重新进行计算和进一步作数据编辑。

当然,由于现在接收机质量提高,用到 CVIEW 模块的情况不多。整个 GAMIT 软件处理 RINEX 标准格式的观测文件分两步,先编辑数据,得到干净的 X-file,再用 X-file 进行各种处理方案的参数估计,得出每个时段的解。图 7-2 是 GAMIT 数据处理的详细流程(数据流和命令流),其中最后一项批处理的具体流程细化为图 7-3。

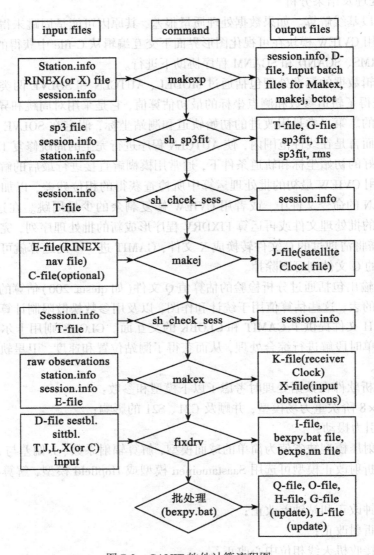

图 7-2 GAMIT 软件计算流程图

2. GLOBK 数据处理流程

(1)将 ASCII 格式的 H-file 转换成可被 GLOBK 读取的二进制 H-file,然后运行 glred/glorg,以获得测站坐标的时间序列;

(2)通过时间序列分析,确认具有异常域的特定站或特定历元。在 earthquake file 中,运用 rename 命令删除具有异常域的特定站的特定历元或直接删除对应的 H-file;

164

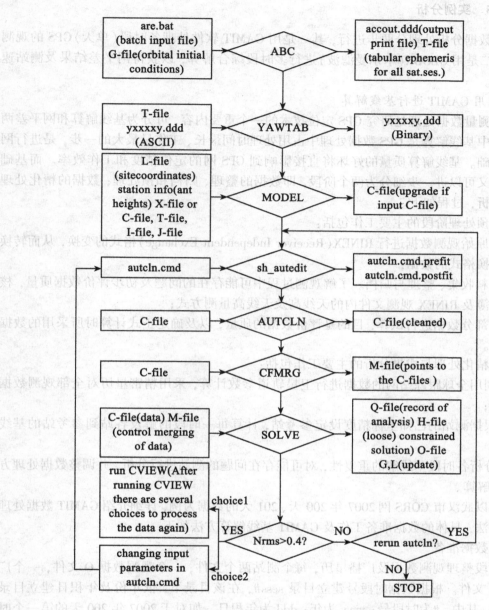

图 7-3 GAMIT 批处理模块 bexpy.bat 计算流程图

(3) 运行 globk，将单时段解的 H-file 合并成一个 H-file，其代表在所选择的时间跨度里测站的平均坐标；

(4) 使用合并后的 H-file，再次运行 glred/glorg，获得时间序列，而运行 globk/glorg，则可获得测站速度。

7.1.5 实例分析

GPS 数据分析处理分两步进行，其一是用 GAMIT 软件处理各时段（单天）GPS 的观测数据，其二是用 GLOBK（卡尔曼滤波）进行多时段综合解算，以获得网平差结果及测站速度等参数。

1. 利用 GAMIT 进行基线解算

GPS 测量数据处理是研究 GPS 定位技术的一个重要内容，可分为基线解算和网平差两部分。其中基线解算是 GPS 数据处理中占用处理时间最长、工作量最大的一步，是进行网平差的基础。基线解算质量的好坏将直接影响到 GPS 网的定位精度和工作效率。而基础解算工作又可以进一步细分为两个阶段，即数据的整理、归档和预处理；数据的精化处理和成果分析，过程如下。

数据预处理阶段的主要工作包括：

1）将原始观测数据进行 RINEX（Receiver Independent Exchange）格式的变换，从而转换为标准交换格式的数据；

2）资料收集、整理与归档。了解观测过程中可能存在的问题及初步评价数据质量，核对记录手簿及 RINEX 观测文件内的天线高及天线高量测方式；

3）对部分数据进行试算，目的是评价数据的质量，以及确定正式计算时所采用的数据处理方案。

数据精化处理与成果分析的主要工作包括：

1）利用全球跟踪站网的数据进行卫星轨道参数计算，采用精密星历对全部观测数据进行解算；

2）根据测站的已知坐标精度设定参考站，计算每一时段的解及各站到参考站的基线矢量；

3）分析各时段基线解的重复性，对可能存在问题的测站进行分析，并调整数据处理方案，重新解算。

下面以武汉市 CORS 网 2007 年 200 天、201 天的数据为例，详细介绍 GAMIT 数据处理流程及方法，具体的数据准备工作及 GAMIT 基线解算方法如下。

(1) 数据准备

按时段整理观测数据及广播星历，每个测站两个文件，一个观测数据 O 文件，一个广播星历 N 文件。根据数据时段号建立目录 sess#，在该目录下，依年份及年积日建立目录 yyyy_ddd，其中，# 为时段号；yyyy 为年；ddd 为年积日。如对于 2007 年 200 天的第一个时段，则首先建立 sessa 目录，再在该目录下建立以 2007_200 命名的子目录，并将观测数据及广播星历文件拷入该文件夹。

(2) 获取 IGS 跟踪站数据及 GPS 卫星星历

引入中国及周边地区 urum、usud、wuhn 三个 IGS 连续运行参考站的数据与现有武汉市 CORS 网 6 个站的观测数据一起进行联合解算。数据下载的 ftp 地址为 lox.ucsd.edu（或 igscb.jpl.nasa.gov）。

相关文件的下载路径说明如下：

```
    # sopac address          lox.ucsd.edu
      sopac login            anonymous
      sopac password         e_mail
      sopac ftp command      ftp -inv
      sopac rinex directory  /pub/rinex/YYYY/DDD
      sopac navalt directory /pub/nav/YYYY/DDD
      sopac gfile directory  /pub/combinations/GPSW
      sopac gfiler directory /pub/products/GPSW
      sopac sp3 directory    /pub/products/GPSW
      sopac hfiles directory /pub/hfiles/YYYY/DDD
    # CDDIS ftp site
      cddis address          cddis.gsfc.nasa.gov
      cddis login            anonymous
      cddis password         e_mail
      cddis ftp command      ftp -inv
      cddis rinex directory  /pub/gps/data/daily/YYYY/DDD/YYd(o)
      cddis navfile directory /pub/gps/data/daily/YYYY/brdc
      cddis navalt directory /pub/gps/data/daily/YYYY/DDD/YYn
      cddis sp3 directory    /pub/gps/products/GPSW
      cddis metfile directory /pub/gps/data/daily/YYYY/DDD/YYm
```

精密星历文件说明如下：

igr﹡﹡﹡﹡#.sp3：快速精密星历；

igs﹡﹡﹡﹡#.sp3：事后精密星历；

igu﹡﹡﹡﹡#.sp3：预报精密星历；

igs﹡﹡﹡﹡#.sum：卫星状态数据（删除卫星可在 session.info 文件中进行）。

其中，﹡﹡﹡﹡为 GPS 周；#为星期日的序号（如 0~6）。

(3) GAMIT 软件中表文件的准备

将表文件利用 ln 命令链接到当前工作目录下，相关表文件可以分为两类：

1) 系统自带表文件

gdetic.dat：大地水准面参数表

antmod.dat/antex.dat：天线相位中心偏差改正参数表

svnav.dat：卫星天线相位中心误差改正表

rcvant.dat：接收机及天线类型信息

hi.dat：接收机天线高的测量偏差统计表

dcb.dat：码相关型接收机伪距改正参数统计表

2) 待更新的表文件

LUNTAB、SOLTAB、NUTABL、LEAP.SEC 每年更新一次；UT1、POLE 表每周更新

一次。

对于一个 GPS 网的数据处理工作，主要需准备如下 4 个表文件：lfile.、sittbl.、station.info、sestbl。4 个表文件可参看 2.1.4 节相关说明进行设置。

4) 基线解算

GAMIT 软件的自动化程度较高，可分步进行计算，亦可通过批处理程序进行计算，最后求得基线向量和测站坐标。

1) 批处理

运行命令 sh_gamit -expt test -yrext -d 2007 200 201 -copt o q m k x -dopt D ao c x -orbit IGSF >&! Sh_gamit.log

参数说明：

-expt：指定四个字符的工程名 test；
-yrext：指定待处理数据年份及年积日(2007 年 200 天、201 天的数据)；
-copt：数据处理完成后待压缩的文件类型；
-dopt：数据处理完成后待删除的文件类型；
-orbit：所采用精密星历的文件类型；
>&!：指定过程信息的保存文件，该实例指定的过程信息保存文件为 sh_gamit.log。

2) 分步处理

links.day 2007 200，其目的是将 tables 目录中的表文件链接到数据目录下。

运行 makexp，按照提示依次输入 4 个字符的工程名、采用的精密星历类型、数据年份、数据年积日、数据时段号、近似坐标文件、广播星历文件、数据处理采样间隔及数据处理时段。相关系统提示及输入输出信息如下：

  Enter 4-character project code
test ✓
  Enter 4-character orbit code
igsf ✓
  Enter year
2007 ✓
  Enter day of the year (999 to search all)
200 ✓
  Enter session number (99 to search all)
99 ✓
  Enter the l-file or apr file name (CR to use l-file default)
7.200 ✓
  MAKEXP: could not open navigation file:
  Enter name of RINEX nav file or e-file or 'none' to skip:
brdc2000.07n ✓
  Create the scenario file
  Enter sampling interval (s) Start time (hh mm) and Number of epochs

30 00 00 2880 ✓

    9 X-files to be used or created:
xbjfs7.200
xurum7.200
xusud7.200
xwdcd7.200
xwdch7.200
xwdhg7.200
xwdhp7.200
xwdjx7.200
xwuhn7.200
Sampling interval! = 30
Number epochs = 2880
Start time (HHMM) = 0 0
        Satellites = 1 2 3 4 5 6 7 8 9 10 11 12 13 14 16 17 18 19 20 21 22 23 24 25 26 27 28 29 30 31 32

STATUS : 071111: 1116: 25.0 MAKEXP/makexp: Normal end in Program MAKEXP
……

Now run, in order:

sh_sp3fit -f < sp3 file > OR sh_bcfit bctot.inp   OR copy a g-file from SOPAC
sh_check_sess -sess 200 -type gfile -file < g-file >
makej brdc2000.07n   jbrdc7.200
sh_check_sess -sess 200 -type jfile -file jbrdc7.200
makex test.makex.batch
fixdrv dtest7.200   OR   run interactively
……

   ** NOTE: makej.inp, makex.inp, fixdrv.inp   no longer created

3)按照系统提示依次运行如下命令
sh_sp3fit -f igr14364.sp3 -o igsf -t ✓
sh_check_sess -sess 200 -type gfile -file gigsf.200 ✓
makej brdc2000.07n   jbrdc7.200 ✓
sh_check_sess -sess 200 -type jfile -file jbrdc7.200 ✓
makex test.makex.batch ✓

fixdrv dtest7.200 ✓
csh btest7.bat ✓

4) 数据处理结果

H-file：基线的松弛解（htesta.07200）；
O-file：约束解（otesta.200）；
Q-file：过程记录文件（qtesta.200）。

(5) 相关系统工具说明

doy 是 GAMIT 自带的一个很实用的工具，用它可以求得某天的年积日、GPS 周等信息，反之亦然。

tform 可以进行几种坐标格式的转换。

rnx2crn 可以将标准的 rinex 格式观测文件转化为压缩格式，反之亦可采用 crx2rnx 命令实现由压缩文件格式到标准 rinex 观测文件格式的转换，如

rnx2crn wuhn2000.07o -> wuhn2000.07d
crx2rnx wuhn2000.07d -> wuhn2000.07o

GPS 观测数据文件为 rinex 格式。在此需注意的是，在 Unix 或 Linux 下处理时，如数据格式是 dos 格式的，应采用 dos2unix 命令将文件转化为 Unix 格式。

(6) 结果分析

基线解算结果（O 文件）中 postfit_nrms 项优于 0.3 左右时最佳；如果大于 1.0，则表示此解存在问题。可以首先用 SCANDD 命令进行观测值的双差检验，检查所有双差组合，以生成一个可能存在周跳的概要文件，从而判断观测信号不佳的卫星号，并在基线解算中屏蔽该颗卫星的数据。当然，如果之前设置 SCANDD control = FULL，则这一步操作将在 FIXDRV 中自动完成。另外，当结果依旧无法达到设计要求时，我们还可用 CVIEW 进行手工的残余周跳修复，删除部分观测质量过差的数据。

对于某些观测质量不好的同步观测基线，可考虑选取问题点的观测值进行单基线或分区解算。

中、长距离基线解算时（≥50km）一定要考虑对流层折射的影响。如记录有测站的天气变化情况，应依此作为选择对流层改正因子个数的依据。若没有记录观测的天气状况，可考虑按照每隔 2h 设定一个对流层改正因子的原则进行解算。对于中短距离基线解算（≤50km），可不必考虑对流层折射模型改正的影响。

基线解算精度主要取决于卫星星座的几何变化，即观测时间长短，改变观测数据采样率对于数据处理结果的影响不大。只是在某些特殊的情况下，如观测时间较短、观测条件较差时（城市或山区 GPS 观测），可以考虑通过减少采样间隔提高解算结果的精度水平。

2. 利用 GLOBK 进行网平差

本节以武汉市 CORS 网 2007 年 200、201 天数据的 GAMIT 基线处理结果为例，系统介绍利用 GLOBK 进行网平差的数据处理过程。

(1) 首先建立工作目录 globk_test，一般来说，在运用 GLOBK 处理数据时，在该工作目录下还应包括以下三个子目录：

glbf：用于存储二进制 H 文件；

soln:存储 globk 的控制文件、H 文件列表以及平差结果文件,并在此目录下运行 GLOBK 软件;

tables:测站先验坐标文件等表文件和卫星的马尔可夫(Markov)参数文件。

(2) 生成二进制 H 文件

将 svnav. dat 文件拷贝到 soln 文件夹下;

将 GAMIT 生成的 H 文件拷贝至 glbf 文件夹下;

运行命令:htoglb .. /glbf .. /tables/svs_wuhn. svs h???? a. ?????

(3) 生成 *. gdl 文件列表(通常以 gdl 为后缀,global directory list)

ls .. /glbf/h *. glx > wuhn_glx. gdl

(4) 加入待平差测站的近似坐标(或者由平差结果文件通过 grep Unc. 命令生成)

用 vi 命令打开 .. /tables/itrf00. apr 文件,输入:

:r .. /tables/svs_wuhn. svs　　　增加文件

:g/^/:d　　　　　　　　　　　　删除第一列为空的各行

删除多余的各行坐标信息

(5) 用 globk 分析测站:坐标的时间序列、速度,得到测站坐标的平差结果

拷贝 pmu. usno, itrf00. apr 至 tables 文件夹下

在 soln 文件夹下依照 GLOBK 手册相关说明建立 globk_comb. cmd、glorg_comb. cmd 两个控制文件。

运行命令:globk 6 globk_wuhn. prt glob_wuhn. log wuhn_glx. gdl globk_comb. cmd

(6) 平差结果文件说明

globk_wuhn. prt:无约束平差结果

globk_wuhn. org:该文件名在 globk_comb. cmd 文件中指定,为约束平差结果

globk_wuhn. log:平差过程记录文件

参 考 文 献

1. 邵占英,刘经南,姜卫平,等. GPS 精密相对定位中用分段线性法估算对流层折射偏差的影响[J]. 地壳形变与地震,1998,18(3):13-18

2. 姜卫平,刘经南,叶世榕. GPS 形变监测网基线处理中系统误差的分析[J]. 武汉大学学报(信息科学版),2001,26(3):196-199

3. 陈慧蓉. UNIX 系统基础[M]. 北京:清华大学出版社,1998

4. Arnadottir T, Jiang W, Kurt L F, et al. Kinematic Model of Plate Boundary Deformation in Southwest Iceland Derived from GPS Observations[J]. J. Geophys. Res. , 2006, 111(B7): B07402

5. King R W, Bock Y. Documentation for the GAMIT Analysis Software Release10. 3 [C]. Mass. Inst. Technol. , Cambridge, MA, USA, 2006

6. King R W, Bock Y. Documentation for the GLOBK Analysis Software Release10. 3 [C]. Mass. Inst. Technol. , Cambridge, MA, USA, 2006

7. 鄂栋臣，詹必伟，姜卫平，等. 应用GAMIT/GLOBK软件进行高精度GPS数据处理[J]. 极地研究，2005，17(3)：173-182

7.2 Bernese软件简介

7.2.1 发展历史

Bernese软件是由瑞士伯尔尼大学天文研究所研究开发的GNSS数据处理软件(包括GPS数据、GLONASS数据、SLR数据)。1988年3月推出成熟版本3.0，1988年至1995年陆续发布从3.1到3.5的升级版。1996年9月发布的新版本4.0开始具有批处理模块BPE，尤其适合于大批量大范围GPS跟踪站阵列和网的自动化和高效的数据处理。1999年11月发布的版本4.2主要增加了处理GLONASS数据、SLR数据的功能和更新了法方程平差解算模块(ADDNEQ)。2004年4月发布新一代版本5.0(这一版本目前更新到最新版本5.5)，内嵌了新的用户友好的图形界面，操作使用更方便。同时更新了BPE模块和完善了其他许多模块的功能。

7.2.2 软件的主要功能和特点

Bernese软件作为一款能满足高要求、高精度、高灵活性的GNSS数据后处理软件，从开发至今，一直保持了自己传统的特色：准确的数学模型、详细的计算过程参数控制、强大的自动化批处理、国际标准适应性、模块化设计带来的内在灵活性等。

Bernese软件面向的主要用户有：
- 大学和研究所的教育、科研人员；
- 进行高精度GNSS测量的测绘机构；
- 负责维持永久GPS跟踪站观测网的机构；
- 工程项目要求高精度、高可靠性、高效率的商业用户。

Bernese GPS软件既采用双差模型，也采用非差模型，所以它既可用非差方法进行单点定位，又可用双差方法进行整网平差。下面是V5.0版本的主要功能和适用领域：
- 小型单/双频仪器观测的GPS网的快速数据处理；
- 永久GPS跟踪站观测网的自动处理；
- 超大数量接收机组成的观测网的数据处理；
- 混合不同类型接收机的观测网和需要考虑接收机和卫星天线的相位中心参数变化；
- 同时处理GPS数据和GLONASS数据，还可以处理SLR数据；
- 长距离基线的模糊度解算(2000km或更远距离)；
- 获得最小约束的网平差解；
- 估计对流层天顶延迟，进行大气和气象应用和研究；
- 站钟及星钟参数估计和时间传递；
- 精密定轨和估计地球自转参数。

7.2.3 程序结构和主要内容

根据操作系统的不同，Bernese 软件又可分为 PC/DOS、Unix/Linux 和 VAX/VMS 三种版本。整个 Bernese 软件大约由 100 多个由下拉菜单驱动的数据处理程序组成，包括 1200 多个模块和子程序，源代码有 300 000 行左右。程序语言是用 FORTRAN 77、FORTRAN 90 编写的。

(1) 软件结构和流程图

Bernese 软件主要包括手工处理部分和批处理(BPE)部分，手工处理部分分为 5 个部分的内容，分别为格式转换部分(Transfer / Conversion Part)、轨道部分(Orbit Part)、数据处理部分(Processing Part)、模拟部分(Simulation Part)和常用工具部分(Service Part)。软件结构流程图见图 7-4。

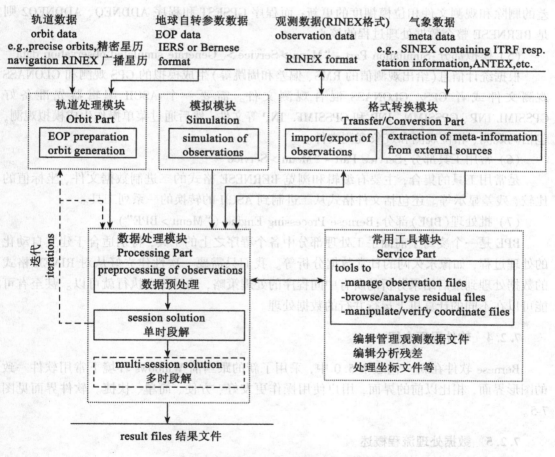

图 7-4　BERNESE 5.0 软件运行流程图

(2) 格式转换部分：Transfer Part - "Menu > RINEX" and Conversion Part - Menu >

Conversion

格式转换部分主要是将原始观测文件、导航文件和气象文件由 RINEX 格式转换成 BERNESE 格式的码观测和相位观测、BERNESE 广播文件和 BERNESE 气象文件；同时从某些文件中提取计算所需要的外部信息，例如从 SINEX 格式文件中提取 ITRF 下的坐标、速度等信息。其中还包括对 RINEX 格式的数据文件进行分割、合并等操作。

(3) 轨道部分：Orbit Part - "Menu > Orbits/EOP"

该部分的源代码与其他部分相对独立，主要任务是生成标准轨道、轨道更新、生成精密轨道、轨道的比较等；对地球自转参数的相关处理工具也包括在其中。

(4) 数据处理部分：Processing Part - "Menu > Processing"

此部分包括码处理(单点定位)、单/双频码和相位预处理、对 GPS 和 GLONASS 观测值进行初始坐标的参数估计(程序 GPSEST)和基于法方程系统的进一步坐标参数估计(程序 ADDNEQ 和 ADDNEQ2)。其中，预处理则包括坏的观测值的标记、周跳的探测与修复、粗差的删除和观测文件相位模糊度的更新；而程序 GPSEST 和程序 ADDNEQ、ADDNEQ2 则是 BERNESE 整个数据处理过程的核心。

(5) 模拟部分：Simulation Part - "Menu > Service > _Generate simulated observation data"

根据统计信息(给出观测值的 RMS、偏差和周跳等)生成模拟的 GPS 观测和 GLONASS 观测文件或者 GPS/ GLONASS 混合观测文件。需要一个 ASCII 编辑器先准备好 GPSSIMI. INP、GPSSIMN. INP 和 GPSSIMF. INP 等文件，然后通过菜单操作生成模拟观测，包括码观测、相位观测和气象观测文件。

(6) 常用工具部分：Service Part - "Menu > Service"

是常用工具的集合，主要有编辑和浏览 BERNESE 格式的二进制数据文件、坐标值的比较、残差显示等。还包括文件格式从二进制到 ASCII 的转换的一系列工具。

(7) 批处理(BPE)部分：Bernese Processing Engine ("Menu > BPE")

BPE 是一个凌驾于前面手工处理部分中各个程序之上的工具，特别适合于建立自动化的处理过程，如像永久网的日常数据分析等。我们只需要一次性建立好从对 RINEX 格式的数据处理到最后结果分析的所有中间程序的处理策略，然后让它执行就可以。甚至有可能可以在不同的计算机上运行并行的数据处理。

7.2.4 软件界面介绍

Bernese 软件在新一代版本 5.0 中，采用了新的跟当前 Windows 环境下常用软件一致的图形界面，相比以前的界面，用户使用操作更友好、方便、简单、快捷。软件界面见图 7-5。

7.2.5 数据处理流程概述

Bernese GPS 软件有双差和非差两种处理方式，表 7-4 和表 7-5 给出了使用 Bernese 软件 V5.0 进行双差处理和非差处理两种分析方法的主要计算步骤。

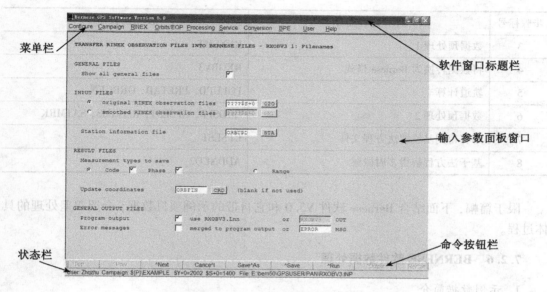

图 7-5　Bernese V5.0 软件界面说明图

表 7-4　使用 Bernese 软件 V5.0 版本进行双差处理的主要计算步骤

步骤标号	计算过程简介	使用的程序
1	传输、拷贝数据至项目中	ftp
2	使用批处理 PPP 得到未知点的初始坐标、速度(如果需要)	BPE(PPP. PCF)
3	将数据转换为 Bernese 格式	RXOBV3
4	轨道计算	POLUPD, PRETAB, ORBGEN
5	数据预处理过程	CODSPP, SNGDIF, MAUPRP, GPSEST, RESRMS, SATMRK
6	得到第一次基线解	GPSEST
7	求解整周未知数	GPSEST
8	解算得到基线解法方程文件	GPSEST
9	基于法方程解得多时段解	ADDNEQ2

表 7-5　使用 Bernese 软件 V5.0 版本进行非差处理的主要计算步骤

步骤标号	计算过程简介	使用的程序
1	传输、拷贝数据至项目中	ftp
2	使用批处理 PPP 得到未知点的初始坐标、速度(如果需要)	BPE(PPP. PCF)

续表

步骤标号	计算过程简介	使用的程序
3	数据预处理1	RNXSMT
4	将数据转换为 Bernese 格式	RXOBV3
5	轨道计算	POLUPD, PRETAB, ORBGEN
6	数据预处理2	CODSPP, GPSEST, RESRMS, SATMRK
7	解算得到基线解法方程文件	GPSEST
8	基于法方程解得多时段解	ADDNEQ2

限于篇幅，下面结合 Bernese 软件 V5.0 和它自带的示例项目数据，介绍双差处理的具体过程。

7.2.6 BERNESE 软件数据处理

1. 示例数据简介

Bernese 软件示例项目中的数据为欧洲 IGS 网中 8 个 GPS 跟踪站的数据，测站位置见图 7-6。

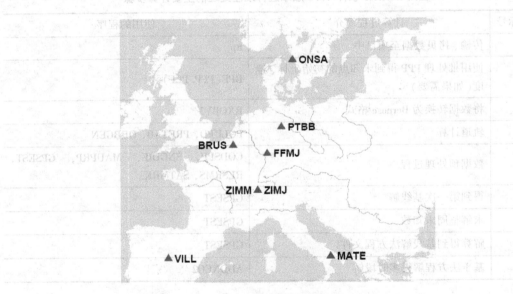

图 7-6 示例项目测站位置分布图

其中，有三个站（MATE、ONSA、VILL）是 IGS 的核心站，它们是包括在参与 ITRF2000 框架具体实现的 95 个 IGS 跟踪站中的。相邻测站间距离在 300～1200km 之间，但是有两个测站相距非常近（ZIMM 和 ZIMJ 都位于 Zimmerwald，相距 14m）。每个测站有 4 天的数据，分别是 2002 年年积日为 143 天和 144 天、2003 年年积日为 138 天和 139 天。

每个测站的相关信息见表7-6。

表 7-6　　　　　　　　　　　示例数据中测站相关信息

测站名	所在地	接收机、天线类型	天线高
BRUS 13101M004	Brussels, Belgium	ASHTECH Z-XII3T ASH701945B_M	3.9702m
FFMJ 14279M001	Frankfurt (Main), Germany	JPS LEGACY JPSREGANT_SD_E	0.0000m
MATE 12734M008	Matera, Italy	TRIMBLE 4000SSI TRM29659.00	0.1010m
ONSA 10402M004	Onsala, Sweden	ASHTECH Z-XII3 AOAD/M_B	0.9950m
PTBB 14234M001	Braunschweig, Germany	ASHTECH Z-XII3T ASH700936E	0.0562m
VILL 13406M001	Villafranca, Spain	ASHTECH Z-XII3 AOAD/M_T	0.0437m
ZIMJ 14001M006	Zimmerwald, Switzerland	JPS LEGACY JPSREGANT_SD_E	0.0770m
ZIMM 14001M004	Zimmerwald, Switzerland	TRIMBLE 4000SSI TRM29659.00	0.0000m

2. 项目设置

在 Bernese 软件中，我们是通过项目(campaign)来管理所有数据的。每个项目都有自己的目录和子目录，子目录存放着跟项目有关的不同类型数据。除此之外，还有一个 ${X}/GEN 目录，其存放的数据对于所有的项目是共有的。

在开始处理数据之前，必须先设置好项目，包括定义项目、创建项目目录，相关数据需拷贝进子目录，然后设定好跟项目有关的基本信息等。

(1) 创建新的项目

首先在"Menu > Campaign > Edit list of campaigns"定义新项目的名字，包括新项目所在目录的路径。将新项目的名字(例如，示例项目名 ${P}/INTRO)加入项目列表中。见图 7-7。

在"Menu > Campaign > Select active campaign"的输入面板中选择新项目 ${P}/INTRO 作为当前使用的项目，见图 7-8。

这时应该可以看到，新项目名字会显示在窗口最下方的状态行上。同时，也许你会收到一个警告信息，提示新项目中没有时段信息表。不需要担心这点，时段信息表会在下面的步骤中产生。

接下来为当前使用项目创建项目相关的子目录。选择"Menu > Campaign > Create new campaign"，见图 7-9。

缺省情况下会创建下列子目录：

　　${P}/ INTRO /ATM　　存放项目相关的大气层文件(如电离层文件 ION、对流层文件 TRP)；
　　　　　　　　/BPE　　BPE 批处理时生成的文件；
　　　　　　　　/OBS　　存放 Bernese 的观测值文件；
　　　　　　　　/ORB　　存放跟轨道相关的文件(轨道文件、地球自转参数文件、卫星

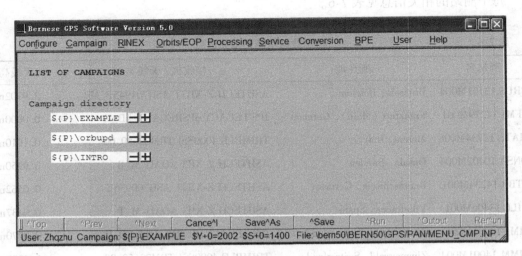

图 7-7 创建新的项目

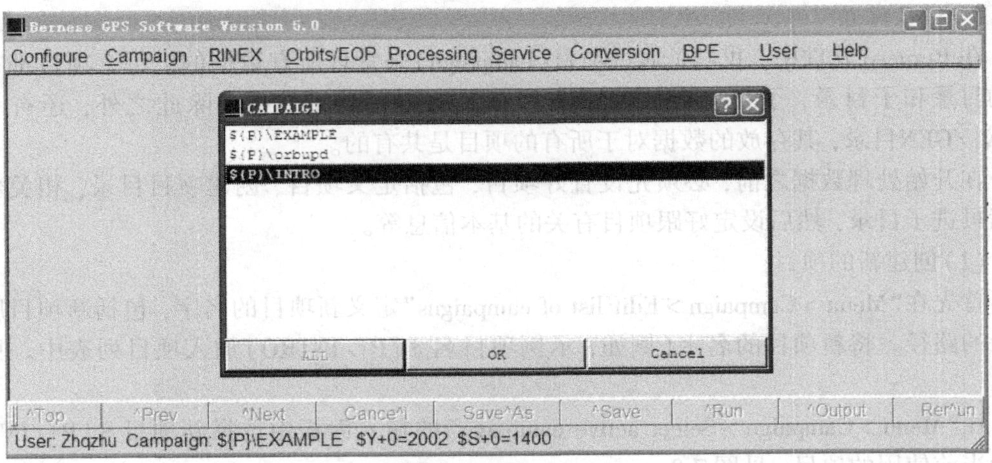

图 7-8 选择新的项目的作为当前使用项目

　　　　　　　钟差文件等);
　　　　/ORX　存放原始 RINEX 文件;
　　　　/OUT　存放输出文件;
　　　　/RAW　存放可以用于计算的 RINEX 文件;
　　　　/SOL　存放结果文件(如法方程文件 SINEX);
　　　　/STA　存放项目相关的坐标和坐标信息文件等,项目时段信息表也
　　　　　　　在这里。
　　除此之外,同时还会拷贝一个缺省的时段信息表至本项目下(${P}/INTRO/STA/SESSIONS.SES)。可以使用菜单"Menu > Configure > Set session/compute date"查看检查该

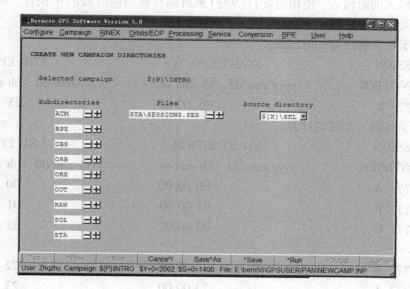

图 7-9 创建项目相关的子目录

时段对话框里跟时段号有关的内容。

(2) 时段定义

一个时段就是覆盖了所有需要一起被计算的观测数据的某个时间间隔段。一个项目存在一个或多个时段。由于 Bernese 软件使用的是按时段进行计算的方法，必须在每个项目中定义时段信息表。

时段标记是用 4 个字符组成，如 dddf，其中，ddd 代表数据开始时刻所在的年积日，f是一个英文字符，用以区别这一天里的第几个时段。对于整天的数据时段，这个字符通常是 0，对于以小时为单位的时段，用字符 A 到 X 代表从 00 小时到 23 小时。只有在时段信息表中定义的时段才能被使用。每个时段被设定为在时间间隔上单独分开，彼此间不重合，然后在 Bernese 软件中计算的数据也是对应于某个确定的时间段。在前面建立项目子目录时，会拷贝一个缺省的时段信息表至新项目下（${P}/INTRO/STA/SESSIONS.SES）。可以通过菜单"Men > Campaign > Edit session table"检查和修改相应内容。缺省的设置是适用于 24h 的计算方式。实际上存在两种类型的时段信息表。

1）固定格式的时段表，明确清晰地定义每个计算时段的内容，例如：

SESSION IDENTIFIER	START EPOCH yyyy mm dd hh mm ss	END EPOCH yyyy mm dd hh mm ss
2420	2003 08 30 00 00 00	2003 08 30 23 59 59
2430	2003 08 31 00 00 00	2003 08 31 23 59 59
2440	2003 09 01 00 00 00	2003 09 01 23 59 59
2510	2003 09 08 00 00 00	2003 09 08 23 59 59
2520	2003 09 09 00 00 00	2003 09 09 23 59 59

2) 开放格式的时段表,使用通配符(???)来自动替换当前时段的年积日。时段表中每一行对应一天中的每个时段。例如:

用于整天解计算的时段表:

SESSION IDENTIFIER	START EPOCH yyyy mm dd hh mm ss	END EPOCH yyyy mm dd hh mm ss
??? 0	00 00 00	23 59 59

用于每隔一小时的计算:

SESSION IDENTIFIER	START EPOCH yyyy mm dd hh mm ss	END EPOCH yyyy mm dd hh mm ss
??? A	00 00 00	00 59 59
??? B	01 00 00	01 59 59
??? C	02 00 00	02 59 59
...		
??? W	22 00 00	22 59 59
??? X	23 00 00	23 59 59

两种类型的时段表不能混合使用。一般建议使用开放格式的时段表。

同时通过使用对话框(选择菜单"Menu > Configure > Set session/compute date")来选择时段表中某个时段作为当前要被计算的时段。见图7-10。选择好之后,正确的时段号会在软件窗口最下端的状态栏中显示出来。对于示例项目,时段表使用整天解计算的时段表,同时设定最初计算时段为2002年年积日143的时段,见图7-11。

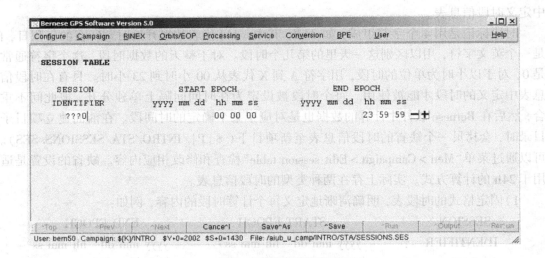

图7-10 设定时段表

(3) 创建跟测站有关的文件

1) 创建初始坐标/速度文件

当你打算计算局部范围或小区域的GPS网,网中却没有ITRF框架下准确的(分米级)

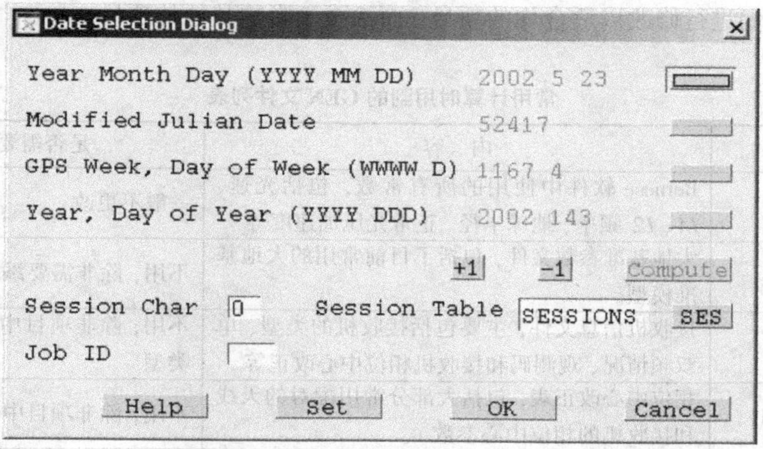

图 7-11 设定时段号

测站起算坐标，建议你加一个离测区最近的 IGS GPS 跟踪站的数据到你的计算中。而这些 IGS 参考站的坐标和速度则可以从网上获取（当前 ITRF2000 的文件为 ftp://large.ensg.ign.fr/pub/itrf/itrf2000）或者通过程序 SNX2NQ0 从相应的 SINEX 文件提取（选择菜单"Menu > Conversion > SINEX to normal equations"）。对于其他测站则可以先使用其 RINEX 文件中的坐标，一般属于伪距单点定位的结果。然后分别使用"Menu > Campaign > Edit station files > Station coordinates"和"Menu > Campaign > Edit station files > Station velocities"手工检查和修改下载的和自己创建的文件。

2）创建测站信息文件

在这个文件里有两部分内容是很重要的：

第一部分：重命名测站。为计算准备正确的测站名字。

第二部分：测站信息。需要确认每个测站计算时用到的接收机、天线类型和天线高都是正确无误的。

这些信息可以手工输入，还可以通过程序 RNX2STA（选择菜单"Menu > RINEX > RINEX utilities > Extract station information"）从项目 RAW 目录下的 RINEX 观测值文件的头信息中提取。值得注意的是，任何情况下在计算前都应该仔细检查和核对测站信息文件里的内容是否和外业观测实际情况一致。

3）创建测站缩略名文件

测站缩略名表是用来生成 Bernese 格式的观测值文件名的，通过选择"Menu > Campaign > Edit station files > Abbreviation table"可以手工编辑和定义这些测站的缩略名。

（4）常用（GEN）文件准备

这些常用文件对于计算也是非常重要的。表 7-7 列举了必须准备好的常用文件，在表中同样显示了通常在计算你自己的数据时哪些文件是需要修改的。这些文件都可从 AIUB 的服务器上（http://www.aiub.unibe.ch/download/BSWUSER50/GEN）下载以保持更新。

建议你将系统目录下 ${X}/GEN 存放的所有 GEN 文件拷贝一份至你的项目下的 GEN 目录，然后对它们进行修改以适合你的项目，而不至于影响其他的项目。

表 7-7　　　　　　　　　　常用计算时用到的 GEN 文件列表

文件名	内容	是否需要修改
CONST.	Bernese 软件中使用的所有常数，包括光速、$L1$、$L2$ 频率、地球半径、正常光压加速度等	一般不更改
DATUM.	大地基准参数文件，包括了目前常用的大地基准模型。	不用，除非需要添加新的基准
RECEIVER.	接收机信息文件，主要包括接收机的类型、单双频情况、观测码和接收机相位中心改正等	不用，除非项目中有新的接收机类型
PHAS_IGS. REL	相位中心改正表，包括大部分常用配对的天线和接收机的相位中心参数	不用，除非项目中有新的配对
SATELLIT.	卫星参数，指定了卫星的型号、天线类型等	发射了新的卫星时需更新
SAT_$Y+0$. CRX	卫星问题文件，给出了问题卫星出现的时间段和影响到的观测值类型，$Y+0$ 为具体年份	当年的文件需要保持更新
GPSUTC.	跳秒文件，给出了 GPS 跳秒情况	当 IERS 公布了新的跳秒时需更新
IAU2000. NUT	章动模型参数文件	不用
IERS2000. SUB	单日极移模型参数文件	不用
POLOFF.	极偏差系数文件	不用
OT_CSRC. TID	海潮摄动模型参数文件	不用
JGM3. GEMT3.	地球重力场模型文件	不用
STACRUX.	测站问题文件，给出了出现问题的测站，以便计算时排除这些测站或修改这些测站的天线高等外业信息	用户自行修改

(5) 数据文件准备

在计算前，准备好所必须的数据文件，包括：

1) 原始数据文件

将原始观测文件(*.$YO，$Y 为数据所在年份的两位字符)、原始导航文件(*.$YN)和原始气象文件(*.$YM)放在 ORX 目录中。

2) 轨道文件

从 IGS 上下载精密星历文件(*.sp3 文件，其文件格式已于 2002 年 9 月 5 日更新为 sp3c 格式)，以及与它相对应的地球自转参数文件(*.IEP 文件，以周为单位发布)。

3. 输入观测数据文件

设置好项目和准备好需要的文件后，第一步计算就是将观测数据由 RINEX 格式转换为 Bernese 二进制格式。对于观测值文件，使用 RXOBV3 程序(选择菜单"Menu > RINEX > Import RINEX to Bernese format > Observation files")。对于示例项目中每个时段运行这个程序。这样，经转换后，观测值文件转换成 BERNESE 格式有如下四种格式，它们分别为 *.PZH(相位非差头文件)、*.PZO(相位非差观测文件)、*.CZH(码非差头文件)、*.CZO(码非差观测文件)。

在图 7-12 中，对应于面板中输入项"original RINEX observation files"，那么所有与 ${P}/INTRO/RAW/???? 1430.02O 匹配的 RINEX 观测值文件将被选中，参与格式转换。接下来，面板要求指定通常输入文件，再下来的几个输入面板都是要求用户指定运行 RXOBV3 程序的各个输入项，主要有数据类型、观测时间段、数据采样率等、最小观测历元数、怎么检查 RINEX 文件头的信息等。每个面板里的输入选项不一一叙述，计算时，用户根据自己的需要，选择相应项决定哪些数据会被输入。然后点击命令栏里的^RUN 按钮，运行程序。

注意：在这里只列出了这个步骤的第一个面板，其他面板的设置参见说明书或者软件里的帮助。实际上，除非特殊应用，每个面板中的参数设置用软件的缺省参数即可。在后面的介绍中，一般也只会列出相应步骤的第一个面板，除了需要特意说明的面板参数设置。

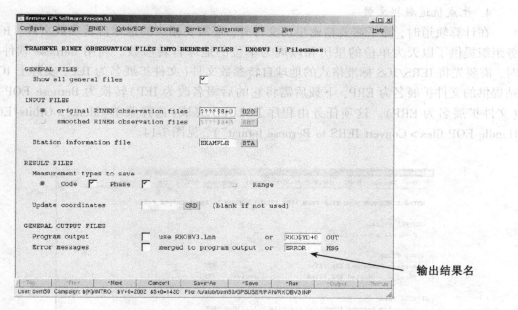

图 7-12　程序 RXOBV3 的输入参数面板 1

如果你的项目里的 RINEX 数据格式不是很规范或者文件头信息和测站信息文件不是很吻合，程序会出现警告甚至错误信息。你需要仔细检查这些信息，根据相应信息去解决出现的问题；如果是警告，需要判断它会不会对你后续的数据处理造成影响。

按照图 7-12 中的选择项，程序会在目录 ${P}/INTRO/RAW 中生成结果输出文件 RXO02143.OUT，你可以通过^Output 按钮或者选择菜单"Menu > Service > Browse program output"打开该文件。文件里输出了很多信息，最主要的就是检查每个数据文件转换后的历元数，从而判断格式转换是否正确完成了，见图 7-13。

183

```
TABLE OF INPUT AND OUTPUT FILE NAMES:
----------------------------------------------------------------
Num  Rinex file name              Bernese code  header  file name  #epo ...
                                  Bernese code  observ. file name
                                  Bernese phase header  file name  #epo ...
                                  Bernese phase observ. file name
----------------------------------------------------------------
 1   ${K}/INTRO/RAW/BRUS1430.02O  ${K}/INTRO/OBS/BRUS1430.CZH       2778 ...
                                  ${K}/INTRO/OBS/BRUS1430.CZO
                                  ${K}/INTRO/OBS/BRUS1430.PZH       2778
                                  ${K}/INTRO/OBS/BRUS1430.PZO

 2   ${K}/INTRO/RAW/FFMJ1430.02O  ${K}/INTRO/OBS/FFMJ1430.CZH       2799 ...
                                  ${K}/INTRO/OBS/FFMJ1430.CZO
                                  ${K}/INTRO/OBS/FFMJ1430.PZH       2799
                                  ${K}/INTRO/OBS/FFMJ1430.PZO

 3   ${K}/INTRO/RAW/MATE1430.02O  ${K}/INTRO/OBS/MATE1430.CZH       2880 ...
                                  ${K}/INTRO/OBS/MATE1430.CZO
                                  ${K}/INTRO/OBS/MATE1430.PZH       2880
                                  ${K}/INTRO/OBS/MATE1430.PZO
```

图 7-13　程序 RXOBV3 的输出结果

4. 生成轨道数据文件

在计算轨道时，除了需要精密星历文件外，还需要相应的地球自转参数文件。IGS 服务组织提供了以天为单位的星历和以周为单位的地球自转参数。利用 Bernese 软件计算时，需要先将 IERS/IGS 标准格式的地球自转参数文件（文件扩展名为 IEP，实际上 IGS 网站提供的文件扩展名为 ERP，下载后需将它的后缀名改为 IEP）转换为 Bernese EOP 格式（文件扩展名为 ERP）。这项任务由程序 POLUPD 完成（选择菜单"Menu > Orbits/EOP > Handle EOP files > Convert IERS to Bernese format"），见图 7-14。

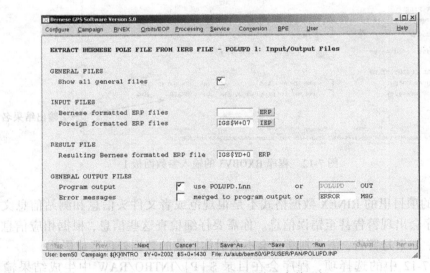

图 7-14　程序 POLUPD 的输入参数面板 1

后续的几个面板，用户需要指定其他输入文件、输出文件的时间段等。建议你为每天的精密星历文件生成一个与之对应的 ERP 文件。

接下来，轨道计算的第一个程序是 PRETAB，选择菜单"Menu > Orbits/EOP > Create tabular orbits"。它的目的是将精密星历由地球参考框架转换到天球参考框架，生成一个轨道列表文件(文件扩展名为 TAB)。同时生成卫星钟差文件，当项目里没有广播星历数据时，后面的 CODSPP 程序需要用到这个卫星钟差文件。见图 7-15。

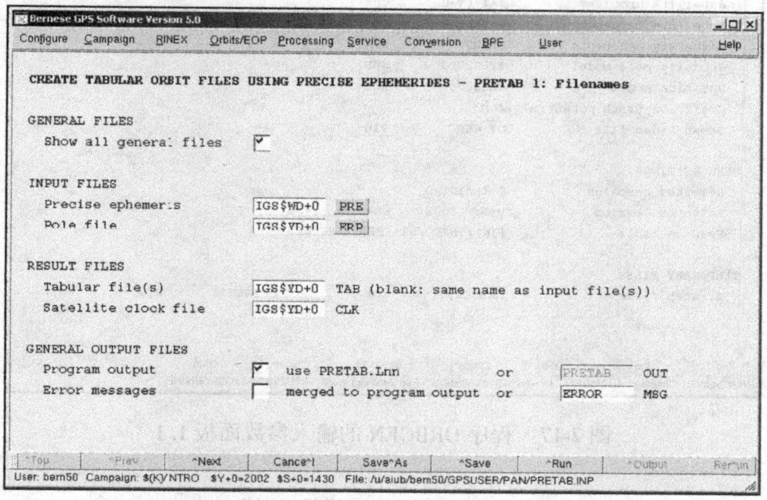

图 7-15　程序 PRETAB 的输入参数面板 1

轨道计算的第二个程序是 ORBGEN(选择菜单"Menu > Orbits/EOP > Create standard orbits")。它利用前面生成的 TAB 文件里的卫星位置作为伪观测值对轨道作一次最小二乘平差，生成所谓的标准轨道(文件扩展名为 STD)，见图 7-16。

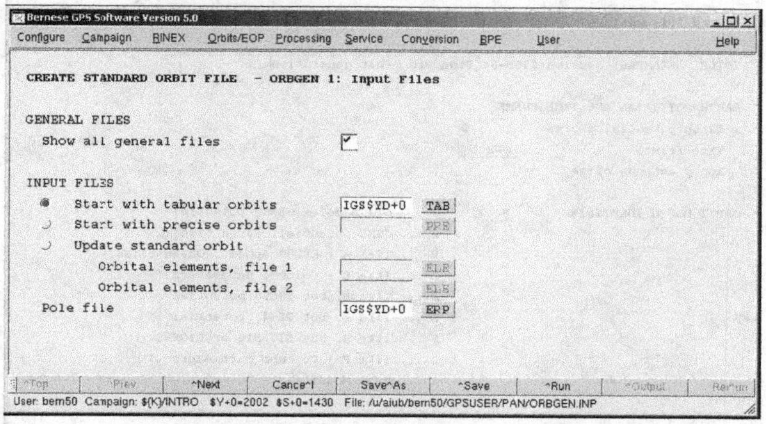

图 7-16　程序 ORBGEN 的输入参数面板 1

要注意的是，在图 7-17 中，ORBGEN 中用到的 EOP 文件、章动文件、单日极移文件等应该与 PRETAB 中保持一致。

图 7-17 程序 ORBGEN 的输入参数面板 1.1

图 7-18 输入面板的参数设置比较重要。选项轨道模型"ORBIT MODEL IDENTIFIER"决定了你选择哪一个输入文件的组合。如果使用广播星历来生成标准轨道，这个选项应选择参数"O"；如果使用精密星历来生成标准轨道，一般应选择参数"B"；也可以选择"?"，让软件根据前面选择的输入文件参数自动设定某一模型，生成标准轨道。

图 7-18 程序 ORBGEN 的输入参数面板 3.1

对于图 7-19 这个面板，如果是使用广播星历来生成标准轨道，只需要选定 D0、Y0 两个参数；如果是使用精密星历来生成标准轨道，则需要选定所有参数。

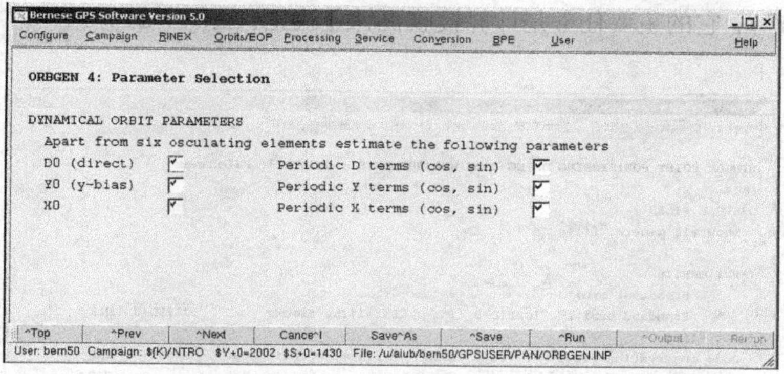

图 7-19　程序 ORBGEN 的输入参数面板 4

建议每个时段以整天作为一个弧段来生成标准轨道。那么示例数据，就是每天的精密星历文件运行一次 ORBGEN，生成一个弧段的标准轨道文件。

在 ORBGEN 输出结果文件中，最重要的信息就是每颗卫星的 RMS 值，见图 7-20。如果计算时使用的精密星历和地球自转参数是协调一致的，它们应该不超过 1～2cm。实际上，RMS 值跟使用的星历精度、星历和 EOP 信息的一致性、计算时选用的轨道模型都有关系。

```
...

INPUT AND OUTPUT FILENAMES
--------------------------


-----------------------------------------------------------------------------
Session table               : ${K}/INTRO/STA/SESSIONS.SES
General constants           : ${X}/GEN/CONST.
Pole file                   : ${K}/INTRO/ORB/IGS02143.ERP
Subdaily pole model         : ${X}/GEN/IERS2000.SUB
Nutation model              : ${X}/GEN/IAU2000.NUT
Coeff. of Earth potential   : ${X}/GEN/JGM3.
Satellite problems          : ${X}/GEN/SAT_2002.CRX
Satellite information       : ${X}/GEN/SATELLIT.
Planetary ephemeris file    : ${X}/GEN/DE200.EPH
Ocean tides file            : ${X}/GEN/OT_CSRC.TID
Orbital elements, file 1    :  --
Orbital elements, file 2    :  --
Standard orbits             : ${K}/INTRO/ORB/IGS02143.STD
Radiation pressure coeff.   :  --
Residual file               :  --
Summary file                : ${K}/INTRO/OUT/ORB02143.LST
Scratch file                : ${U}/WORK/ORBGEN.SCR
Scratch file                : ${U}/WORK/ORBGEN.SC2
Program output              : ${K}/INTRO/OUT/ORB02143.OUT
Error message               : ${U}/WORK/ERROR.MSG
-----------------------------------------------------------------------------
...
...
-----------------------------------------------------------------------------
RMS ERRORS AND MAX. RESIDUALS   ARC NUMBER:  1                  ITERATION:  2
-----------------------------------------------------------------------------

                             QUADRATIC MEAN OF O-C (M)       MAX. RESIDUALS (M)
SAT   #POS   RMS (M)      TOTAL   RADIAL  ALONG   OUT      RADIAL  ALONG   OUT
---   ----   -------      -------------------------       ------------------

  1    96     0.01        0.01    0.01    0.01    0.01      0.02   0.02   0.02
  2    96     0.01        0.01    0.01    0.01    0.01      0.03   0.02   0.01
  3    96     0.00        0.00    0.00    0.00    0.00      0.01   0.01   0.01
  4    96     0.01        0.01    0.01    0.01    0.01      0.02   0.01   0.02
...
```

图 7-20　程序 ORBGEN 的输出结果

5. 数据预处理

(1) 接收机钟同步

数据预处理的第一个程序是 CODSPP("Menu > Processing > Code-based clock synchronization"),它的主要任务是计算接收机钟差改正,见图 7-21。

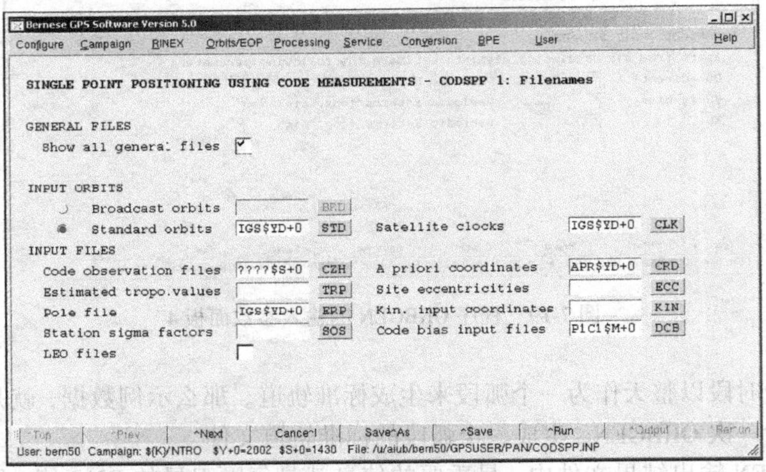

图 7-21 程序 CODSPP 的输入参数面板 1

同时,CODSPP 还可以用伪距观测值估计坐标,如果项目中的点已经有比较准确的坐标,这个选项"Estimate coordinates"可以设为 NO。最重要的选项是"Save clock estimates",它应该设为 BOTH。其他参数用缺省参数即可,见图 7-22。

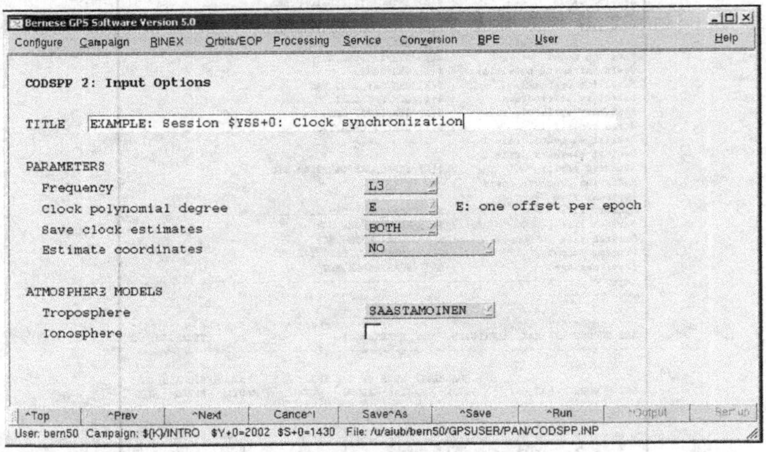

图 7-22 程序 CODSPP 的输入参数面板 2

CODSPP 的输出结果如图 7-23 所示。

在输出结果中,最重要的信息就是"CLOCK OFFSETS STORED IN CODE + PHASE

```
STATION: ONSA 10402M004    FILE: ${K}/INTRO/OBS/ONSA1430.CZO    RECEIVER UNIT:    834
---------------------------------------------------------------------------------
...
...

RESULTS:
--------

OBSERVATIONS IN FILE:       25832
BAD OBSERVATIONS    :        0.00 %
RMS OF UNIT WEIGHT  :        1.98 M
NUMBER OF ITERATIONS:        2
...
...

STATION COORDINATES:
--------------------

LOCAL GEODETIC DATUM:  IGS00

                                A PRIORI           NEW           NEW- A PRIORI    RMS ERROR
ONSA 10402M004    X           3370658.58       3370658.58            0.00           0.00
(MARKER)          Y            711877.10        711877.10            0.00           0.00
                  Z           5349786.92       5349786.92            0.00           0.00

                  HEIGHT            45.57            45.57            0.00           0.00
                  LATITUDE    57 23 43.075     57 23 43.075   0  0   0.000          0.0000
                  LONGITUDE   11 55 31.860     11 55 31.860   0  0   0.000          0.0000


CLOCK PARAMETERS:
-----------------

OFFSET FOR REFERENCE EPOCH:       0.000987915  SEC

CLOCK OFFSETS STORED IN CODE+PHASE OBSERVATION FILES
...
...

****************************************************************************
SUMMARY OF BAD OBSERVATIONS
****************************************************************************

MAXIMUM RESIDUAL DIFFERENCE ALLOWED :   30.00 M
CONFIDENCE INTERVAL OF F*SIGMA WITH F:   5.00

NUMBER OF BAD OBSERVATION PIECES    :       2

NUMB FIL STATION          TYP SAT   FROM                TO              #EPO
-------------------------------------------------------------------------------

 1   2  FFMJ 14279M001    OUT  7   02-05-23 15:47:30   02-05-23 15:47:30    1

 2   4  ONSA 10402M004    OUT  6   02-05-23 17:34:00   02-05-23 17:34:00    1
-------------------------------------------------------------------------------
```

图 7-23 程序 CODSPP 的输出结果

OBSERVATION FILES"。如果在输出报告中出现这个信息,就意味着 CODSPP 计算出来的接收机钟差改正 δ_k 已经存储到伪距观测值文件和相位观测值文件中。

RMS 则可以作为判断观测值质量的一个指标,在有 SA 效应时,它的值一般应为 20~30m,没有 SA 效应时,它的值一般为 3m 左右。如果 RMS 比较大,意味着伪距观测值质量不佳,不过即使稍差一点,还是可以保证计算出来的接收机钟差改正 δ_k 的精度到 $1\mu s$。

(2) 生成基线

第二个程序是 SNGDIF("Menu > Processing > Baseline file creation"),通过它从而创建单差文件,见图 7-24。需注意的是,在 Bernese 软件中,除非手工选择生成基线,那么由软件根据一定原则自动生成的单差基线相互间都是独立的。创建单差基线的原则有下面几个:

OBS-MAX: 以构成的单差观测值数量最多为原则;

SHORTEST： 以构成的单差基线距离最短为原则；
STAR： 先选定一个点作为中心点，其他点与这个点构成星行网；
DEFINED： 根据预先定义好的文件构成基线；
MANUAL： 用户自行选择定义基线。

在示例项目中，我们选择以观测数最多(OBS-MAX)为原则来生成单差相位观测值文件。

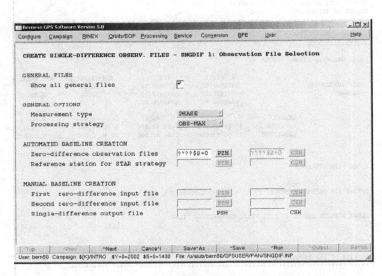

图 7-24 程序 SNGDIF 的输入参数面板 1

SNGDIF 的输出结果会列出所有的非差文件以及创建的单差文件。对于示例项目，采用 OBS-MAX 的原则会得到如图 7-25 所示的结果。

```
 1 BRUS 13101M004  - FFMJ 14279M001   CRIT.:   11280
 2 BRUS 13101M004  - MATE 12734M008   CRIT.:    9694
 3 BRUS 13101M004  - ONSA 10402M004   CRIT.:   11370  OK
 4 BRUS 13101M004  - PTBB 14234M001   CRIT.:   10221
 5 BRUS 13101M004  - VILL 13406M001   CRIT.:   10378
 6 BRUS 13101M004  - ZIMJ 14001M006   CRIT.:    6636
 7 BRUS 13101M004  - ZIMM 14001M004   CRIT.:   11242
 8 FFMJ 14279M001  - MATE 12734M008   CRIT.:   10826  OK
 9 FFMJ 14279M001  - ONSA 10402M004   CRIT.:   12603  OK
10 FFMJ 14279M001  - PTBB 14234M001   CRIT.:   10252
11 FFMJ 14279M001  - VILL 13406M001   CRIT.:   10576
12 FFMJ 14279M001  - ZIMJ 14001M006   CRIT.:    6688
13 FFMJ 14279M001  - ZIMM 14001M004   CRIT.:   11705  OK
14 MATE 12734M008  - ONSA 10402M004   CRIT.:   10491
...
```

图 7-25 程序 SNGDIF 的输出结果

上面结果中列出了所有的非差文件之间的组合，后面标有 OK 的是创建的单差基线。

(3) 基线预处理

第三个程序是 MAUPRP（"Menu > Processing > Phase preprocessing"），它的主要任务是

周跳探测与修复,见图7-26。

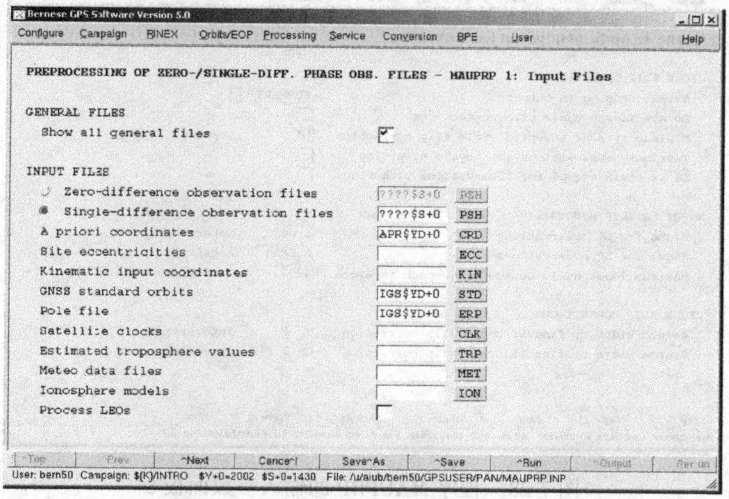

图7-26 程序MAUPRP的输入参数面板1

在图7-27中,需要注意选项"Screening mode, frequency to check"。如果是双频仪器,一般选择COMBINED都可以。如果选择BOTH,不能用于长边(10km以上);但是对于短边,选择BOTH相比选择COMBINED更好些,尤其适合于边长很短、接收机观测质量差或者观测值噪声大的情况。如果是单频仪器,一般则只能选择L_1。

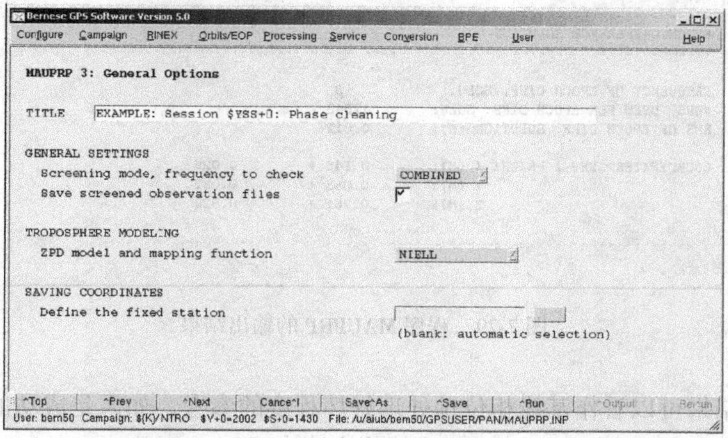

图7-27 程序MAUPRP的输入参数面板3

在图7-28的输入面板中,需要注意选项"Maximum ionospheric change from epoch to epoch"。同上,如果前面选择COMBINED,这里应该输入400;如果前面选择BOTH,这里则应该输入30。

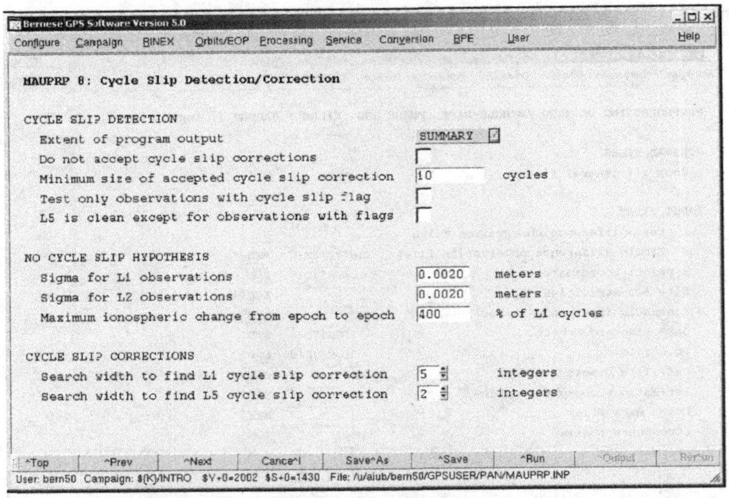

图 7-28　程序 MAUPRP 的输入参数面板 8

MAUPRP 的输出结果有很多信息，最重要的一条是应查看三差解的结果，如图 7-29 所示。

```
...
STATION 1: BRUS 13101M004          YEAR:  2002          SESSION:  1430
STATION 2: ONSA 10402M004          DAY :   143          FILE   :     0

BASELINE LENGTH (M) :    883750.411
OBSERVAT. FILE NAME : ${K}/INTRO/OBS/BRON1430.PSH
...
...
-----------------------------------------------------------------------
EPOCH DIFFERENCE SOLUTION
-----------------------------------------------------------------------

FREQUENCY OF EPOCH DIFF. SOLU.:              3
#OBS. USED FOR EPOCH DIFF. SOLU:         17643
RMS OF EPOCH DIFF. SOLUTION (M):         0.011

COORDINATES  NEW-A PRIORI X (M):         0.148 +-        0.026
                          Y (M):         0.053 +-        0.032
                          Z (M):         0.281 +-        0.020

-----------------------------------------------------------------------
...
```

图 7-29　程序 MAUPRP 的输出结果

三差解的结果可以看作基线相位预处理好坏程度的参考。如果是成功的基线相位预处理，"RMS OF EPOCH DIFF. SOLUTION"的值应该小于 2cm。

需要指出的是，对于每条基线，程序 MAUPRP 只需要运行一次就足够了。除非又使用 SNGDIF 重新生成了基线。

6. 参数估计：基线解算（GPSEST）

（1）初始基线解

程序 GPSEST（选择"Menu > Processing > Parameter estimation"）的主要任务就是求基线

的最小二乘解。不过最好的方式是先对整个时段使用 GPSEST 求得一个初始解，也就是我们常说的整周模糊度浮动解。虽然不把这个解当作最终的结果，但是我们可以通过分析解的残差以检查数据质量，剔除粗差观测值。

输入参数设置如图 7-30 所示。

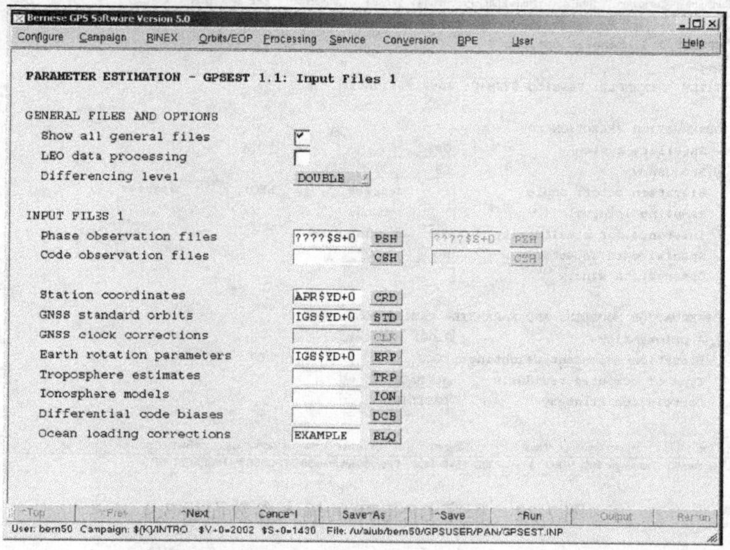

图 7-30　程序 GPSEST 的输入参数面板 1.1

在图 7-31 的面板中，选项"Residuals"指定了残差输出文件。

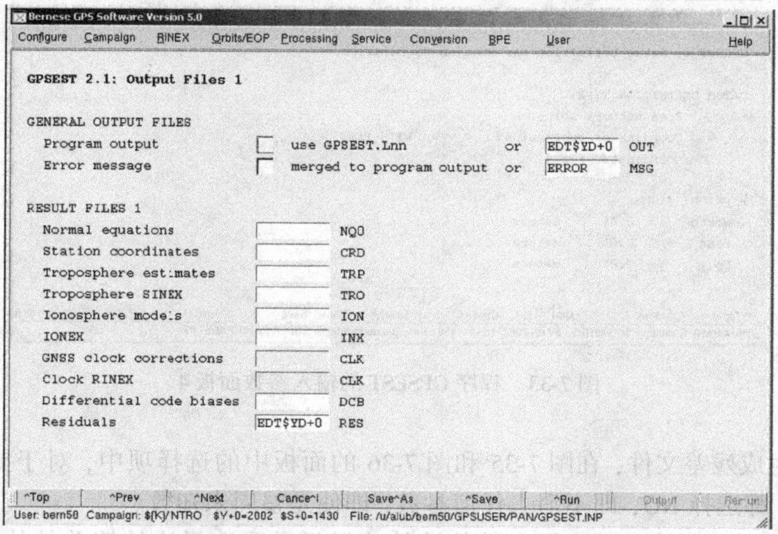

图 7-31　程序 GPSEST 的输入参数面板 2.1

193

在图 7-32 中，观测值类型选用消去电离层影响的观测值(L_3)。在这一步计算中，我们并不放大采样率而使用最初的采样率，因为想检查每个观测值是否会是粗差。这样，如果是整天的数据，数据量大，计算时间就会相对长一些。

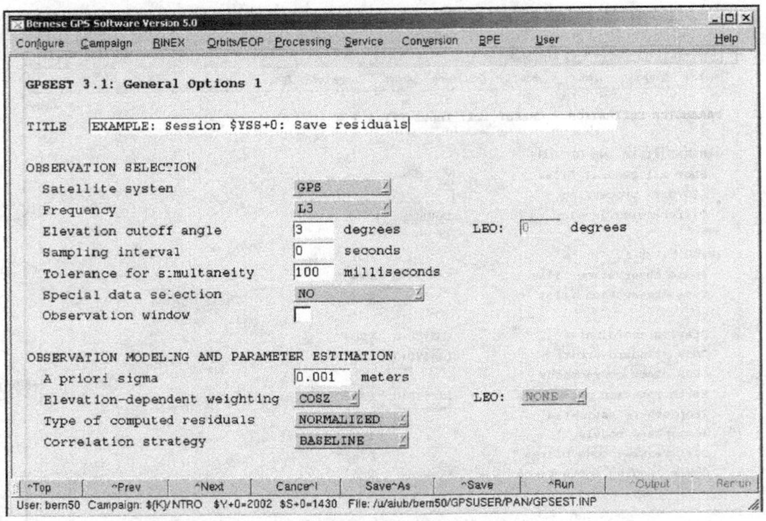

图 7-32 　程序 GPSEST 的输入参数面板 3.1

在图 7-33 和图 7-34 中的输入参数面板中，对于网中的精度较高的已知点，例如本示例项目中的 IGS 跟踪站点，对它的坐标值加以较松的约束。

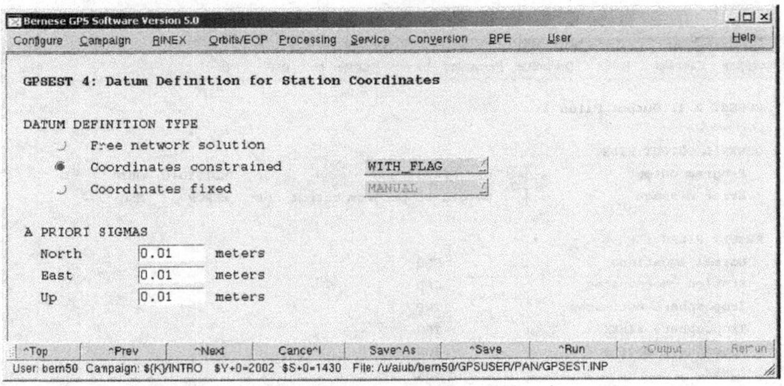

图 7-33 　程序 GPSEST 的输入参数面板 4

由于要生成残差文件，在图 7-35 和图 7-36 的面板中的选择项中，对于要提前消去的参数这一栏，都选择 NO，即不消去任何参数，即使是整周未知数。

在图 7-37 的面板中，对流层参数估计的选择只需要选择比较简单的估计方式即可。如示例，每隔 4h 估计一个参数，不使用梯度模型。

图 7-34 程序 GPSEST 的输入参数面板 4.1

图 7-35 程序 GPSEST 的输入参数面板 5.1

图 7-36 程序 GPSEST 的输入参数面板 5.2

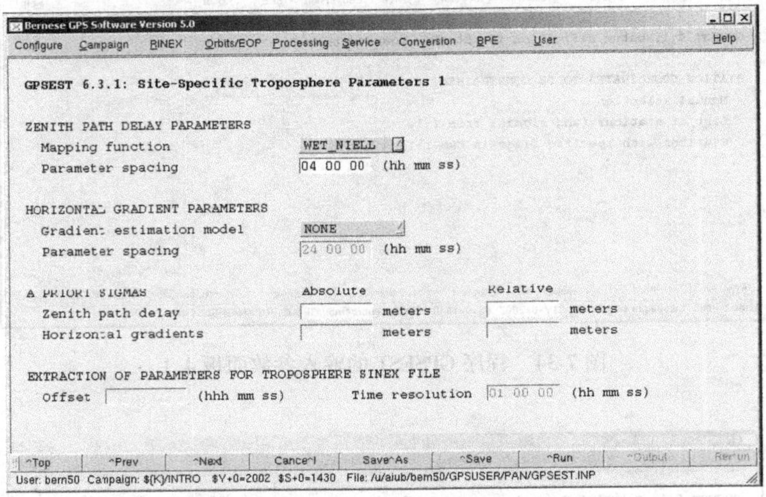

图 7-37 程序 GPSEST 的输入参数面板 6.3.1

在 GPSEST 的输出结果中，见图 7-38，会回顾所有选择的参数，对输入数据作简单统计，并给出参数估计结果。最重要的信息就是验后 RMS 值。如果选择了对观测值根据高度角进行定权，验后 RMS 值应该为 1.0、…、1.5cm 左右。过高的 RMS 值意味着数据质量较差或者数据预处理(MAUPRP、CODSPP)不很成功。

```
A POSTERIORI SIGMA OF UNIT WEIGHT (PART 1):
-------------------------------------------

A POSTERIORI SIGMA OF UNIT WEIGHT  :    0.0011 M  (SIGMA OF ONE-WAY L1 PHASE OBSERVABLE AT ZENITH)
```

图 7-38 程序 GPSEST 的输出结果(只列出了验后 RMS 那一小部分)

(2) 剔除粗差观测值

根据得到的二进制残差文件，利用程序 RESRMS(选择“Menu > Service > Residual files > Generate residual statistics”)对残差作一个自动处理。见图 7-39。

RESRMS 会对数据进行质量过滤，生成很重要的一个文件——编辑信息文件(示例项目中为 ${P}/INTRO/OUT/RMS02143.EDT)，然后再根据这个文件利用程序 SATMRK(选择“Menu > Service > Bernese observation files > Mark/delete observations”)将粗差观测值标记出来。见图 7-40、图 7-41。

(3) 求浮动解

当剔除了粗差观测值后，我们可以使用消去电离层影响的观测值(L_3)，先产生一个整周模糊度浮动解。在这一步中，GPSEST 的参数设置类似于前面初始解的参数设置，只有很少的不同。不同的地方列出来如下：

面板 2.1：Output Files 1

图 7-39 程序 RESRMS 的输入参数面板 1

图 7-40 程序 SATMRK 的输入参数面板 1

图 7-41 程序 SATMRK 的输入参数面板 2

将浮动解的坐标结果和对流层参数估计结果保存为文件，以便后面利用。

面板 3.1：General Options 1

将采样率增大至 180s。

面板 4：Datum Definition for Station Coordinates

对 IGS 站点的坐标加以较强的约束，0.001m。

面板 5.1：Setup of Parameters and Pre Elimination 1

将整周模糊度参数设为提前从法方程中消去。

在图 7-42 中给出了验后 RMS 值和坐标平差结果。由于从观测值中剔除了粗差，那么验后 RMS 值应该会减少一点，至少不应该增加，否则说明观测值和强约束的点位坐标不一致。

```
A POSTERIORI SIGMA OF UNIT WEIGHT (PART 1):
-------------------------------------------
A POSTERIORI SIGMA OF UNIT WEIGHT :    0.0011 M  (SIGMA OF ONE-WAY L1 PHASE OBSERVABLE AT ZENITH)

DEGREE OF FREEDOM (DOF)           :    19880
CHI**2/DOF                        :    1.17


STATION COORDINATES:                       ${K}/INTRO/STA/FLT02143.CRD
-------------------

NUM STATION NAME    PARAMETER   A PRIORI VALUE      NEW VALUE        NEW- A PRIORI   RMS ERROR      ...

 6  BRUS 13101M004  X           4027893.7815        4027893.7795     -0.0020         0.0015
                    Y            307045.7659         307045.7744      0.0085         0.0014
                    Z           4919475.0769        4919475.0793      0.0024         0.0017

                    HEIGHT           149.6623            149.6633     0.0010         0.0021      ...
                    LATITUDE   50 47 52.143279    50 47 52.143364     0.0026         0.0008      ...
                    LONGITUDE   4 21 33.185936     4 21 33.186378     0.0086         0.0014      ...
```

图 7-42 程序 GPSEST 的输出结果（浮动解结果）

（4）确定整周模糊度

接下来我们使用 QIF 方法来对每条基线求解其整周模糊度。一般是每条基线运行 GPSEST 一次，因为在每条基线的解算过程中，要求解的参数特别多。如果是整个时段，所有基线一起解算，那么对机器的 CPU 和内存的要求很高。

解算时相应的参数设置如下：

面板 1.1：Iutput Files 1

将前一步骤中求得的浮动解的坐标结果和对流层参数估计结果引入。

面板 2.1：Output Files 1

不生成任何输出文件。

面板 3.1：General Options 1

设置观测值类型为"L_1 & L_2"；将采样率改为 30s。

面板 3.2：General Options 2

设置选项"Resolution strategy"的参数为 QIF。

面板 4：Datum Definition for Station Coordinates

将待计算基线的第一个点的坐标固定。

面板 5.1：Setup of Parameters and Pre Elimination 1

将选项"Ambiguities"参数设为 NO。

不估计对流层参数，即选项"Site-specific troposphere parameters"不被选中。

确保选项"Stochastic ionosphere parameters"被选中。

整周模糊度的解算结果统计如图 7-43 所示。

```
                              REFERENCE
AMBI FILE SAT. EPOCH FRQ WLF CLU AMBI CLU    AMBIGUITY    RMS    TOTAL AMBIGU.   DL/L

  1    1   18      1   1   1    1  121   25    -2.07     0.73    3181807.93
  2    1   18    803   1   1    2  121   25       2              5312280.        0.00000
  3    1   18   1140   1   1    3  122   47      11             21539289.        0.00000
  4    1   18   2541   1   1    4  122   47       8              7052711.        0.00000
  5    1   26      1   1   1    5  121   25      -2              2789513.        0.00000
  6    1   26   2316   1   1    6   18   18       3              7998338.        0.00000
  7    1    9      1   1   1    7  121   25      -2               513984.        0.00000
  8    1    9   2580   1   1    8  122   47       8              5465798.        0.00000
  9    1    5      1   1   1    9  121   25      -2              3645130.        0.00000
 10    1    5   2774   1   1   10  122   47       8             11304208.        0.00000
 11    1   21      1   1   1   11  121   25      -2               630972.        0.00000
 12    1   21    875   1   1   12  121   25      -4              2162193.        0.00000
 13    1   21   1140   1   1   13   52   55       0             24351826.        0.00000
 14    1   21   2712   1   1   14   47   55       3              6301871.        0.00000
 15    1   29      1   1   1   15  121   25      -2              2714435.        0.00000
 16    1   29   1191   1   1   16  122   47    17.32     2.15    6067500.32
 17    1   29   1213   1   1   17  122   47    12.84     2.18    6067503.84
 18    1   29   2412   1   1   18   50   58       8              7875520.        0.00000
 19    1    7      1   1   1   19  121   25      -1             -2727952.        0.00000
 20    1    7   1434   1   1   20  122   47     2.15     0.18   -2701064.85
```

图 7-43　程序 GPSEST 的输出结果（整周模糊度结果）

如果某个整周模糊度的 RMS 是有数值的，则这个整周模糊度未能作为整数求解出来，在后面的计算过程中，会将这些未固定整周模糊度当浮点数处理。其他的结果信息就不叙述了。

当对这个时段里所有基线都求解了整周模糊度后，可以使用程序 GPSXTR 对所有基线结果的整周模糊度解算情况作一个小结统计，见图 7-44。

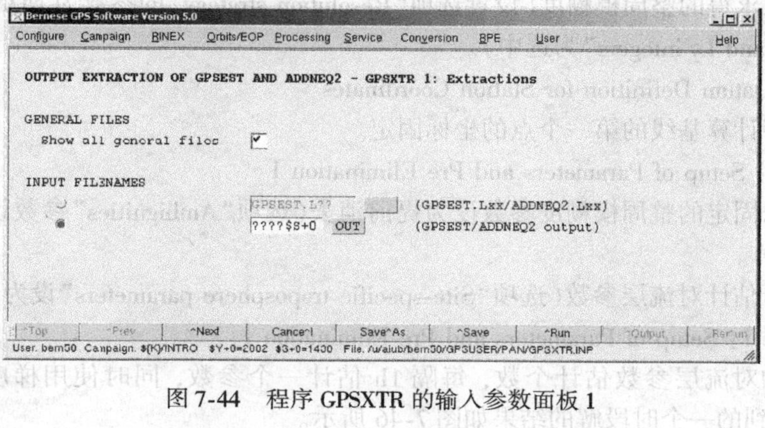

图 7-44　程序 GPSXTR 的输入参数面板 1

在小结文件中，可以很容易地看到每条基线中整周模糊度的解算情况，如图 7-45 所示。

File	Length (km)	#Amb	RMS0 (mm)	Max/RMS L5 Amb (L5 Cycles)		Max/RMS L3 Amb (L3 Cycles)		#Amb	RMS0 (mm)	#Amb Res (%)
BR0N1430	883.8	120	1.3	0.495	0.151	0.091	0.028	24	1.3	80.0
FFMA1430	1220.4	152	1.4	0.481	0.144	0.096	0.031	64	1.5	57.9
FF0N1430	840.1	134	1.4	0.479	0.158	0.100	0.034	28	1.4	79.1
FFZM1430	368.1	128	1.1	0.384	0.134	0.096	0.021	28	1.2	78.1
PTZM1430	640.1	96	1.3	0.487	0.149	0.096	0.025	14	1.4	85.4
VIZM1430	1162.3	100	1.3	0.487	0.165	0.095	0.026	22	1.4	78.0
ZIZM1430	0.0	76	0.8	0.013	0.004	0.058	0.016	16	0.9	78.9
Tot: 7	730.7	806	1.2	0.495	0.143	0.100	0.027	196	1.3	75.7

图 7-45　程序 GPSXTR 的输出结果

（5）基线最终解

当对所有基线进行了整周模糊度解算后，接下来使用 GPSEST 对整个时段求基线最终解，并生成法方程文件，供后面的程序使用。

相应参数设置如下：

面板 1.1：Iutput Files 1

　　选择时段下所有基线；

　　不引入前面求得的浮动解的坐标结果和对流层参数估计结果。

面板 2.1：Output Files 1

　　给定要生成的法方程文件名。

面板 3.1：General Options 1

　　设置观测值类型为消去电离层影响的观测值（L_3）；

　　增大采样率设为 180s；

　　考虑观测值间的相关性。

面板 3.2：General Options 2

　　引入求得的整周模糊度（设置选项"Resolution strategy"的参数为 NONE；设置选项"Introduce L_1 and L_2 integers"为选中）。

面板 4：Datum Definition for Station Coordinates

　　将待计算基线的第一个点的坐标固定。

面板 5.1：Setup of Parameters and Pre Elimination 1

　　将未固定的整周模糊度参数设为提前消去（选项"Ambiguities"参数设为 AS SOON AS POSSIBLE）。

　　重新估计对流层参数（选项"Site-specific troposphere parameters"设为选中）。

面板 6.3.1：Setup of Parameters and Pre Elimination 1

　　增加对流层参数估计个数，每隔 1h 估计一个参数，同时使用梯度模型。运行 GPSEST 后得到的一个时段解的结果如图 7-46 所示。

对于示例项目，当对 4 个时段的数据按照前面的解算过程都运行了一遍之后，在目录

```
...
13. RESULTS (PART 1)
--------------------

NUMBER OF PARAMETERS (PART 1):
------------------------------

PARAMETER TYPE                              #PARAMETERS   #PRE-ELIMINATED       #SET-UP    ...
--------------------------------------------------------------------------------------------
STATION COORDINATES                               24            0                  24      ...
AMBIGUITIES                                      108           108  (BEFORE INV)   142      ...
SITE-SPECIFIC TROPOSPHERE PARAMETERS             232            0                  232      ...
--------------------------------------------------------------------------------------------
TOTAL NUMBER OF PARAMETERS                       364           108                 398      ...


NUMBER OF OBSERVATIONS (PART 1):
--------------------------------

TYPE        FREQUENCY      FILE           #OBSERVATIONS
-------------------------------------------------------
PHASE          L3          ALL                20360

TOTAL NUMBER OF OBSERVATIONS                  20360
-------------------------------------------------------

A POSTERIORI SIGMA OF UNIT WEIGHT (PART 1):
-------------------------------------------

A POSTERIORI SIGMA OF UNIT WEIGHT :   0.0011 M  (SIGMA OF ONE-WAY L1 PHASE OBSERVABLE AT ZENITH)
DEGREE OF FREEDOM (DOF)           :   20016
CHI**2/DOF                        :   1.30
...
```

图 7-46　程序 GPSEST 的输出结果(时段解最终结果)

中将相应得到 4 个法方程文件，如下：

　　FIX02143. NQ0，FIX02144. NQ0

　　FIX03138. NQ0，FIX03139. NQ0

利用这四个时段的法方程，使用程序 ADDNEQ2 可以先对 2002 年的两个时段解求出一个最终解，同样可求得 2003 年的一个最终解。再综合这两个最终解使用 ADDNEQ2 进行速度场估计。可以参见软件的详细说明书，这里就不具体叙述了。

如果用户对轨道估计、对流层和电离层参数估计、天线相位中心估计等这些应用领域感兴趣，那么就要对 GPSEST 中的相关参数设置进行修改，以适合你的研究需要。但整个计算过程则跟坐标估计解算过程是类似的，仍然可以参考前面介绍的进行。

参 考 文 献

1. Dach R, Fridez P, Hugentobler U. Bernese GPS Software Version 5.0 Tutorial[M]. Astronomical Institute/ University of Bern, 2004
2. Hugentobler U, Dach R, Fridez P, et al. Bernese GPS Software Version 5.0 DRAFT[M]. Astronomical Institute/ University of Bern, 2006

第8章　GPS气象学

8.1　研究的目的与意义

地球大气层由地表延伸到上千公里的高空，是一切生命生存的基本条件。各种发生在大气中的自然现象与人类的生产生活息息相关。水汽在大气中的比例虽然很小，但却与天气变化和暴雨、洪水等自然灾害的发生直接相关；作为一种主要温室气体，水汽在全球气候变化中也扮演着主要角色。气象学的研究对象包括天气与气候两方面内容。

无论是以全球或区域长期天气特征为对象的气候研究，还是以对一定时间的风、云、降水、温度、气压等天气现象进行预报为目的的天气观测，都要求对温度、气压、湿度等大气物理要素的状态与结构进行精确测定。传统的大气探测技术都存在各自的缺点。如无线电探空仪的观测成本高、时间分辨率低（常规站每天观测两次），且探空站在全球的分布不均匀；星载辐射计、卫星红外辐射计的探测精度受到云层的干扰；微波辐射计观测成本高，需要经常进行仪器校正，且雨天观测精度低，难以实现业务化。各种大气参数特别是水汽观测精度与时空分辨率的不足是提高天气预报精度以及建立高精度气候模式的主要障碍，现代气象学的进一步发展需要新的大气探测技术，以克服传统手段的不足。

GPS卫星在2万多公里高度的轨道上运行，其发射的L_1、L_2双频无线电信号在穿过地球大气层时，由于电离层与中性大气层产生时延与弯曲两种效应，从而造成信号传播延迟。在空间大地测量中，这种延迟是一种主要误差源，其影响在数据处理中要尽可能得到消除，以实现精密定位的目的。随着GPS技术的不断发展，这种观测噪声逐渐成为研究大气状态的有用信号。通过不同的数据处理手段，可以由GPS观测资料得到电离层与中性大气层的结构与变化。GPS气象学这一门交叉学科所关注的主要内容即为利用GPS探测地球中性大气层所涉及的大地测量与气象领域内的各种技术问题及应用前景。

根据观测模式的不同，GPS气象学主要包括两个分支：地基GPS气象学与空基GPS气象学。前者主要研究利用地基GPS网观测测站上空的积分可降水量、GPS信号斜路径水汽含量等方面的内容；后者则关注利用搭载在低轨道（Low Earth Orbit，LEO）卫星上的接收机对GPS卫星进行的无线电掩星观测数据反演折射指数、温度、气压、湿度等地球大气参数廓线。事实上除了LEO卫星，位于飞机上或者山顶上的GPS接收机同样可以进行无线电掩星观测，因此，由空基GPS气象学又衍生出了山基（机载）模式下的掩星探测手段。

地基与空基GPS探测与传统大气探测手段比较具有观测精度高、准实时、全天候、无需人为干扰、无需进行仪器校正、观测资料具有长期稳定性且观测成本低的优点。其中，地基GPS网探测的大气水汽分布更具有时间分辨率高的优势；星载无线电掩星技术探测的大气参数廓线则具有观测资料全球分布、高垂直分辨率的特点。山基与机载模式下的掩星观测资料则具有低对流层的垂直分辨率高,且可有针对性地进行区域观测的优点。作为一种全新的独立的大气探测手段,GPS 具有各种传统方法所不具备的优越性,将 GPS 大气探测数据同化到数值天气预报模式(Numeric Weather Model,NWP)中,有助于改善模式初始场,提高模式的预报精度。

本章的主要内容是地基 GPS 气象学与空基 GPS 气象学的研究现状、基本原理与发展方向,同时也将对山基(机载)掩星观测的发展现状与基本原理进行简单介绍。

8.2 利用地基 GPS 观测探测大气水汽分布

8.2.1 研究现状

1. 国际研究现状

1992 年,Bevis 等(1992)首次提出了利用地基 GPS 技术探测大气水汽含量的方法。此后开展的 GPS/STORM、GPS/WISP、WWAVE、CLAM 等试验成功证明了地基 GPS 探测的大气水汽含量与水汽辐射计及无线电探空仪精度相当,对天气预报和气候变化研究具有重要潜力。21 世纪初,美国与欧洲各国利用测绘、地震与气象等部门建立的 GPS 网相继进行了 MAGIC、WAVEFRONT、UCAR/GST、NOAA/FSL、COST-716、GASP、NOAA/GSD 等地基 GPS 气象应用研究的大型项目。日本也基于其由 1200 多个连续运行站构成的地壳形变检测网络着手进行地基 GPS 气象应用领域的研究。这些项目的共同科学目标包括:建立利用地基 GPS 网获取高精度大气水汽含量的技术体系;通过与其他气象观测数据的比较,对 GPS 水汽产品精度进行评价;利用 GPS 水汽产品对区域大气模式进行改进;通过将地基 GPS 水汽产品同化到 NWP 模式中,对模式预报结果的影响评估地基 GPS 水汽产品对天气预报、气候变化研究的应用价值。目前,由地基 GPS 网所获取的实时大气可降水量(Precipitable Water Vapor,PWV)的精度可以达到 1~2mm。

地基 GPS 气象应用一般建立在局域地基 GPS 网的基础上,通过双差技术消除卫星钟差的影响,实时提供每个测站上空的 PWV。由于距离较近的相邻测站天顶对流层延迟的相关性,双差基础上求得的是测站间的相对 PWV。获取测站上空的绝对 PWV 需要在网中某个测站上配置水汽辐射计进行定标。Duan 等(1996)提出了引入远距离测站减小测站间的相关性,获得绝对 PWV 的观测方案,提高了利用地基 GPS 技术测量 PWV 的实用性。此后,大量学者在如何提高 PWV 的反演精度以及如何发挥地基 GPS 资料在天气预报中的实用价值方面取得了显著成果,从而促进了各个国家与地区地基 GPS 气象项目的诞生。目前,一些国家的实时地基 GPS 水汽产品已被同化到全球或区域 NWP 模式中,进入业务使用阶段。同时,一些新的问题也不断产生。目前,地基 GPS 气象学的研究热点主要包括:通过建立动态的以及考虑大气非对称性的映射函数提高斜路径上的延迟估计;采用层析技术获取水汽的三维分布(Bastin 等,2005);海上移动平台的水汽估计技术(Chadwell,Bock,2001);地基 GPS 资料同化到 NWP 模式中的方法及其在天气预报、气候研究中的应用(Gradinarsky 等,2002;Nakamura 等,2004)。

2. 国内研究现状

我国自20世纪90年代中期开始进行地基GPS气象学领域的研究工作，经过十多年的发展，已经取得了显著成绩。早期的研究工作主要是对相关测量原理与算法的介绍以及探测精度的分析(李成才等，1998；陈俊勇，1998)。此后相继开展了多个地基GPS探测水汽的试验，如上海地区GPS/STORM试验(王小亚，2002)、华南暴雨试验(李延兴 等，2001)等。目前，一些地区的地基GPS气象服务网已经正式投入业务使用：基于香港13个连续运行GPS参考站建立的GPS水汽实时监测系统已投入使用了3年，为香港地区的天气预报，特别是暴雨、雷暴、热带气旋等天气及时提供了准确的水汽含量及其变化信息(陈永奇 等，2007)；2002年开始投入使用的上海地区GPS综合应用网的重要任务之一即是为地基GPS气象学服务(宋淑丽，2004)；武汉地区GPS气象网已于2005年开始运行(王勇 等，2007)。在各相关实验及项目的基础上，目前已经在利用地基GPS观测层析三维水汽场、构建水汽时空分布图的研究(Bi等，2006；毛辉等，2006)以及地基GPS资料在NWP模式中的同化研究(袁招洪，2004)方向上取得了一定成绩。

8.2.2 基本原理与方法

地球中性大气对GPS信号的传播会带来路径延迟。如果把每颗卫星对应的斜延迟作为待估参数，在观测过程中，每增加一个观测值就增加一个未知数，使得方程无法解算。因此，GPS数据处理中对中性大气延迟的描述并不是直接把每颗卫星对应的斜路径延迟作为未知参数，而是把每一个测站天顶延迟作为未知数进行估算，通过干、湿映射函数投影到信号传播路径上。这样，观测方程中未知参数的个数就得到了控制。下面就地基GPS气象学数据处理中的各关键技术进行详细介绍。

1. 中性大气延迟的模型化

在各向同性大气假设下，GPS信号传播路径上的中性大气延迟可采用如下模型描述：

$$\Delta L_{\text{neutro}}(e) = \Delta L_z^d \cdot M_d(e) + \Delta L_z^w \cdot M_w(e) \tag{8-1}$$

其中，ΔL_{neutro}、ΔL_z^d、ΔL_z^w 分别为传播路径上总的中性大气延迟、天顶方向的干延迟与天顶方向的湿延迟；$M_d(e)$ 与 $M_w(e)$ 分别为 ΔL_z^d 与 ΔL_z^w 投影到传播路径上的映射函数，与卫星高度角 e 有关。实际上，GPS信号的传播还受到大气各向异性的影响，在式(8-1)基础上进一步考虑大气水平梯度有：

$$\Delta L_{\text{neutro}}(e, \alpha) = \Delta L_z^d \cdot M_d(e) + \Delta L_z^w \cdot M_w(e) + \Delta L_{\text{gradient}}(e, \alpha) \tag{8-2}$$

等式中右边第三项是大气水平梯度引起的信号延迟。其具体形式各有不同。地基GPS水汽探测的基本思路可以概括为由GPS相位观测值出发利用式(8-2)计算天顶方向的中性大气总延迟：

$$\Delta L_z^{\text{total}} = \Delta L_z^d + \Delta L_z^w \tag{8-3}$$

因为干大气比较稳定，符合理想气体状态方程，干延迟 ΔL_z^d 可由实测的地面气压与温度等气象元素采用经验模型推估，从而分离出湿延迟 ΔL_z^w。ΔL_z^w 可以进一步转化为气象预报中的有用信息PWV，其中的转换因子 Π 是中性大气层加权平均温度 T_m 的函数。由此可见，在地基GPS气象学应用中，水平梯度、映射函数、大气干延迟、转换因子及加权平均温度的确定都会影响到PWV的精度。

2. 梯度模型

Davis 等人(1993)提出了六参数湿延迟模型，其中考虑了湿天顶延迟线性化的时间梯度与空间梯度。目前，高精度 GPS 数据软件的对流层模型中都考虑到了水平梯度对定位精度的影响。不同软件中式(8-2)中梯度项的具体形式有所不同。

GIPSY 软件中的梯度模型为：

$$\Delta L_{\text{gradient}}(e, \alpha) = M_G(e) \cot e \cdot (G_N \cdot \cos\alpha + G_E \cdot \sin\alpha) \tag{8-4}$$

其中，$M_G(e)$ 为梯度的映射函数；G_N 与 G_E 分别为南北方向与东西方向的大气水平梯度；e、α 分别为高度角与方位角。

GAMIT 软件中的梯度模型为：

$$\Delta L_{\text{gradient}}(e, \alpha) = \frac{1}{\sin e \tan e + C} \cdot (G_N \cdot \cos\alpha + G_E \cdot \sin\alpha) \tag{8-5}$$

其中，C 为常数，且 $C = 0.003$；其他参数含义与式(8-4)中相同。

Bernese 软件中考虑了梯度的中性大气延迟模型为(Hugentobler, et al., 2001)：

$$\Delta L_{\text{neutro}}(z, \alpha) = \Delta L_{\text{zenith, apri}} \cdot M_{\text{apri}}(z) + \Delta L_{\text{Zenith, esti}} \cdot M_{\text{esti}}(z) +$$
$$G_N \frac{\partial M_{\text{esti}}(z)}{\partial z} \cos\alpha + G_E \frac{\partial M_{\text{esti}}(z)}{\partial z} \sin\alpha \tag{8-6}$$

其中，$z = 90° - e$，是 GPS 信号路径的天顶距；$\Delta L_{\text{zenith, apri}}$ 与 $M_{\text{apri}}(z)$ 分别是由先验模型计算的天顶对流层延迟与相应的映射函数；$\Delta L_{\text{Zenith, esti}}$ 与 $M_{\text{esti}}(z)$ 分别是需要进行估计的天顶对流层延迟参数与相应的映射函数参数；G_N 与 G_E 分别为南北方向与东西方向的大气水平梯度；α 为方位角。

由于大气水平梯度受水汽的影响很大，水汽含量时空变化的复杂性使得精确地估计水平梯度非常困难，因此很难建立全球普适、高精度的梯度模型。GPS 精密数据处理软件中可以考虑到全球性因素引起的水平梯度，但梯度模型精度的提高有赖于对区域性因素的精确模型化。

3. 映射函数

如式(8-1)所示，在 GPS 数据处理中，映射函数将天顶方向的延迟与斜路径方向的延迟联系起来，准确的映射函数是求得准确的中性大气延迟的前提。因此，对于映射函数的研究是地基 GPS 气象学中的一个主要问题。这个方向上目前已经做了大量的研究工作，提出了包括 Hopfield、Saastamoinen、Marini&Murray、Chao、CFA2.2、Ifadis、MTT 以及 NMF 映射函数在内的多种映射函数模型。较为常用、精度较高的映射函数有 CFA2.2、Hopfield 与 NMF。其中，由 Niell(1996)提出的 NMF 映射函数使用最为广泛。NMF 与其他模型的不同之处在于：其他模型大多取决于地表参数，而 NMF 考虑了大气层分布随时间的周期性变化以及南北半球和季节的非对称性；其干映射函数还考虑了与测站高程有关的改正，反映了大气密度随高度增加而减少的变化率。

上述映射函数有的是基于地表气象观测数据与测站位置(如 CFA2.2 与 MTT)，有的是基于测站位置与观测时间(如 NMF)。与其他投影函数相比，NMF 投影函数反映了大气的年变化与季节性变化，但是更短周期变化如日变化则不能反映。另一方面，由于大气对 GPS 信号影响的复杂性，当信号高度角较低时，映射函数的精度相应降低，而低高度角的

GPS 观测数据包含了丰富的中性大气信息，对于地基 GPS 气象研究很有价值。如何提高低高度角映射函数的精度也是一个需要解决的问题。

进一步提高映射函数精度的前提条件是在建立模型时采用更全面更精确的真实大气状态信息。NWP 预报与分析模式提供了高时空分辨率的全球大气状态，基于 NWP 模式建立动态映射函数是提高映射函数精度的有效途径。

下面对目前在 GPS 定位及 GPS 气象学中应用最广泛的 Niell 映射函数和国际上最新提出的动态映射函数进行具体介绍。

（1）NMF 映射函数

1）NMF 干映射函数

$$M_d^{\text{Niell}}(\varphi, h, t, e) = \frac{1 + \dfrac{a_1}{1 + \dfrac{a_2}{1 + a_3}}}{\sin(e) + \dfrac{a_1}{\sin(e) + \dfrac{a_2}{\sin(e) + a_3}}} +$$

$$h \cdot \left(\frac{1}{\sin(e)} - \frac{1 + \dfrac{ha_1}{1 + \dfrac{ha_2}{1 + ha_3}}}{\sin(e) + \dfrac{ha_1}{\sin(e) + \dfrac{ha_2}{\sin(e) + ha_3}}} \right) \quad (8\text{-}7)$$

式中，e 为卫星高度角；h 为测站海拔高，单位为 km；ha_1、ha_2、ha_3 为常数，且 $ha_1 = 2.53 \times 10^{-5}$，$ha_2 = 5.49 \times 10^{-3}$，$ha_3 = 1.14 \times 10^{-3}$，$a_1$、$a_2$、$a_3$ 是与地理纬度 φ 和观测时间 t 有关的参数。其具体计算公式为：

$$a_i(\varphi, t) = b_i(\varphi) - \Delta b_i(\varphi) \cdot \cos \frac{2\pi(t - \mathrm{d}t)}{356.25} \quad (8\text{-}8)$$

式中，t 为年积日；$\mathrm{d}t$ 对于南、北半球分别取不同常数，北半球 $\mathrm{d}t = 28$，南半球 $\mathrm{d}t = 28 - 365.25/2$；当 $15° \leqslant \varphi \leqslant 75°$ 时，$b_i(\varphi)$ 与 $\Delta b_i(\varphi)$ 分别由表 8-1 与表 8-2 给出的 φ 分别为 15°、30°、45°、60°、75° 时的经验值进行线性内插得到；当 $\varphi < 15°$ 时，$b_i(\varphi) = b_i(15°)$，$\Delta b_i(\varphi) = \Delta b_i(15°)$；当 $\varphi > 75°$ 时，$b_i(\varphi) = b_i(75°)$，$\Delta b_i(\varphi) = 0.0$。

表 8-1　　　　　　　不同纬度 NMF 干映射函数的经验参数

纬度	$b_1/10^{-3}$	$b_2/10^{-3}$	$b_3/10^{-3}$
15°	1.2769934	2.9153695	62.610505
30°	1.2683230	2.9152299	62.837393
45°	1.2465397	2.9288445	63.721774
60°	1.2196049	2.9022565	63.824265
75°	1.2045996	2.9024912	64.258455

表 8-2　　　　不同纬度 NMF 干映射函数经验参数的季节变化率

纬度	$\Delta b_1/10^{-5}$	$\Delta b_2/10^{-5}$	$\Delta b_3/10^{-5}$
15°	0.0	0.0	0.0
30°	1.2709626	2.1414979	9.0128400
45°	2.6523662	3.0160779	4.3497037
60°	3.4000452	7.2562722	84.795348
75°	4.1202191	11.723375	170.37206

2) NMF 湿映射函数

$$M_w^{\text{Niell}}(\varphi, h, e) = \frac{1 + \dfrac{c_1}{1 + \dfrac{c_2}{1 + c_3}}}{\sin(e) + \dfrac{c_1}{\text{sine}(e) + \dfrac{c_2}{\sin(e) + c_3}}} \tag{8-9}$$

其中，c_1、c_2、c_3 是与地理纬度 φ 有关的参数，当 $15° \leqslant \varphi \leqslant 75°$ 时，$c_i(\varphi)(i=1,2,3)$ 利用表 8-3 中给出的 φ 分别为 15°、30°、45°、60°、75°时的经验值进行线性内插得到；当 $\varphi < 15°$ 时，$c_i(\varphi) = c_i(15°)$；当 $\varphi > 75°$ 时，$c_i(\varphi) = c_i(75°)$。

表 8-3　　　　不同纬度 NMF 湿映射函数经验参数的季节变化率

Latitude	$c_1/10^{-4}$	$c_2/10^{-3}$	$c_3/10^{-2}$
15°	5.8021897	1.4275268	4.3472961
30°	5.6794847	1.5138625	4.6729510
45°	5.8118019	1.4572752	4.3908931
60°	5.9727542	1.5007428	4.4626982
75°	6.1641693	1.7599082	5.4736038

(2) 基于数值天气预报模式的动态映射函数

近几年在 NMF 基础上发展了几个新的基于数值天气预报模式的动态映射函数，它们的共同目标是高精度、动态地确定式(8-7)中的 $a_i(i=1,2,3)$ 与式(8-9)中的 $c_i(i=1,2,3)$。首先是 Niell(2001)提出了 IMF 映射函数(Isobaric Mapping Function)。其基本思想是：根据 200hPa 压强层对应的位势高与干映射函数间存在强相关性的特点，将测站上空该压强层的位势高作为干映射函数的输入参数，而其计算是利用 NWP 模式提供的该压强层的格网点形式的位势高内插得到的。湿映射函数的计算则用到了一个湿参数：测站上高度角为 3°的信号路径上湿折射率的积分与天顶方向湿折射率的积分的比值。首先由 NWP 模式输出的温度与水汽密度廓线计算测站附近格网点的湿参数，然后通过内插得到测站的湿参数。在 IMF 映射函数的基础上，Boehm 等人建立了 VMF1（Vienna Mapping Functions）映射函数（Boehm, Schuh, 2004）。与 IMF 采用由 NWP 模式计算中间参数不同，VMF1 通过在 ECMWF 模式输出中直接进行射线追踪建立，对 NWP 提供的信息利用更充分。由于系数随 ECMWF 模式输出变化，目前，IMF 与 VMF1 映射函数都以时间分辨率为 6h 的系数序列提供。为了便于在精密数据处理软件上实现，Boehm 等人通过将 VMF1 模型的参数在全球格网上进行球谐展开，进一步提出了全球实用的 GMF（Global Mapping Function）映射函数（Boehm, et al., 2006）。GMF 的使用与 NMF 相似，映射函数中各系数的计算只需用到测站坐标与观测年积日。从 Internet 上可获取 VMF1 与 GMF 映射函数的相关模型及源代码（http://www.hg.tuwien.ac.at/~ecmwf1/）。

4. 天顶干延迟

常用的天顶干延迟 ΔL_z^d 的计算模型有三种：

（1）Saastamoinen 模型

$$\begin{cases} \Delta L_{z,S}^d = 0.2277 \cdot \dfrac{P}{F(\varphi, h_0)} \\ F(\varphi, h_0) = 1 - 0.0026 \cdot \cos(2\varphi) - 0.00028 \cdot h_0 \end{cases} \tag{8-10}$$

其中，φ 为测站纬度；h_0 为测站海拔高，单位为 km；P 为测站地面气压，单位为 hPa；$\Delta L_{z,S}^d$ 为由 Saastamoinen 模型计算得到的天顶干延迟，单位为 cm。

（2）Hopfield 模型

$$\Delta L_{z,H}^d = 1.552 \cdot [40.082 + 0.14898 \cdot (T - 273.16) - h_0] \cdot \dfrac{P}{T} \tag{8-11}$$

其中，T 为测站绝对温度，单位为 K；P 与 h_0 的含义与式(8-10)中相同；$\Delta L_{z,S}^d$ 为由 Hopfield 模型计算得到的天顶干延迟。

（3）Black 模型

$$\Delta L_{z,B}^d = 0.2343 \cdot (T - 4.12) \cdot \dfrac{P}{T} \tag{8-12}$$

其中，$\Delta L_{z,B}^d$ 为由 Black 模型计算得到的天顶干延迟；P，T 的定义同前。

三种模型中，Saastamoinen 模型只需要测量测站地面气压，其余两种模型则需同时测量地面温度。测站气象元素的测量精度将直接影响到天顶干延迟的计算精度。如果气象元素的测量精度得到保证，分别采用上述三种模型计算得到的天顶干延迟的符合程度可达到几个 mm。但是对于区域性 GPS 水汽探测网，由于大气区域性特征在模型中反映不够完善等因素的影响，在实际应用中，对上述经验模型可能需要进行进一步订正。订正的方法可以采用无线电探空仪实测的天顶干延迟 $\Delta L_{z,R}^d$ 作为真值，对长时间序列的探空结果与模型计算值之间的差异进行逐步回归分析。例如，基于香港天文台 1995—2002 年的无线电探空资料对 Saastamoinen 模型进行订正后，得到香港地区的天顶干延迟计算模型为（陈永奇等，2007）：

$$\Delta L_{z,HK}^d = \Delta L_{z,S}^d - 127.5 + 31.89 \dfrac{P}{T} \tag{8-13}$$

5. 转换因子及加权平均温度

由 $\Delta L_z^{\text{total}}$ 中分离出 ΔL_z^d 之后，就得到天顶湿延迟 ΔL_z^w。天顶湿延迟与大气可降水量

PWV 之间的关系为：

$$PWV = \Pi \cdot \Delta L_z^w \tag{8-14}$$

式中，无量纲转换因子 Π 的近似值为 0.15。其实际计算公式为：

$$\Pi = \frac{10^6}{\rho_l \cdot \frac{R}{m_w} \cdot \left[\frac{k_3}{T_m} + k_2 - \frac{m_w}{m_d} \cdot k_1\right]} \tag{8-15}$$

其中，ρ_l 为液态水的密度，且 $\rho_l = 10^3 \text{kg/m}^3$；$k_1$、$k_2$、$k_3$ 分别为常数，且 $k_1 = 77.6\text{K/hPa}$，$k_2 = 70.4\text{K/hPa}$，$k_3 = 3.739 \cdot 10^5 \text{K}^2/\text{hPa}$，(Bevis 等，1994)；$m_d$、$m_w$ 分别为干大气与水汽的摩尔质量，且 $m_d = 28.96\text{kg/kmol}$；$m_w = 18.02\text{kg/kmol}$；$R$ 是普适气体常数，且 $R = 8314\text{Pa} \cdot \text{m}^3 \cdot \text{K}^{-1} \cdot \text{kmol}^{-1}$；$T_m$ 为大气加权平均温度，其定义为：

$$T_m = \frac{\int_{h_0}^{\infty} (P_w/T) \cdot dh}{\int_{h_0}^{\infty} (P_w/T^2) \cdot dh} \tag{8-16}$$

其中，P_w 为水汽压，单位为 hPa；T 为温度，单位为 K。

T_m 是一个积分量，与不同高度上的温度与水汽压相关。实际计算时，可采用高垂直分辨率的探空资料。探空资料提供了从地表向上不同高度层 $h_i(i = 0,1,2,3\cdots,n)$ 的温度 T_i 与水气压 $P_{w,i}$，对式(8-16)中的积分进行离散化得到：

$$T_m = \frac{\sum_{i=0}^{i=n-1} \frac{\overline{P_{w,i}}}{\overline{T_i}}(h_{i+1} - h_i)}{\sum_{i=0}^{i=n-1} \frac{\overline{P_{w,i}}}{\overline{T_i}^2}(h_{i+1} - h_i)} \tag{8-17}$$

其中，$\overline{P_{w,i}}$ 与 $\overline{T_i}$ 分别为 h_i 到 h_{i+1} 之间大气层内的平均水汽压与平均温度，即 $\overline{P_{w,i}} = \frac{1}{2}(P_{w,i+1} + P_{w,i})$；$\overline{T_i} = \frac{1}{2}(T_{i+1} + T_i)$。

利用式(8-17)可以精确地求得 T_m。但是实际应用中，不可能每个 GPS 站上都同时进行探空观测，根据 T_m 与地表温度 T_0 之间的相关性，可以采用经验公式由 T_0 计算 T_m。通过长时期的大量探空资料进行分析，Bevis 等人得到 T_m 与 T_0 存在线性关系(Bevis, et al., 1994)：

$$T_{m,B} = 70.2 + 0.72 \cdot T_0 \tag{8-18}$$

其中，$T_{m,B}$ 与 T_0 均采用绝对温度(K)。式(8-18)是一个普遍使用的公式，但由于拟合该公式时主要采用了北美地区的探空资料，在其他一些地域使用时可能存在较大误差。根据许多人的实验，式(8-18)中的系数随地理、季节都会有差别。毛节泰等使用 MM4 气象模式 1992 年全年的资料得到我国北纬 20°~50°地区不同月份的 T_m 线性式系数(毛节泰，李建国，1997)。地基 GPS 水汽探测研究中，一些学者结合监测网所在地域的实际探空资料拟合出更加适合本地的 T_m 经验公式。例如，采用香港地区 8 年的探空资料拟合得到适合香港的 T_m 计算公式为(陈永奇等，2007)：

$$T_{m,\text{HK}} = 106.7 + 0.605 T_0 \tag{8-19}$$

6. 斜路径延迟

水汽三维分布与各种天气现象息息相关，NWP 模式初始场中水汽的三维信息对于模式的预报精度非常重要，但利用地基 GPS 技术探测的 PWV 反映的是天顶方向的水汽总含量，并不能提供水汽的垂直分布信息。与 PWV 相比，信号路径方向的积分水汽含量（Slant Water Vapor, SWV）包含了水汽的垂直分布信息，对于研究三维水汽分布有重要作用。Ware 等人（1997）对高度角 20°以上的 17000 个 GPS 与水汽辐射计的双差 SWV 进行了比较，发现 GPS 的精度可以达到 1.3mm。

求解 SWV 首先需要计算斜路径的大气湿延迟 ΔL_s^w：

$$\Delta L_s^w = 10^{-6} \int_{\text{antenna}}^{\text{satellite}} N_{\text{wet}} \mathrm{d}s \tag{8-20}$$

其中，N_{wet} 是折射率的湿分量，$N_{\text{wet}} = 3.73 \cdot 10^5 \dfrac{P_w}{T^2}$。SWV 与 ΔL_s^w 通过转换因子 Π 联系起来：

$$\text{SWV} = \Pi \cdot \Delta L_s^w \tag{8-21}$$

SWV 与 PWV 都反映了单位面积上空空气柱中的水汽总含量。只不过与 PWV 有关的是垂直方向的空气柱，而与 SWV 有关的是倾斜方向的空气柱。SWV 中除了包含 PWV 所反映的水汽各向同性的影响，也包含了水汽各向异性导致的相对于 PWV 产生的偏离。即 SWV 与 PWV 的关系为：

$$\text{SWV} = M_w \cdot \text{PWV} + \delta \tag{8-22}$$

其中，M_w 为湿投影函数；δ 为大气各向异性对 SWV 的影响。δ 的计算是精确确定 SWV 的关键。如果 GPS 数据处理中各种参数模型化完善，那么残差项就反映了大气中各向异性部分和观测噪声的影响。

目前，计算 SWV 的方法主要有两种：精密单点定位（Precise Point Positioning, PPP）方法和双差（Double Difference, DD）方法。利用 PPP 技术可直接解算观测方程得到各条信号路径上的残差项，但需要精密的接收机和卫星钟差信息，这对于实时处理带来了困难。双差技术可以消除钟差影响，但最后结果是四个观测值的组合。为了获取 GPS 网中各信号路径上的湿延迟，首先基于一条基线上所有单差残差和为零的假设，由双差残差求得单差残差；然后再基于对一颗卫星的所有测站间单差残差和为零的假设，把单差残差转换成非差残差。这种处理方法要求网中测站的数目足够多，网的覆盖范围足够大，以减少双差处理的相关性。国内也有研究者提出利用双频 LC 非差组合直接计算 SWV 的新方法（宋淑丽等，2004）。

7. 层析三维水汽场

如前所述，SWV 中包含了水汽垂直方向的分布信息。对于一个测站密集的 GPS 网，如果获取了各历元所有信号路径上的 SWV，采用层析原理可以得到研究区域上空水汽的三维分布信息（Bastin, et al., 2005）。通过将 GPS 网上空区域进行网格划分，假设每个网格内的水汽密度均匀分布，从而实现对三维分布的离散化表达。层析数学模型中的观测值为信号路径方向的 SWV，而要求解的是各网格内的水汽密度，根据 GPS 信号在各网格内穿过的长度列立观测方程。未知参数的个数与所划分的网格个数相关。一般情况下，由于观测值的数量较少且分布不均匀，不能得到唯一解，需要提供其他辅助信息进行先验约束。通常采用无线电探空或 NWP 模式提供的大气廓线对水汽在垂直方向的分布进行约束。关于水汽层析的理论与方法可参考相关文献（Bastin, et al., 2005; Bi, et al., 2006; 宋淑丽等, 2005）。

层析技术的实施对 GPS 网的几何形状有比较严格的要求：进行水汽层析的理想 GPS 网要求测站间有一定高差、分布密集、相邻测站间距离相等，以便绝大部分网格中都有 GPS 信号穿过，从而使观测方程的个数尽可能多。另外，大气中风的存在也会影响到层析获取的水汽分布的精度。

8. 地基 GPS 观测资料的同化

目前，国际上在如何将地基 GPS 获取的水汽信息同化入 NWP 模式方面已经取得了大量成果。Kuo 等人先后采用最优内插方法和变分同化方法进行了 GPS PWV 的同化实验（Kuo, et al., 1993; Kuo, et al., 1996）; Nakamura 等人（2004）进行了将 GPS PWV 同化到日本 JMA 中尺度预报模式中的实验，对这两种方法进行了比较。国内近年来在 GPS PWV 的 3 维、4 维变分同化方面也做了很多工作（Zhang, et al., 2007; 袁招洪等, 2006）。各种同化研究实验已经证明 GPS PWV 的同化可以改善湿度场的分析，提高模式短期降水和云覆盖的预报能力。

8.2.3 有待解决的问题

尽管利用地基 GPS 观测监测测站上空的 PWV 的理论与方法目前已经比较成熟，但在实际应用中，如何由一个地基 GPS 区域监测网实时获取高精度、高分辨率的 PWV 序列或 SWV 序列，并将其有效同化到业务运行系统中，对天气预报产生积极影响，仍然有许多问题需要解决。低高度角观测值受到水汽含量的影响很大，对水汽探测理论上有重要贡献。但由于多路径效应及大气各向异性的影响，如何提高低高度角观测值的利用率是需要解决的问题。在利用 SWV 层析水汽三维分布的工作中，如何提高层析反演的精度是主要难点。在地基 GPS 资料的同化中，观测误差的估计、模式初始场的调整、背景误差的确定以及同化技术的选择都是有待进一步探讨的问题。

8.3 利用星载 GPS 掩星观测探测地球大气性质

8.3.1 GPS 无线电掩星技术的产生

无线电掩星技术（Radio Occultation, RO）诞生于天文学领域，其最初目的是为了探测行星的大气状态。20 世纪 60 年代初，NASA 首次采纳了 JPL 与 Stanford 大学的研究者提出的掩星观测方案进行火星大气层的探测，在 Mariner 3 与 Mariner 4 两个太空飞船上安装掩星信号发射设备，在地球上安装信号接收设备，利用无线电信号传播路径穿过火星大气层时的多普勒频移、强度等信号特征的变化反演火星的大气状态。自此以后，该技术逐渐发展成为星际探测的主要手段之一，迄今已被应用于太阳系几乎所有行星和大部分卫星的大气探测（Kirsinski, 2000）。

与星际大气探测不同，虽然将这一技术应用于地球大气探测的思想很早以前就有人提出（Fishbach，1965；Lusignan 等，1969），但真正的发展并不顺利。这一方面是由于掩星观测中信号发射源与接收源都要求不在被观测星体上，当地球成为被观测星体时这一条件不易满足；另一方面是在已经存在很多常规大气探测手段的前提下，如果要求掩星资料对研究地球大气有新的价值，就需要观测资料是连续、密集的，相应要求大量信号发射机与接收机同时工作，这意味着观测成本会非常高。GPS 星座的建立解决了信号发射源的问题，接收机硬件及 GPS 数据处理技术的发展使其他困难也逐渐被瓦解（Yunck 等，2000），利用无线电掩星技术探测地球大气在实践上成为可能。1991 年，美国大学大气研究联合会（UCAR）向美国国家科学基金（National Science Foundation，NSF）提出了将普通 GPS 接收机进行改进后置于飞行平台上进行 GPS 掩星观测探测地球大气的研究申请，该申请受到 NSF 的高度重视。其后，UCAR 在 NOAA 等机构的大力资助下，投入到第一个星载 GPS 掩星任务 GPS/MET 的准备工作中。1995 年 4 月，GPS/MET 项目正式启动，发射了一颗轨道高度为 750km、倾角为 70°的 LEO 卫星 Microlab I，其上携带了 NASA 第一代 TurboRogue 型 GPS 接收机。该项目于 1998 年由于经费原因停止运行，但在正常工作的两年多时间里所提供的数据不仅成功地证明了利用 GPS 无线电掩星技术探测地球大气的思想是可行的，而且证明了掩星观测资料在垂直分辨率、覆盖范围以及观测条件要求等方面具有常规气象观测手段不可比拟的优点，具有提高数值天气预报精度的潜力（Rocken, et al., 1997）。

8.3.2 GNSS 掩星任务的发展历史

1. 已结束的 GPS 掩星任务

表 8-4 中列出了包括 GPS/MET 项目在内已结束观测的 GPS 掩星任务。在 NASA 的赞助下，Ørsted 和 Sunsat 卫星上分别都搭载了与 Microlab I 上相同的 Turbo-Rogue 型 GPS 接收机进行 GPS 掩星观测。这两颗卫星于 1999 年 2 月搭载同一火箭发射升空。Ørsted 的主要任务是进行地球磁场的观测，而 Sunsat 则是由一群学生设计制造的实验卫星，其上还携带了一台高分辨率成像仪。遗憾的是，由于天线及信号等问题，这两颗卫星只取得了很有限的观测数据，而且数据质量比 GPS/MET 差。其后，NASA 对星载 GPS 接收机进行了改进，所生产的新型 Blackjack 型 GPS 接收机被用于 2000 年的 CHAMP 与 SAC-C 任务中。其中，阿根廷的 SAC-C 卫星上有前视与后视两个掩星观测天线，是首个可以观测上升掩星事件的掩星任务。与之前的 Turbo-Rogue 型接收机相比较，Blackjack 型接收机在技术上的改进首先是将定轨与掩星观测天线分开，保证了 LEO 卫星的轨道精度；再者是采用更先进的信号追踪技术，使得即使当 AS 开启状态下也能取得满意的观测资料。

表 8-4   已结束的掩星任务

掩星任务	国家或地区	卫星数	接收机	运行时间
GPS/MET	美国	1	Turbo-Rogue	1995—1998
Ørsted	丹麦	1	Turbo-Rogue	1999—2001
Sunsat	南非	1	Turbo-Rogue	1999—2001
SAC-C	阿根廷	1	Blackjack	2000—2003

2. 处于运行阶段的 GPS 掩星任务

表 8-5 中列出了世界上目前正在运行的掩星任务，下面对其中的各项任务进行详细介绍。

表 8-5　　　　　　　　　　　　处于运行阶段的掩星任务

掩星任务	国家或地区	卫星数	接收机	发射时间/年	日均廓线数量
CHAMP	德国	1	Blackjack	2000	200
GRACE	美国/德国	2	Blackjack	2002	300
COSMIC	美国/中国台湾	6	IGOR	2006	2000
MetOp-A	欧盟	1	GRAS	2006	600
RoadRunner	美国	1	IGOR	2006	400
TerroSAR-X	德国	1	IGOR	2007	200

(1) CHAMP

2000 年 7 月，德国地学研究中心(GFZ)发射了初始轨道高度为 454km、运行轨道不低于 300km、轨道倾角为 87.2°的 CHAMP 卫星。虽然设计寿命只有 5 年，CHAMP 至今仍处于良好运行状态之中。CHAMP 上搭载的 Blackjack 型接收机有一个掩星观测天线，可观测下降掩星事件。理论上，CHAMP 每天可以观测 250 次左右掩星事件，实际数据处理后，平均每天获得 200 个左右的分布全球的大气参数廓线。GFZ 的数据系统与信息中心(Information Systems and Data Center, ISDC)免费向全球用户提供 CHAMP 数据产品，其中包括各级掩星处理产品。目前，欧洲中尺度天气预报中心(European Center for Medium Range Weather Forecasts, ECMWF)已将 CHMAP 掩星资料同化入其 NWP 模式中。

(2) GRACE

由美国与德国合作建立的 GRACE 星座由两颗子卫星 GRACE-A 与 GRACE-B 构成。GRACE 卫星的轨道高度为 450~500km，倾角为 89°。虽然其主要服务领域是地球重力场研究，但 Blackjack 型 GPS 接收机所带的后视天线同时也为地球大气探测提供掩星数据。目前，GRACE-A 的掩星观测数据质量良好，但 GRACE-B 的掩星观测天线存在故障。GFZ 的 ISDC 也向用户提供 GRACE 的掩星数据产品。

(3) COSMIC

气象、电离层与气候星座观测系统(The Constellation Observing System for Meteorology, Ionosphere, and Climate, COSMIC)由美国与中国台湾联手建立，其主要技术人员都曾参与 GPS/MET 项目。COSMIC 的主要科学任务即为利用 GPS 掩星数据弥补常规气象观测手段如探空气球在海洋、两极分布稀疏的不足，为气象研究人员对飓风、台风等风暴形式进行观测、研究、预报提供高分辨率的大气水汽含量数据，精化全球和区域的天气预报模式，同时还为全球气候研究、电离层研究、地球重力场的研究提供数据资料。该系统的建成共需耗资 1 亿美元，其中中国台湾承担 80%。中国台湾历来是台风重灾区，而台风形成的太平洋区域探空气球站非常少，常规气象观测资料很有限。COSMIC 所能提供的台湾周围海洋区域高时空分辨率的大气探测资料对提高台风、降雨与风力预报的精度将起到重要作用。这是台湾不遗余力支持该系统建设的重要原因之一。系统的卫星飞行控制中心设在中国台湾,数据分析与管理中心(COSMIC Data Analysis and Archive Center,CDAAC)设在美国,台湾中心气象局建立了COSMIC台湾分析中心(Taiwan Analysis Center for COSMIC,TACC),与CDAAC同时对观测数据进行处理。2006年4月14日,构成COSMIC星座的六颗子卫星在美国Vandenberg空军基地发射成功。各卫星倾角为71°,初始轨道高度为400km,设计一年之后稳定的轨道高度将为800km。每颗卫星上的主要荷载是三台仪器:一台IGOR(Integrated GPS Occultation Receiver)接收机、一台微型电离层成像仪与一台三波段信标发射机。IGOR接收机是JPL在Blackjack接收机的基础上进一步改进后的新一代产品。IGOR接收机有4组GPS天线,其中两组用于定轨,两组用于掩星观测,可同时观测上升与下降掩星事件。

通过对原始观测数据的处理,CDAAC与TACC提供的产品包括地表以上,40km以下湿度、温度、气压、各大气参数的垂直廓线以及上部大气层的电子密度信息。用户通过Internet向TACC提出申请并通过后,即可下载所有的观测数据及数据产品。自系统建成以来,各卫星的轨道在逐渐由初始高度向设计高度过渡。每天提供的掩星事件数量在逐渐增加,由最初公布的200次左右增加到2007年2月的2200多次。目前,日平均掩星廓线的数量为2000次左右。

对CHAMP与COSMIC掩星廓线的统计分析与同化研究有力地验证了GPS掩星技术对地球大气探测、天气预报与气象研究的巨大价值(Schreiner等,2007;Wang等,2007;Healy等,2006;Wickert,等,2005;Foelsche等,2003),同时也进一步促成了掩星资料在气象业务中的实际应用。现在世界各大气象分析预报中心包括美国环境预报中心(National Centers for Environmental Prediction,NCEP)、欧洲中尺度天气预报中心(European Center for Medium Range Weather Forecasts,ECMWF)、英国气象局(UK Met Office,UKMO)以及法国气象局(Meteo France)都已将COSMIC的掩星资料同化入其业务NWP模式中(CDAAC,2007)。

(4) MetOp-A

GNSS掩星观测数据质量的提高依赖于星载接收机性能的不断改进。随着美国IGOR接收机技术的发展,欧洲也开始致力于这类型接收机的独立研制。主要代表有欧空局资助下开发的GRAS(Global Navigation Satellite System Receiver for Atmospheric Sounding)接收机与意大利空间局资助下开发的ROSA(Radio Occultation Sounder of the Atmosphere)接收机。作为欧洲极轨卫星系统(EUMETSAT Polar System,EPS)的首颗卫星,2006年10月19日发射的MetOp-A上搭载的GRAS接收机可期望每天提供全球分布的600个左右的掩星廓线。EPS的另外两个卫星MetOp-B与MetOp-C上也计划搭载这种接收机进行掩星观测。

MetOp-A的掩星数据处理由丹麦气象局(DMI)负责,联合ECMWF、Met Office等机构实现掩星产品在气象应用中的同化。

(5) TerroSAR-X与RoadRunner

2006年底发射的RoadRunner是美国空军实验室主持下发射的用于军用目的实验卫星,其轨道高度为410km,倾角为40°。2007年6月发射的TerraSAR-X的主要功能是进行

SAR 测量。这两颗卫星上分别搭载了一个 IGOR 接收机进行 GPS 掩星观测。

3. 未来的 GNSS 掩星任务

表 8-6 中列出了目前已正式立项和处于项目申请阶段的未来的 GNSS 掩星任务(Kuo, et al., 2007)。相关的星载接收机除了前面已经介绍的 IGOR、GRAS 与 ROSA 外，还有中国的 TBD 及新一代的 Pyrix 接收机。Pyrix 是在 IGOR 基础上发展起来的第三代掩星观测设备，它对 L_1、L_2、L_5 与 Galileo 信号都能兼容，体积与质量比 IGOR 小，信号跟踪性能上也有进一步提高(McCormick, 2007)。表中，CICERO 计划的卫星颗数及 Iridium 计划的接收机的掩星天线数量都存在两种方案，尚未最后确定。

表 8-6　未来的 GNSS 掩星任务

掩星任务	国家或地区	卫星数	接收机	发射时间	日均廓线数量	项目状态
OceanSat2	印度	1	ROSA	2008	300	已立项
Megha Tropiques	印度	1	IGOR	2009	500	已立项
TANDEM-X	德国	1	IGOR	2010	200	已立项
KOMSAT-5	韩国	1	IGOR	2010	500	已立项
Aquarius/SAC-D	美国/阿根廷	1	ROSA	2010	600	已立项
METOP-B	欧盟	1	GRAS	2011	600	已立项
CICERO	美国	12/24	Pyrix	2011	12000/24000	申请阶段
EQUARS	巴西	1	IGOR	2011	500	不确定
FORMOSAT3-FO	中国台湾	12	Pyrix	2012	10000	已立项
Sabrin a	欧洲	1	ROSA	2012	600	已立项
Iridium	美国、欧洲等	66	待定	2013	33000/66000	申请阶段
GEMSS	印度	6	待定	2012	3000	申请阶段
China Earthquake	中国	1	TBD	待定	600	申请阶段
METOP-C	欧盟	1	GRAS	2016	600	已立项

除了表 8-6 中的掩星任务外，欧洲也曾经提出利用 GNSS-LEO 掩星与 LEO-LEO 掩星技术相结合进行全球大气探测的 ACE + 计划。该计划中的四颗 LEO 卫星分布于 650km 和 850km 两个高度不同的轨道平面上，每个轨道面上 2 颗卫星，不同轨道面上的卫星运行方向相反。四颗卫星上都搭载能对 GALILEO 信号兼容的新一代的 GRAS 接收机。不同高度的 LEO 卫星之间也进行掩星观测，两颗卫星上携带 X 波段和 K 波段发射机，另外两颗卫星上携带接收机，通过测量水汽对 X 波段和 K 波段信号强度的影响，反演大气水汽和温度。ACE + 计划的思想将有助于 GNSS 掩星技术的进一步发展。

8.3.3 研究现状

1. 国际研究现状

随着各国掩星计划的陆续实施，全世界掀起了利用 GNSS 掩星探测地球大气的热潮。目前分别对 COSMIC、CHAMP 与 MetOp-A 计划负责的各研究机构包括美国国家大气研究中心(National Center for Atmospheric Research，NCAR)、德国地学研究中心 GFZ 以及丹麦气象局(DMI)都建立了独立的掩星数据处理系统进行近实时数据处理，向全球用户免费提供各级数据产品。同时通过与各数值天气预报中心如 ECMWF、Met Office 与 NCEP 之间的数据链实现掩星数据在 NWP 模式中的同化，为天气预报服务。此外，各数据处理中心还进行掩星数据的后处理，提供更加高精度的产品，为全球气候研究服务。不同数据处理中心之间通过数据共享，为更好地发挥掩星技术的应用潜力作贡献。除了上述机构之外，美国的 JPL、俄罗斯大气物理研究所与奥地利 Graz 大学的 Wegener 中心也在 GNSS 掩星技术领域作出显著成绩。

经过不断改进，与 GNSS 掩星观测数据处理相关的算法目前已经基本成熟。目前所面临的热点问题主要包括：开环跟踪模式下的掩星数据处理方法及其对低对流层探测的贡献(Sokolovskiy, et al., 2006)；反演算法中低对流层负折射率偏差的解决办法(Xie, 2006)；GNSS 掩星对各种气候现象的探测能力(Borsche, et al., 2007; Schmidt, et al., 2006)；掩星数据同化方法及其对模式预报结果影响(Healy, et al., 2007)等。

2. 国内研究现状

国内在星载 GNSS 掩星技术领域内的研究开始于 20 世纪 90 年代末期。目前已经在掩星数据反演方法的研究、实测 GPS 掩星数据的处理与分析、掩星观测模拟技术、掩星观测星座的模拟设计方面做了许多工作，并取得了大量成果(王鑫等，2007；徐晓华，2003；郭鹏，2006；曾桢，2003；蒋虎，2002；黄栋，2000)，在中性大气参数的变分反演算法上也进行了跟踪性研究(盛峥等，2006；刘敏，2006)。徐继生等(2005)研究了如何采用 GPS 掩星数据与地基数据结合进行三维电离层层析。胡雄等(2006)对山基掩星观测模式下的反演数学模型进行了探讨，并进行了山基掩星观测实验。与国际上的发展现状相比较，目前国内的研究水平仍然存在一定差距。缩短这个差距，一方面需要加强国际交流合作，另一方面需要投入更多的人力、物力的支持。我国自己的掩星观测计划目前已在申请阶段，该计划的实施将进一步促进该领域的发展。

8.3.4 基本原理与方法

1) 掩星事件的定义

星载 GPS 掩星观测的基本思想是：在低轨道(Low Earth Orbit, LEO)卫星上安装一个高频采样的 GPS 接收机对 GPS 卫星进行观测。当信号穿过地球电离层和对流层时，由于相应介质垂直折射指数的变化，信号路径会发生弯曲。随着信号发射与接收两端卫星的运动，弯曲的信号路径会由高到低或者由低到高地扫过整个地球大气层，持续时间约 1min，这一过程被称作一次下降或者上升掩星事件。通过对一次掩星事件中信号相位及振幅变化量的测定，再加上 GPS 与 LEO 卫星的精密轨道信息，就能够反演弯曲角的廓线，进而得到大气折射指数、气温、气压与大气湿度廓线。

(2) 掩星事件的数量与分布

GPS掩星任务中掩星事件的空间分布主要取决于LEO卫星的轨道。较高的卫星倾角有助于实现掩星事件的全球分布。但高倾角对应高纬度地区的掩星事件密度较大，而低纬度地区密度小。较低的卫星倾角则可以实现对低纬度地区的良好覆盖，但高纬度地区的掩星事件分布相对比较稀疏。LEO卫星的轨道同时决定了掩星事件的时间分布。太阳同步轨道卫星，如MetOp，总是在相同的地方时穿越赤道上空，其掩星事件主要集中在地方时上午9:30左右与下午9:30左右发生。非太阳同步的LEO卫星每天穿越赤道上空的时间会有一定漂移。掩星事件的数量主要取决于GNSS卫星与LEO卫星的数量。以24颗GPS工作卫星为例，一颗LEO卫星每天可以观测约250次的下降掩星事件(如CHAMP)，如果同时具备观测上升掩星事件的天线，则观测到的掩星事件增加一倍。6颗COSMIC卫星每天理论上可观测到3000次掩星事件，实际上可期望达到2500次左右。

图8-1显示了2007年4月5日COMIC与CHAMP掩星任务提供的大气廓线与无线电探空网络在全球的分布，可以看到掩星数据弥补了探空数据在海洋、极地及部分陆上地区探测资料的不足，而且COSMIC的6颗LEO卫星提供的大气廓线数量远大于只有一颗LEO卫星的CHAMP。

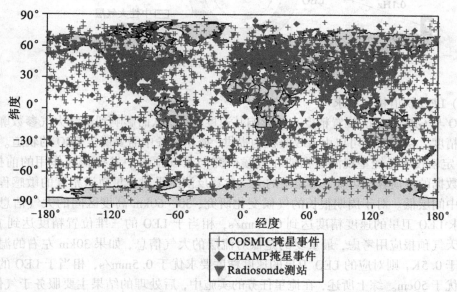

图8-1 2007年4月5日COSMIC与CHAMP掩星廓线及无线电探空测站在全球的分布图

8.3.5 GPS掩星观测数据处理流程

从GPS掩星观测数据产生到投入到天气预报中，整个数据处理流程总体上可分为三大部分：LEO卫星的精密定轨与附加相位延迟的提取、掩星数据的反演与掩星数据产品在NWP模式中的同化。下面将对这三部分工作进行详细介绍。

1. LEO 精密定轨与附加相位延迟的提取

如图 8-2 所示，在 LEO 卫星运行过程中，星载双频接收机会对视场中的所有 GPS 卫星进行观测，其中发生掩星的 GPS 卫星可能有 2 颗或者 2 颗以上，接收机内部的软件模块会自动控制对所观测的各颗 GPS 卫星的采样频率。当对某颗 GPS 卫星（GPS1）发生掩星事件时，星载接收机对该 GPS 卫星及所选定的一颗参考 GPS 卫星（GPS2）进行 50Hz 的高频采样。同时，星载接收机的 POD 天线对视场中所有其他未发生掩星的 GPS 卫星（GPS3~GPS5）进行 0.1Hz 的低频采样，以实现 LEO 卫星的精密定轨。

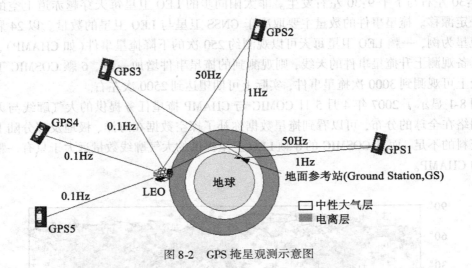

图 8-2　GPS 掩星观测示意图

(1) LEO 轨道精度要求

LEO 与 GPS 卫星的位置精度直接影响其速度精度，从而影响到最终大气参数廓线反演结果的精度。GPS 轨道可以由 IGS 等机构提供，掩星任务中需要确定 LEO 的轨道。高精度的 LEO 定轨技术是掩星观测数据能在气候研究与天气预报中发挥积极作用的前提条件。从掩星数据的反演算法可知，对流层的大气参数反演结果对卫星轨道精度的敏感程度比平流层与中间层低。对于周期很长的气候变化研究，30~60km 高度区间的大气信息最受关注，要求 LEO 卫星的速度精度达到 0.1mm/s，相当于 LEO 的三维位置精度达到 10cm 左右。从天气预报应用考虑，最重要的是低对流层的大气信息，如果 30km 左右的温度反演精度优于 0.5K，则对应的 LEO 卫星的速度精度要求优于 0.5mm/s，相当于 LEO 的三维位置精度优于 50cm。综上所述，在掩星任务的实施中，后处理的结果主要服务于气候研究，LEO 定轨精度要求优于 10cm；实时处理的结果则主要服务于天气预报，LEO 定轨精度的要求可适当放宽（Rocken, et al., 2000）。

(2) LEO 精密定轨步骤

LEO 轨道确定阶段的工作包括地基数据与空基数据处理两个步骤。在地基数据处理中，IGS 提供的 GPS 轨道及相应的极移参数、全球 IGS 站的 GPS 观测数据及 IGS 提供的站坐标解被用作输入数据，解算的结果包括掩星任务中各地面参考站的站坐标与 ZTD 和高频（30s）的 GPS 钟差。空基数据处理中则利用地基数据处理中得到的 GPS 钟差与 LEO 卫星的 POD 观测数据和姿态数据估算 LEO 卫星的轨道与钟差。精密定轨的理论及方法可参考相关文献（CDAAC, 2005b; Schreiner, et al., 1998）。

LEO 卫星的精密定轨工作完成后，就可以从 LEO 与 GPS 卫星的精密轨道信息计算在该时间段内所有可能发生的 GPS 掩星事件的时间与地点。下一步就是对每个掩星事件，从掩星天线接收到的双频载波观测数据中提取由于地球大气影响产生的信号路径延迟量，称为附加相位延迟。

(3) 附加相位延迟的提取

如图 8-2 所示，某此掩星事件发生时，LEO 对 GPS1 以 50Hz 的采样频率进行观测，对于每次采样，修复周跳后的载波相位观测值可写为如下形式：

$$L = \rho + c(\mathrm{d}t - \mathrm{d}T) - \Delta\rho_{\mathrm{ion}} + \Delta\rho_{\mathrm{trop}} + \varepsilon \tag{8-23}$$

式中，L 为载波相位观测值对应的几何距离；ρ 为 LEO 到 GPS1 的真实几何距离，由两颗卫星的精密轨道得到；$\mathrm{d}t$ 与 $\mathrm{d}T$ 分别为 GPS 与 LEO 的钟差；$\Delta\rho_{\mathrm{ion}}$ 与 $\Delta\rho_{\mathrm{trop}}$ 分别为电离层与对流层引起的距离延迟；ε 为测量噪声、多路径等残余误差影响。

为了消除卫星钟差的影响，将大气引起的附加延迟从方程(8-23)中提取出来，可以采用双差或单差法进行。在双差法中，对于某采样时刻，除了 LEO 对 GPS1 的观测值之外，LEO 卫星对参考卫星 GPS2 以及某地面参考站 GS 对 GPS1 与 GPS2 的观测值（由 1Hz 的观测值内插得到）等 4 个观测值组成双差观测链，得到双差后的载波相位观测值：

$$\Delta\Delta L = (L_{\mathrm{LEO-GPS1}} - L_{\mathrm{LEO-GPS2}}) - (L_{\mathrm{GS-GPS1}} - L_{\mathrm{GS-GPS2}}) \tag{8-24}$$

式(8-24)中消除了 GPS1 与 LEO 的钟差影响，但是同时也引入了其他的误差源，包括与地面站有关的两个观测值中对流层与电离层改正后的残余影响；地面站接收机钟漂、多路径效应以及热噪声的影响。在 SA 取消之后，由于 GPS 钟差变化平稳，附加相位延迟也可采用单差法得到：

$$\Delta L = L_{\mathrm{LEO-GPS1}} - L_{\mathrm{LEO-GPS2}} \tag{8-25}$$

式(8-25)中消除了 LEO 钟差的影响，但 GPS 钟差的影响仍然存在。为了消除这部分影响，可以通过对定轨阶段中得到的 30s 的 GPS 钟差进行内插，得到每个采样时刻对应的 GPS 钟差。单差方法克服了双差法中引入附加误差源的确定，目前是 GFZ 与 COSMIC 掩星任务中所采用的主要方法。

如果 LEO 卫星的钟差变化平稳，即掩星观测各采样时刻对应的 LEO 卫星和 GPS 卫星的钟差都可以由定轨阶段得到的相应钟差解内插得到，则也可以采用非差方法直接由式(8-23)得到附加相位延迟（Beyerle, et al., 2005）。

2. 掩星数据的反演

掩星数据的反演是以掩星事件为单位进行的，其基本流程图见图 8-3。其输入数据包括该掩星事件以 50Hz 为采样率的双频附加相位延迟、相应的双频振幅观测值及 GPS 与 LEO 卫星内插到采样时刻的位置与速度。其主要反演步骤包括双频附加多普勒频移的求取、地球扁率的改正、弯曲角廓线的计算、折射指数廓线的反演以及气温、气压与大气湿度廓线的反演。

需要指出的是，为了解决几何光学反演方法中低对流层多路径效应带来的影响参数多值性问题，弯曲角廓线综合了几何光学与无线电全息（Radio Holographic, RH）反演两种方法的反演结果。其输出数据包括反演得到的各大气参数廓线。为了让掩星数据更有效地同化到 NWP 模式中，还将输出折射指数与弯曲角廓线。下面对其中的主要步骤进行详细介绍。

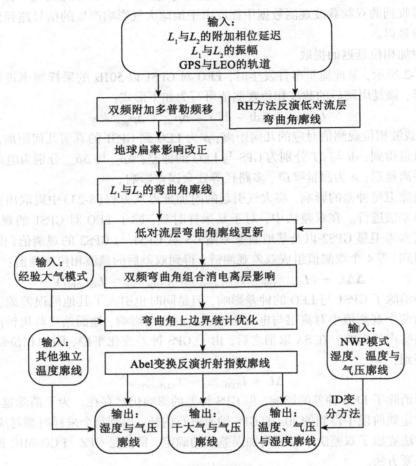

图 8-3　GPS 掩星数据反演流程图

（1）由附加相位延迟计算附加多普勒频移

由附加相位延迟计算附加多普勒频移的公式如下：

$$\frac{\Delta f_i}{f_i} = \frac{1}{c}\frac{\mathrm{d}\Delta L_i}{\mathrm{d}t}, \ i = 1, 2 \tag{8-26}$$

其中，c 为真空中的光速；Δf_i 为 f_i 的附加多普勒频移，包含了电离层与中性大气层的贡献；ΔL_i 为频率为 f_i 的信号对应的附加相位延迟。

原始的附加相位延迟中的噪声将会传播到附加多普勒频移中，导致后续弯曲角的反演出现多值性问题。在反演过程中，需要采用相应措施控制观测噪声对反演结果的影响。通常在进行多普勒频移的计算之前，需要对附加相位延迟进行滤波。常用的滤波方法有傅立叶滤波或三次样条拟合与傅立叶滤波相结合（CDAAC，2005a）。以后一种方法为例，首先采用三次样条函数拟合得到数据的主要趋势，然后对残差数据进行滤波，最后将滤波后的残差数据与拟合函数相加。

为了控制观测噪声的影响，在经过上面的处理得到双频附加多普勒频移之后，还需要对数据进行接收机跟踪误差检核。当发现某个采样中存在明显的接收机跟踪误差时，就对观测数据序列进行截断，该时刻之后的观测值不再进入下一步反演计算。检核的标准是根据前面得到的 L_1 附加多普勒频移相对于利用卫星轨道数据与经验大气模式（如 CIRA + Q 模式）计算的 L_1 模型多普勒频移的偏离程度（Sokolovskiy，2001）。当观测值与模型值的差值大于所设置的阈值时，表明掩星信号中可能出现较大的接收机跟踪误差，观测数据就从这个采样时刻被截断。

(2) 地球扁率影响改正

几何光学反演方法基于球面分层大气球对称假设进行。在这种假设下，GPS 信号的传播路径是平面曲线。理想情况下，当将地球看做球形时，认为大气折射率 n 是以地球球心为曲率中心球面分层均匀分布。考虑地球扁率影响的情况下，这种球对称分布的曲率中心不再是地球球心，而是某局部曲率中心。如果忽略两者的差别，所引入的误差将导致 30km 左右的温度反演误差达到 1K 左右（Syndergaard，1998），因此在反演过程中，需要进行地球扁率影响的改正。图 8-4 中显示了掩星观测的某个采样瞬间，LEO 卫星、GPS 卫星与局部曲率中心所构成的掩星平面与参考椭球的关系。该采样的信号路径上距离椭球表面最近的那一点称为掩星切点（Tangent Point，TP）。掩星切点在椭球表面有相应的投影点，投影点处不同方向上参考椭球的曲率半径是不相同的。地球大气在这一点附近呈球对称分布的曲率半径是沿掩星平面方向的曲率半径，相应的局部曲率中心用在投影点处与地球椭球相切，半径为掩星平面方向的参考椭球曲率半径的一个圆球的球心来逼近。

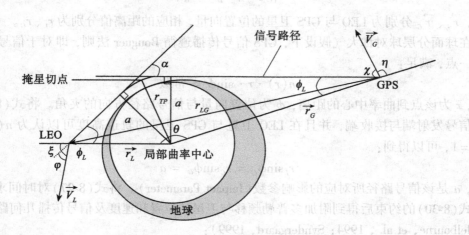

图 8-4　GPS 掩星几何关系示意图

一次掩星事件中每一次采样的信号路径所对应的掩星切点都不相同，因此，每次采样对应的局部曲率中心也不相同，但其变化对于后续反演的影响可以忽略不计，所以实际数据处理中，一般采用掩星事件中的某个采样对应的局部曲率中心来代表整个掩星事件对应的局部曲率中心。CDAAC 目前采用的是 L_1 附加相位延迟等于 500m 左右（近地点高度为 3~4km）的掩星信号路径所对应的掩星切点在参考椭球表面的投影点作为整个掩星事件发生的掩星地点（occultation point）（CDAAC，2005a）。该采样对应的局部曲率中心作为整个掩星事件的局部曲率中心。后续各种大气参数的反演结果也以该掩星地点作为掩星事件发生的位置参考。

掩星事件对应的地球局部曲率中心确定以后，就可以进行地球扁率影响的改正。具体方法是将参考框架进行平移，把坐标原点由椭球中心移到局部曲率中心，实际计算中把 GPS 与 LEO 卫星的坐标加上相应的平移改正数即可。具体计算时，所采用的公式及相关推导请参考相关文献（Syndergaard，1998）。

(3) 弯曲角廓线的反演

1) 几何光学反演方法

图 8-4 中显示了某一采样瞬间掩星平面上的各种几何关系。如前所述，在球面分层大气局部球对称假设下，信号由 GPS 发射到被 LEO 接收所经过的路径在一个平面——掩星平面上，信号路径上某一点的大气折射率只与该点到局部曲率中心的距离有关。地球大气带来的信号延迟为：

$$\Delta L_i = \int n_i(r) \mathrm{d}s - r_{LG} \quad (i = 1, 2) \tag{8-27}$$

式中，ΔL 为路径延迟，下标 $i=1,2$ 分别代表 L_1、L_2 两个频率；$n(r)$ 为与局部曲率中心距离 r 位置所对应的大气折射率；s 为信号传播路径上的弧段长度；r_{LG} 为 GPS 与 LEO 卫星之间的直线距离，即

$$r_{LG} = |\vec{r}_L - \vec{r}_G| \tag{8-28}$$

其中，$\vec{r}_L$、$\vec{r}_G$ 分别为 LEO 与 GPS 卫星的位置向量，相应的距离值分别为 r_L、r_G。

在球面分层球对称大气假设下，GPS 信号传播遵循 Bouguer 法则，即对于信号路径上的每一点，满足：

$$n(r) \cdot r \cdot \sin\phi = 常数 \tag{8-29}$$

其中，r 为该点到曲率中心的距离；ϕ 为位置向量与信号路径方向的夹角。将式(8-29)应用到信号发射端与接收端，并且在 LEO 卫星与 GPS 卫星的轨道高度可以认为 $n(r_L) = n(r_G) = 1$，可以得到：

$$r_L \sin\phi_L = r_G \sin\phi_G = a \tag{8-30}$$

式中，a 是该信号路径所对应的影响参数（Impact Parameter）。将式(8-27)对时间求导，并加上式(8-30)的约束后得到附加多普勒频移与卫星的位置和速度及信号传播几何路径的关系（Melbourne, et al., 1994；Syndergaard，1999）：

$$c \cdot \frac{\Delta f_i}{f_i} + \frac{\mathrm{d}r_{LG}}{\mathrm{d}t} - (|\vec{V}_L|\cos\varphi(a_i) - |\vec{V}_G|\cos\chi(a_i)) = 0 \quad (i = 1, 2) \tag{8-31}$$

式中，左边第一项与附加多普勒频移有关；$\vec{V}_L$、$\vec{V}_G$ 分别为 LEO 与 GPS 卫星的速度在掩星平面上的投影，可直接利用两颗卫星的速度与前面定义的掩星平面的几何关系计算；

$\varphi(a)$、$\chi(a)$ 分别为 $\vec{V}_L$、$\vec{V}_G$ 与信号路径方向的夹角；$i=1,2$ 分别代表 L_1 与 L_2 两个频率的信号。由于两个频率信号的传播路径不相同，因此对应的影响参数也不相同。由图 8-4 中的几何关系有：

$$\varphi(a_i) = \xi - \phi_{L_i} = \xi - \arcsin\left(\frac{a_i}{r_L}\right) \tag{8-32}$$

$$\chi(a_i) = \pi - \eta - \phi_{G_i} = \pi - \eta - \arcsin\left(\frac{a_i}{r_G}\right) \tag{8-33}$$

其中，ξ、η 分别为 $\vec{V}_L$、$\vec{V}_G$ 与相应卫星位置向量的夹角，直接由两颗卫星的位置与速度计算。将式(8-32)与式(8-33)代入式(8-31)，等式左边的未知参数只有 a_i。这是一个非线性方程，取 a_i 的初值为局部曲率中心到 GPS 与 LEO 连线的垂直距离，迭代求解 a_i。对于每条信号路径，弯曲角 α 与影响参数 a 的关系为：

$$\alpha(a) = \theta - \arccos\left(\frac{a}{r_L}\right) - \arccos\left(\frac{a}{r_G}\right) \tag{8-34}$$

式中，θ 为 $\vec{r}_L$、$\vec{r}_G$ 两个向量的夹角，由两颗卫星的坐标直接得到。

一次掩星事件中的每次采样对应两个频率的两条信号路径，即一组 a_1、$\alpha(a_1)$ 与 a_2、$\alpha(a_2)$。如果掩星事件中以 50Hz 的采样频率持续观测了 1min，则经过上述反演过程，将得到 3000 组 $\alpha(a)$ 的值，最后得到两个频率的弯曲角随影响参数变化的廓线。

2) 无线电全息反演方法

在低对流层，水汽的存在导致较大的折射指数梯度，GPS 信号路径所受的多路径效应影响严重，按照几何光学反演方法由附加相位延迟得到的弯曲角廓线存在多值性问题。为了解决该问题，低对流层的弯曲角廓线可以由相位与振幅观测数据出发，采用无线电全息(Radio Holographic, RH)方法进行反演。15km 高度左右以下由 RH 方法反演的弯曲角廓线被用于对几何光学法反演的弯曲角廓线进行更新(Healy, et al., 2007)。目前，常用的几种 RH 方法包括后向传播法(Ao, et al., 2003)、滑动光谱法(Gorbunov, 2001)、正则变换法(Gorbunov and Lauritsen, 2002)、全谱反演法(Lohmann, et al., 2003)、Fresnel 衍射理论(Meincke, 1999)以及相位匹配法(Jensen, et al., 2004)等。不同 RH 反演方法的理论及算法可参考相关文献。

(4) 电离层影响的改正

弯曲角廓线反演得到两个频率的弯曲角廓线，其中包含了中性大气层与电离层影响的贡献。目前，常用的对电离层影响进行改正的方法为弯曲角组合法(Vorob'ev and Krasil'nikova, 1994)：

$$\alpha(a) = \frac{f_1^2 \alpha_1(a) - f_2^2 \alpha_2(a)}{f_1^2 - f_2^2} \tag{8-35}$$

式中，α_1 与 α_2 的组合必须对应于相同的影响参数 a，但在一次采样中的 α_1 与 α_2 并不相同，一般将 $\alpha_2(a_2)$ 序列内插到与 $\alpha_1(a_1)$ 相同的影响参数，然后再进行电离层改正，经过式(8-35)计算得到的弯曲角廓线比较好地消除了电离层延迟的影响。

掩星观测中，电离层对附加多普勒频移的影响随着高度的增加呈指数增长趋势，45km

以上甚至超过了中性大气层的影响。但是在 30km 以下，电离层影响比中性大气层的影响小 1~2 个数量级，20km 以下比中性大气层的影响小 3 个数量级（Hocke，1997）。低对流层中附加多普勒频移主要来自中性大气的贡献，同时考虑到低对流层中 L_2 的信噪比非常低，因此，一定高度(10~15km)以下一般不再采用式(8-35)进行电离层影响改正，而直接采用 $\alpha(a_1)$ 进入下一步计算。

（5）弯曲角上边界统计优化

中性大气层对于弯曲角的贡献随高度的增加呈指数规律下降，而各种噪声（包括电离层改正后的残余影响、接收机热噪声等）的贡献则没有太大变化，一定临界高度以上，这些噪声对于弯曲角的贡献将超过中性大气层的影响。不同掩星事件中的临界高度不同，主要取决于电离层残余影响的大小，一般取为 60~80km 高度区间。在后续的由弯曲角到折射指数的 Abel 变换中，弯曲角的误差将由高到低地传递给折射指数。因此，进行折射指数反演之前，需要对弯曲角廓线的上边界进行改正。基本方法是将由经验大气模式估计的弯曲角（模式弯曲角）作为参照对掩星观测得到的弯曲角进行统计优化。经验大气模式可以采用 MSISE90，CDAAC 对 COSMIC 掩星观测处理软件中则提供了 CIRA、CIRA+Q 及 NCAR 三个经验大气模式供选择（CDAAC，2005a）。将一次掩星事件中弯曲角序列用弯曲角向量 $\vec{\alpha}$ 表示，则优化后的弯曲角序列可以通过求解价值函数最小值得到：

$$J(\vec{\alpha}) = \frac{1}{2}(\vec{\alpha} - \vec{\alpha}_M)^T B_M^{-1}(\vec{\alpha} - \vec{\alpha}_M) + \frac{1}{2}(\vec{\alpha} - \vec{\alpha}_{obs})^T B_{obs}^{-1}(\vec{\alpha} - \vec{\alpha}_{obs}) = \min \quad (8\text{-}36)$$

式中，$\vec{\alpha}_{obs}$ 为掩星观测的弯曲角向量；$\vec{\alpha}_M$ 为模式弯曲角向量；B_{obs} 与 B_M 分别为观测向量与模式向量对应的误差协方差矩阵。求 $\frac{\partial J}{\partial \vec{\alpha}} = 0$，得到式(8-36)的解为：

$$\vec{\alpha}_{opt} = (B_{obs}^{-1} + B_M^{-1})^{-1}(B_{obs}^{-1}\vec{\alpha}_{obs} + B_M^{-1}\vec{\alpha}_M) \quad (8\text{-}37)$$

为简化计算，忽略观测向量与模式向量各采样之间的误差相关性，即 B_{obs} 与 B_M 取对角阵[Kuo, et al., 2004]，影响参数 a 对应的优化弯曲角的实际计算公式为：

$$\alpha_{opt}(a) = w_{obs}\alpha_{obs}(a) + w_M\alpha_M(a) \quad (8\text{-}38)$$

式中，α_{opt} 为优化后的弯曲角，w_{obs} 与 w_M 分别是两个弯曲角的权系数，且：

$$w_{obs}(a) = \frac{\sigma_M^2(a)}{\sigma_M^2(a) + \sigma_{obs}^2(a)} \quad (8\text{-}39)$$

$$w_M(a) = \frac{\sigma_{obs}^2(a)}{\sigma_M^2(a) + \sigma_{obs}^2(a)} \quad (8\text{-}40)$$

其中，$\sigma_{obs}(a)$ 是掩星观测弯曲角的误差，主要取决于电离层改正残余影响，不同掩星事件的 $\sigma_{obs}(a)$ 不同，但在一次掩星事件中，E 层以下电离层残余影响带来的观测噪声的大小基本相同，可以认为 $\sigma_{obs}(a) = \sigma_{obs}$ 对于整个掩星事件是一个常数，在数值上等于 60~80km 高度区间观测弯曲角相对于模式弯曲角的平均偏差。$\sigma_M(a)$ 是模式弯曲角的误差，其大小可以用经验公式表达：

$$\sigma_M(a) = K(a)\alpha_M(a) \quad (8\text{-}41)$$

对 $K(a)$ 的确定方法有不同的研究结果。有学者提议对于整个掩星事件，K 取为定值，在数值上等于 20~60km 高度区间 α_{obs} 相对于 α_M 的平均偏差，但计算过程比较复杂，比较简单的方法是直接取 $K = 0.2$。

在实际的掩星数据处理中,一种简化的统计优化方法也被广泛采用(Hocke,1997;Steiner, et al., 1999)。在这种方法中,式(8-39)与式(8-40)的简化形式分别写为:

$$w_{\text{obs}}(a) = \frac{|\sigma_M(a)|}{|\sigma_M(a)| + |\sigma_{\text{obs}}(a)|} \tag{8-42}$$

$$w_M(a) = \frac{|\sigma_{\text{obs}}(a)|}{|\sigma_M(a)| + |\sigma_{\text{obs}}(a)|} \tag{8-43}$$

其中,$|\sigma_M(a)| = |0.2\alpha_M(a)|$,$|\sigma_{\text{obs}}(a)| = |\alpha_{\text{obs}}(a) - \alpha_M(a)|$。将式(8-42)与式(8-43)代入式(8-38)对一定高度区间的弯曲角进行统计优化,在这个高度区间之上,直接采用模型弯曲角;在这个高度区间之下,则直接采用观测弯曲角。这个高度区间一般取为40~60km左右。

6) 折射指数廓线的反演

在球对称大气假设下,影响参数为 a_0 的信号路径对应的弯曲角为(Fjeldbo, et al., 1971):

$$\alpha(a_0) = -2a_0 \int_{a=a_0}^{a=\infty} \frac{\mathrm{d}\ln n}{\mathrm{d}a} \frac{1}{\sqrt{a^2 - a_0^2}} \mathrm{d}a \tag{8-44}$$

其中,

$$a = n(r) \cdot r \tag{8-45}$$

理论上,式(8-44)中的积分上边界是无穷大。但是对于星载 GPS 掩星观测而言,LEO 卫星的轨道高度由几百到一千多公里,该高度处及之上的大气折射指数可视为1,即式(8-44)中的积分上边界可以用 r_{LEO} 来代替。对式(8-44)进行 Abel 变化得到(Kursinski, et al., 1997):

$$n(r_{\text{TP}}) = \exp\left[\frac{1}{\pi} \int_{a_0}^{\infty} \frac{\alpha(a)}{\sqrt{a^2 - a_0^2}} \mathrm{d}a\right] \tag{8-46}$$

其中,r_{TP} 为影响参数为 a_0 的信号路径对应的掩星切点向径;$n(r_{\text{TP}})$ 为掩星切点处的大气折射指数。掩星切点对应的海拔高为:

$$h = r_{\text{TP}} - r_C + \Delta z_{\text{geoid}} \tag{8-47}$$

其中,r_C 为掩星切点在地球椭球上投影点的曲率半径;Δz_{geoid} 是该点的大地水准面差距。

利用式(8-46)可以实现由弯曲角廓线到折射指数廓线的反演。实际计算中,弯曲角廓线对应的最大切点高度由掩星观测的开始(下降掩星)或结束(上升掩星)时间决定,式(8-46)的积分上边界可以用 r_{LEO} 来代替。实际反演计算中,可以设置积分上边界对应的高度最小为150km。如果弯曲角廓线对应的最大切点高度小于150km,则将模式弯曲角指数外推到该高度,积分时上边界高度取150km。如果弯曲角廓线对应的最大切点高度大于150km,则直接采用该切点高度为积分上边界高度。式(8-46)可转换为:

$$n(r_{\text{TP}}) = \exp\left[\frac{1}{\pi} \int_{a_0}^{a_{\text{top}}} \frac{\alpha(a)}{\sqrt{a^2 - a_0^2}} \mathrm{d}a\right] \tag{8-48}$$

其中,a_{top} 为上边界高度 h_{top} 对应的影响参数。在这个高度之上,弯曲角忽略不计。由于式(8-48)的积分关系,特定高度的折射指数反演结果与该高度之上所有信号路径对应的弯曲角有关。即某高度的弯曲角误差在 Abel 变化中会向下传播到该高度之下的所有折射指数中。

结合式(8-47)与式(8-48)，可以得到大气折射指数随海拔高变化的廓线 $n(h)$。由大气折射率与折射指数的关系，进一步得到折射率随高度变化的廓线：

$$N(h) = 10^6 \cdot (n(h) - 1) \tag{8-49}$$

(7) 中性大气参数廓线的反演

由式(8-49)得到了掩星地点大气折射率廓线，下一步工作是从折射率廓线中提取出大气密度、气温、气压、湿度等各大气参数的信息。图8-4所示的反演流程中，中性大气参数的反演包含了两方面的工作：一方面是一定高度之上干大气参数的反演；另一方面是水汽不能忽略的对流层大气参数反演。

大气中各物理参数对折射率的影响由下式表示(Kursinski, et al., 1997)：

$$N = 77.6 \cdot \frac{P}{T} + 3.73 \times 10^5 \frac{P_w}{T^2} + 4.03 \times 10^7 \frac{n_e}{f^2} + 1.4W \tag{8-50}$$

式中，$P(\text{hPa})$ 与 $P_w(\text{hPa})$ 分别为总气压与水汽分压；$T(\text{K})$ 是大气温度；$f(\text{Hz})$ 是信号频率；$n_e(\text{electrons/m}^3)$ 是电子密度；$W(\text{g/m}^3)$ 是液态水含量。式(8-50)中，第一项是由于大气分子极化的影响，其大小与分子数密度成正比，在60~90km时占主导作用；第二项主要是由于水汽偶极矩的极化作用，在低对流层作用较明显；第三项是考虑到一阶项的自由电子的作用，主要影响60~90km以上的区域；第四项是悬浮在大气中的液态水的作用，对于悬浮在大气中的固体微粒，该项系数应改为0.6。第四项相对于其他三项对大气折射的影响非常小，因而可以忽略不计。

通过双频折射角组合进行电离层影响改正之后，式(8-50)右边只剩下干湿分量的影响，可以写为：

$$N = 77.6 \cdot \frac{P}{T} + 3.73 \times 10^5 \frac{P_w}{T^2} \tag{8-51}$$

理想气体状态方程为：

$$PV = \frac{\text{mass}}{m} RT \tag{8-52}$$

其中，$\text{mass}(\text{kg})$ 是大气的质量；$m(\text{kg/kmol})$ 是大气的摩尔质量；R 的定义与式(8-15)中相同；$T(\text{K})$ 为大气温度。由式(8-52)可以得到：

$$\rho = \frac{m}{R} \cdot \frac{P}{T} \tag{8-53}$$

其中，ρ 为大气密度。对于干大气与水汽部分，式(8-53)可分别写为：

$$\rho_d = \frac{m_d}{R} \cdot \frac{P_d}{T}, \quad \rho_w = \frac{m_w}{R} \cdot \frac{P_w}{T} \tag{8-54}$$

其中，ρ_d、ρ_w 分别是干大气与水汽密度；P_d、P_w 分别为干大气与水汽分压；m_d、m_w 的定义与式(8-15)中相同。由式(8-54)可以得到：

$$\rho = \rho_d + \rho_w = \frac{m_d}{R} \frac{P}{T} + \frac{m_w - m_d}{R} \frac{P_w}{T} \tag{8-55}$$

球面分层大气假设下,气压的分布满足大气静力平衡方程:

$$\frac{\mathrm{d}P}{\mathrm{d}h} = -g(h)\rho(h) \tag{8-56}$$

综合式(8-51)、式(8-55)与式(8-56)最后得到:

$$\frac{\mathrm{d}P}{\mathrm{d}h} = -\frac{gm_d}{77.6 \cdot R}N + \frac{3.73 \times 10^5 \cdot gm_d}{77.6 \cdot R}\frac{P_w}{T^2} + \frac{m_w - m_d}{R}\frac{P_w}{T} \tag{8-57}$$

1) 干大气参数廓线的反演

一定高度($T=230$K 左右)以上,水汽混合比小于 10^{-4},大气折射率主要来自干分量的贡献,在大气参数的反演中忽略水汽的影响,则式(8-51)右边只剩下第一项的影响:

$$N = 77.6 \cdot \frac{P}{T} \tag{8-58}$$

则式(8-55)中 $P_w = 0$,即

$$\rho = \frac{m_d}{R}\frac{P}{T} \tag{8-59}$$

根据式(8-58)与式(8-59),由折射率廓线得到大气密度廓线:

$$\rho(h) = \rho_d(h) = \frac{m_d}{R}\frac{P(h)}{T(h)} = \frac{m_d}{R}\frac{N(h)}{77.6} \tag{8-60}$$

将式(8-60)代入式(8-56)中,对式(8-56)进行积分得到:

$$P(h) = \int_h^{h_{\text{top}}} g(h')\rho(h')\mathrm{d}h' \tag{8-61}$$

同样,积分的上边界实际上不可能为无穷大,采用前面折射指数反演中的上边界高度代替,该高度之上的气压设为0,将式(8-61)代回。式(8-60)得到温度廓线为:

$$T(h) = \frac{m_d}{R}\frac{P(h)}{\rho(h)} \tag{8-62}$$

对于水汽含量不能忽略的对流层大气参数廓线,需要由式(8-51)与式(8-57)两个方程解算 P、P_w、T 三个未知参数,未知数个数大于方程个数,需要提供其他辅助信息。如图8-3所示,对流层大气廓线的反演有直接法与变分法两种方法。

2) 直接法反演对流层大气参数廓线

在直接法中,直接采用由其他方式(NWP 模式输出或由无线电探空仪测量)提供的温度廓线 $T(h)$ 及上边界高度的气压 $P(h_{\text{top}})$,在静力平衡方程约束下对式(8-51)与式(8-57)进行迭代计算求解气压与湿度廓线。基本步骤为:

第一步,给定水汽分压的先验值为0,即 $P_w(h) = 0$;

第二步,对式(8-57)进行积分,得到 $P(h)$;

第三步,将 $P(h)$ 与 $T(h)$ 代入式(8-51),对 $P_w(h)$ 进行更新;

第四步,重复进行第二步与第三步,直到收敛为止。

3) 变分法反演对流层大气参数廓线

直接法的数学模型比较简单,但是由于没有考虑先验温度廓线的误差特性,反演结果很大程度上依赖于先验温度廓线的精度。目前,对于对流层大气参数反演广泛采用的是一维变分同化方法。在一维变分同化方法中,由 NWP 模式输出的先验大气状态与 GPS 掩星

观测信息按照统计优化的方法被综合在一起，通过求解价值函数的最小值确定最可能的大气状态。价值函数的形式与式(8-36)相似：

$$J(\vec{x}) = \frac{1}{2}(\vec{x}-\vec{x}_b)^T B_b^{-1}(\vec{x}-\vec{x}_b) + \frac{1}{2}(H(\vec{x})-\vec{y}_0)^T B_{obs}^{-1}(H(\vec{x})-\vec{y}_0) \quad (8\text{-}63)$$

其中，$\vec{x}$ 是实际的大气状态向量，包含气压、温度、水汽随高度变化的廓线；$\vec{x}_b$ 是背景大气状态向量；$\vec{y}_0$ 是观测向量；$H(\vec{x})$ 是由状态向量到观测向量的观测算子；B_b 与 B_{obs} 分别为背景状态向量与观测向量的方差-协方差阵。

对式(8-63)求最小值是一个大维数、非线性的问题，利用 Levenberg-Marquardt 迭代法可以得到它的解为(Palmer, et al., 2000)：

$$\vec{x}_{i+1} = \vec{x}_b + [(1+\gamma)B_b^{-1} + K^T B_{obs}^{-1} K]^{-1} \cdot$$
$$[(K^T B_{obs}^{-1}(\vec{y}_0 - H(\vec{x}_i))) + (\gamma B_b^{-1} + K^T B_{obs}^{-1} K)(\vec{x}_i - \vec{x}_b)] \quad (8\text{-}64)$$

其中，γ 是权重系数；K 是观测算子 $H(\vec{x})$ 对状态向量 $\vec{x}$ 的梯度，即

$$K = \nabla_{\vec{x}_i} H(\vec{x}_i) \quad (8\text{-}65)$$

反演收敛的准则以价值函数的相对变化量来定，如果相对变化小于给定的阈值，则判断反演收敛，对应的 $\vec{x}_i$ 即为所求的最可能的大气状态。根据经验，这个阈值可以设定为 0.5% 左右。在计算中，还需设定迭代次数的阈值，当迭代次数超过这个阈值而结果仍未收敛时，则反演计算终止，该掩星事件的变分反演失败。

即使得到了收敛的反演结果，还需要利用 χ^2 检验进行质量评价。给定置信水平 $1-\alpha$，如果价值函数大于 $\chi^2_\alpha(n)$（n 为自由度），则认为反演结果的质量较差。另外，为了保证每次迭代后得到的新的大气状态向量符合大气物理性质，对大气湿度廓线还需进行检核，如果出现超饱和现象，则需要对湿度进行修正。

反演结果对应的方差-协方差阵为：

$$\hat{B}_{solution} = (B_b^{-1} + K^T B_{obs}^{-1} K)^{-1} \quad (8\text{-}66)$$

B_{obs} 相对于 B_b 的变化反映了反演结果相对于背景大气状态的改善程度。

理论上，从原始的载波相位观测值到反演的大气参数廓线都可以作为观测向量 $\vec{y}_0$，但从观测算子的复杂程度以及观测向量误差特性的复杂程度等方面综合考虑，目前使用较多的观测向量有两种：弯曲角与折射率。与折射率比较，弯曲角廓线没有经过 Abel 变换，其观测向量的误差特性较简单，但是其观测算子较复杂，计算速度较慢。下面以折射率为观测向量，对实际反演时式(8-63)中各参量的取值进行详细介绍。

背景场状态向量 $\vec{x}_b$ 一般为 NWP 模式输出的标准压强层面上的温度、湿度参数及海平面上的压强。以 UKMO 全球短期预报模式为例，模式输出地表到压强为 10hPa 高度共 19 个标准压强层面的大气参数，在纬度与经度上的水平分辨率为 $0.833° \times 1.25°$，时间分辨率为 6h。由模式输出的格网数据内插得到掩星事件发生的时间和地点对应的背景场状态向量 $\vec{x}_b$。相应的方差-协方差阵 B_b 通过对探空实测资料与模式预报差值的统计分析得到。背景温度与湿度向量之间的协方差设置为 0，温度与湿度的方差-协方差阵的对角线元素可

采用 UKMO 处理 TOVS 数据中采用的标准差子集,层面之间温度协方差与湿度协方差可近似用经验公式拟合(郭鹏,2006)。

观测向量 $\vec{y}_0$ 为掩星反演的折射率 $\vec{N}_0$,其方差-协方差阵 $\boldsymbol{B}_{\mathrm{obs}}$ 可以通过数值模拟得到,严格来说,包括观测噪声、前向模式误差与前向模式参数误差三部分的影响。实际计算中,对此可进行简化处理,如假定 $\boldsymbol{B}_{\mathrm{obs}}$ 的对角线元素的变化服从分段线性变化的规律,非对角线元素采用经验公式计算。

以标准压强层面为自变量的状态向量 $\vec{x}$(包括温度、湿度与压强廓线),通过观测算子 $H(\vec{x})$ 转换为以高度为自变量的折射率廓线。这个过程包括两个步骤:首先将以标准压强层面为自变量的状态向量转换为以高度为自变量的状态向量;然后由以高度为自变量的状态向量得到以高度为自变量的折射率廓线。

在第一步中,已知 $T(P_i)$、$q(P_i)$($i=1, 2, \cdots, I$) 与 P_0,其中 P_i 为标准压强层面的压强,I 为标准压强层面的个数,$T(P_i)$、$q(P_i)$ 分别为压强层面 P_i 处对应的温度与比湿,P_0 为海平面上的压强。为了将自变量由 P 转换为高度 h,首先计算压强 P_i 处的虚温 $T_v(P_i)$:

$$T_v(P_i) = T(P_i) \cdot (1 + 0.608 q(P_i)) \tag{8-67}$$

其中,T 与 T_v 的单位为 K;q 的单位为 kg/kg。相邻压强层 P_i、P_{i+1}($i=1, 2, \cdots, I-1$) 对应的位势高分别为 z_i, z_{i+1},即 $P_i = P(z_i)$,$P_{i+1} = P(z_{i+1})$,相应的虚温分别为 $T_v(z_i)$、$T_v(z_{i+1})$。由 (z_i, z_{i+1}) 区间内虚温随位势高呈线性变化可以得到:

$$z_{i+1} - z_i = \frac{R}{9.80665 m_d} \frac{T_v(z_{i+1}) - T_v(z_i)}{\ln T_v(z_{i+1}) - \ln T_v(z_i)} \ln \frac{P(z_i)}{P(z_{i+1})} \tag{8-68}$$

其中,R 与 m_d 分别与式(8-52)和式(8-54)中的相应参数相同。由于海平面上的位势高度为 0,由海平面上的压强 P_0 及式(8-68)可以外推出每个标准压强层面的位势高度。

由式(8-67)与式(8-68)可以得到各相邻压强层面之间位势高度的差值。又知道各压强层面对应的比湿对数 $\ln q(z_i)$、温度 $T(z_i)$、虚温 ($T_v(z_i)$),于是进一步得到相应大气参数分别对位势高度的一阶导数 $\frac{\partial \ln q}{\partial z}(z_i)$、$\frac{\partial T}{\partial z}(z_i)$ 与 $\frac{\partial T_v}{\partial z}(z_i)$。通过内插可以得到任意位势高度 z_x 处的比湿对数、温度及虚温:

$$q(z_x) = q(z_i) \exp\left(\frac{\partial \ln q}{\partial z}(z_i) \cdot (z_x - z_i)\right) \tag{8-69}$$

$$T(z_x) = T(z_i) + \frac{\partial T}{\partial z}(z_i) \cdot (z_x - z_i) \tag{8-70}$$

$$P(z_x) = P(z_i) \cdot \left[1 + \frac{\frac{\partial T_v}{\partial z}(z_i)}{T_v(z_i)}(z_x - z_i)\right]^{\frac{-9.80665}{R_d \frac{\partial T_v}{\partial z}(z_i)}} \tag{8-71}$$

以上过程实现了状态向量由标准压强层面到位势高的转换。而纬度为 φ 的某一点位势高 z 与海拔高 h 的关系为:

$$h(\varphi, z) = \frac{z \cdot R_e(\varphi)}{\frac{9.80616(1 - 0.002637 \cos(2\varphi) + 0.0000059 \cos^2(2\varphi))}{9.80665} \cdot R_e(\varphi) - z} \tag{8-72}$$

其中，$R_e(\varphi)$ 是纬度 φ 处的地心半径，可通过下式计算：

$$R_e(\varphi) = \sqrt{1/\left(\frac{\cos^2\varphi}{R_{\text{major}}^2} + \frac{\sin^2\varphi}{R_{\text{minor}}^2}\right)} \tag{8-73}$$

其中，R_{major} 与 R_{minor} 分别为地球椭球长半轴与短半轴长度。式(8-72)实现了位势高与海拔高之间的转换，综上所述，即实现了观测算子的第一步工作，即将状态向量由以标准压强层面为自变量转换为以高度为自变量。

观测算子 $H(\vec{x})$ 的第二步工作是由以高度为自变量的状态向量计算以高度为自变量的折射率廓线，这一步直接采用式(8-51)即可进行。其中，水气压 P_w 与大气比湿 q 的关系为：

$$P_w(h) = \frac{q(h) \cdot P(h)}{0.622 + 0.378 q(h)} \tag{8-74}$$

其中，比湿 q 的单位为 kg/kg；气压 P 与水气压 P_w 的单位为 hPa。

如果以弯曲角为观测向量进行变分同化反演，则观测算子在折射率廓线的基础上进一步通过式(8-44)进行 Abel 前向积分得到弯曲角廓线。观测向量的方差-协方差阵也相应改变(Healy and Thepaut, 2006)。

3. 掩星数据的同化

对地球大气状态进行实时监测的主要目的之一是为了实现精确的天气预报，全球或局部地区的 NWP 模式是进行天气预报的主要手段。历经几十年的发展，目前全球的 NWP 模式包括 NCEP、ECMWF、UKMO 等在算法上已非常成熟。模式的运行中初始场的确定是关键。各种大气观测资料包括气象卫星资料、无线电探空资料等共同对初始场作贡献。GPS 掩星观测资料对于提高天气预报精度所具有的作用来自于它对模式初始场精度的改善。掩星数据同化的含义即在于通过合理分析和处理掩星数据，将其中的大气信息同化到模式初始场中，从而提高模式的预报精度。

如前所述的变分法反演对流层大气参数事实上是可以说是掩星数据同化的一部分工作。变分同化中引入的大气背景向量来自于 NWP 模式，而变分同化的反演结果反过来被应用数值预报，通过一个相互作用的良性循环系统来实现预报精度的提高。CHAMP 折射指数廓线在 UKMO 模式中的同化实验以及 CHAMP 与 GRACE-A 弯曲角廓线在 ECMWF 模式中的同化实验的结果都表明，初始场中掩星资料的加入提高了模式对上部对流层与平流层底部的温度预报精度，该效果在南半球尤其明显，并且同时同化 CHAMP 与 GRACE-A 折射角廓线比单独同化其中任何一个的效果要好(Healy, et al., 2005; Healy, et al., 2006; Healy, 2007)。

8.3.6 有待进一步解决的问题

1. 低对流层折射指数的重构

怎样从掩星观测资料中有效获取对流层底部，特别是大气湿度非常显著的海洋边界层(Marine Boundary Layer, MBL)的大气信息是 GPS 掩星技术中的难题。困难主要来自于两个方面，一方面是如何实现当信号路径穿过折射率水平梯度非常大的对流层底部时，星载接收机仍能获得掩星信号的相位与振幅。这一点目前可通过开环跟踪技术解决。如前所述,SAC-C 与 COSMIC 上的 GPS 接收机均采用了这一技术提高 GPS 掩星观测对低对流层的探测能力。但即使信号跟踪的问题解决了,在掩星数据反演中仍然存在另一个困难,即由于超折射现象所带来的折射率反演的病态问题。在超折射现象的影响下,折射率的反演出现多值性问题,一条弯曲角廓线有若干条折射率廓线与之对应。经式(8-46)的 Abel 变换得到的是在这若干个解中最小的那个解,从而导致超折射层内和该高度以下的折射率存在系统性的负偏差。而超折射现象在对流层底部经常发生,这就是 GPS 掩星观测的折射率廓线在对流层底部存在负偏差现象的主要原因之一。关于如何重构超折射层高度以下的折射率廓线的研究,目前已经取得一定成果(Xie, 2006),但仍然有许多尚待解决的细节问题。

2. 掩星数据同化中面临的挑战

随着各项 GPS 掩星任务的相继开展,每天都有大量近实时的掩星观测数据及产品产生,实际掩星观测资料的获取不再成为问题。如何有效地将掩星数据资料同化到 NWP 模式中,实现提高天气预报精度的目的是近年来的研究热点之一。

观测算子的选择是数据同化的关键。目前同化的观测算子主要分为两类:弯曲角廓线与折射率廓线。弯曲角廓线的同化中通过采用射线追踪模式考虑到了折射率水平梯度对观测量的影响,但是对于气象业务预报系统而言,精确计算 GPS 信号在 NWP 模式提供的大气物理场的传播路径非常耗时,不得不在射线追踪中进行近似处理;折射率廓线的同化中将折射率廓线看作大气局部垂直结构的反映,虽然计算速度快,但却没有考虑水平梯度的影响。建立同时兼顾计算速度与大气水平梯度影响的新的观测算子对 GPS 掩星技术在天气预报中的实际应用有重要意义。目前一些学者在这个方向上已取得了一定研究成果(Syndergaard, et al., 2006),这也是 GPS 掩星数据同化技术发展的一个主要课题。

掩星数据的同化还面临其他挑战。为了充分发挥 GPS 掩星观测资料在业务气象预报中的作用,还需要进一步提高反演质量,对观测向量的误差特性有更深入的了解。另一方面,还需要发展更先进的数据质量控制程序。对于观测算子和同化系统,也需要不断测试更新。

3. 掩星数据在全球气候变化研究中的应用

GPS 掩星技术除了将服务于天气预报与气象研究之外,也被应用于气候变化的研究中。对流层顶到平流层的大气状态对于气候变化有主要影响,由于水汽含量小,掩星观测反演的大气参数在这个高度区间的精度非常高。对长时期、大批量的掩星观测资料进行系统分析,有助于发现已有的气象和气候模式所未能反映的全球和局部气候变化规律。通过对 CHAMP 发射以来的掩星观测资料的分析已经取得相关成果(Borsche, et al., 2007),COSMIC 及其他掩星任务提供的数据资料将更进一步促进该领域的研究。

8.4 利用山基与机载 GPS 掩星观测探测大气性质

8.4.1 研究现状

星载 GPS 掩星观测中,进行掩星观测的接收机被置于高度为几百到一千公里的 LEO

卫星上，随 LEO 卫星一起运动。所观测到的掩星事件虽然具有全球覆盖、全天候、高垂直分辨率、高精度的特点，但也存在一定的局限。首先是由于多路径、超折射效应的影响，低对流层的探测数据不够丰富，目前开环跟踪技术在一定程度上提高了对低对流层的探测能力。再者是当星载接收机数量有限时，对于特定感兴趣的地区掩星事件的数量不够多，有时甚至缺之。Zuffada 等人（1999）提出了将 GPS 接收机置于高高的山头（山基）或置于飞机（机载）上，通过对低高度角和负高度角的 GPS 信号进行处理得到测站高度以下大气参数的廓线。机载与山基掩星观测的基本观测模式是相同的，都是把 GPS 接收机置于地球大气层内进行掩星观测。不同之处在于机载观测中接收机随飞机一起运动，并且接收机的高度比山基观测更高。利用山基与机载的 GPS 接收机进行掩星观测是对星载掩星观测方式的补充：一方面，比星载观测低得多的信号衰减有助于提高对低对流层的探测质量；另一方面，可以通过选择山基观测的测站位置与飞机的飞行航线保证掩星事件尽可能分布在所感兴趣的特定区域，从而达到为区域天气与气象研究服务的目的。

Lesne 等人对机载掩星观测的误差特性进行了模拟研究（Lesne, et al., 2002）。2001 年与 2002 年夏季，日本京都大学与 JPL 合作，在海拔高度为 3.8km 的富士山气象站进行了山基 GPS 掩星观测试验并取得了满意的结果（Aoyama, et al., 2004）。其后，日本电子导航研究所与京都大学合作开发了适用于低高度角掩星观测的接收机，并于 2003 年首次进行了机载掩星观测飞行试验（Yoshihara, et al., 2004）。机载掩星观测中所遇到的主要挑战之一在于要求飞机的速度测定精度达到几 mm/s，可以采用 GPS/INS 集成定位实现这一目标。目前，美国 NCAR 资助的高层环境研究机载仪器平台（High-altitude Instrumented Airborne Platform for Environmental Research, HIAPER）项目正在进行之中。该项目中的一个主要荷载是由普度大学负责研制的多元静态与掩星 GNSS 设备（GNSS Instrument System for the Multistatic and Occultation Sensing, GISMOS）。GISMOS 采用了开环跟踪技术，通过对掩星信号与发生折射的导航信号的观测获取大气水汽廓线、海面地形与土壤湿度的信息（Laursen, et al., 2006; Ventre, et al., 2006）。2007 年 7 月，GISMOS 在 HIAPER 飞机上进行了首次飞行测试，获得了美国大陆与墨西哥湾区域的机载掩星廓线（Xie, et al., 2008）。

8.4.2 反演原理

接收机置于地球中性大气层内部的山基（机载）掩星数据的基本反演过程与星载 GPS 掩星观测类似，由附加相位延迟出发得到附加多普勒频移，然后进行弯曲角廓线的反演。与星载掩星观测不同之处在于，当接收机置于地球中性大气层内部时，信号路径上 $r > r_R$ 时也会产生大气折射，使得掩星切点两侧的路径弯曲程度不同。一次掩星事件中所观测到的掩星信号的最大影响参数为 $n_R r_R$，其中，n_R 与 r_R 分别为接收机所处位置的大气折射指数与它到局部曲率中心的向径。

如图 8-5 所示，以下降掩星事件为例，信号入射高度角逐渐由正的减小到零再成为负的。在大气局部球对称假设下，对任意一个负高度角的采样，假定信号路径的折射角为 α_N，则存在一个影响参数与之相同的正高度角采样，其信号路径的折射角为 α_P。由式 (8-44) 得到：

$$\alpha_P(a_0) = -a_0 \int_{n_R r_R}^{n_G r_G} \frac{\mathrm{d}\ln n}{\mathrm{d}a} \frac{1}{\sqrt{a^2-a_0^2}} \mathrm{d}a \tag{8-75}$$

$$\alpha_N(a_0) = \alpha_P(a_0) - 2a_0 \int_{a_0}^{n_G r_G} \frac{\mathrm{d}\ln n}{\mathrm{d}a} \frac{1}{\sqrt{a^2-a_0^2}} \mathrm{d}a \tag{8-76}$$

将式(8-75)与式(8-76)相加得:

$$\alpha(a_0) = \alpha_N(a_0) + \alpha_P(a_0) \tag{8-77}$$

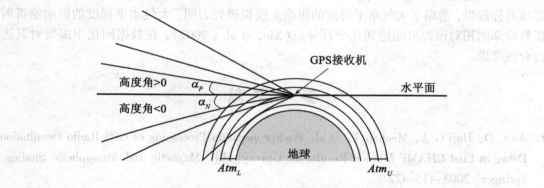

图 8-5　山基(机载)GPS 掩星观测示意图

$\alpha(a_0)$ 等同于接收机在地球大气层外,影响参数为 a_0 的信号路径的完整弯曲角。将图 8-5 中的所有弯曲角作上述处理,可得到一组等同于星载掩星观测的弯曲角廓线 $\alpha(a_0)$ ($a_0 \leq n_R r_R$)。但是由于不能获取 $a_0 > n_R r_R$ 的信号弯曲角,所以还不能直接采用式(8-46)的 Abel 变换进行折射指数的反演。一种解决办法是采用射线追踪法由数值预报模式模拟 $a_0 > n_R r_R$ 的弯曲角 $\alpha_m(a_0)$。将这两组弯曲角廓线组合到一起,即可得到等价于星载掩星观测的一组完整的弯曲角廓线,从而可以采用式(8-46)反演大气折射指数廓线。但是这种办法反演的折射指数廓线同时受到掩星观测误差与模式预报误差的影响,对后续的同化工作不利。因此,目前普遍采用的是另一种解决办法(Healy, et al., 2002; Mousa, et al., 2004; Zuffada, et al., 1999):

$$\alpha'(a_0) = \alpha_N(a_0) - \alpha_P(a_0) \tag{8-78}$$

如图 8-5 所示,在局部球对称大气假设下,对于每一组 α_N 与 α_P,利用式(8-78)得到的"部分弯曲角" $\alpha'(a_0)$ 实际上是接收机高度以下的大气层 Atm_L 作用产生的,与该高度以上的大气层 Atm_U 无关。于是:

$$\alpha'(a_0) = -2a_0 \int_{a_0}^{n_R r_R} \frac{\mathrm{d}\ln n}{\mathrm{d}a} \frac{1}{\sqrt{a^2-a_0^2}} \mathrm{d}a \tag{8-79}$$

从而可以反演接收机高度以下的大气折射指数廓线:

$$n(a_0) = n_R \exp\left(\frac{1}{\pi} \int_{a_0}^{n_R r_R} \frac{\alpha'(a)}{\sqrt{a^2-a_0^2}} \mathrm{d}a\right) \tag{8-80}$$

接下来就可以采用与星载掩星数据处理相同的变分同化方法由折射指数廓线反演温度、气压、湿度等大气参数廓线。

如上所述，山基（机载）掩星观测的反演仍然是基于局部球对称大气假设的Abel变化方法。与星载观测相比较，局部球对称大气假设给山基（机载）观测带来的误差影响更大。星载模式下掩星事件的发生主要取决于LEO卫星的运动，一次掩星事件持续的时间为1～2min，0～60km的探测高度区间内相应切点水平漂移在100～200km之间。山基（机载）模式下掩星事件的发生主要取决于GPS卫星的运动。对机载掩星观测的模拟研究显示，一次掩星事件需要6min左右完成0～10km高度区间的探测，相应的切点水平漂移可能达到300～400km（Lesne, et al., 2002），这也就意味其反演过程在更大的水平尺度范围内作大气局部球对称假设，忽略了大气水平梯度的影响。模拟研究表明，大气水平梯度的影响给折射指数带来的相对误差可能达到几个百分点（Xie, et al., 2007），在数据同化中需要对其进行合理考虑。

参 考 文 献

1. Ao C O, Hajj G A, Meehan T, et al. Backpropagation Processing of GPS Radio Occultation Data, in First CHAMP Mission Results for Gravity[M]. Magnetic and Atmospheric Studies. Springer, 2003:415-422
2. Aoyama Y, Shoji Y, Mousa A, et al. Temperature and Water Vapor Profiles Derived from Downward-Looking GPS Occultation Data[J]. Journal of the Meteorological Society of Japan, 2004, 82(1B): 433-440
3. Bastin S, Champollion C, Bock O, et al. On the Use of GPS Tomography to Investigate Water Vapor Variability During a Mistral/sea Breeze Event in Southeastern France[J]. Geographics Research Letter, 2005, 32, L05808, DOI: 10.1029/2004GL021907
4. Bevis M, Businger S, Herring T A, et al. GPS Meteorology: Remote Sensing of Atmospheric Water Vapor Using the Global Positioning System[J]. Journal of Geophysical Research, 1992, 97(D14): 15787-15801
5. Bevis M, Businger S, Chiswell S, et al. GPS Meteorology: Mapping Zenith Wet Delays onto Precipitable Water[J]. Journal of Applied Meteorology, 1994, 33: 379-386
6. Beyerle G, Schmidt T, Michalak G, et al. GPS Radio Occultation with GRACE: Atmospheric Profiling Utilizing the Zero Difference Technique[J]. Geophysical Research Letters, 2005, 32, L13806, DOI: 10.1029/2005GL023109
7. Bi Y, Mao J, Li C. Preliminary Results of 4-D Water Vapor Tomography in the Troposphere Using GPS[J]. Advances in Atmospheric Sciences, 2006, 23(4): 551-560
8. Boehm J, Schuh H. Vienna Mapping Functions in VLBI Analysis[J]. Geophys. Res. Lett., 2004, 31, L01603, DOI: 10.1029/2003GL018984
9. Boehm J, Niell A, Tregoning P, et al. Global Mapping Function (GMF): A New Empirical Mapping Function Based on Numerical Weather Model Data[J]. Geophys. Res. Lett., 2006, 33, L07304, DOI: 10.1029/2005GL025546
10. Borsche M, Kirchengast G, Foelsche U. Tropical Tropopause Climatology as Observed with

Radio Occultation Measurements from CHAMP Compared to ECMWF and NCEP Analysis [J]. Geophys. Res. Lett. , 2007, 34, L03702, DOI: 10.1029/2006GL027918

11. CDAAC. Algorithms for Inverting Radio Occultation Signals in the Neutral Atmosphere, COSMIC Project Office, University Corporation for Atmospheric Research [OL]. http://cosmic-io.cosmic.ucar.edu/cdaac/doc/index.html, 2005a

12. CDAAC. Algorithm Description for LEO Precision Orbit Determination with Bernese v5.0 at CDAAC, COSMIC Project Office, University Corporation for Atmospheric Research [OL]. http://cosmic-io.cosmic.ucar.edu/cdaac/doc/index.html, 2005b

13. Chadwell C D, Bock Y. Direct Estimation of Absolute Precipitable Water in Oceanic Regions by GPS Tracking of a Coastal Buoy [J]. Geophys. Res. Lett. , 2001, 28(19): 3701-3704

14. Davis J L, Elgered G, Niell A E, et al. Ground-based Measurement of Gradients in the "Wet" Radio Refractivity of Air [J]. Radio Science, 1993, 28(6):1003-1018

15. Duan J, Bevis M, Fang P, et al. GPS Meteorology: Direct Estimation of the Absolute Value of Precipitable Water [J]. Journal of Applied Meteorology, 1996, 35:830-838

16. Gorbunov M E. Radioholographic Methods for Processing Radio Occultation Data in Multipath Regions [R]. Danish Meteorological Institute Scientific Report, Danish Meteorological Institute, Copenhagen, 2001

17. Gorbunov M E, Lauritsen K B. Canonical Transform Methods for Radio Occultation Data [R]. DMI Scientific Report No. 02-10, Danish Meteorological Institute, Danmark, 2002

18. Gradinarsky L P, Johansson M. Bouma H R, et al. Climate Monitoring Using GPS [J]. Phys. Chem. Earth, 2002, 27: 335-340

19. Healy S B, Haase J, Lesne O. Abel Transform Inversion of Radio Occultation Measurements Made with a Receiver Inside the Earth's Atmosphere [J]. Annales Geophysicae, 2002, 20 (8): 1253-1256

20. Healy S B, Jupp A M, Marquardt C. Forecast Impact Experiment with GPS Radio Occultation Measurements [J]. Geophys. Res. Lett. , 2005, 32, DOI: 10.1029/2004GL020806

21. Healy S B, Eyre J R, Hamrud M, et al. Assimilating GPS Radio Occultation Measurements with Two-dimensional Bending Angle Observation Operators [R]. EUMETSAT/ECMWF Fellowship Programme Research Report No. 16, 2006

22. Healy S B, Thepaut J N. Assimilation Experiments with CHAMP GPS Radio Occultation Measurements [J]. Quartely Journal of the Royal Meteorological Society, 2006, 132(615): 605-623

23. Healy S B. Progress in the Assimilation of GPS Radio Occultation Measurements at ECMWF [R]. EUMETSAT/ECMWF Fellowship Programme, 3rd Year Report, 2007

24. Healy S B, Wickert J, Michalak G, et al. Combined Forecast Impact of GRACE-A and CHAMP GPS Radio Occultation Bending Angle Profiles [J]. Atmopheric Science Letters, 2007, 8: 43-50

25. Hocke K. Inversion of GPS Meteorology Data[J]. Annales Goephysicae, 1997, 15: 443-450
26. Hugentobler U, Schaer S, Fridez P. Manual of the Bernese GPS Software Version 4.2[M]. Berne, Switzerland: University of Berne, 2001
27. Jensen A S, Lohmann M, Benzon H H, et al. Geometrical Optics Phase Matching of Radio Occultation Signals[J]. Radio Science, 2004, 39, RS3009, DOI: 10.1029/2003RS002899
28. Kuo B, Rocken C, Anthes R. GPS Radio Occultation Missions[C]. The Second Formosat-3/COSMIC Data Users Workshop, Boulder, Colorado, 2007
29. Kuo Y H, Guo Y R, Westwater E R, Assimilation of Precipitable Water Measurements into a Mesoscale Numerical Model[J]. Mon. Wea. Rev., 1993, 121: 1215-1238
30. Kuo Y H, Zou X, Guo Y R. Variational Assimilation of Precipitable Water Using Nonhydrostatic Mesoscale Adjoint Model[J]. Mon. Wea. Rev., 1996, 124: 122-147
31. Kuo Y H, Wee T K, Sokolovskiy S, et al. Inversion and Error Estimation of GPS Radio Occultation Data[J]. Journal of the Meteorological Society of Japan, 2004, 82(1B): 507-531
32. Kursinski E R, Hajj G A, Schofield J T, et al. Observing Earth's Atmosphere with Radio Occultation Measurements Using the Global Positioning System[J]. J. Geophys. Res, 1997, 102(D19): 23429-23465
33. Laursen K K, Jorgensen D P, Brasseur G P, et al. HIAPER: The Next Generation NSF/NCAR Research Aircraft[J]. Bulletin of the American Meteorological Society, 2006, 87(7): 896-909
34. Lesne O, Haase J, Kirchengast G, et al. Sensitivity Analysis of GNSS Radio Occultation for Airborne Sounding of the Troposphere[J]. Phys. Chem. Earth, 2002, 27: 291-298
35. Lohmann M S, Jensen A S, Benzon H H, et al. Radio Occultation Retrieval of Atmospheric Absorption Based on FSI[R]. Danish Meteorological Institute Scientific Report, Danish Meteorological Institute, Copenhagen, 2003
36. McCormick C. Pyxis GPS Receiver[C]. The Second Formosat-3/COSMIC Data Users Workshop Boulder, Colorado, 2007
37. Meincke M. D. Inversion Methods for Atmospheric Profiling with GPS Occultations[D]. Denmark: The Technical University of Denmark, 1999
38. Melbourne W G, Davis E S, Duncan C B, et al. The Application of Spaceborne GPS to Atmospheric Limb Sounding and Global Change Monitoring[M]. JPL Publication, 1994: 94-18
39. Mousa A, Tsuada T. Inversion Algorithms for GPS Downward Looking Occultation Data: Simulation Analysis[J]. Journal of the Meteorological Society of Japan, 2004, 82(1B): 427-432
40. Nakamura H, Koizumi K, Mannoji N. Data Assimilation of GPS Precipitable Water Vapor into the JMA Mesoscale Numerical Weather Prediction Model and Its Impact on Rainfall Forecasts[J]. Journal of the Meteorological Society of Japan, 2004, 82(1B): 441-452

41. Niell A E. Global Mapping Functions for the Atmosphere Delay at Radio Wavelengths[J]. Journal of Geophysical Research, 1996, 101(B2): 3227-3246
42. Niell A E. Preliminary Evaluation of Atmospheric Mapping Functions Based on Numerical Weather Models[J]. Phys. Chem. Earth (A), 2001, 26(6/8): 475-480
43. Palmer P I, Barnett J J, Eyre J R, et al. A Non-linear Optimal Estimation Inverse Method for Radio Occultation Measurements of Temperature, Humidity and Surface Pressure[J]. J. Geophys. Res., 2000, 105: 17513-17526
44. Rocken C, Anthes R, Exner M, et al. Analysis and Validation of GPS/MET Data in the Neutral Atmosphere[J]. Journal of Geophysical Research, 1997, 102(D25):29849-29866
45. Rocken C, Kuo Y H, Schreiner W, et al. COSMIC System Description, Special Issue of Terrestrial[J]. Atmospheric and Oceanic Science, 2000, 11(1): 21-52
46. Schmidt T, Beyerle G, Heise S, et al. A Climatology of Multiple Tropopauses Derived from GPS Radio Occultations with CHAMP and SAC-C[J]. Geophys. Res. Lett., 2006, 33, L04808, DOI: 10.1029/2005GL024600
47. Schreiner W S, Hunt D C, Rocken C, et al. Precise GPS Data Processing for the GPS/MET Radio Occultation Mission at UCAR[C]. Institute of Navigation - Navigation 2000, Long Beach, CA, 1998
48. Sokolovskiy S. Tracking Tropospheric Radio Occultation Signals from Low Earth Orbit[J]. Radio Sci., 2001, 36(3): 483-498
49. Sokolovskiy S, Rocken C, Hunt D, et al. GPS Profiling of the Lower Troposphere from Space: Inversion and Demodulation of the Open-loop Radio Occultation Signals [J]. Geophys. Res. Lett., 2006, 33, L14816, DOI: 10.1029/2006GL026112
50. Steiner A K, Kirchengast G, Ladreiter H P. Inversion, Error Analysis, and Validation of GPS/MET Occultation Data[J]. Ann. Geophysicae, 1999, 17: 122-138
51. Syndergaard S. Modeling the Impact of the Earths Oblateness on the Retrieval of Temperature and Pressure Profiles from Limb Sounding[J]. Journal of Atmospheric and Solar-Terrestrial Physics, 1998, 60(2): 171-180
52. Syndergaard S. Retrieval Analysis and Methodologies in Atmospheric Limb Sounding Using the GNSS Radio Occultation Technique[D]. Danish Meteorological Institute, 1999
53. Syndergaard S, Kuo Y H, Lohmann M S. Observation Operators for the Assimilation of Occultation Data into Atmospheric Models: A Review, in Atmosphere and Climate Studies by Occultation Methods[M]. Foelsche U, Kirchengast G, Steiner A. New York: Springer Berlin Heidelberg, 2006
54. Ventre B, Garrison J L, Boehme M H, et al. Implementation and Testing of Open-loop Tracking for Airborne GPS Occultation Measurements [C]. ION GNSS 19th International Technical Meeting of the Satellite Division, Fort Worth, TX, 2006
55. Vorob'ev V V, Krasil'nikova T G. Estimation of the Accuracy of the Atmospheric Refractive Index Recovery from Doppler Shift Measurements at Frequencies Used in the NAVSTAR

System[J]. Physics of the Atmosphere and Ocean (English Translation), 1994, 29(5): 602-609

56. Ware R, Alber C, Rocken C, et al. Sensing Integrated Water Vapor Along GPS Ray Paths [J]. Geophysical Research Letters, 1997, 24: 417-420
57. Xie F. Development of a GPS Occultation Retrieval Method for Characterizing the Marine Boundary Layer in the Presence of Super-Refraction[D]. USA: The Univeristy of Arizona, 2006
58. Xie F, Haase J S, Syndergaard S, et al. Error Estimation of Airborne GPS Radio Occultation Measurements: Simulation Analysis[C]. The Second FORMOSAT-3/COSMIC Data Users Workshop, Boulde, CO, 2007
59. Xie F, Haase J S, Lulich T, et al. Profiling the Atmosphere with an Airborne GPS Receiver System[C]. The 12th Conference on IOAS-AOLS, New Orleans, Louisiana, 2008
60. Yoshihara T, Fujii N, Hoshinoo K, et al. Airborne GPS Down-Looking Occultation Experiments[C]. ION GNSS 2004 Session D4: Scientific/Timing Applications, Long Beach, CA, 2004
61. Zhang M, Ni Y, Zhang F. Variational Assimilation of GPS Precipitable Water Vapor and Hourly Rainfall Observations for a meso-β Scale Heavy Precipitation event During the 2002 Mei-yu Season[J]. Advances in Atmospheric Sciences, 2007, 24(3): 509-526
62. Zuffada C, Hajj G A, Kursinski R. A Novel Approach to Atmospheric Profiling with a Mountain-based or Airborne GPS Receiver[J]. Journal of Geophysical Research, 1999, 104 (D20), 24435-24447
63. 毛节泰,李建国. 使用 GPS 系统遥感中国东部地区水汽分布——原理和回归分析 [M]. 全球定位系统-气象学(GPS/MET)研究论文汇编. 北京:国家卫星气象中心, 1997
64. 毛辉,毛节泰,毕研盟,等. 遥感 GPS 倾斜路径信号构筑水汽时空分布图[J]. 中国科学(D辑),2006,36(12): 1177-1186
65. 王小亚. GPS 在地球物理方面的应用[D]. 上海:中国科学院上海天文台,2002
66. 王勇,柳林涛,郝晓光,等. 武汉地区 GPS 气象网应用研究[J]. 测绘学报,2007,36 (2): 141-145
67. 王鑫,吕达仁. GPS 无线电掩星技术反演大气参数方法对比[J]. 地球物理学报, 2007,50(2): 346-353
68. 宋淑丽. 地基 GPS 网对水汽三维分布的监测及其在气象学中的应用[D]. 上海:中国科学院上海天文台,2004
69. 宋淑丽,朱文耀,程宗颐. GPS 信号斜路径方向水汽含量的计算方法[J]. 天文学报, 2004,45(3): 338-346
70. 宋淑丽,朱文耀,丁金才,等. 上海 GPS 网层析水汽三维分布改善数值预报湿度场 [J]. 科学通报,2005,50(20): 2271-2277

71. 李成才,毛节泰. GPS 地基遥感大气水汽分析[J]. 应用气象学报,1998,9(4):470-477

72. 李延兴,徐宝祥,胡新康,等. 应用地基 GPS 技术遥感大气柱水汽量的试验研究[J]. 应用气象学报,2001,12(1):61-69

73. 胡雄,张训械,吴小成,等. 山基 GPS 掩星观测实验及其反演原理[J]. 地球物理学报,2006,49(1):22-27

74. 徐晓华. 利用 GNSS 无线电掩星技术探测地球大气的研究[D]. 武汉:武汉大学,2003

75. 徐继生,邹玉华,马淑英. GPS 地面台网和掩星观测结合的时变三维电离层层析[J]. 地球物理学报,2005,48(4):759-767

76. 袁招洪. GPS 资料在中尺度数值预报模式中的应用研究[D]. 南京:南京气象学院,2004

77. 袁招洪,顾松山,丁金才. 数值模式预报延迟量与 GPS 测量的比较研究[J]. 南京气象学院学报,2006,29(5):581-590

78. 盛峥,方涵先,刘磊,等. GPS 掩星折射率的一维变分同化[J]. 解放军理工大学学报(自然科学版),2006,7(1):80-83

79. 郭鹏. 无线电掩星技术与 CHAMP 掩星资料反演[D]. 上海:中国科学院上海天文台,2006

80. 曾桢. 地球大气无线电掩星观测技术研究[D]. 武汉:中国科学院武汉物理与数学研究所,2003

81. 刘敏. GPS 掩星观测的变分同化技术[D]. 上海:中国科学院上海天文台,2006

82. 蒋虎. GPS 无线电掩星技术反演地球大气参数中若干问题的研究[D]. 上海:中国科学院上海天文台,2002

83. 陈永奇,刘焱雄,王晓亚,等. 香港实时 GPS 水汽监测系统的若干关键技术[J]. 测绘学报,2007,36(1):9-12

84. 陈俊勇. 地基 GPS 遥感大气水汽含量的误差分析[J]. 测绘学报,1998,27(2):113-118

85. 黄栋. GPS 无线电掩星技术监测地球大气[D]. 上海:中国科学院上海天文台,2000

第9章 网络 RTK 技术

9.1 概　述

9.1.1 基本概念

1. 常规 RTK 定位技术

常规 RTK(Real-time Kinamatic)定位技术是一种基于 GPS 高精度载波相位观测值的实时动态差分定位技术，也可用于快速静态定位。进行常规 RTK 工作时，除需配备基准站接收机和流动站接收机外，还需要数据通讯设备，基准站需将自己所获得的载波相位观测值及站坐标，通过数据通信链实时播发给在其周围工作的动态用户。流动站数据处理模块使用动态差分定位的方式确定出流动站相对应基准站的位置，然后根据基准站的坐标求得自己的瞬时绝对位置。常规 RTK 野外作业示意图如图 9-1 所示。

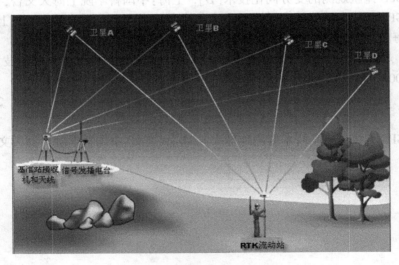

图 9-1　常规 RTK 作业示意图

常规 RTK 定位技术虽然可以满足很多应用的要求，但具有不少局限性和不足，如作业需要的设备比较多，流动站与基准站的距离不能太长，当距离大于 50km 时，常规 RTK 单历元解一般只能达到分米级的定位精度(李征航，2002)。

2. 网络RTK定位技术

在某一区域内建立多个(一般为3个或3个以上)的GPS基准站,对该地区构成网状覆盖,并以这些基准站中的一个或多个为基准,为该地区内的GPS用户实时高精度定位提供GPS误差改正信息,称为GPS网络RTK。网络RTK也称多基准站RTK,是近年来在常规RTK、计算机技术、网络通信技术等基础上发展起来的一种实时动态定位新技术。网络RTK技术与常规RTK技术相比,扩大了覆盖范围,降低了作业成本,提高了定位精度,减少了用户定位的初始化时间。

3. 网络RTK系统

网络RTK系统是网络RTK技术的应用实例,它由基准站网、数据处理中心、数据播发中心、数据通信链路和用户部分组成。一个基准站网可以包括若干个基准站,每个基准站上配备有双频全波长GPS接收机、数据通信设备和气象仪器等。基准站的精确坐标一般可采用长时间GPS静态相对定位等方法确定。基准站GNSS接收机按一定采样率进行连续观测,通过数据通信链实时将观测数据传送给数据处理中心,数据处理中心首先对各个站的数据进行预处理和质量分析,然后对整个基准站网数据进行统一解算,实时估计出网内的各种系统误差的改正项(电离层、对流层和轨道误差),建立误差模型。

网络RTK系统根据通信方式不同,分为单向数据通信和双向数据通信。在单向数据通信中,数据处理中心直接通过数据发播设备把误差参数广播出去,用户收到这些误差改正参数后,根据自己的位置和相应的误差改正模型计算出误差改正数,然后进行高精度定位。在双向数据通信中,数据处理中心实时侦听流动站的服务请求和接收流动站发送过来的近似坐标,根据流动站的近似坐标和误差模型,求出流动站处的误差后,直接播发改正数或者虚拟观测值给用户。基准站与数据处理中心间的数据通信可采用数字数据网DDN或无线通信等方法进行。流动站和数据处理中心间的双向数据通信则可通过GSM、GPRS、CDMA等方式进行。网络RTK系统如图9-2所示。

4. 连续运行参考站系统(CORS)

连续运行参考站系统(Continuously Operating Reference System, CORS),也称为连续运行卫星定位服务系统,是利用GPS卫星导航定位、计算机、数据通信和互联网络(LAN/WAN)等技术,在一个城市、一个地区或一个国家根据需求按一定距离建立起来的长年连续运行的若干个固定GPS基准站组成的网络系统。

连续运行参考站系统有一个或多个数据处理中心,各个基准站与数据处理中心之间具有网络连接,数据处理中心从基准站采集数据,利用基准站网软件进行处理,然后向各种用户自动地发布不同类型的卫星导航原始数据和各种类型误差改正数据。连续运行参考站系统能够全年365天,每天24h连续不断地运行,全面取代常规大地测量控制网。用户只需一台GPS接收机即可进行毫米级、厘米级、分米级、米级实时、准实时的快速定位、事后定位,全天候地支持各种类型的GPS测量、定位、形变监测和放样作业。可满足覆盖区域内各种地面、空中和水上交通工具的导航、调度、自动识别和安全监控等功能,服务于高精度中短期天气状况的数值预报、变形监测、地震监测、地球动力学等。连续运行参考站系统还可以构成国家的新型大地测量动态框架体系和构成城市地区新一代动态基准站网体系。它们不仅满足各种测绘、基准需求,还满足环境变迁动态信息监测等多种需求。目

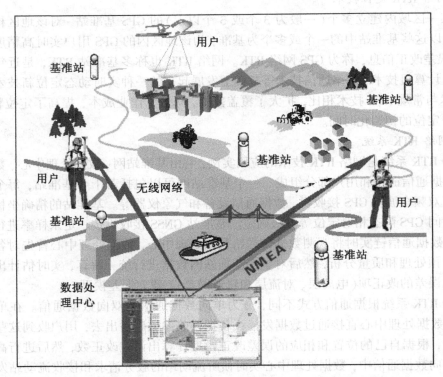

图 9-2 网络 RTK 系统示意图(http://www.leica-geosystems.com.cn/)

前,发达国家基本上每几十公里就有一个基准站,发展中国家也在陆续地建立自己的参考站系统。

5. 网络 RTK 系统管理和定位服务软件

网络 RTK 系统管理和定位服务软件是运行在网络 RTK 系统管理中心的软件系统,负责连接分布在各地的数据采集设备如 GPS 接收机,实时采集各种观测数据,实时快速处理多个 GPS 基准站的数据,建立各种区域误差改正模型,为分布在各地的用户提供高精度的实时差分改正数,为事后用户提供高精度的参考数据。软件主要由网络 RTK 系统多基准站管理、网络数据处理、完备性监测、实时数据播发、用户管理以及辅助功能等几个部分组成。

9.1.2 网络 RTK 的基本思想

网络 RTK 定位与常规 RTK 定位一样,都属于一种实时载波相位双差定位。双差载波相位观测方程为:

$$\nabla\Delta\varphi \cdot \lambda = \nabla\Delta\rho - \nabla\Delta N \cdot \lambda + \nabla\Delta d_{orb} + \nabla\Delta d_{ion} + \nabla\Delta d_{trop} + \nabla\Delta d_{multi} + \nabla\Delta\delta_{\varphi}$$

(9-1)

其中,$\nabla\Delta$ 为双差算子;$\nabla\Delta\varphi$ 为双差载波相位观测值;λ 为波长;$\nabla\Delta N$ 为整周模糊度;$\nabla\Delta d_{ord}$、$\nabla\Delta d_{ion}$、$\nabla\Delta d_{trop}$ 分别为双差后残余轨道误差、电离层误差和对流层误差;

$\nabla\Delta d_{multi}$ 为双差多路径误差；$\nabla\Delta\delta_\varphi$ 为双差载波相位观测值的噪声影响。电离层误差和对流层误差的大小和性质由卫星信号传播路径的电离层和对流层决定。电离层和对流层具有空间相关性即是在小范围内电离层和对流层的性质就基本一致，在差分定位中流动站与基准站之间的距离越短，基准站和流动站接收到的卫星信号传播路径上的电离层和对流层的具有更强的空间相关性。因此在式（9-1）中，$\nabla\Delta d_{ion}$、$\nabla\Delta d_{trop}$ 的大小与基线长度相关。$\nabla\Delta d_{orb}$ 也与卫星轨道误差的影响与基线长度相关。通常选用较好的观测环境来减弱多路径误差 $\nabla\Delta d_{multi}$ 的影响。$\nabla\Delta\delta_\varphi$ 与载波相位的观测值质量相关。

常规 RTK 获得高精度定位结果的前提是由于基准站和流动站相距比较近（一般在 15km 以内），信号传播路径上的电离层和对流层一致或相似，$\nabla\Delta d_{ion}$、$\nabla\Delta d_{trop}$、$\nabla\Delta d_{orb}$ 都很小，在定位中可以忽略。作业距离限制了常规 RTK 的应用范围。为了克服常规 RTK 的这一缺点，实现大范围的实时高精度定位，网络 RTK 技术应运而生。网络 RTK 定位中多个基准站分布在固定的位置，流动站在其覆盖区域内进行作业的时候，可能离其中的任何一个基准站的距离都比较远（大于 15km），则任何一个单独基准站与进行载波相位动态差分后的观测值都存在较大的残差，如果不进行改正，难以得到高精度定位结果。因此，网络 RTK 技术的基本思想是利用流动站周围的多个基准站的已知坐标和观测数据，为流动站提供高精度的电离层、对流层和轨道等与基线距离相关的误差改正数。

9.2 网络 RTK 定位中误差处理方法

GPS 信号从卫星的信号振荡器发射出来到接收机天线接收，再到用户接收机把测距信号量测出来，会受到各种因素的影响，每种因素都会对距离量测产生一定的误差。一般把 GPS 定位的误差源分为与接收机、测站有关，与卫星有关以及与信号传播路径有关三类。网络 RTK 定位是 GPS 多种定位模式中的一种，同样也受到这些误差的影响，要得到高精度定位结果，必须根据不同误差的特性采取相应的办法来消除或减弱这些误差。下面主要介绍网络 RTK 定位中与基线长度相关的卫星轨道误差、电离层误差、对流层误差及其处理方法。

1. 卫星轨道误差

卫星轨道误差是指卫星星历中表示的卫星轨道与真正轨道之间的不符值。轨道误差大小取决于轨道计算的数学模型、所用的软件、所采用的跟踪网的规模、跟踪站的分布及跟踪站数据观测时间的长短。目前，广播星历的精度为 10m，事后精密星历的精度大约为 3~5cm。轨道误差对基线解算结果的影响程度与基线长度相关。

网络 RTK 基准站网的基线长度一般在 30~200km，若使用精度为 10m 的广播星历，轨道误差对 50km 基线最大影响为 2.5cm，由于 GPS 系统的载波相位波长一般都在 15cm 以上，这一误差就不会影响基准站之间模糊度的求解。因此，一般在网络 RTK 系统的基准站之间距离小于 50km 时，直接用广播星历就可以满足系统的要求。当网络 RTK 基准站间基线长度超过 50km 后，广播星历的轨道误差大于 2.5cm，再加上对流层模型误差和电离层误差，就难以固定基准站间的模糊度。

IGS 提供的精密预报星历可以提前一天得到，并且精度可以达到 0.5m，对 200km 的基线影响小于0.005m。因此，在网络RTK数据处理中，使用IGS提供的精密预报星历，轨道误差就可以忽略。另外，在网络RTK的流动站数据处理中，一般利用多个基准站数据把与距离相关的误差其中包含轨道误差，用一个合适的模型来描述，流动站误差可以估计出来或是实时消除掉(Wübbena, 1996)。网络RTK定位中多采用这种方法来处理，但也可以用简单的内插方法得到轨道误差。

2. 对流层延迟

对流层延迟一般泛指由于中性大气层对电磁波的折射，使电磁波传播路径比几何距离长的现象。对流层和平流层同属于中性大气层。由于折射的80%发生在对流层，所以通常叫作对流层折射。对流层大气对15GHz内的射电频率呈中性，信号传播产生非色散延迟。电磁波在对流层的传播速度只与大气的折射频率及电磁波传播方向有关，与电磁波频率无关(Bauersima, 1983)。对流层折射影响通常表示为天顶方向对流层折射量与高度角相关的投影函数M的乘积。对流层延迟的90%是由大气中干燥气体引起的，称为干分量；其余10%是由水汽引起的，称为湿分量。常见的对流层天顶延迟模型有Hopfield模型(Hopfield, 1969)、Saastamoinen模型(Saastamoinen, 1973)和Black模型(Black, 1976)。如果提供比较准确的气象元素，Saastamoinen模型和Hopfield模型等都能对干分量做出比较好的改正，精度为毫米级。但由于水汽分布不均匀，且随时间变化，所以对流层湿分量改正精度较差，天顶方向一般为厘米级。多种对流层改正模型虽然在表达形式上不同，但用同一套气象数据求得的天顶方向对流层延迟之差一般很小，当高度角大于30°时，用不同模型求得的结果相符得很好(大约为几个毫米)；高度角低于15°时，其相差也只有几个厘米，大约为对流层延迟的0.1%~0.5%(刘基余，1993)。

对流层改正模型都是在假定大气层是处于流体静力平衡状态下的理想气体条件下近似导出的。另外，测站气象元素并不能很好地表征传播路径上的气象条件。因此，利用改正模型并不能很好地模拟实际的对流层折射影响。在没有水蒸气辐射仪观测数据的情况下，提高对流层折射模拟精度的主要方法是附加未知参数法(葛茂荣，1996)。

网络RTK基准站网数据处理中，由于基准站坐标已知且有长期固定观测数据，所以温度、气压等气象参数可以测定，使用任何一个对流层改正模型如Hopfield模型、Saastamoinen模型或Black模型都可以计算出厘米级精度的对流层延迟。如果基准站之间的距离比较近，使用标准的大气参数就可以满足要求。在基准站基线距离比较长，又不知道大气参数的情况下，在计算基准站模糊度的同时，必须把对流层延迟参数估计出来。网络RTK流动站数据处理中一般在短距离的情况下，通过对流层模型直接进行改正，也可以通过基准站网建立的对流层误差改正模型或内插得到的误差改正数进行改正。

3. 电离层延迟

电离层中大量自由电子导致电磁波在其中传播会产生延迟，并且对单一频率电磁波和多个频率叠加的电磁波的折射率不同，对前者产生相延迟，对后者产生群延迟。GPS载波为单一频率电磁波，伪距码为多种频率波的叠加。太阳耀点是太阳庞大的爆炸性的能量释放，它的快速增长和旋转最有可能产生太阳黑点。电离层的活动受到太阳黑点数的强烈影响。太阳黑点的数量和变化量大致以11年为一个周期。电离层延迟的影响是GPS定位误差中影响最为显著，不仅误差值比较大，而且变化非常复杂，没有模型能够很好地描述它。

电离层具有空间相关性，双差电离层延迟残差大小与基线长度相关。因此在GPS差分定位中，通常通过缩小基线距离来增强电离层的相关性，从而减弱电离层的影响。电离层除了双差减弱外，还可以通过模型来加以改正。模型主要分为两种：基于格网的模型和基于函数的模型。网络RTK定位中通常利用基准站网的数据建立模型或者是与其他误差一起进行内插处理。

9.3 网络RTK关键技术

网络RTK关键技术主要包括基准站网模糊度确定、区域误差模型建立和流动站误差的计算、流动站双差模糊度的确定(高星伟，2002)和大规模基准站组网技术、网络RTK系统完备性监测技术五个方面。

9.3.1 基准站网模糊度确定

1. 模糊度确定的特点

网络RTK系统基准站间一般相距几十公里或上百公里，电离层和对流层相关性比较低，双差后残余误差很大，有的远大于0.5倍的L_1载波波长，模糊度与误差难以分离。即使在基准站坐标已知的情况下，固定基准站的模糊度仍然比较困难。但是，要得到厘米级的误差分布，模糊度固定是一个前提条件。总结起来，网络RTK基准站间模糊度确定具有以下特点：

（1）误差影响大。常规RTK定位模式下，流动站到基准站的距离非常短，通常小于15km，双差观测值的电离层延迟、对流层延迟、轨道误差非常小，可以忽略，但网络RTK基准站间距离长，观测值误差之间相关性弱，双差后残余误差仍然比较大，在确定整周模糊度时必须考虑。

（2）基准站坐标精确已知。网络RTK基准站都架设在地基稳定性强、观测条件好、多路径影响小的山顶或房顶上。基准站的坐标通过长时间的静态观测，由高精度基线解算和平差软件计算得到，精度在毫米级。在数据处理中，必须充分利用这一有利条件辅助快速求解整周模糊度。

（3）长时间连续静态观测。网络RTK系统在工作期间，基准站接收机连续不断地观测，观测资料丰富，并且为静态观测。在最初的模糊度求解中，可以利用多个历元的资料，同时还可以利用前一天的资料来辅助求解模糊度。

（4）快速确定模糊度。网络RTK系统软件启动以后，虽然不必马上使系统完成初始化，但是必须在较短的时间内完成，使系统可以使用。一般要求在15min以内。实时网络RTK模糊度求解比事后数据处理更加复杂，主要表现在三点：(a)计算时间受到限制；(b)数据必须按照时间顺序进行处理，即只能利用当前历元以及前面历元的观测值，而后处理中可以利用所有的观测值；(c)操作方面的问题如卫星当前历元是连续锁定的，但无法知道下一个历元是否连续。快速求解模糊度的优点是观测时间短，无需解算模糊度的初始化过程，对周跳、数据丢失不敏感。

（5）模糊度之间的限制条件。对于一个基线组成闭合环，整周模糊度之和应该为零。

网络RTK基准站网是由多个基准站组成，就可以构成多个基线闭合环，这对于模糊度的求解和确认都很有帮助。

2. 基准站网模糊度的确定常用方法

网络RTK基准站间模糊度的确定是属于一种长距离静态基线模糊度求解问题。长距离静态基线模糊度解算虽然已经比较成熟，但要在十几分钟、几分钟甚至一个历元内完成网络RTK基准站网模糊度的解算，就存在一定的难度。国内外很多学者对此进行一定的研究，并得出了很多方法。韩绍伟(1997a)介绍了一种长距离GPS静态基线模糊度求解的方法；Li Z和Gao Y(1998)介绍了一个利用前后两天大气误差相关性的6步法来实时解求基准站之间的模糊度；Sun等(1999)提出了一种序贯最小二乘平差算法；Hern等（2000）认为自由电子的密度可以描述为一个实时随机游走过程，实时估计出电离层的层析模型，然后用模型改正观测值；高星伟(2002)提出了一种单历元整周模糊度搜索算法；戴礼文等(2003)和陈宏宇等(2004)提出了一种利用系统初始化之前历元的大气层误差来实时确定模糊度的方法；Hu等(2005)提出了一种电离层加权观测值模型来求解网络RTK基准站间模糊度的电离层加权方法；唐卫明(2006)提出了快速确定长距离基准站网模糊度的三步法。

（1）双频P码观测值情况下的模糊度确定（Han，1997）

1）确定宽巷观测值的模糊度

由双频伪距直接确定的宽巷模糊度为：

$$\Delta \nabla N_{1,-1} = \Delta \nabla \varphi_{1,-1} - \frac{17}{137 \cdot \lambda_1} \Delta \nabla P_1 - \frac{17}{137 \cdot \lambda_2} \Delta \nabla P_2 \qquad (9-2)$$

这种方法确定宽巷模糊度与轨道、测站的位置、大气误差等无关，仅与P码观测值的噪声相关，通过几十分钟的平均就可以确定出宽巷模糊度。

2）无电离层组合的模糊度

双差无电离层组合的观测方程为：

$$\Delta \nabla \varphi_{77,-60} \lambda_{77,-60} = \Delta \nabla R + \Delta \nabla N_{77,-60} \lambda_{77,-60} + \varepsilon_{\Delta \nabla \varphi_{77,-60} \lambda_{77,-60}} \qquad (9-3)$$

无电离层组合的波长非常短，仅为0.63cm，直接确定双差无电离层组合模糊度$\Delta \nabla N_{77,-60}$非常困难。但是，当宽巷模糊度确定以后，$\Delta \nabla N_{77,-60}$就可以表示为：

$$\Delta \nabla N_{77,-60} = \frac{60 \cdot i + 77 \cdot j}{i+j} \cdot \Delta \nabla N_{1,-1} + \frac{17}{i+j} \cdot \Delta \nabla N_{i,j} \qquad (9-4)$$

代入方程(9-3)中可以得到：

$$\Delta \nabla \phi_{77,-60} \lambda_{77,-60} = \Delta \nabla R + \Delta \nabla N_{i,j} \cdot \left(\frac{17}{i+j} \lambda_{77,-60}\right) + \Delta \nabla N_{1,-1} \cdot \left(\frac{60 \cdot i + 77 \cdot j}{i+j} \lambda_{77,-60}\right) + \varepsilon_{\Delta \nabla \phi_{77,-60} \lambda_{77,-60}} \qquad (9-5)$$

当$i=1,j=0$时，

$$\Delta \nabla \phi_{77,-60} \lambda_{77,-60} = \Delta \nabla R + \Delta \nabla N_1 \cdot (17 \lambda_{77,-60}) + \Delta \nabla N_{1,-1} \cdot (60 \lambda_{77,-60}) + \varepsilon_{\Delta \nabla \phi_{77,-60} \lambda_{77,-60}} \qquad (9-6)$$

结合L_1的双差观测方程，可以得到方程(9-6)中$\Delta \nabla N_1$的波长为$17 \cdot \lambda_{77,-60} = 10.7$cm。

这种方法的问题在于虽然使用双频伪距观测值可以确定宽巷模糊度如式(9-2)所示，

但是没有给出相应的正确判断模糊度的一个标准,实时计算时,就无法判断宽巷模糊度确定是否正确。除此之外,确定模糊度时间太长,难以满足网络 RTK 系统初始化的要求。同时,该方法没有充分利用网络 RTK 系统基准站坐标精确已知的条件等。因此,该方法难以应用到网络 RTK 系统软件中。

(2) 基准站单历元整周模糊度搜索法

高星伟(2002)提出了网络 RTK 基准站的单历元整周模糊度搜索法,其主要思想是不解方程组,直接利用测站坐标已知、模糊度为整数和双频整周模糊度之间的线性关系三个条件进行搜索。与传统方法相比,该方法的主要优点是快速、简单、实用,并且因为是单历元模糊度搜索,所以不受周跳和电离层突变的影响。单历元整周模糊度搜索法主要分为三步:一是误差消除与计算,主要消除多路径等误差和计算对流层延迟;二是模糊度备选值的选取,在假设最大双差电离层延迟的前提下,找出该范围内的所有整周模糊度备选值;三是模糊度的确定。

2) 确定整周模糊度搜索范围

去掉基准站坐标改正项、测站编号、卫星编号后,有载波 L_1、L_2 的双差观测方程为:

$$\lambda_1 \cdot \Delta\nabla\varphi_1 = \Delta\nabla R + \lambda_1 \cdot \Delta\nabla N_1 + \Delta\nabla d_{\text{trop}} - \Delta\nabla d_{\text{ion}L_1} + \Delta\nabla \varepsilon_{L_1} \tag{9-7}$$

$$\lambda_2 \cdot \Delta\nabla\varphi_2 = \Delta\nabla R + \lambda_2 \cdot \Delta\nabla N_2 + \Delta\nabla d_{\text{trop}} - \Delta\nabla d_{\text{ion}L_2} + \Delta\nabla \varepsilon_{L_2} \tag{9-8}$$

其中,$\Delta\nabla\varphi_1$ 和 $\Delta\nabla\varphi_2$ 分别为载波 L_1、L_2 的双差观测值;$\Delta\nabla N_1$ 和 $\Delta\nabla N_2$ 分别为载波 L_1、L_2 的双差模糊度;$\Delta\nabla d_{\text{trop}}$ 为双差对流层值;$\Delta\nabla d_{\text{ion}L_1}$ 和 $\Delta\nabla d_{\text{ion}L_2}$ 分别为载波 L_1、L_2 的双差电离层值;f_1、f_2 分别为载波 L_1、L_2 的频率;λ_1、λ_2 分别为载波 L_1、L_2 的波长;$\Delta\nabla\varepsilon_{L_1}$ 和 $\Delta\nabla\varepsilon_{L_2}$ 为载波 L_1、L_2 的观测值噪声和多路径效应的综合影响。

令常数项

$$l_1 = \lambda_1 \cdot \Delta\nabla\varphi_1 - \Delta\nabla R - \Delta\nabla d_{\text{trop}}$$

$$l_2 = \lambda_2 \cdot \Delta\nabla\varphi_2 - \Delta\nabla R - \Delta\nabla d_{\text{trop}}$$

又由双频电离层延迟的关系:

$$\Delta\nabla d_{\text{ion}L_2} = \Delta\nabla d_{\text{ion}L_1} \cdot \frac{f_1^2}{f_2^2}$$

忽略 $\Delta\nabla\varepsilon_{L_1}$ 和 $\Delta\nabla\varepsilon_{L_2}$,由式(9-7)和式(9-8)可得:

$$f_1^2 \cdot (l_1 - \lambda_1 \cdot \Delta\nabla N_1) = f_2^2 \cdot (l_2 - \lambda_2 \cdot \Delta\nabla N_2) \tag{9-9}$$

整理为直线方程形式为:

$$\Delta\nabla N_2 = \frac{\lambda_2}{\lambda_1} \cdot \Delta\nabla N_1 + \frac{l_2}{\lambda_2} - \frac{\lambda_2 \cdot l_1}{\lambda_1^2} \tag{9-10}$$

记

$$\begin{cases} 斜率: k = \dfrac{\lambda_2}{\lambda_1} = \dfrac{77}{60} = 1.28\dot{3} \\[4pt] 斜距: b = \dfrac{l_2}{\lambda_2} - \dfrac{\lambda_2 \cdot l_1}{\lambda_1^2} \\[4pt] \tilde{N}_1 = \Delta\nabla N_1, \quad \tilde{N}_1 \in \mathbf{Z} \\[4pt] \tilde{N}_2 = \Delta\nabla N_2, \quad \tilde{N}_2 \in \mathbf{Z} \end{cases}$$

式(9-10)可化简为：

$$\tilde{N}_2 = k \cdot \tilde{N}_1 + b, \quad \tilde{N}_1, \tilde{N}_2 \in \mathbf{Z} \tag{9-11}$$

方程(9-11)给出了基准站 L_1、L_2 整周模糊度的关系式，对于任一给定的 $\tilde{N}_1$（$\tilde{N}_1 \in \mathbf{Z}$），有唯一的 $\tilde{N}_2$ 与之对应。直线 $\tilde{N}_2 = k \cdot \tilde{N}_1 + b$ 与 $\tilde{N}_1, \tilde{N}_2 \in \mathbf{Z}$ 的交点即是 L_1、L_2 整周模糊度的备选值。由于斜率 $k = 77/60$，所以在理论上，L_1、L_2 整周模糊度的备选值有无穷多对，并且具有周期性。实际应用中，由于剩余残差的影响和相位测量精度的限制，完全符合方程(9-11)的 L_1、L_2 整周模糊度的备选值是找不到的。对流层延迟的计算精度越高，残余误差消除得越好，在一定范围内，整周模糊度的备选值个数就越少，模糊度确定也就越容易。因为残余误差的存在，使搜索不再是一个简单的线性关系，因此就出现了误差带的概念（孙红星，2004）。但是电离层对双差观测值的影响是有限的，不必要根据方程(9-11)找出所有的模糊度备选值，因为有的整数对虽然近似满足方程(9-11)，但其根本不可能是 L_1、L_2 的整周模糊度。由式(9-7)计算出双差模糊度的初值 $\tilde{N}_1$：

$$\tilde{N}_1 = l_1 / \lambda_1 \tag{9-12}$$

搜索时，只需找出位于该初值 $\tilde{N}_1$ 左右一定范围内的模糊度备选值和与之相对应的 L_2 模糊度备选值即可。

2）确定整周模糊度

确定整周模糊度可以有三种方法，一种最简单的方法就是经验法。假设在距离不是很长（几十公里）的情况下，电离层对 L_1 载波的双差延迟（绝对值）小于 3.5 周，即小于 L_1 整周模糊度备选值的重复周期的一半，所以只有一对 L_1、L_2 整周模糊度所对应的双差电离层延迟小于 3.5 周，即为所求。第二种方法是伪距 P 码法。经对流层延迟改正后的双差 P 码伪距减去测站与卫星之间的几何距离，即是双差电离层延迟 $\nabla \Delta I$，以 I_1 为例，具体公式为：

$$\nabla \Delta I_{ij}^{pq} / f_1^2 = \nabla \Delta P_{1ij}^{pq} - \nabla \Delta R_{ij}^{pq} - \nabla \Delta d_{\text{trop}ij}^{pq} \tag{9-13}$$

与该延迟最接近的所对应的整周模糊度备选值即为所求。第三种方法是回代法。将所选出的少数几个整周模糊度备选值分别回代到双差观测方程，作为已知值，然后进行无电离层组合，可以精确得到电离层延迟之外的所有与频率无关的误差的综合影响（主要是对流层延迟），取与使用对流层模型计算的结果最接近的一组整周模糊度。

(3) 三步法

1）双差宽巷模糊度的确定

本步的基本思想是先用 Melbourne-Wübbena 组合观测值估计宽巷模糊度初值，然后用伪距无电离层组合计算载波相位无电离层模糊度的精度指标，间接表示 Melbourne-Wübbena 组合观测值估计的宽巷模糊度初值精度，确定其搜索范围，最后利用忽略电离层改正和对流层改正残差的几何距离反算宽巷模糊度作为一个检查条件，最终确定宽巷模糊度。

2）确定双差窄巷模糊度搜索范围

如果宽巷模糊度正确确定，宽巷观测值的电离层延迟可以计算出来，又有宽巷组合和窄巷组合具有大小相同、符号相反的电离层延迟，把宽巷观测值的电离层值 $\Delta\nabla d_{\text{ion}_{\text{WL}}}$ 代入到窄巷模糊度 $\Delta\nabla N_{\text{NL}}$ 的求解中，

$$\Delta\nabla N_{\text{NL}} = \text{Round}((\Delta\nabla R + \Delta\nabla d_{\text{trop}} - \Delta\nabla d_{\text{ion}_{\text{WL}}})/\lambda_{\text{NL}} - \Delta\nabla \varphi_{\text{NL}}) \tag{9-14}$$

式中，$\Delta\nabla \varphi_{\text{NL}}$ 为双差窄巷组合观测值。$\Delta\nabla N_{\text{WL}}$ 与 $\Delta\nabla N_{\text{NL}}$ 的奇偶性相互对应，即 $\Delta\nabla N_{\text{WL}}$ 为奇（偶）数，$\Delta\nabla N_{\text{NL}}$ 也为奇（偶）数。因此，$\Delta\nabla N_{\text{WL}}$ 和 $\Delta\nabla N_{\text{NL}}$ 任意一个若能预先求出来，则求解另外一个模糊度时，其有效波长相当于原来波长的两倍，这种技术称为超宽巷技术，它大大加快了模糊度的解算过程。

设由式(9-14)求出的窄巷模糊度为 $\Delta\nabla N_{\text{NL}}^0$，若 $\Delta\nabla N_{\text{NL}}^0$ 与 $\Delta\nabla N_{\text{WL}}$ 的奇偶性不对应，则可以把备选值左右变化一周：

$$\Delta\nabla N_{\text{NL}} \leq \Delta\nabla N_{\text{NL}}^0 \pm 1 \tag{9-15}$$

3）双差载波 L_1、L_2 模糊度的确定

在窄巷模糊度确定的搜索空间内，逐个窄巷模糊度备选值和已经固定的宽巷模糊度，可以得到 L_1、L_2 的模糊度备选值，然后利用 L_1、L_2 模糊度的线性关系进行计算和检核。把 L_1 的模糊度 $\Delta\nabla N_1$ 代入式(9-11)中，可以得到实数模糊度为 $\Delta\nabla \tilde{N}_2$，再与 L_2 整周模糊度 $\Delta\nabla \tilde{N}_2$ 备选值求差可以得到：

$$|\Delta\nabla \tilde{N}_1 - \Delta\nabla \tilde{N}_2| < \delta \tag{9-16}$$

其中，δ 为一限差，当小于这个限差，认为模糊度确定正确。

9.3.2 区域误差模型建立和流动站误差的计算

当基准站网的双差模糊度确定以后，基准站之间的误差就可以计算到厘米级精度，准确有效地计算出流动站误差同样是网络 RTK 定位技术和算法中的重要内容。影响 GPS 定位的误差中，与距离相关的电离层误差、对流层误差和轨道误差是网络 RTK 误差处理的主要内容。其中，轨道误差可以使用 IGS 的快速预报星历较好地解决，对流层误差一般是首先通过模型改正后，用参数进行估计。电离层误差是最为复杂的，因此，国内外很多学者主要对电离层误差的模型化和内插方法做了较多的研究。Wanniger(1995)第一次提出了严格的双频相位的差分电离层模型，用户站周围必须至少有 3 个监测站；Hern 等(2000)用美国和加拿大网络 RTK 基准站双频数据，实时估计出层析电离层模型；赵晓峰(2003)在利用伪距建立格网电离层的基础上，阐述了利用载波相位双差观测值建立区域性电离层格网模型的思想和方法。另外，在基准站计算改正信息时，综合误差内插法不对电离层延迟、对流层延迟等误差进行区分，也不将各基准站所得到的改正信息都发给用户，而是由监控中心统一集中所有基准站观测数据，选择、计算和播发用户的综合误差改正信息(高星伟，2002)。

在所有误差中，电离层误差是最主要的误差，起到决定性的作用。唐卫明(2006)在这两种方法的基础之上提出了改进的综合误差内插法，该方法主要分为两个方面：一是内插的 L_1 载波相位电离层误差；二是对电离层误差之外的误差如对流层模型残差、轨道误差等与信号频率无关的误差进行综合内插。实验数据的结果证明，改进的综合误差内插法在准

确性、计算速度上都优于综合误差内插法。

在 GPS 网络 RTK 定位中，流动站误差的准确程度非常关键，它既影响流动站模糊度确定的可靠性和成功率，又影响流动站定位的精度。目前已广泛应用的方法主要有两种，一是把各种误差分开建立模型，然后根据流动站的位置计算出相应的误差；另外一种是把各种误差放在一起不进行分开，直接根据流动站相对于基准站的坐标内插其误差。

1. 综合误差内插法

在网络 RTK 定位中，基准站和流动站一般都采用双差观测值计算差分改正信息和定位。在基准站计算改正信息时，综合误差内插法不区分电离层延迟、对流层延迟等误差，由监控中心统一集中所有基准站观测数据，选择、计算和播发用户的综合误差改正信息（高星伟，2002）。多种误差在主辅站之间存在较强的线性相关性，因此，综合误差内插法用综合误差表示双差观测方程中所有系统误差的综合影响，即（L_1 和 L_2 情况类似，不再进行区分），对于卫星 i、j 和测站 A、B，有综合误差影响 $\Delta\nabla m_{AB}^{ij}$：

$$\Delta\nabla m_{AB}^{ij} = \Delta\nabla d_{\text{trop}AB}^{ij} + \Delta\nabla d_{\text{ion}AB}^{ij} + \Delta\nabla d_{\text{multi-path}AB}^{ij} + \Delta\nabla d_{\text{orb}AB}^{ij} + \Delta\nabla \varepsilon_{AB}^{ij} \tag{9-17}$$

其中，$\Delta\nabla d_{\text{multi-path}}$ 为双差多路径影响；$\Delta\nabla d_{\text{orb}}$ 为双差轨道误差影响；$\Delta\nabla \varepsilon$ 为双差残余非模型误差。

如图 9-3 所示，A、B 分别为主站和辅站的序号，i、j 为双差的卫星号。式（9-17）统一表示式（9-7）和（9-8）的基准站双差观测方程：

$$\lambda \cdot \Delta\nabla \varphi_{AB}^{ij} = \Delta\nabla R_{AB}^{ij} + \lambda \cdot \Delta\nabla N_{AB}^{ij} + \Delta\nabla m_{AB}^{ij} + \Delta\nabla e_{AB}^{ij} \tag{9-18}$$

忽略双差相位观测噪声 $\Delta\nabla e_{AB}^{ij}$，由式（9-17）可得基准站的综合误差公式：

$$\Delta\nabla m_{AB}^{ij} = \lambda \cdot \Delta\nabla \varphi_{AB}^{ij} - \Delta\nabla R_{AB}^{ij} - \lambda \cdot \Delta\nabla N_{AB}^{ij} \tag{9-19}$$

三个基准站的情况下，流动站误差内插公式为：

$$\Delta\nabla m_{Au}^{ij} = (X_u - X_A \quad Y_u - Y_A) \cdot \begin{pmatrix} X_B - X_A & Y_B - Y_A \\ X_C - X_A & Y_C - Y_A \end{pmatrix}^{-1} \cdot \begin{pmatrix} \Delta\nabla m_{AB}^{ij} \\ \Delta\nabla m_{AC}^{ij} \end{pmatrix} \tag{9-20}$$

其中，(X_A, Y_A)、(X_B, Y_B)、(X_C, Y_C) 和 (X_u, Y_u) 分别为基准站 A、B、C 和用户流动站 u 在高斯平面坐标系统的坐标。

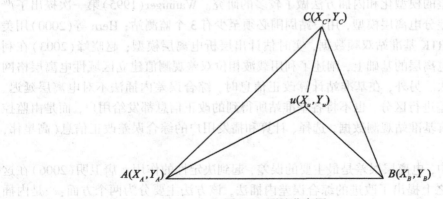

图 9-3 测站分布图

两个基准站的情况下，流动站只有在两基准站连线上才可以适用。四个以上基准站的情况下，可以进行三维的空间内插。

2. 改进的综合误差内插法

改进的综合误差内插法是在综合误差内插法的基础上，分析误差的色散和非色散特性得出的一种误差处理方法。在综合误差表达式(9-16)中，双差对流层误差、电离层误差等不加以区分，统一为 $\Delta\nabla m_{AB}^{ij}$。由于基准站间的双差模糊度已经确定，就可通过双频观测值计算出厘米级精度双差电离层延迟。同时，对流层误差改正项中，同样可以分为两个部分，一是模型改正部分，另一部分是模型残差部分。图 9-3 中，对于基线 AB、AC，当模糊度确定以后，可以得到其综合误差：

$$\Delta\nabla m_{AB}^{ij} = \lambda \cdot (\Delta\nabla \varphi_{AB}^{ij} + \Delta\nabla N_{AB}^{ij}) - \Delta\nabla R_{AB}^{ij}$$
$$\Delta\nabla m_{AC}^{ij} = \lambda \cdot (\Delta\nabla \varphi_{AC}^{ij} + \Delta\nabla N_{AC}^{ij}) - \Delta\nabla R_{AC}^{ij} \tag{9-21}$$

去掉测站和卫星的标志，对基准站综合误差 $\Delta\nabla m$ 进行分解：

$$\Delta\nabla m = \Delta\nabla d_{\text{trop}} + \Delta\nabla d_{\text{ion}} + \delta \tag{9-22}$$

其中，$\Delta\nabla d_{\text{trop}}$ 为对流层模型计算出来的误差；$\Delta\nabla d_{\text{ion}}$ 是双差电离层延迟一阶项；δ 为电离层二阶项误差、对流层模型误差和轨道误差、噪声等的综合影响。把 $\Delta\nabla d_{\text{trop}}$ 移到等式的左边得：

$$\Delta\nabla m - \Delta\nabla d_{\text{trop}} = \Delta\nabla d_{\text{ion}} + \delta \tag{9-23}$$

$\Delta\nabla d_{\text{ion}}$ 为双频载波相位计算出来的双差电离层误差，与传播的频率有关，为误差的色散部分；由于电离层二阶项的影响比较小，因此认为 δ 与载波频率没有关系，为非色散部分。

设 $\Delta\nabla m' = \Delta\nabla m - \Delta\nabla d_{\text{trop}}$，则新的综合误差影响公式为：

$$\Delta\nabla m_{AB}^{'ij} = \lambda \cdot (\Delta\nabla \varphi_{AB}^{ij} + \Delta\nabla N_{AB}^{ij}) - \Delta\nabla R_{AB}^{ij} - \Delta\nabla d_{\text{trop}}^{ij}$$
$$\Delta\nabla m_{AC}^{'ij} = \lambda \cdot (\Delta\nabla \varphi_{AC}^{ij} + \Delta\nabla N_{AC}^{ij}) - \Delta\nabla R_{AC}^{ij} - \Delta\nabla d_{\text{trop}}^{ij} \tag{9-24}$$

误差分解后为：

$$\Delta\nabla m' = \Delta\nabla d_{\text{ion}} + \delta \tag{9-25}$$

因此，综合误差包括两个部分，一个是一阶电离层误差，另外一个是包括高阶电离层误差、对流层模型误差、轨道误差、噪声等的综合影响。

流动站误差内插时，按照综合误差内插公式，可求出流动站 L_1 的双差电离层改正项为：

$$\Delta\nabla d_{\text{ion},Au}^{L_1} = (X_u - X_A \quad Y_u - Y_A) \cdot \begin{pmatrix} X_B - X_A & Y_B - Y_A \\ X_C - X_A & Y_C - Y_A \end{pmatrix}^{-1} \cdot \begin{pmatrix} \Delta\nabla d_{\text{ion},AB} \\ \Delta\nabla d_{\text{ion},AC} \end{pmatrix} \tag{9-26}$$

用户的双差 L_2 和宽巷观测值的电离层改正分别为：

$$\Delta\nabla d_{\text{ion},Au}^{L_2} = \frac{f_1^2}{f_2^2} \Delta\nabla d_{\text{ion},Au}^{L_1}$$
$$\Delta\nabla d_{\text{ion},Au}^{\text{WL}} = -\frac{f_1}{f_2} \Delta\nabla d_{\text{ion},Au}^{L_1} \tag{9-27}$$

除电离层一阶项误差外的残余误差影响为：

$$\Delta\nabla \delta_{Au} = (X_u - X_A \quad Y_u - Y_A) \cdot \begin{pmatrix} X_B - X_A & Y_B - Y_A \\ X_C - X_A & Y_C - Y_A \end{pmatrix}^{-1} \cdot \begin{pmatrix} \Delta\nabla \delta_{AB} \\ \Delta\nabla \delta_{AC} \end{pmatrix} \tag{9-28}$$

则流动站观测值的误差改正数为：

$$\Delta\nabla m_{Au}^{L_1} = \Delta\nabla d_{\text{ion},Au}^{L_1} + \Delta\nabla \delta_{Au}$$
$$\Delta\nabla m_{Au}^{L_2} = \Delta\nabla d_{\text{ion},Au}^{L_2} + \Delta\nabla \delta_{Au}$$
$$\Delta\nabla m_{Au}^{\text{WL}} = \Delta\nabla d_{\text{ion},Au}^{\text{WL}} + \Delta\nabla \delta_{Au} \tag{9-29}$$

改进的综合误差内插法把误差分为与频率相关和与频率无关的两部分后，可以通过简单的转换关系计算出所有频率的误差改正数，数据的传输和应用都比较方便。

9.3.3 流动站双差模糊度的确定

网络 RTK 和常规 RTK 中流动站数据处理的主要区别在于常规 RTK 中双差后的剩余残差很小，对定位的影响可以忽略，而网络 RTK 中双差后的残差仍然较大，需要通过基准站网数据进行改正，消除其对定位的影响。因此，网络 RTK 中流动站模糊度的动态确定与常规 RTK 中模糊度的动态确定是一样的。国内外很多学者对此做了大量的研究，并得到了很多实用的方法。

双频 P 码伪距法是使用双频载波相位和 P 码伪距观测值形成宽窄巷双频组合观测量，通过扩大组合观测量的波长，来解算组合观测值的模糊度（Hatch，1982，1986，1994）。最小二乘搜索法由 Hatch（1989，1990）提出，其基本思想是因为载波相位观测值的观测噪声远小于载波的波长，在双差模糊度和三维空间位置存在线性关系的情况下，双差模糊度中只有 3 个是独立的，即只要确定 3 个双差模糊度，其他双差模糊度即可唯一确定。

陈小明（1997）提出了附加模糊度参数的卡尔曼滤波法，它将模糊度参数考虑为滤波器的状态，使用初始历元的双差模糊度实数解估值和协方差阵作为初值，然后通过卡尔曼滤波器，逐渐解算出正确的模糊度实数解，其基本步骤为：① 确定模糊度浮点解和搜索空间；② 优化 Cholesky 分解整周模糊度搜索；③ 模糊度的确定。

附加参数的卡尔曼滤波解算模糊度的优点是采用了卡尔曼滤波器来提供模糊度的浮点解和协方差阵，在动态环境下，可以有效地提高浮点解的精度。但是如果动态载体的动态特性比较复杂，状态方程和动态噪声就无法准确地描述，此方法的优势将降低。

孙红星（2004）根据双频数据的内在关系和统计特性，提出了一种单历元模糊度解算方法——双频数据相关法（Dual Frequency Correlation Method）。双频数据相关法属于观测值域的压缩方法，其压缩率为观测卫星数的指数函数，在观测 7 颗卫星的情况下，压缩率可以达到千分之一，同时具有较强的伪值剔除能力。孙红星（2004）提出了双频整周模糊度误差带的概念。GPS 载波相位双差观测方程：

$$(\Delta\nabla \varphi_{AB}^{ij} + \Delta\nabla N_{AB}^{ij})\lambda = \Delta\nabla R_{AB}^{ij} + \Delta\nabla \varepsilon \tag{9-30}$$

其中 $\Delta\nabla \varphi_{AB}^{ij}$ 为双差载波相位观测值；$\Delta\nabla N_{AB}^{ij}$ 为双差整周模糊度；λ 表示载波波长；$\Delta\nabla R_{AB}^{ij}$ 是站星双差距离；$\Delta\nabla \varepsilon$ 表示双差相位观测误差及电离层等差分残差；角标 i、j 表示卫星；A、B 表示测站。

对于双频接收机载波相位观测值，省去表示卫星和测站的角标后，可以得到：

$$(\Delta\nabla \varphi_1 + \Delta\nabla N_1)\lambda_1 - \Delta\nabla \varepsilon_1 = (\Delta\nabla \varphi_2 + \Delta\nabla N_2)\lambda_2 - \Delta\nabla \varepsilon_2$$
$$\Delta\nabla N_1 = (\lambda_2/\lambda_1)\Delta\nabla N_2 + (\lambda_2/\lambda_1)\Delta\nabla \varphi_2 - \Delta\nabla \varphi_1 + (\Delta\nabla \varepsilon_1 - \Delta\nabla \varepsilon_2)/\lambda_1 \tag{9-31}$$

设 $u=(\Delta\nabla\varepsilon_1-\Delta\nabla\varepsilon_2)/\lambda_1$,在模糊度搜索上,就有 $\Delta\nabla N_1$ 为横轴和 $\Delta\nabla N_2$ 为竖轴,一个斜率为 λ_2/λ_1、宽度为 $2u$ 的线型误差带。对于任何双频数据,只有落入带内的模糊度备选值才有可能是正确模糊度,则有效地缩小了模糊度的搜索空间。误差带的带宽取决于载波相位的观测噪声和各种误差的差分残差。要在观测值域搜索到正确的模糊度,误差带的带宽不能小于 $2u$,否则将发生弃真错误。当然如果误差带过宽,模糊度备选值有可能太多,容易搜索到错误的模糊度。当误差带宽达到 1.0 时,误差带的约束作用消失。误差带的带长是观测值域搜索空间某维的搜索范围,一般根据码观测值的先验方差取得。如果误差带的带长在一周范围之内,搜索空间的次优解的精度一般不会很高;但是如果误差带的带长超过两周,次优解的精度就可能很高,甚至错误模糊度的估计残差二次型最小,使模糊度搜索失败。双频数据相关法中残余误差的大小反映在误差带的带宽上,浮点解的精度反映在误差带的带长上。因此,在双差残余误差较小、浮点解精度比较高情况下,该方法效果非常理想。

高星伟(2002)提出了一种单历元流动站整周模糊度搜索法,其基本思想是不解方程组,直接利用模糊度为整数和双频模糊度之间存在线性关系进行搜索。在常规方法中,即使流动站的综合误差得到了很好的消除,但由于仍含有三维坐标和双差整周模糊度等未知数,单历元载波相位观测方程组仍是秩亏的,无法解算。与传统方法相比,单历元流动站整周模糊度搜索法的主要优点有:整周模糊度备选值个数很少,各颗双差卫星的整周模糊度可以单独进行搜索,与单历元基准站模糊度搜索算法结合可以进行单历元网络 RTK 整周模糊度解算。因为是单历元模糊度搜索,所以不受周跳的影响,还可以在差分改正后双差观测值中仍有较大的残差,或坐标初值精度不高的情况下正常解算。

分步消元整周模糊度确定方法一是先确定宽巷模糊度,然后确定 L_1、L_2 模糊度确定;二是首先消去坐标未知数,仅留下整周模糊度未知数。分步法的优点在于可以充分利用宽巷观测值波长长、电离层影响和噪声相对较小的优点,有利于快速确定整周模糊度。消去动态定位中时刻变化的坐标参数后,可以采用卡尔曼滤波或序贯最小二乘来动态确定模糊度。分步消元法确定宽巷模糊度的基本过程是利用与各种系统误差无关的 Melbourne-Wübbena 组合观测值联合宽巷观测值组成方程求解浮点解,再使用 LAMBDA 方法进行模糊度搜索模糊度。当宽巷模糊度确定完后,则利用宽巷模糊度来确定 L_1、L_2 的模糊度,另当基线距离较长的情况,则用无电离层组合观测值表示的 L_1 模糊度的解作为搜索标准,确定 L_1、L_2 模糊度。该方法的优点是单个历元独立进行整周模糊度搜索,建立方程和求解都非常简单,多个历元综合确定模糊度,充分利用了 Melbourne-Wübbena 组合观测值的优越特性和多个历元的观测值,增加了模糊度确定的可靠性。

9.3.4 大规模基准站组网

网络 RTK 技术需要首先进行基线解算,并以此为基础计算误差改正数。基线互联成网络,其基本图形就是三角形。构建三角形网络的方式很多,常用的是 Voronoi 图和 Delaunay 三角形网法。1934 年,Delaunay 证明 Delaunay 三角形最近似等边三角形,其覆盖面积最大,因而被网络 RTK 算法大量采用。

在包含 k 个基准站的基准站网中，基线数为 $\frac{k(k-1)}{2}$，三角形数为 $\frac{k(k-1)(k-2)}{6}$，全面构建出所有三角形将存在两个主要问题：计算量大和三角形内三条边精度不相当。因此需要建立构建最佳三角形的标准和方法。由网络 RTK 系统基准站地理空间上分布的特点，对单个用户进行数据服务时，没有必要选择全部基准站，一般是选择与流动站位置最近的三个基准站进行差分改正数计算。因此，网络 RTK 系统的基准站网就会形成一个以三角形为基本单元的三角网，构网的原则和算法将直接影响网络 RTK 系统的作业效率（邹蓉，2005）。

1. 选择最佳基线的标准

1）计算量较小

当网中只有三个基准站时，模糊度的三角形限制是唯一的；当基准站数大于 3 时，基线与三角形数量急剧增加，如果所有三角形都用来帮助模糊度解算，将严重地增加计算量。例如，有 100 个基准站的网，将有 4950 条基线和 161700 个三角形限制，这就需要一个高速的处理器和一个大的存储器。另一方面，如果只为了计算量小，三个点、三个点地选择三角形，则又没有充分利用资源。如图 9-4 所示，方案 1 比方案 2 的计算量少，但资源利用率低，因为用在方案 1 中的限制是独立的，即一个三角形内的限制并不有助于另一个三角形内基线的模糊度解算，因此构建三角形限制应当是彼此相联。

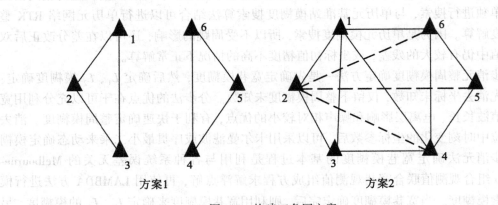

图 9-4 构建三角网方案

2）选择最邻近的点

因为与空间相关的误差与基线长度相关，长度相当的基线双差解算时消除的空间误差大致相当。如在图 9-4 中的方案 2 中，点 2 与点 5 相距较远，虚线连接方式将使三角形的各边精度不均匀，将可能导致错误的判断。因此，应当尽可能使三角形接近正三角形。

2. 构建三角形的标准

网络 RTK 系统的基准站可以认为是多个分布不规则的点，而不规则分布的点构建三角网理论在数字地面高程模型（DTM）中已有广泛的研究，其构网要求是：① 网形是唯一的；② 力求最佳的三角形几何形状，每个三角形尽量接近等边三角形；③ 保证最邻近的点构成三角形。这三点正好满足前述基准站网中基线选择的要求，因此，可以将 DTM 中的三角网建网理论应用到构建基准站三角网中来。在所有可能的三角网中,狄洛尼(Delaunay)三角网是最出色的(李志林,等,2001)。

3. Delaunay 三角形构建基准站三角网

Delaunay 三角网为互相邻接且互不重叠的三角形的集合,主要具有以下显著的特征:
1) 三角形外接圆内不包含其他点;
2) 在通常情况下选择最短的边;
3) 最大的最小内角性质;
4) 三角形是彼此内插,三角形数等于独立三角形限制数;
5) 随着载体数的增加,被选的边与三角形数是线性的增加。

以上性质有效地保证了 Delaunay 三角网是最接近等角或等边的三角网,同时它也是自动建立 Delaunay 三角网的算法依据。大地测量中,等边三角形是最稳固的结构,网络 RTK 系统也有这个要求。因此,在网络 RTK 系统基准站构建三角网的方法中,Delaunay 三角网是有效的方法。

区域生长自动连接的思想构建网络 RTK 系统基准站 Delaunay 三角网:
1) 生成一个满足条件的三角形;
2) 以其中的 3 条边为基础向三个不同的方向寻找满足条件的点,生长成新的三角形;
3) 再以新的三角形为基础向四周生长,直至三角网充满整个区域。

算法的关键在于每一个三角形的生长,而三角形生长的关键又在于对每一条边的扩展,扩展的实质是对第 3 点的寻找:即在点集中找到满足一定条件的一个点,作为第 3 点构成新的三角形。边的扩展应同时满足下面 4 条准则:
1) 寻找点不在待扩展边或其延长线上;
2) 寻找点与待扩展的三角形的第三点分置扩展边的两侧;
3) 三角形的每一条边最多使用两次;
4) 点与待扩展边的两个端点构成的角应尽量大。

9.3.5 网络 RTK 系统完备性监测技术

美国无线电导航设计说明书(FRP)中给出的导航系统完备性监测定义为:系统的完备性是指系统发生故障,系统的差分 GPS 信号不能用于导航和定位时,系统向用户提供及时报警的能力。它用以下四个参数来加以确定:
1) 报警限值:当用户的定位误差超过系统规定的某一限值时,系统向用户发出警报,这一限值称为系统的报警限值。
2) 示警耗时:用户定位误差超过报警限值的时刻和系统向用户显示这一警报时刻的时间差称为示警耗时。
3) 示警能力:在系统覆盖区域内,系统不能向用户发出警报的面积百分比。
4) 失误几率:示警能力以内的用户定位误差超过报警限值和规定的示警耗时,而系统又没有向用户发出警报,系统将这种现象的出现几率称为失误几率。

网络 RTK 系统完备性是保证用户安全性的一个重要组成,当系统不能提供用户需要的服务时,系统在预定的时间范围内给用户提供及时有效的警告信息和这些信息可靠性指标。另外，完备性还包括用户对系统提供的信息进行正确的保护水平计算，检查是否超过报警限值。因此，网络 RTK 系统完备性是网络 RTK 系统一个重要的组成部分，也是更加有效、安全地使用该系统的一个重要保证。我国自 2000 年第一个城市级网络 RTK 系统在深圳建立起来后，进入一个网络 RTK 系统建设的蓬勃发展阶段，由于系统的覆盖面广、定位精度高、可靠性高，为社会发展和科学研究发挥了非常重要的作用。但是这些网络 RTK 系统还缺少完善的系统完备性监测功能，主要表现在无法及时向用户播发差分改正信息及其精度信息以及报警信息，在电离层和对流层强烈活动条件下出现的误差仍然是一个影响实际使用。很多的研究人员为完备性研究作出了很大的贡献，但还没有专门为网络 RTK 系统的完备性进行系统的研究，没有能从理论上解决目前网络 RTK 系统存在的问题。因此，对网络 RTK 系统的完备性进行系统的研究，建立从完备性参数体系、监测体系到网络 RTK 系统用户自主完备性监测方法的一整套理论和方法，对于提供网络 RTK 系统的服务的质量，解决用户目前存在的各种问题，是进一步研究网络 RTK 技术的一个重要课题。

9.4 网络 RTK 系统服务技术

9.4.1 虚拟参考站(VRS)技术

Herbert Landau(2001)等提出了虚拟参考站(Virtual Rerference Station，VRS)的概念和技术。VRS 技术的优点在于接收机的兼容性比较好，只需增加一个数据接收设备，不需增加用户设备的数据处理能力。VRS 技术目前应用得比较广泛，是网络 RTK 技术代表之一。其实现过程分为三步：(1)系统数据处理和控制中心完成所有基准站的信息融合和误差源的模型化；(2)流动站在作业时，先发送概略坐标给系统数据处理和控制中心，系统数据处理和控制中心根据概略坐标生成虚拟参考站观测值，并回传给流动站；(3)流动站利用虚拟参考站数据和本身的观测数据进行实时高精度载波相位差分解算，得到高精度定位结果。VRS 的作业流程如图 9-5 所示。

VRS 技术要求双向数据通信，流动站既要接收数据，也要发送自己的定位结果和状态。网络 RTK 系统要为流动站用户提供差分改正数服务，通常采用标准的差分数据格式 RTCM 进行发播，RTCM 是基于非差观测数据生成的。但是按照综合误差内插法计算出来的流动站改数是基于双差改正数，必须转化为改化后的非差观测数据或虚拟参考站观测值。VRS 的基本思想是生成一个模拟靠近用户接收机的参考站数据。基本过程是通过处理整个网络基准站的数据后，建立所有误差的精确模型，然后计算用户位置的期望误差，最后生成模拟参考站数据。VRS 技术中，有两个关键的技术：一是流动站误差的计算，二是虚拟观测值的生成。下面介绍一种虚拟参考站观测值的生成方法。

网络 RTK 系统中 A 为主参站，P 为流动站，i、j 分别为参考卫星和观测卫星的编号，流动站 P 处的某颗卫星的双差误差改正数为 $\Delta\nabla\delta_{PA}^{ij}$。流动站与主站的双差值为：

$$\Delta\nabla\delta_{PA}^{ij} = (\varphi_P^i - \varphi_A^i) - (\varphi_P^j - \varphi_A^j) \tag{9-32}$$

其中，φ_P^i、φ_P^j、φ_A^i、φ_A^j 分别为站 P、A 和卫星 i、j 的原始载波相位观测值。加上改正数以后的双差观测值为：

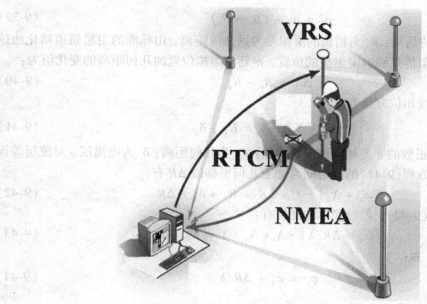

图 9-5　VRS 作业流程(Ulrich Vollath, 2002)

$$\Delta\nabla\hat{\varphi}_{AP}^{ij} = \Delta\nabla\varphi_{AP}^{ij} + \Delta\nabla\delta_{AP}^{ij} \tag{9-33}$$

把式(9-32)代入式(9-33)中,并重新组合各项有:

$$\Delta\nabla\hat{\varphi}_{AP}^{ij} = (\varphi_P^j - (\varphi_A^j - \Delta\nabla\delta_{PA}^{ij})) - (\varphi_P^i - (\varphi_A^i - 0)) \tag{9-34}$$

设主站卫星 i、j 改正以后的非差观测值为:

$$\begin{cases} \hat{\varphi}_A^i = \varphi_A^i + 0 \\ \hat{\varphi}_A^j = \varphi_A^j - \Delta\nabla\delta_{PA}^{ij} \end{cases} \tag{9-35}$$

则使用新的非差观测值组成的双差观测值为:

$$\Delta\nabla\hat{\varphi}_{AP}^{ij} = (\varphi_P^j - \hat{\varphi}_A^j) - (\varphi_P^i - \hat{\varphi}_A^i) \tag{9-36}$$

式(9-35)表示改正以后的非差观测值,但是为了使传输的数据看起来像来自一个不同的位置,必须进行几何上的移动。Herbert Landau(2001)介绍了 VRS 中参考站数据平移的方法。对于卫星到接收机的几何距离 R 定义为:

$$R(t) = \sqrt{(\vec{x^s} - \vec{x_A})^T \cdot (\vec{x^s} - \vec{x_A})} \tag{9-37}$$

其中,$\vec{x^s}$ 为信号发播时刻卫星在地固系的位置;$\vec{x_A}$ 为接收机的位置。如果接收机的位置发生变化,信号传播的时间也就相应发生了改变,则相应的地球自转量也不一样。若 $\vec{x_v}$ 为虚拟参考站的位置,则在虚拟参考站处的几何距离的近似值为 $\hat{R}_v$:

$$\hat{R}_v(t) = \sqrt{(\vec{x^s} - \vec{x_v})^T \cdot (\vec{x^s} - \vec{x_v})} \tag{9-38}$$

没有改正过的卫星位置,其精度只是米级的,而伪距的精度也是米级的,可以用这个距离近似新位置的伪距：

$$\hat{\rho}_v = \rho_A + (\hat{R}_v - R_v) \quad (9\text{-}39)$$

其中，$\hat{\rho}_v$ 为近似新的伪距；R_v 为精确的虚拟参考站几何距离，用标准的卫星轨道精化地球自转算法和伪距近似值足够确定卫星的位置，则新的虚拟位置的几何距离的变化值为：

$$\Delta R = R_v - R_A \quad (9\text{-}40)$$

设参考站的载波相位方程为：

$$(\hat{\varphi}_A + N_A) \cdot \lambda = R_A + \delta_A \quad (9\text{-}41)$$

其中，$\hat{\varphi}_A$ 为加了改正数的非差载波相位观测值；R_A 为几何距离；δ_A 为电离层、对流层等误差的综合影响。在方程(9-41)的两边同时加上几何平移值 ΔR 有：

$$(\hat{\varphi}_A + N_A) \cdot \lambda + \Delta R = R_A + \delta_A + \Delta R \quad (9\text{-}42)$$

将式(9-40)代入式(9-42)，经过简单的变换有：

$$(\hat{\varphi}_A + \Delta R/\lambda) \cdot \lambda + N_A \cdot \lambda = R_v + \delta_A \quad (9\text{-}43)$$

故有虚拟观测值 φ_v 为：

$$\varphi_v = \hat{\varphi}_A + \Delta R/\lambda \quad (9\text{-}44)$$

9.4.2 主辅站技术(MAX)

主辅站技术(MAX)是瑞士徕卡测量系统有限公司基于"主辅站概念"推出的参考站网软件 SPIDER 的技术基础，其基本概念是将所有相关的代表整周未知数水平的观测数据，如弥散性的和非弥散性的差分改正数，作为网络的改正数据播发给流动站，其数据传输过程如图 9-6 所示（吴星华，2005）。

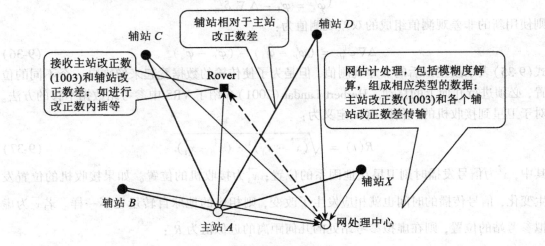

图 9-6 主辅站的概念（吴星华，2005）

图9-6中,一个由基准站(A, B, C, D, …, X)组成的网络单元,其中A为主站,其他站为辅站,一个网处理中心和一个流动站。MAX技术的整个处理过程为数据处理中心首先进行基准站网的数据处理如固定基准站网模糊度、计算辅站相对于主站改正数之差,然后把主站改正数和辅站与主站改正数之差发送给流动站。

主辅站技术可以使用单向数据通信和双向数据通信两种方式。单向数据通信方式下的主辅站技术徕卡称为MAX技术,双向数据通信方式下的主辅站技术称为i-MAX技术。MAX技术中同一个网络单元中以RTCM 3.X的格式发播同一组数据。i-MAX技术与VRS技术一样,流动站必须播发自己的概略位置给数据处理中心,数据处理中心根据其位置计算出流动站的改正数,再以标准差分协议格式发播给流动站。

9.4.3 区域改正参数(FKP)方法

区域改正参数(FKP)方法是由德国的Geo++ GmbH最早提出来的。该方法基于状态空间模型(State Space Model, SSM),其主要过程是数据处理中心首先计算出网内电离层和几何信号的误差影响,再把误差影响描述成南北方向和东西方向区域参数,然后以广播的方式发播出去,最后流动站根据这些参数和自身位置计算误差改正数。FKP方法的优点在于当基准站受到诸如多路径反射或高楼的信号遮挡等影响时,自动重新组成FKP的平面,单向数据通信降低用户的作业成本和保持用户使用的隐秘性。FKP方法在德国、荷兰和其他欧洲国家有广泛的应用(Gerhard Wübbena, 2002)。FKP以RTCM59格式向RTK流动站提供与距离相关的误差分量。数据处理程序计算每颗卫星覆盖的区域,并按一定的时间间隔(10s以内)播发电离层、对流层、轨道等的影响。FKP中用一个线性的区域多项式表示与位置相关的误差,它的参考面平行于WGS-84椭球面,高度为参考站的高程高度。

点(φ, λ)的距离相关的误差:

$$\delta r_0 = 6.37(N_0(\varphi - \varphi_R) + E_0(\lambda - \lambda_R)\cos(\varphi_R))$$
$$\delta r_I = 6.37H(N_I(\varphi - \varphi_R) + E_I(\lambda - \lambda_R)\cos(\varphi_R)) \quad (9\text{-}45)$$

其中:N_0、E_0为南北方和东西方向几何信号区域改正参数(无电离层)(10^{-6});N_I、E_I分别为南北和东西方向电离层信号区域误差改正数(对窄巷)(10^{-6});φ_R、λ_R为参考站在WGS-84坐标系下的地理坐标(rad);$H = 1 + 16(0.53 - E/\pi)^3$;$E$为卫星高度角(rad);$\delta r_0$几何信号(无电离层)的距离相关误差(m);$\delta r_I$为电离层信号(窄巷)的距离相关误差(m);$L_1$、$L_2$的信号的距离相关误差$\delta r_1$、$\delta r_2$分别为:

$$\delta r_1 = \delta r_0 + (120/154)\delta r_I$$
$$\delta r_2 = \delta r_0 + (154/120)\delta r_I$$

VRS和FKP的区别在于,FKP是一种广播模式。Herbert Landau(2003)认为,FKP的参数是通过基准站之间的残差计算出来的,为了计算这些残差,必须使用轨道信息和一个对流层模型,否则难以确定网络RTK模糊度。

9.4.4 综合误差内插法(CBI)

综合误差内插法由武汉大学卫星导航定位技术研究中心提出,其基本思想是在基准站计算改正信息时,综合误差内插法不对电离层延迟、对流层延迟等误差进行区分,也不将各基准站所得到的改正信息都发给用户，而是由监控中心统一集中所有基准站观测数据，选择、计算和播发用户的综合误差改正信息（高星伟，2002）。在所有误差中，电离层误差是最主要的误差，起到决定性的作用。唐卫明（2006）在这两种方法的基础上提出了改进的综合误差内插法，该方法主要分为两个方面：一是内插的 L_1 载波相位电离层误差；二是对电离层误差之外的误差，如对流层模型残差、轨道误差等与信号频率无关的误差进行综合内插。实验数据的结果证明，改进的综合误差内插法在准确性、计算速度上都优于综合误差内插法。

9.5 网络 RTK 系统

9.5.1 系统组成和子系统定义

网络 RTK 系统由基准站网子系统、管理中心子系统、数据通信子系统、用户数据中心子系统、用户应用子系统组成，子系统的定义与功能如图 9-7 所示。

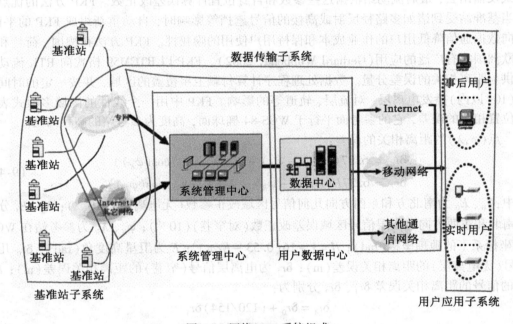

图 9-7 网络 RTK 系统组成

9.5.2 网络 RTK 系统的建设现状

目前，网络 RTK 系统都是在连续运行参考站系统（CORS）基础上建立起来的，也可以说是很多的 CORS 系统包括了网络 RTK 定位功能。因此，CORS 的发展现状也反映了目前网络 RTK 系统的发展现状。

1. 美国连续运行参考站网系统(CORS)

美国主要有3个大的CORS网络系统，分别是国家CORS网络、合作CORS网络和加利福尼亚CORS网络。在三大CORS系统下，美国有很多个实时的网络RTK服务系统，如加利福尼亚州南部的奥伦奇市实时网络(Orange County Real Time Network)和圣地亚哥实时网络。奥伦奇市实时网络包含了10个永久性的GPS基准站，一台专门的服务器来实时处理和保存1s采样间隔的原始数据，可以通过因特网免费获得该地区的RTK改正数(Andrew III, 2005)。圣地亚哥实时网络共有22个站，其中4个新站点的采样率高达20Hz(Yehuda Bock, 2005)。

2. 德国卫星定位与导航服务系统(SAPOS)

SAPOS是德国国家测量管理部门联合德国测量、运输、建筑、房屋和国防等部门，建立的一个长期连续运行的、覆盖全国的多功能差分GPS定位导航服务体系，是德国国家空间数据基础设施。它由200个左右的永久性GPS跟踪站组成，平均间距约40km，其基本服务是实时为用户提供厘米级精度的改正数据。SAPOS采用区域改正参数(FKP)的方法来减弱差分GPS的误差影响，一般以10s的间隔给出每颗卫星区域改正参数。SAPOS把德国的差分GPS服务按精度、时间响应和目的分成了四个级别：(a)实时定位服务(EPS)；(b)高精度实时定位服务(HEPS)；(c)精密大地定位服务(GPPS)；(d)高精度大地定位服务(GHPS)。SAPOS构成了德国国家动态大地测量框架。

3. 日本GPS连续应变监测系统(COSMOS)

日本国家地理院(GSI)从20世纪90年代初开始，就着手布设地壳应变监测网，并逐步发展成日本GPS连续应变监测系统(COSMOS)。该系统的永久跟踪站平均间距约30km，最密的地区如关东、东京、京都等地区是10~15km一个站，到2005年底已经建设超过1200个遍布全日本的GPS永久跟踪站。该系统基准站一般为不锈钢塔柱，塔顶放置GPS天线，塔柱中部分层放置GPS接收机、UPS和ISDN通信modem，数据通过ISDN网进入GSI数据处理中心，然后进入因特网，在全球内共享。COSMOS构成了一个格网式的GPS永久站阵列，是日本国家的重要基础设施，其主要任务有：(a)建成超高精度的地壳运动监测网络系统和国家范围内的现代"电子大地控制网点"；(b)系统向测量用户提供GPS数据，具有实时动态定位(RTK)能力，完全取代传统的GPS静态控制网测量。COSMOS主要的应用是地震监测和预报、控制测量、建筑、工程控制和监测、测图和地理信息系统更新、气象监测和天气预报。

4. 国内网络RTK系统建设现状

国内网络RTK系统的建设已经进入蓬勃发展的阶段。目前主要动态和进展有：

a) 香港地政署在香港建立13个GPS永久跟踪站，平均站距10km左右。通过因特网共享或用户选择性方式提供GPS数据服务，开展准实时和事后精密定位服务，用于满足香港城市发展需要，特别是香港西北部发展建设的需要。

b) 深圳连续运行卫星定位服务系统是我国建立的第一个实用化的实时动态CORS系统，系统由5个GPS基准站、一个系统控制中心、一个用户数据中心、若干用户应用单元、数据通信5个子系统组成，各子系统互联，形成一个分布于整个城市的局域网或城域网，其实时定位精度可达到平面3cm，垂直5cm(刘经南，刘晖，2003)。国内目前已经建成或正在建的系统有东莞连续运行卫星定位服务系统、昆明连续运行卫星定位服务系统、广东省连续运行卫星定位服务系统、江苏省卫星定位综合服务系统、河南省地质信息连续采集运行系统等。

9.5.3 基准站子系统

基准站子系统是网络 RTK 系统的数据源，该子系统的稳定性和可靠性将直接影响到系统的性能。下面介绍基准站子系统的功能和结构。

1. 基准站的功能

1）基准站为无人值守型，设备少、连接可靠、均匀分布、稳定；
2）基准站具有数据保存能力，GPS 接收机内存可保留最新的 7 天的原始观测数据；
3）断电情况下，基准站可依靠自身的 UPS 支持 72h 以上，并向中心报警；
4）按照设定的时间间隔自动将 GPS 观测数据等信息通过网络传输给管理中心；
5）具备设备完好性检测功能，定时自动对设备进行轮检，出现问题时向管理中心报警；
6）有雷电及电涌自动防护的功能；
7）管理中心通过远程方式，设定、控制、检测基准站的运行。

2. 基准站结构

基准站主要由观测墩和仪器室两部分组成，基本结构如图 9-8 所示。

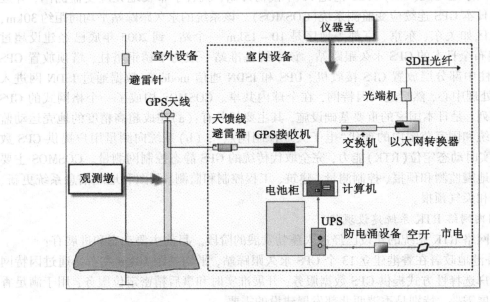

图 9-8 基准站基本结构图

图 9-8 中，观测墩用于支撑 GPS 观测天线，提供位置基准。观测墩柱体内预埋 PVC 管道，用于布设天线电缆。观测墩外部进行隔温处理，顶部安装强制对中装置，并用透波材

料的天线罩覆盖，以避免自然环境如强风、雨雪、日照、盐蚀等对天线的损坏。观测墩的结构如图9-9所示，建成后的观测墩见图9-10。

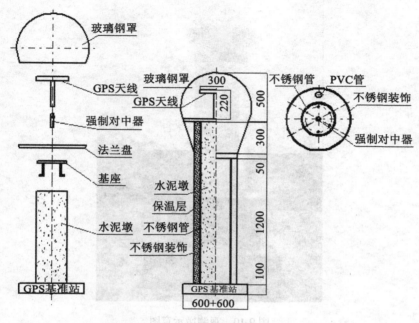

图9-9 观测墩结构

仪器室用于安置基准站设备。要求距离观测墩距离不超过天线电缆的许可长度，并可提供可靠的电力供应和网络接入。此外，需根据条件安装防盗设施，并注意通风散热。基准站设备以模块化方式集成在仪器室的机柜内，由GPS接收机、工业计算机、网络设备、UPS电源系统、防护系统、机柜等组成。仪器室中的机柜式样及设备如图9-11所示。

9.5.4 系统管理中心

系统管理中心是整个网络RTK系统的核心，主要由内部网络、数据处理软件、服务器等组成，通过ADSL、SDH专网等网络通信方式实现与基准站间的连接。系统管理中心具有基准站管理、数据处理、系统运行监控、信息服务、网络管理、用户管理等功能。

1. 系统管理中心的主要功能

1) 数据处理。对各基准站采集并传输过来的数据进行质量分析和评价，进行多站数据综合、分流，形成系统统一的满足RTK定位服务的差分修正数据。

2) 系统监控。对整个GPS基准网子系统的自动、实时、动态的监控管理。主要包括：

- 对基准站的设备进行远程管理和完备性监测；
- 网络安全管理，禁止各种未授权的访问；
- 网络故障的诊断与恢复；
- 对UPS电源进行远程监控和定期充电等。

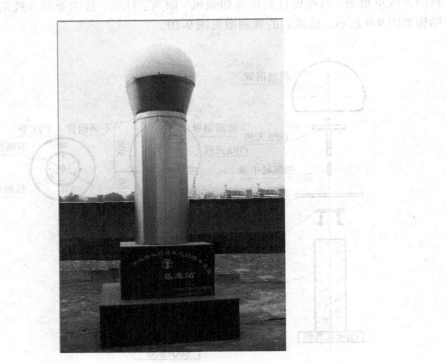

图 9-10 观测墩示意图

3）信息服务。生成用户需要的服务数据如 RTK 差分数据、完备性信息等。

4）网络管理。整个系统管理中心系统具有多种网络接入形式，通过网络设备实现整个系统的网络管理。

5）用户管理。系统管理中心通过数据库和系统管理软件实现对各类用户的管理包括用户测量数据管理、用户登记、注册、撤消、查询、权限管理。

6）其他功能。系统管理中心还具备自动控制、系统的完备性进行监测等功能。

2. 系统管理中心结构

网络 RTK 体系是以系统管理中心为中心节点的星形网络，其中各基准站是网络 RTK 系统网络的子节点，系统管理中心是系统的中心节点。系统管理中心一般分为服务器区和工作区，服务器区安置了 UPS、网络服务器机柜，工作区为工作区域，用于放置工作用计算机，管理室是维护和管理人员工作的地方。应用室和总控室采用空调系统，系统建设过程中，对机房内的线缆（电力线和网络线）进行整体布线，室内所有网线、电力线等通过固定于墙壁上的走线槽分配至各机位中。

9.5.5 用户数据中心子系统

用户数据中心子系统一般安置于管理中心，其功能包括实时网络数据服务和事后数据服务。用户数据中心所处理的数据可分为实时数据和事后数据两类。实时数据包括 RTK 定位需要的改正数据、系统的完备性信息和用户授权信息。事后数据包括各基准站采集的

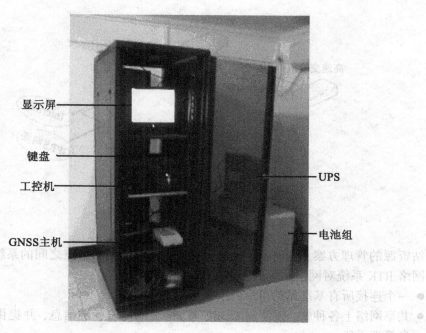

图 9-11 室内机柜式样图

数据结果,供用户事后精密差分使用;其他应用类数据包括坐标系转换、海拔高程计算、控制点坐标。

1. 主要功能

1) 实时数据发送

采用 CDMA、GPRS 通信方式与中心连接,采用包括用户名密码验证、手机号码验证、IP 地址验证、GPUID 验证等不同认证手段及其组合安全的多途径发播实时 RTK 改正数。

2) 信息下载

用户用 FTP 的方式登录网络服务器,根据时段选择下载基准站数据。

2. 子系统结构

用户数据中心系统主要由网络服务器组成,负责实时数据的发播和网络数据的发播,网络服务器的结构如图 9-12 所示。系统服务软件以 NTRIP 方式,为提供 GPRS、CDMA 无线上网用户提供实时数据服务,并进行相关的用户授权认证。采用 FTP 自动转发的方式,根据事后处理用户的需求抽取并转换成用户所需的数据对外发播原始数据。

9.5.6 数据传输子系统

1. 主要功能

网络 RTK 系统运行需要大量的数据交换,因此需要一个高速、稳定的网络平台。网络系统建设包括两方面:一是选择合理的网络通信方式,实现管理中心对基准站的有效管理和快速可靠的数据传输。二是对基准站资源的集中管理,为用户提供一个覆盖本地区所有

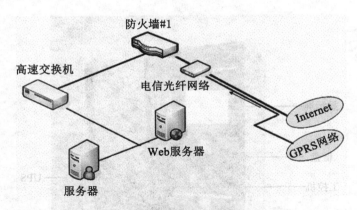

图 9-12 用户数据中心网络结构

基准站资源的管理方案,实现各基准站、管理中心不同网络节点之间的系统互访和资源共享。网络 RTK 系统对网络系统的要求主要包括:
- 一个连接所有基准站的可靠的网络。
- 共享网络上各种软、硬件资源,快速、稳定地传输各种信息,并提供有效的网络信息管理手段。
- 采用开放式、标准化的系统结构,以利于功能扩充和技术升级。
- 能够与外界进行广域网的连接,提供各种信息服务。
- 具有完善的网络安全机制。

2. 网络结构

网络 RTK 系统中网络包括连接多个基准站与管理中心的网络连接和管理中心与用户直接的网络连接,其结构如图 9-13 所示。

9.5.7 用户应用子系统

1. 终端设备

网络 RTK 系统用户设备主要配置见表 9-1。

表 9-1   用户系统配置

项 目	数 量	规 格
GPS 接收机及天线	1	具有 RTK 功能、双频
GPS 接收机手簿或 PDA	1	视用户需求而定
GPRS/CDMA 通信设备	1	视用户需求而定

2. 应用领域

网络 RTK 系统具有非常广的应用领域,如测绘、国土资源调查、导航等。在测绘方面,主要包括控制测量、大比例尺测图、施工放样和 GIS 地物属性采集等。网络 RTK 技术

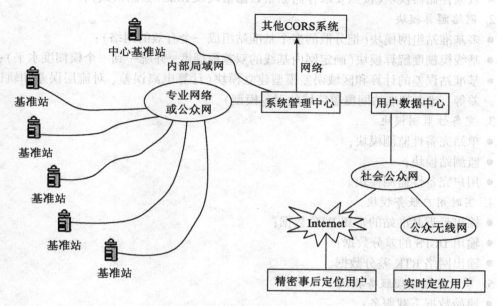

图 9-13 网络结构示意图

还可用于地籍和房地产测量中,测定每一宗土地的权属界址点以及测绘地籍与房地产图,能实时测定有关界址点及一些地物点的位置,并能达到厘米级精度要求。在土地利用动态监测中,也可利用 RTK 技术。应用 RTK 新技术进行动态监测,则可提高监测的速度和精度,省时省工,真正实现实时动态监测,保证了土地利用状况调查的现实性。网络 RTK 技术还可以用于实时高精度形变监测和为智能导航系统提供实时厘米级精度的定位结果。

9.6 网络 RTK 系统管理和定位服务软件

网络 RTK 系统管理和定位服务软件是运行在网络 RTK 系统管理中心的软件系统,负责连接分布在各地的数据采集设备,如 GPS 接收机,实时采集各种观测数据,实时快速处理多个 GPS 基准站的数据,建立各种区域误差改正模型,为分布在各地的用户提供高精度的实时差分改正数,为事后用户提供高精度的参考数据。软件主要由网络 RTK 系统多基准站管理、网络数据处理、完备性监测、实时数据播发、用户管理以及辅助功能等几个部分组成。

9.6.1 功能和组成

1. 多基准站管理模块
- 数据通信模块(连接各个基准站接收机,数据接收和转发);
- 解码模块(各种接收机原始数据解码);
- 单基准站质量控制模块(对各个站的数据进行预处理和质量分析,剔除粗差);

- 数据存储器模块(按照要求存储原始数据格式或 Rinex 数据格式);

2. 网络解算模块
- 多基准站组网模块(把分散的多个基准站组成一个有效的网络);
- 基线模糊度解算模块(确定网内基线的双差模糊度,并统一到一个模糊度水平);
- 基准站误差的计算和区域误差模型建立模块(计算电离误差、对流层误差和轨道误差等,建立基准站网覆盖区域的误差模型)。

3. 完备性监测模块
- 单站完备性监测模块;
- 监测站模块;
- 用户完备性监测模块。

4. 实时用户服务模块
- 输出最近基准站的常规 RTK 数据;
- 输出 DGPS 的差分数据;
- 输出网络 RTK 差分数据。

5. 事后数据处理服务模块
- 原始数据下载服务;
- 网上数据处理服务。

9.6.2 研究和发展现状

目前,国外比较成熟有 Trimble 公司的 GpsNetwork 软件系统和 Leica 公司的 Spider 软件系统。另外,很多大学和研究机构也开发了自己的网络 RTK 软件,如美国俄亥俄州立大学开发的 MPGPS(Multi-Purpose GPS Processing Software)多功能 GPS 数据处理软件、加拿大卡尔加里大学地理系(Getomatics Instituion of University of Calgary, Canada)2000 年推出的 MultiRef 软件以及德国的 Geo++公司开发和销售的 GNNET RTK 软件。MultiRef 软件使用最小二乘配置来预测和发布误差。GNNET RTK 软件中,GNNET 生成相对定位的改正数,RTK 模块用来进行网络 RTK 定位,可以用 VRS 和 FKP 两种模式进行参数和误差的发布。国内的武汉大学卫星导航定位技术研究中心自成立以来,就开始研究和开发网络 RTK 软件开发,在 2000 年推出了以综合误差内插法为基础的网络 RTK 系统软件 PowerNetwork,该软件包括了多个基准站系统管理、多基准站数据分析处理、完备性监测和数据播发等多项内容,并且包含网络 RTK 定位、精密单点定位等多种定位模式。另外,西南交通大学也研究和开发了自己的软件系统。

9.6.3 MPGPS

MPGPS(Multi Purpose GPS Processing Software)是俄亥俄州立大学联合其他几家单位开发的一套多功能 GPS 数据处理软件。该软件中包含了网络 RTK 定位、精密单点定位(PPP)、多基准站伪距差分定位、电离层模型和对流层模型计算等多个数据处理模块,并且可以处理静态、动态和实时数据(Grejner Brzezinska, 2004)。MPGPS 的网络 RTK 定位技术是利用基准站观测值计算大气改正,辅助流动站单基线解,从而确定模糊度。基准站网提供给流动站的网络 RTK 大气改正数包括两个部分：一是对流层延迟（非色散），另一部分是电离层延迟（色散）。对流层延迟是以每个站在天顶方向的对流层延迟（TZD）为参数求解得到的。非差电离层延迟通过两步估计出来：第一步把双差的电离层延迟计算出来并参数化，第二步按照特定的站和卫星对把电离层分解成非差延迟。网络 RTK 的算法中，所有站的坐标认为是已经精确知道，并且用到了伪距和载波相位观测值（Kashani, 2004）和最小二乘方法数学模型（Felus, 2004）。最小二乘方法数学模型可以很容易地加入各种不同的随机限制、加权参数或固定的限制条件。最小二乘模糊度降相关（LAMBDA）方法被用来固定模糊度，模糊度求解的成功率用来判断模糊度的有效性（Teunissen, 2000）。网络 RTK 流动站定位中，也分两步进行：第一步用基准站网络提供的电离层延迟和天顶对流层延迟（TZD）来动态初始化（OTF）模糊度，得到固定解；第二步为了能够实时解算出模糊度，前面历元的双差电离层延迟将提供给后续历元，从而取代内插得到的电离层延迟。RTK 流动站算法中，使用双频的伪距和载波相位观测值，用 LAMBDA 方法来固定整周模糊度，并且同时使用 F-ratio 和 W-ratio 来判断模糊度的有效性。

9.6.4 SPIDER

徕卡公司在 2005 年初引入了 GPS Spider V2.0 软件，见图 9-14，该软件包括了单站管理、多基准站管理和网络计算等功能。SpiderNET 模块实现实时网络分析和建立误差模型。SpiderNET 使用基于卡尔曼滤波的非差伪距及载波相位观测值估算网络的整周未知数及大气模型等参数。

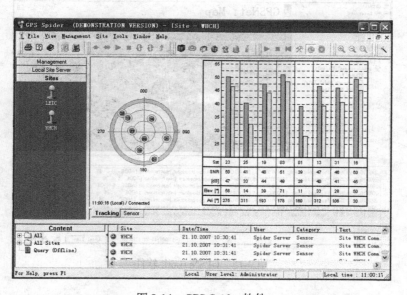

图 9-14 GPS Spider 软件

GPS Spider 采用主辅站技术（MAX），根据通信方式分为 i-MAX 和 MAX 技术。i-MAX 技术中，流动站提供概略坐标，GPS SpiderNET 根据概略坐标找到最近的多个基准站，计算出提供给流动站的单独网络 RTK 改正数据,并以 RTCM 2.3/3.0 或徕卡特有格式发送给流动站。i-MAX 可以支持老的 GPS 接收机。在 MAX 技术中,SpiderNET 是基于 RTCm3.0 标准的,给用户传送网络 RTK 改正信息。GPS Spider 中基准站网络的处理和主辅站改正数的分发是基于网络(Networks)、丛网(Clusters)和单元(Cells)这样一个层状系统进行的。网络就是全部基准站的集合,用于产生网络改正数。丛网是部分基准站组成的子网络,一起处理以达到一个共同的整周未知数水平,丛网与丛网之间允许有重叠。对于一个小型网络,仅包括一个丛网。对于较大的网络,需要分为几个丛网,才有可能分发给若干个不同的计算机处理。在网络中的每一个丛网处于同一个整周模糊度水平,不同丛网可以处于不同模糊度水平。单元是一组从丛网中挑选出来的基准站,由一个主参考站和若干个辅参考站组成,用于生成主辅站改正数。

9.6.5 GPSNetwork

GPSNetwork 是 Trimble 公司 1999 年推出的一套网络 RTK 软件,见图 9-15,它包括基准站管理、误差模型建立、虚拟参考站观测值生成、流动站高精度定位等功能。在数据处理方面,GPSNet 使用一个算术上最优的卡尔曼滤波处理网络中所有基准站的数据和模型化相关的误差源,如电离层误差、对流层误差、轨道误差、钟差、多路径和基准站的接收机噪声。

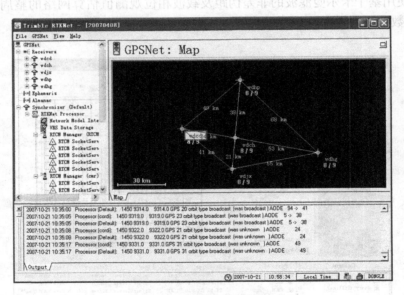

图 9-15 GPSNetwork 软件

GPSNetwork 主要采用 VRS 技术,但也包括了 FKP 技术。GPSNetwork 主要包含以下几个部分。

1. 基准站管理软件(GPSBase)

GPSBase 的主要功能有:

- 控制接收机的参数；
- 基准站数据的存储；
- 控制接收机生成 RTCM/CMR 差分改正信息；
- 生成 RTCM/CMR 改正信息；
- GPS 数据分析；
- 计算接收机伪距的多路径效应；
- 生成各种数据处理报告；
- 通过邮件或声音等报警。

2. 控制中心软件(GPSNet)

GPSNet 是 GPSNetwork 的核心软件，除了连接所有基准站的接收机外，主要任务是数据管理、接收控制、IP 网络管理、RTCM 生成、差分 GPS 测量的伪距和相位分析、处理各种噪声、多路径误差及周跳、自动从各个基准站向流动站转发 RTCM 数据(Landau, 2002)。系统能够通过 EMAIL 或 SMS 短消息服务给出综合分析报告、警报信息、错误信息或误差报告等。其主要功能如下：

- 原始数据的导入和质量检查(周跳的探测和修复，QA/QC 分析)；
- RINEX 和紧凑 RINEX 格式数据的存储；
- 线性相位中心改正(相对的和绝对的)；
- 系统误差的估计和模型化；
- 生成虚拟参考站数据；
- 生成虚拟站 RTCM 格式数据流；
- 传输 RTCM 数据给流动站；
- 生成 SAPOS FKP 广播式的网络 RTK 改正参数数据流。

3. 伪距差分服务软件(DGPSNet)

DGPSNet 是基本模块 GPSNet 的一个扩展软件，支持 C/A 码差分定位，主要服务于 DGPS 用户，精度为几个分米。

4. 网络 RTK 定位服务软件(RTKNet)

RTKNet 也是基本模块 GPSNet 的一个扩展软件，主要为用户提供高精度的 RTK 定位数据，模型化全网电离层、对流层和星历误差，为 RTK 用户提供 RTCM、CMR/CMR + 格式差分数据。

9.6.6 PowerNetwork

武汉大学卫星导航定位技术研究中心自成立以来，就开始研究和开发网络 RTK 软件，在 2000 年推出了以综合误差内插法为基础的网络 RTK 系统软件 PowerNet。在 PowerNet 软件的基础上，经过近几年的进一步研究和开发，形成了 PowerNetwork 软件，该软件不仅在关键技术上有了新的突破，并且实现了软件的工程化，目前已经在多个地方应用。PowerNetwork 软件包主要包括两个部分：一是管理中心软件；二是流动站定位计算软件。管理中心软件界面如图 9-16 所示。流动站定位计算软件安装在流动站接收机内部或者手簿上用于高精度定位计算，如图 9-17 所示。

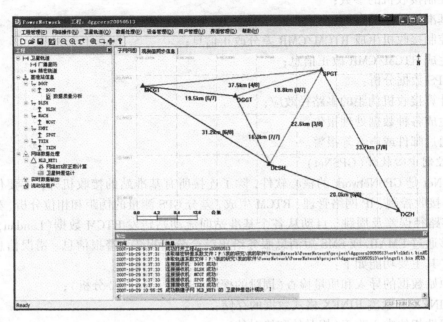

图 9-16　PowerNetwork 软件

图 9-17　流动站计算软件界面

管理中心软件的主要功能有多基准站管理、多基准站数据实时处理、为用户提供实时、事后定位服务信息。流动站计算软件的主要功能有连接差分数据源、连接流动站接收机、定位解算以及定位结果显示和输出。

9.7 网络 RTK 技术的发展趋势

随着 GPS 系统和技术现代化、GALILEO 系统和中国北斗二代导航系统的建设、GLONASS 系统的进一步完善、全球连续运行参考站的不断建立、应用需求的不断增加、网络技术等的发展，网络 RTK 技术势必将迈向新的台阶。总结起来，其发展趋势主要包括以下几个方面。

1. 长距离和大规模

基准站建设不仅成本比较高，而且选址要求也比较严格，如很好的卫星观测条件、周围无强的电磁干扰、网络通信和仪器安全等。目前，网络 RTK 系统的基准站间距一般在 30~70km。限制基准站间的距离的关键问题在于难以建立其高精度的对流层、电离层误差改正模型，多频数据、多个卫星导航系统的出现给建立高精度的误差模型提供了更多的观测数据、更多有利的组合。因此，长距离网络 RTK 技术将是未来发展的趋势之一。目前，城市级、省级和行业级的连续运行参考站不断建立，最终将建立起的全国性的参考站网。在连续运行参考站网的基础设施之上，必将形成大规模的网络 RTK 系统。

2. 多频多模的网络 RTK 系统

随着美国全球定位系统(GPS)现代化的第三频率的加入，GLONASS 逐步实现 24 颗在轨卫星同时运行和 L_3 载波频段的加载，4 个频率调制 10 个数据信号的 Galileo 系统的建成以及中国多频的北斗导航系统的建立，全球导航卫星系统(Global Navigation Satellite System，GNSS)进入了一个多频(每颗卫星都同时发射 3 到 4 个频率)多模(多系统)的联合定位的新时代。网络 RTK 技术同样也将步入到多频多模的时代。通过融合不同卫星导航系统观测值，获得高精度的定位结果，拓展网络 RTK 应用的领域和范围，解决在恶劣观测条件下的高精度定位问题，真正实现网络 RTK 定位的无缝服务。

3. 高可靠的单历元高精度定位

单历元模糊度可靠确定技术为单历元高精度定位关键技术，随着多模和多频的出现，可靠的单历元模糊度确定成为可能。单历元高精度定位也将是研究的目标。

4. 完备性

目前，网络 RTK 的完备性技术有一定的研究，但是尚未形成非常完备的系统。对网络 RTK 系统的完备性进行系统的研究，建立从完备性参数体系、监测体系到网络 RTK 系统用户自主完备性监测方法的一整套理论和方法，对于提供网络 RTK 系统的服务的质量，解决用户目前存在的各种问题，是进一步研究网络 RTK 技术的一个重要课题。

9.8 结 语

网络 RTK 技术经过近十年的发展，取得了非常重要的成果。在技术研究方面，发展了 GPS 网络 RTK 数据处理技术、网络 RTK 系统服务技术和网络 RTK 系统的完备性技术。在系统建设方面，建设了多个城市级和省级的网络 RTK 系统。在网络 RTK 系统管理和定位服务软件方面，开发了多个具有自主知识产权的软件。但是随着新技术的出现、应用需求的增加，也还有大量的研究和开发工作要做。特别是如何推动我国自主知识产权的技术和软件的商品化，打破国外软件和设备的垄断局面是目前急需解决的问题。

参 考 文 献

1. Andrew I I I R. Orange County Real Time Network [C]. Real Time GPS Networks Symposium, Irvine, CA, 2005
2. Bauersima I. Navstar/Global Positioning System (II) [J]. Mitteilungen der Satellten beobachtungsstation Zimmirwald, Nr. 10, 1983
3. Chen H Y, Rizos C, Han S. An Instantaneous Ambiguity Resolution Procedure Suitable for Medium-scale GPS Reference Station Networks[J]. Surv Rev, 2004, 37(291):396-410
4. Grejner-Brzezinska D A, Kashani I, Wielgosz P. Analysis of the Network Geometry and Station Separation for Network-based RTK[C]. ION 2004 NTM, San Diego, CA, 2004
5. Dai L, Wang J, Rizos C, et al. Predicting Atmospheric Biases for Real-time Ambiguity Resolution in GPS/GLONASS Reference Station Networks[J]. J Geodesy, 2003, 76(11/12): 617-628
6. Euler H J, Landau H. Fast GPS Ambiguity Resolution On-the-Fly for Real-time Application [C]. The Sixth International Geodetic Symposium on Satellite Positioning, Columbus, Ohio, 1992
7. Han S, Rizos C. GPS Network Design and Error Mitigation for Real-Time Continuous Array Monitoring System[C]. ION GPS-96, 9th Int. Tech. Meeting of the Satellite Division of The U. S. Institute of Navigation, Kansas City, Missouri, 1996
8. Han S. Carrier Phase-Based Long-Range GPS Kinematic Positioning[D]. School of Geomatic Engineering, the University of New South Wales, 1997a
9. Han Shaowei. Comparing GPS Ambiguity Resolution Techniques[J]. GPS Wrold, 1997b
10. Han Shaowei, Rizos C. The Impact of Two Additional Civilian GPS Frequencies on Ambiguity Resolution Strategies[C]. 55th National Meeting U. S. Institute of Navigation, Cambridge, Massachusetts, 1999
11. Hatch R R. The Synergism of Code and Carrier Measurements[C]. The Third International Symposium on Satellite Doppler Positioning, Las Crues, NM, 1982
12. Hatch R R. Dynmaic Differntial GPS at the Centimeter Level [C]. The Fourth International Symposium on Geodetic Symposium on Satellite Positioning, Las Crues, NM, 1986
13. Hatch R R. Instantaneous Ambiguity Resolution[C]. IAG Symposium NO. 107 Kinematic Systems in Geodesy, Surveying, and Remote Sensing, Banff, Canada, 1990
14. Hatch R, Euler H J. Comparison of Several AROF Kinematic Techniques[C]. ION GPS-94, Salt Lake City, Utah, 1994
15. Hatch R R. The Promise of a Third Frequency[J]. GPS World, 1996: 55-58
16. Hatch R. The Synergism of GPS Code and Carrier Measurements[C]. The 3rd Int. Geod.

Symp. on Satellite Doppler Positioning, New Mexico, 1982
17. Hu G, Abbey D A. et al. An Approach for Instantaneous Ambiguity Resolution for Medium- to Long-Range Multiple Reference Station Networks[J]. GPS Solut, 2005, 9:1-11
18. Herbert L, Vollath U, Chen Xiaoming. Virtual Reference Station Systems[J]. Journal of Global Positioning Systems, 2002, 1(2): 137-143
19. Herbert L, Vollath U, Chen Xiaoming. Virtual Reference Stations versus Broadcast Solutions in Network RTK—Advantages and Limitations[C]. GNSS 2003, Graz, Austria, 2003
20. Teunissen P J G. A New Method for Fast Carrier Phase Ambiguity Estimation[C]. IEEE Position, Location and Navigation Symposium PLANS'94, Las Vegas, NV, 1994a
21. Teunissen P J G, de Jonge P J, Tiberius C C J M. On the Spectrum of the GPS DD-ambiguities[C]. ION GPS-94, 7th International Technical Meeting of the Satellite Division of the Institute of Navigation, Salt Lake City, UT, 1994b
22. Teunissen P J G. The Least-squares Ambiguity Decorrelation Adjustment: a Method for Fast GPS Integer Ambiguity Estimation[J]. Journal of Geodesy, 1995a, 70(1/2):65-82
23. Teunissen P J G, de Jonge P J, Tiberius C C J M. The LAMBDA Method for Fast GPS Surveying[C]. International Symposium on GPS Technology Applications, Bucharest, Romania, 1995b
24. Teunissen P J G, de Jonge P J, Tiberius C C J M. A New Way to Fix Carrier-phase Ambiguities[J]. GPS World, 1995c,6(4):58-61
25. Teunissen P J G, de Jonge P J, Tiberius C C J M. The Volume of the GPS Ambiguity Search Space and Its Relevance for Integer Ambiguity Resolution[C]. ION GPS-96, 9th International Technical Meeting of the Satellite Division of the Institute of Navigation, Kansas City, Missouri, 1996a
26. Teunissen P J G. On the Geometry of the Ambiguity Search Space with and Without Ionosphere[J]. Z. F. Verm. Wesen, 1996, 121(7):332-341
27. Teunissen P J G, de Jonge P J, Tiberius C C J M. The Least-squares Ambiguity Decorrelation Adjustment: Its Performance on Short GPS Baselines and Short Observation Spans[J]. Journal of Geodesy, 1997a, 71(10):589-602
28. Teunissen P J G. A Canonical Theory for Short GPS Baselines Part I: The Baseline Precision [J]. Journal of Geodesy, 1997, 71:320-336
29. Teunissen P J G. A Canonical Theory for Short GPS Baselines Part II: The Ambiguity Precision and Correlation[J]. Journal of Geodesy, 1997, 71:389-401
30. Teunissen P J G. Some Remarks on GPS Ambiguity Resolution[C]. Symposium of the Geodätische Woche, Berlin, Germany, 1997d
31. Teunissen P J G. On the GNSS Integer Ambiguity Success Rate, Lustumboek Snellius[C]. The 5th Element, 2000
32. Chen Wu, Hu Congwei, et al. Kinematic GPS Precise Point Positioning for Sea Level

Monitoring with GPS Buoy[J]. Journal of Global Positioning Systems, 2004, 3(1/2):302-307

33. Wübbena G, Bagge A, Seeber G, et al. Reducing Distance Dependent Errors for Real-Time Precise DGPS Applications by Establishing Reference Station Networks[C]. ION GPS-96, 9th Int. Tech, Meeting of the Satellite Division of the U. S. Institute of Navigation, Kansas City, Missouri, 1996

34. Bock Y. San Diego County Real Time Network Background and Status[C]. Real Time GPS Networks Symposium, Irvine, CA, 2005

35. 李征航,何良华,吴北平. 全球定位系统(GPS)技术的最新进展(第二讲)——网络RTK[J]. 测绘信息与工程,2002,27(2):22-25

36. 孙红星. 差分 GPS/INS 组合定位定姿及其在 MMS 中的应用[D]. 武汉:武汉大学,2004

37. 喻国荣. 基于移动参考站的 GPS 动态相对定位算法研究[D]. 武汉:武汉大学,2003

38. 邹蓉,刘晖,等. Delaunay 三角网构网技术在连续运行卫星定位服务系统中的应用[J]. 测绘信息工程,2005,30(6):9-11

39. 刘经南,刘晖. 连续运行卫星定位服务系统——城市空间数据的基础设施[J]. 武汉大学学报(信息科学版),2003,28(3):259-264

40. 高星伟. GPS/GLONASS 网络 RTK 算法研究与程序实现[D]. 武汉:武汉大学,2002

41. 陈小明. 高精度 GPS 动态定位的理论与实践[D]. 武汉:武汉测绘科技大学,1997

42. 赵晓峰. 区域性电离层格网模型建立方法研究 [D]. 武汉:武汉大学,2003

43. 吴星华,吕振业,Van Cranenbroeck[J]. 徕卡最新主辅站技术在昆明市 GPS 参考站网中的应用[OL]. http://www.leica-geosystems.com.cn/, 2005

第 10 章 基于卫星定位技术的现代高程测定

10.1 高程基准的定义及其转换

我国目前广泛应用的 1954 年北京坐标系和 1980 西安大地坐标系均属于二维坐标系,不包含明确的点的高程信息。而随着卫星定位技术的发展,GPS 定位技术广泛应用于各行各业,其带来了测量作业方式的根本性变革。GPS 能提供地面点精确的三维坐标值(精度达 10^{-7} 量级以上),其高程信息是依据于椭球面的,而我国适用的高程信息依据于似大地水准面,为充分利用 GPS 所提供的高程信息,研究利用 GPS 测出的地面点的大地高来求取海拔高程是 GPS 应用的一个重要方面。

10.1.1 高程系统

在测量中常用的高程系统有大地高系统、正高系统和正常高系统。

为了准确理解大地高系统、正高系统和正常高系统的概念,需要首先明确大地水准面和似大地水准面的定义。如果在某曲面上重力位处处相等,则此曲面称为重力等位面。设想海洋面处于静止状态,则海洋面上的重力必然垂直于海洋面,否则,海水必然会流动。因此,处于静止状态的海洋面与一个重力等位面重合。这个假想的静止海洋面向整个地球大陆内部延伸形成的封闭曲面为大地水准面的经典定义。然而,海洋面不可能处于完全静止状态,通常用无潮汐平均海水面来近似代替,如此定义的大地水准面是与平均海水面最接近的重力等位面。由各地面点沿正常重力线向下截取各点的正常高,所得到的点构成的曲面称为似大地水准面。似大地水准面不是等位面,没有明确的物理意义。

1. 大地高系统

大地高系统是以地球椭球面为基准面的高程系统。大地高的定义是:由地面点沿通过该点的椭球面法线到椭球面的距离。大地高也称为椭球高,一般用符号 H 表示。大地高是一个纯几何量,不具有物理意义,同一个点在不同的基准下具有不同的大地高。利用 GPS 定位技术可以直接测定观测站在 WGS-84 中的大地高。

2. 正高系统

正高系统是以大地水准面为基准面的高程系统。正高的定义是:由地面点沿通过该点的铅垂线至大地水准面的距离。正高用符号 H_g 表示。

3. 正常高

正常高系统是以似大地水准面为基准的高程系统。正常高的定义是:由地面点沿通过该点的铅垂线至似大地水准面的距离,正常高用 H_γ 表示。中国《大地测量法式》规定我国高程系统采用正常高系统。

4. 高程系统之间的转换关系

大地水准面到地球椭球面的距离称为大地水准面差距，记为 h_g。如图 10-1 所示，大地高与正高之间的关系可表示为：

$$H = H_g + h_g \tag{10-1}$$

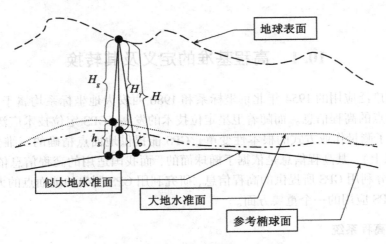

图 10-1　高程系统间的相互关系

似大地水准面到地球椭球面的距离称为高程异常，记为 ζ。大地高与正常高之间的关系可表示为：

$$H = H_\gamma + \zeta \tag{10-2}$$

目前，城市的高程系统大都依赖于传统的水准测量来进行传递，在城市空间信息基准建设过程中，需要实现高程测量的现代化，即通过建立高精度的城市似大地水准面，实现 GPS 测高取代高投入低效率的传统水准测量，进而完成了 GPS 二维平面定位到同时确定海拔高程的三维定位的转变，满足各种工程建设中快速廉价获取地面三维点位信息的需求。

10.1.2　利用 GPS 测定高程的实用方法

由于采用 GPS 观测得到的是大地高，为了确定出正高或正常高，需要有大地水准面高或高程异常数据，因此，利用 GPS 测定高程的关键在于如何得到与 GPS 大地高基准相一致的大地水准面高或高程异常。可以通过下面几种方法得到大地水准面高或高程异常数据。

1. 等值线图法

等值线图法是利用已有的高程异常图或大地水准面高图，通过图上量取，得到某点的高程异常 ζ 或大地水准面高 h_g，然后分别采用式(10-3)、式(10-4)可计算出正常高 H_γ 和正高 H_g。这种方法和从等高线图上内插出水准高程的方法相似，其精度很受高程异常图或大地水准面高图的精度和图上内插精度的影响，精度较差，是一种极其粗略的方法。

正常高： $H_\gamma = H - \zeta$ (10-3)
正高： $H_g = H - h_g$ (10-4)

在采用等值线图法确定点的正常高和正高时要注意以下问题：

1）等值线图所适用的坐标系统，在求解正常高或正高时，要采用相应坐标系统的大地高数据。在利用GPS测定高程时，需要等值线图与GPS测量的基准相一致。

2）采用等值线图法确定正常高或正高，其结果的精度在很大程度上取决于等值线图的精度。

2. 地球模型法

地球模型法是利用全球重力场模型计算大地水准面高或高程异常，其精度在全球平均为±0.5m。

3. 高程拟合法

所谓高程拟合法就是利用在范围不大的区域中，高程异常具有一定的几何相关性这一原理，采用数学方法，求解正高、正常高或高程异常。这种方法由于采用数学方法拟合，其结果不能满足大地水准面等位的基本特征，因此，拟合面精度不高，而且可靠性很差。

4. 区域似大地水准面精化法

该方法是在国家空间坐标基准框架的基础上，建立集平面、高程、重力场信息于一体的综合性基础控制网，同时在此基础上，综合利用GPS水准、重力等资料获得厘米级的区域似大地水准面，达到实现通过GPS测量来代替低等级水准测量的目的。该方法所建立的似大地水准面模型是一个具有物理意义的等位面，建立高精度高分辨率的区域似大地水准面模型是基于卫星定位技术的现代高程测定的关键所在。

10.2 建立高精度区域似大地水准面的作用及意义

建立高精度区域似大地水准面对于测绘工作有着重要的意义。首先，似大地水准面是获取地理空间信息的高程基准面。其次，GPS技术结合高精度高分辨率大地水准面模型，可以取代传统的水准测量方法测定正常高，真正实现GPS技术对几何和物理意义上的三维定位功能。

现代科学技术的发展，特别是空间技术的发展，将大地测量推进到一个崭新的发展阶段，大地测量学的理论和技术体系及其内涵都发生了很大变化，研究和确定地球重力场精细结构在现代大地测量学科领域中上升到了一个突出地位。由于技术条件的限制，在经典大地测量中，常规地面大地测量的技术模式对地球重力场信息，不论是分辨率和精度都要求不高，因为其主要任务是用地面几何大地测量方法建立区域性相对大地测量定位基准，地球重力场的物理信息在几何大地测量定位中仅仅是将物理空间的观测数据转换到几何空间，不起关键作用。卫星大地测量定位的出现使大地测量定位基准从常规的地面静态基准（大地控制网）发展到地球外空间的动态基准，即卫星在一个全球地心坐标系中的轨道位置，地面大地测量精密卫星定位取决于卫星的精密定轨，实现精密定轨的基本条件是已知一个精密全球重力场模型，在此，地球重力场信息在大地测量定位中间接地起到了关键作用。

确定地球重力场主要是建立全球重力场模型和确定区域性高分辨率和高精度大地水准面模型，这两项任务紧密相关，是一个问题的两个方面。这两种模型的建立理论上都归结为求解重力测量边值问题（Stokes 问题或 Molodensky 问题）。建立了一个地球重力位模型，即扰动位模型，也就确定了由这个模型所定义的大地水准面。大地水准面高和扰动位成简单比例关系，这种全球扰动位模型通常只能比较准确地表达地球重力场的中、长波段频谱结构，分辨率相对较低。在利用地面重力测量数据确定区域性高分辨率大地水准面的求解过程中，全球重力场模型又用于作为一个参考重力场，对确定区域大地水准面起到一种控制中长波的作用。

大地水准面在大地测量中的应用除了建立大地测量坐标系、确定参考椭球参数及其在地球体内的定位定向的约束作用，或者说是一种基准作用外，在现代卫星大地测量定位中，还将起到另一种重要的基准作用，高分辨率高精度的大地水准面数值模型给出任一地面点的（似）大地水准面高，可以看作一种测定正常高或正高的参考框架。水准测量的参考基准只是（似）大地水准面上一个特定的点（一个验潮站确定的平均海面），其他所有地面点的正常高或正高都要从这一点出发通过水准测量传递。而（似）大地水准面模型提供了覆盖大陆地区实际可用的高程参考面。由此通过 GPS 大地高测量结合（似）大地水准面数值模型可确定地面点的正常高或正高。未来高分辨率厘米级精度或更优的（似）大地水准面模型，为用 GPS 精密测定地面点正常高或正高展现了巨大潜力和良好前景。GPS 水准的作业方式是按点独立测定的，避免了水准测量中按一定路线传递高程，没有路线传递的累积系统误差。精密（似）大地水准面的确定使未来海拔高程的测量将以 GPS 测高为主，辅以少量水准测量，后者将起到高一级控制或检核作用，而现有的国家水准网基本上可满足这一高程测量模式的需要。这预示着除某些工程测量必须的精密水准测量外，繁重的水准测量在测绘作业中将降低其作用，而逐步为 GPS 水准测高所代替。CQG2000 似大地水准面的确定充分利用了现有国家高精度 GPS 水准网和较丰富的全国重力资料，因此，其结果能成为用于较低精度的 GPS 水准测量的新一代似大地水准面模型，在测绘生产中得到了较广泛的应用，这将为我国转变高程测量技术模式打下初步基础，并产生显著的经济效益。

城市是国家或地区的社会、经济、文化中心，城市化已经成为我国当前的大趋势。如何快速、有效地获取城市各方面的信息，实现信息之间的交流和共享，对所有各种信息进行综合性管理和分析，满足不同层次的信息需求，将成为一个城市现代化发展水平的重要标志。因此，建立高精度城市似大地水准面是推广基于卫星定位技术的现代高程测定的重点区域。

确定城市高精度似大地水准面必须建立与其相适应的高精度城市 GPS 网。GPS 定位技术是现代大地测量发展的重要标志，它可以直接精确地测定地面点的三维大地坐标，目前精度可达毫米级。利用 GPS 定位技术所获得的三维坐标中的大地高分离求解正常高或海拔高，必须具有 1cm 精度水平的似大地水准面成果。GPS 快速、高效、高精度的技术特点使得城市建立高精度高分辨率大地水准面的工作日益迫切，使其能和 GPS 大地高精度相匹配，实现替代水准测量的目的。

10.3 高精度区域似大地水准面确定的研究现状

大地水准面的确定经历了百余年的发展史，但直到20世纪60年代出现卫星重力测量技术后，其理论和方法才得到新的发展，精度已从米级提高到分米级。新一代卫星重力计划的成功实施将实现100km分辨率1cm级精度全球大地水准面的确定和全球高程基准的统一。20世纪末，美欧等国已开始致力于精化本国的区域大地水准面，其中，美国、加拿大、德国等分别实现了部分地区大地水准面在1~5km分辨率上达到1~5cm精度。国际大地测量协会提出未来大地测量发展战略目标是"实现1cm级精度大地水准面确定"。

整个欧洲地区现代大地水准面的建立始于20世纪80年代初，第一代欧洲重力似大地EGG1和EAGG1精度为几分米。20世纪90年代，欧洲各国开始精化本国大地水准面，以最先进的德国为例，其部分地区在1km分辨率上达到了1cm精度。美国在20世纪90年代先后推出了GEOID90、GEOID93和G9501三个区域大地水准面模型，三个模型的计算方法基本相同，其中，G9501采用北美约180万个点的重力数据（包括美国国防制图局（DMA）用户控制数据），海洋重力空白区用OSU91A模型重力填充，地形数据（DTM）来自由1:25万地形图产生的30″地形数据库（TOPO30），G9501模型精度优于30cm。20世纪90年代后期，在美国部分州，采用加密GPS水准方法建立了州级区域大地水准面，在2km分辨率上达到2~3cm精度。加拿大在20世纪90年代推出大地水准面模型GSD95，采用3150万重力数据，其中，海洋重力数据用卫星测高重力数据填充，以OSU91A为计算大地水准面的参考模型，GSD95在几十公里分辨率上的精度为5~10cm。20世纪末21世纪初，加拿大采用第二类Helmert凝集法确定了西部地区大地水准面，在5km分辨率上达到8cm精度。

我国似大地水准面的确定经历了近半个世纪的发展过程，从20世纪50年代到70年代开展了大规模大地测量建立国家天文大地网，这些基线边首先要求按基线的平均正高高程归算到大地水准面上，再按椭球法线投影归算到参考椭球面上，为进行基线归算，布测了我国首期天文重力水准网，由此确定的似大地水准面称为1960中国似大地水准面，记为CLQG60。平差结果表明，一级天文重力水准路线每公里中误差为±0.027m，二级路线相应中误差为±0.06m；短天文水准路线每公里中误差为±0.07m，长边天文水准路线每公里中误差为±0.11m。对边远6个测点相对西安大地原点的高程异常差累积误差的估计，平均为±2.7m，其中，西藏狮泉河高程异常差的估计误差最大达±3.8m。我国第一期由天文重力水准确定的似大地水准面，其目的仅仅是服务于我国常规大地控制网的建立，这一低精度低分辨率的大地水准面已远不能满足现代大地测量发展的需要，也难以用于我国的地学研究。在国家测绘局"八·五"科技规划期间，提出了精化我国大地水准面的任务，其目标是发展适用于我国领土的全球重力场模型，确定我国具有米级精度的区域大地水准面。在国家测绘局"八·五"攻关重点项目支持下，研制成我国自主知识产权的WDM94（360阶）全球重力场模型。新一代中国似大地水准面CQG2000是在利用420055的重力数据和

671个国家A/B级GPS水准资料得出的。其精度分布不均匀，以东经108°经线和北纬36°纬线将我国疆土划为西北、东北、西南和东南四个区域，CQG2000模型在西北的精度为±0.5m、东北±0.3m、西南±0.6m、东南±0.3m。这一进展可实现在分米级精度水平上用GPS测高取代低精度水准测量。

近年来，武汉大学解决了建立现代高程基准的关键技术，提出了确定似大地水准面严密的陆海统一算法和具有原创性的球冠谐分析方法(相关术语定义可参见文献(李建成等，2003))，既保证了陆海地区似大地水准面的高精度，又能反映高分辨率局域大地水准面的特征。同时导出了具有原创性的顾及地球曲率的各类地形位(间接影响)及地形引力的影响(直接影响)的球面严密积分公式，并首次将第二类Helmert凝集法用于重力大地水准面的计算。由于核心技术的突破解决了建立1cm精度的城市和5cm精度的省级似大地水准面模型的关键技术，使得我国局部似大地水准面确定精度提高了一个量级，实现了跨时代的发展。

10.3.1 1cm精度的城市似大地水准面模型

全球定位技术结合1cm精度似大地水准面成果可以满足长距离二等水准测量要求，是高程测定的一次里程碑式跨越。在东莞、广州、沈阳、镇江、苏州、武汉、南京、嘉兴、宁波等城市先后实现了优于1cm精度似大地水准面的确定，在城市建设、国土测绘等方面产生了巨大的社会效益和经济效益。下面以东莞和广州为例予以说明。

在东莞市似大地水准面(见图10-2)计算中，以地球重力场模型EGM96作为参考重力场，采用了7273个点重力数据和62个高精度GPS水准资料。重力归算采用地形均衡归算，使用了SRTM $3''\times3''$数值地面模型和美国宇航局分辨率为$2'\times2'$海深资料DTM2000。地形改正的计算中采用了严密的陆海统一地形改正算法，提高了陆海交界地形改正的精度。重力似大地水准面与从独立数据源获得的离散似大地水准面GPS水准比较，其精度为±0.012m。利用球冠谐调和分析方法将重力似大地水准面与GPS水准联合求解得出了精度优于±0.01m的$2'30''\times2'30''$格网似大地水准面。这一成果已超越厘米级精度水平，而是真正意义上的1cm级精度大地水准面，它将完全改变传统高程测量作业模式，可取代长距离二等水准测量，是迄今为止国内精度最高的城市似大地水准面，也是目前国际上最高精度的城市(区域)似大地水准面之一。

广州市似大地水准面(广州市规划局，见图10-3)利用5621个点重力数据、143个高精度GPS水准资料和SRTM $3''\times3''$地形数据及DTM2000海深资料，并以地球重力场模型EGM96作为参考重力场，由严密的局部重力场确定理论和先进计算技术确定的。为了客观评价广州市似大地水准面的精度，施测了38个独立高精度GPS水准资料，这些点均匀分布在广州市，通过与似大地水准面的比较其标准差为±8mm。

10.3.2 5cm精度的省级似大地水准面模型

省级似大地水准面突破5cm精度，将大区域的似大地水准面模型提升到一个新的工程应用水平和广度，为进一步精化国家似大地水准面模型提供了理论和方法依据及先进技术标准，先后在广东、广西、山西等省实现了优于 5cm 精度似大地水准面的确定。下面以广东和广西为例予以说明。

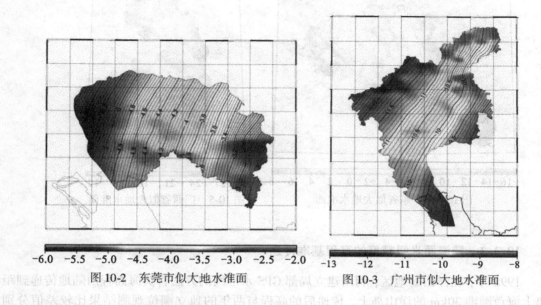

图 10-2　东莞市似大地水准面　　　　　图 10-3　广州市似大地水准面

广东省似大地水准面（见图 10-4）计算中，采用的数据有 417336 个点重力数据和 88 个高精度 GPS 水准资料，以及地球重力场模型 EGM96、SRTM3″×3″数值地形模型。重力归算中由严密的一维 FFT 技术计算地形改正、均衡改正、Molodenskii G1 项改正，地形改正采用了严密的陆海统一地形改正算法，在似大地水准面计算中，采用了严密的陆海统一算法，重力似大地水准面与 GPS 水准联合求解是利用球冠谐调和分析方法。在广东省施测了分布均匀的 74 个独立 GPS 水准数据，对似大地水准面进行了外部检核，其精度为 ±0.045m，与顺德的 36 个、东莞的 65 个独立 GPS 水准比较，精度分别为（0.019m 和 ±0.018m，其系统偏差项为 0.058m 和 −0.016m。这一模型将原有的分米级精度提高到厘米级，是一重大突破，拓展了模型的应用。

广西省似大地水准面（见图 10-5）的计算采用了第二类 Helmert 凝集法，其中精密计算了大地水准面中的各类地形位及地形引力的影响，采用的球面积分公式均严格考虑了地球曲率影响。格网空间重力异常的内插和推估是由 28372 个点重力数据通过 Airy-Haiskanen 均衡模型归算，利用移去-还原原理得出的。均衡异常中的地形改正（即 Helmert 凝集层所产生的引力影响）和均衡改正同样采用了考虑地球曲率的严密球面积分公式。重力似大地水准面与独立的 94 个高精度 GPS 水准资料比较的精度为 ±0.07m，利用球冠谐调和分析方法将重力似大地水准面与 GPS 水准联合求解得出的 2′30″×2′30″格网似大地水准面其精度为 ±0.033m，由广西 71 个 GPS 水准资料外部检核的精度优于 ±0.04m。广西自治区似大地水准面是我国迄今精度最高的省级统一似大地水准面。

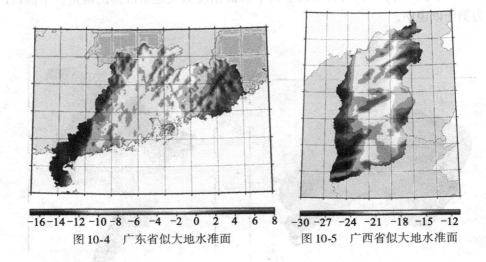

图 10-4 广东省似大地水准面　　图 10-5 广西省似大地水准面

10.3.3 跨海厘米级精度的高程基准传递

1998年,在洋山岛地区,利用建立局部GPS水准网的方法将黄海高程由陆地传递到距离上海芦潮港30km的洋山岛上,传递后的高程与两年的独立潮位观测结果比较差值分别为1cm和5cm,传递后的两段高程段差与洋山岛三等水准测量结果的独立高差比较为0.2cm和0.7cm。这是首次在我国利用高精度局部GPS水准似大地水准面实现了跨海厘米级精度的高程基准传递,解决了跨海高程测量难题。2008年,完成了青岛跨度26km的海湾大桥的高程传递,2009年初完成了跨度35km港珠澳大桥的高程传递,利用区域似大地水准面精化技术进行跨海厘米级精度的高程基准传递已经成为我国大型跨海桥梁施工中普遍采用的一项工程技术。

10.4 高精度区域似大地水准面的实现方法和关键技术

高精度区域似大地水准面的实现需要用到GPS水准资料、重力资料、地形资料、重力场模型等,其重点在于高精度GPS/水准控制网的布网方案设计及似大地水准面的计算。区域似大地水准面确定的工作流程可分为以下几个阶段:

① 方案设计:按照精度需求进行似大地水准面精化的方案设计,包括GPS网和二等水准网的设计、似大地水准面计算方案的确定。

② GPS和二等水准的外业观测:按照方案设计要求,进行外业踏勘、选点及GPS和二等水准的外业观测。

③ GPS和二等水准的内业数据:采用精密的软件和方法,对GPS和二等水准的内业数据进行精密处理,提交给似大地水准面精化使用。

④ 似大地水准面的计算:采用Molodenskii方法、Stokes方法或Helmert第二类凝集法计算重力似大地水准面,通过球冠谐分析方法实现GPS水准与重力似大地水准面的联

合解。

⑤ 似大地水准面的外部检核：比较各种方案的计算成果，检查重力场元之间的相容性，利用实测数据检核成果的精度与可靠性。

⑥ 成果的整理验收：编写工作报告、技术报告等文档，组织专家对最终成果进行鉴定验收，并投入使用。

似大地水准面计算的基本流程图如图10-6所示。

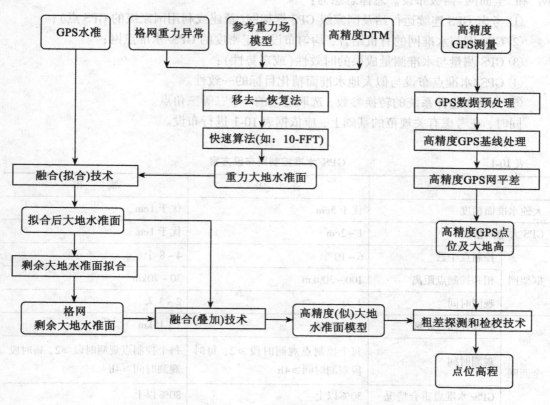

图 10-6　似大地水准面计算的基本流程图

在厘米级精度水平城市似大地水准面的确定中，必须严格地考虑高精度 GPS/水准控制网的布网、重力归算、重力大地水准面计算、大地水准面与似大地水准面转换以及 GPS 水准与重力似大地水准面的联合解等几个方面的理论、技术相关问题。

10.4.1　高精度 GPS/水准控制网的布网方案设计

GPS/水准控制网的布设和精度是高精度似大地水准面确定的最为重要的工作之一，也是实现基于卫星导航定位高程现代化的基本。影响似大地水准面精度的因素主要包括 GPS 大地高测定误差、水准网的观测误差、重力数据及地形数据所引起的大地水准面计算误差。由于重力测量是一项周期长、投入巨大的工作，所以省级（大区域）和城市级大地水准面精化必须是在现有重力场资料的基础上进行。目前,能够有效控制的误差源主要来自GPS和水准测量的数据。在省级(大区域)和城市级基础控制网的建立或似大地水准面精化时,需整体考虑C级GPS网和水准网的技术方案和施测方法,确保GPS、水准网的技术方案、点位密度、观测方法,与似大地水准面精化的目标相一致。

在此目标下,提出了"分级布网、整体分析"的布网核心方法,制定了省级(大区域)和城市级高精度GPS/水准控制网布网和数据处理分析方案。这个核心方法是控制网分"框架网"和"全面网"两级布设。总体思想为:

① 考虑GPS连续运行站及国家级GPS框架网(新建或利用国家级的GPS点);
② GPS网与水准网的有机结合,均匀布设一定密度的GPS/水准点网;
③ GPS测量与水准测量成果的时效性(或现势性);
④ GPS/水准点布设与似大地水准面精化目标的一致性;
⑤ 为确定坐标系统的转换参数,选取适当的一、二等三角点。

同时,在考虑有关规范的基础上,应依据表10-1进行布设。

表10-1　　　　　　　　　　　GPS/水准控制网布设方案

		省　级	城　市
大地水准面精度		优于5cm	优于1cm
GPS大地高精度		1~2cm	优于1cm
框架网	控制点个数	6~10个	4~8个
	相邻控制点距离	100~300km	30~70km
	观测时间	3天	2~3天
全面网	相邻控制点距离	10~30km	7~15km
	观测时间	每个控制点观测时段≥2,每时段观测时间≥4h	每个控制点观测时段≥2,每时段观测时间≥4h
	GPS/水准点重合情况	30%以上	80%以上
	水准测量	二等、三等水准测量	二等水准测量

10.4.2　厘米级重力似大地水准面确定

地面重力数据是确定大地水准面的基础资料,通过加密重力测量采集。重力测量是在地球表面上进行观测,测得的结果是一些分布不规则的离散点重力值及其点位的平面坐标和高程。从理论上要求,重力数据应在全球范围内连续布满,但在实际中,只能获得区域的重力资料,而且是不连续、不均匀分布的资料。这样,通常采用格网代替离散,实现重力场确定理论要求的连续表达。由于局部空间重力异常变化规律极其复杂,若按点空间平均重力异常的简单平均数作为格网的平均值,将会带来相当大的误差。因此,在求取平均空间重力异常时,必须先将点重力异常归算至平滑的归算面上,以减少地形起伏对重力异常的影响。重力异常的归算方法通常有布格归算、均衡归算和残差地形模型。实践表明，地形均衡异常比布格异常更平滑，一般在均衡抵偿好的地区没有布格异常的系统性效应，均衡归算比残差地形模型有更严密的理论基础。由于我国有很多山区，地形复杂，变化巨烈，应采用地形均衡归算内插和推估格网空间重力异常。

重力归算需要高分辨率数值地面模型和数值海深模型来计算相应的布格改正、地形改正和均衡改正，数值地面模型包含了地球重力场的短波信息，因此在陆地部分，应采用$3''\times 3''$的地形资料。在我国陆地疆界以外，应采用国际研究机构确定的高精度模型，如美国航天飞机雷达地形测绘使命(Shuttle Radar Topography Mission, SRTM)高分辨率$3''\times 3''$数值地面模型。我国是海洋大国，在精化沿海地区大地水准面时，应考虑数值海深模型，鉴于我国还没有完整的数值模型，建议采用国际先进的数值海深模型，如美国宇航局（NASA）和美国影像与制图局（NIMA）共同研制的$2'\times 2'$全球地形与海深数值模型（DMT2000）。需要指出的是，用于重力归算和似大地水准面计算地形改正要求的数值地面模型的分辨率可以不同，重力归算的数值地面模型分辨率可以略低，大地水准面计算地形改正要求的数值地面模型分辨率应尽可能高。因为重力归算采用移去和还原方法，将对通过重力归算内插推估的空间异常精度影响不大，而大地水准面计算地形改正是为了考虑重力场的短波信息。

在重力归算的数值计算中，由于城市似大地水准面的精度要达到1cm，因此，必须采用传统的数值积分法，但需要大量的计算时间。地形均衡归算应采用Airy-Heiskanen地壳均衡理论。重力异常的格网化方法应采用张量连续曲率样条内插方法和分形内插技术进行离散不规则稀疏重力场信息的格网化内插与推估，这两种新方法是适合重力场格网化的最佳方法。

要确定1cm城市大地水准面，在计算中，必须精确考虑因调整地球质量后的毫米级影响，经典的Stokes公式不能满足这一要求，应采用第二类Helmert凝聚法确定大地水准面。因调整地球质量后的毫米级影响包括精确计算该方法中的各类地形位及地形引力的影响，即牛顿地形质量引力位和凝聚层位之间的残差地形位的间接影响，以及Helmert重力异常由地形质量引力位和凝聚层引力位所产生的引力影响。同时，还在Helmert重力异常中顾及似大地水准面与大地水准面之间的改正，以及椭球上延至Helmert似地形面的正常重力、椭球改正和大气影响等。上述各类影响和改正都必须使用顾及地球曲率影响精确严密的球面公式，数值积分半径应在300km以上。

采用第二类Helmert凝聚法计算重力似大地水准面的步骤为：

① 利用SRTM和DTM2000地形数据和重力数据g，分别加地形、凝集层和大气引力以及椭球改正，得到地面重力点的Helmert重力值g_T^h；

② 用重力点的正常高按标准正常重力公式计算似地形表面对应点Q的正常重力值γ_Q；

③ 计算地面重力点的Helmert重力异常$\Delta g_T^h(=g_T^h-\gamma_Q)$；

④ 用360阶的重力模型(如EGM96等)计算地面点的模型重力异常Δg_M及Helmert残差重力异常$\delta\Delta g_T^h(=\Delta g_T^h-\Delta g_M)$；

⑤ 计算地形位δW_T和凝集层位δW_{CT}以及相应大地水准面变化δN(第一间接影响)；

⑥ 计算由 δN 引起的引力变化(第二间接影响) $\delta\Delta g_{SI}^h$；

⑦ 将 $\delta\Delta g_T^h$ 加向下延拓到调整的大地水准面的改正 $\delta\Delta g_{DC}^h$ 和 $\delta\Delta g_{SI}^h$，得到该面上的残差 Helmert 重力异常 $\delta\Delta g_{CO}^h$；

⑧ 按 Stokes 公式由 $\delta\Delta g_{CO}^h$ 计算调整的残差大地水准面高 δN_{CO}；

⑨ 将 δN_{CO} 加第一间接影响改正 δN 确定残差大地水准面高 δN_0 ($=\delta N_{CO}+\delta N$)；

⑩ 将大地水准面高转换为似大地水准面高，确定重力似大地水准面高 S_G（高程异常）的最终结果：

$$S_G = \delta N_0 + N_M + \delta N_{GQ} = \delta N_0 + (S_M - \delta N_{GQ}) + \delta N_{GQ} = \delta N_0 + S_M \quad (10\text{-}5)$$

式中，N_M 为由重力模型计算的似大地水准面高 S_M 转换为模型大地水准面高；δN_{GQ} 为由大地水准面高转换为似大地水准面高的改正。

10.4.3 重力似大地水准面与 GPS 水准联合解

在厘米级重力似大地水准面确定以后，需要将用高分辨率的重力数据和地形数据确定的高分辨率的重力似大地水准面与低分辨率离散的 GPS 水准通过拟合，联合确定最终可实用的高分辨率区域似大地水准面。一般而言，可采用四次多项式将两种大地水准面的差异通过最小二乘拟合，以减小或消除两者间的差异。采用的数学表达式为：

$$\begin{aligned}\Delta N = & a_0 + a_1(\varphi-\varphi_m) + a_2(\lambda-\lambda_m) + a_3(\varphi-\varphi_m)^2 + a_4(\varphi-\varphi_m)(\lambda-\lambda_m) + \\ & a_5(\lambda-\lambda_m)^2 + a_6(\varphi-\varphi_m)^3 + a_7(\varphi-\varphi_m)^2(\lambda-\lambda_m) + a_8(\varphi-\varphi_m)(\lambda-\lambda_m)^2 + \\ & a_9(\lambda-\lambda_m)^3 + a_{10}(\varphi-\varphi_m)^4 + a_{11}(\varphi-\varphi_m)^3(\lambda-\lambda_m) + a_{12}(\varphi-\varphi_m)^2 \\ & (\lambda-\lambda_m)^2 + a_{13}(\varphi-\varphi_m)(\lambda-\lambda_m)^3 + a_{14}(\lambda-\lambda_m)^4\end{aligned} \quad (10\text{-}6)$$

式中，a_0、a_1、$\cdots$、a_{14} 为拟合系数；ΔN 为 GPS 水准大地水准面与重力大地水准面之差，亦即 $\Delta N = N_{GPS} - N_G$，其中，N_{GPS} 和 N_G 分别为 GPS 水准大地水准面和重力大地水准面；φ_m、λ_m 分别为拟合区的中心纬度和经度。

这种拟合实质上是两种重力扰动位的拟合，理论上应该满足位理论中的 Laplace 方程，但长期以来，所采用的几何曲面或多项式等拟合法不符合位理论要求，是不完善的。李建成教授提出利用球冠谐分析表达（逼近）局部重力场的新概念和新方法，将两类大地水准面的差值在一个球冠域中表达为一个非整数（实数）阶整数次球谐级数展式，即球冠谐分析法。利用球冠谐调和分析方法可在满足 Laplace 方程的条件下将重力似大地水准面与 GPS 水准联合求解，可大幅度提高局部重力场的计算效率和理论的严密性。

10.4.4 似大地水准面检核

为了客观真实地评价本项目似大地水准面精化成果的精度，需要对似大地水准面成果进行内、外业检核。内业检核主要是对参与似大地水准面计算的资料进行质量控制，通过内符合精度检核保证似大地水准面成果的质量。外业检核主要是在测区范围内任意选取观测点，利用 GPS 方法和几何水准方法实地观测，同似大地水准面计算结果进行比较，计算外检验不符值的最大值、平均差值、中误差等。

1. 内符合精度检核

采用似大地水准面精化应用软件将参与似大地水准面计算的 GPS 点大地高转换出的

正常高,与二等水准观测所得的正常高进行了比较,对似大地水准面精化成果的内符合精度进行了检测,以评价似大地水准面精化成果的内符合精度。

2. 外符合精度检核

外部检核即利用 GPS 和似大地水准面成果所计算的水准高与已知(或通过水准联测)的水准高进行比较,用于评定似大地水准面的外符合精度。考虑到今后的应用,外部检核包括 GPS 静态检核、GPS RTK、水准联测等几种方式进行。

(1)在水准点上采用 GPS 静态检核

按城市的区域分划,在每个区域按照适合 GPS 观测要求的原则选取一定数量的水准点,同时联测 1~2 个参与精化的 GPS 控制点(用于求取检测水准点的与精化基准一致的 WGS 84 坐标)。需要说明的是,水准点的等级越高越好,且可靠性要好。检测的区域和点数分布的选取可区别对待,对于经济发达、今后似大地水准面成果用得多的城区可重点检测。

采用高精度双频 GPS 接收机,按当初设计的时间进行观测。

数据处理采用高精度 GPS 软件和精密处理方法。起算基准应与参与精化的 GPS 成果一致。特别注意天线高的改化,以避免结果出现系统性差异。

利用所确定的 WGS84 的 BLH、似大地水准面模型和提供的程序,可计算出相应的水准高(正常高)。然后比较计算的水准高和已知的水准高,可确定出差值,并求出差值的标准差。检核的结果可分区进行统计。

(2)在水准点上采用 GPS RTK 检核

按城市的区域分划,在每个区域按照适合 GPS 观测要求的原则选取一定数量的水准点,以参与精化的 GPS 控制点作为基准点,按照 GPS RTK 的方法采集检测点的 WGS 84 坐标。

利用所确定的 WGS84 的 BLH、似大地水准面模型和提供的程序,可计算出相应的水准高(正常高)。然后比较计算的水准高和已知的水准高,可确定出差值,并求出差值的标准差。

(3)在 GPS 点上联测水准检核

取以前所测量的 GPS 网,利用以前的基线,采用本次参与精化的 GPS 点成果作为约束点,重新进行平差,得到这些点的 WGS 84 坐标,利用似大地水准面计算软件计算出该点的水准高,同该点已知的水准资料进行比较,如该点没有水准资料,则就近联测。

需要说明的是,GPS 静态检核侧重于检核似大地水准面精化成果的精度,而 GPS RTK 检核更侧重于检核似大地水准面精化成果的实际可用性。

10.5　高精度区域似大地水准面的应用及有待进一步解决的问题

10.5.1　高精度区域似大地水准面的应用

高精度区域似大地水准面的确定实现了相应精度上利用廉价高效的卫星定位取代高价低效的水准测量直接测定海拔高,是一项具有开创性的工作,是传统测绘技术向高新测绘技术的升级、与国家空间信息科学技术发展战略一致的创造性成果。该成果将极大地满足地理信息系统建设、国土规划、城市建设、矿产资源勘探、新农村建设和水利、交通、林业、军事、公安、消防、导航、防灾减灾等方面的需求，使得区域测绘服务保障能力进一步加强。

利用高精度区域似大地水准面成果的效益主要产生于：

(1) 节省人工产生的效益。应用区域高精度似大地水准面成果和 GPS 观测的椭球高可以间接测定点位的海拔高，用以替代传统的等级水准测量，将节约大量的人力、物力，可广泛应用到基础测绘以及所有涉及高程信息的各类国土规划、工程建设和资源勘探等测绘工作中。传统的难度大、周期长的低等级水准测量工作将大幅度减少，减轻了测绘人员的劳动强度，提高了工作效率。

(2) 竞争力提高产生的效益。基于卫星定位的高程测量，可大幅度提高工作效率和测量精度。由于 GPS 不受通视条件的限制，作业范围得以扩大，尤其在控制点缺少的区域效果更加显著。项目成果使原来受自然条件限制无法完成的工程变为可能，大大增强了测绘行业的市场竞争力，扩大了市场规模。

(3) 软件产品转化、转让带来的效益。高精度似大地水准面精化的软件产品成果，不仅具有很强的专业性，而且也具有较广的应用推广价值。除直接应用于测绘行业，还可应用于相关地理信息及各类工程建设等领域。成果及其更新产品有偿转让可形成一定规模的科技市场。

(4) 提高工作效益给各项建设带来的间接经济效益。应用区域高精度似大地水准面成果，测绘及相关服务周期大大缩短，对加速信息化建设作出贡献，甚至可给客户提供额外的商机，产生可观的间接经济效益。同时，区域高精度似大地水准面成果无损耗，更新周期长，因此，一次投资，受益周期长。

10.5.2 高精度区域似大地水准面的主要应用领域

目前，高精度区域似大地水准面成果主要的应用领域如下。

1. 推动高程测定模式的现代化

传统的高程测定通过水准传递逐站进行，劳动强度大，作业效率低，而且误差累积严重。GPS 定位技术为城市测量提供了一种崭新的技术手段和方法，使传统大地测量的布网方法、作业手段和内外作业程序发生了根本性的变革。基于高精度的区域似大地水准面成果，可以通过 GPS 技术快速获取地面点的海拔高程，其精度可满足等级水准要求，将彻底改变传统的平面测量和高程测量分离的作业模式，实现高程测定模式的现代化转变，满足目前数字城市基础地理信息采集的迫切需要，加快"数字城市"及各类工程建设的速度，同时加速了测绘行业全面实现卫星定位的现代化进程。

2. 推动国家基准体系建设的现代化

国家大地基准是一个国家重要的基础设施，我国于 20 世纪 50 年代建立了大地基准，并先后几次更新，其为我国的经济发展发挥了重要作用。但由于历史的局限性，我国现有的大地基准精度相对较低，更新周期长，服务功能单一，不具备三维以及动态的特性，已很难满足目前及今后国民经济建设和科学研究对其的新需求。因此，非常有必要利用先进技术建设我国现代基准。

高精度区域似大地水准面确定作为国家现代测绘基准体系建设的主要内容，它综合利用了包含空间定位技术在内的多种大地测量技术手段，将在技术理念、实现方式、服务领域等多个方面，将促使现行测绘基准体系产生深刻变革；将传统的参心、平面和高程分离模式和局域测绘基准体系，改造成与全球地心框架一致、重力空间三维卫星定位和符合国家法定大地测量基准的高精度新基准体系。这不仅是大地测量领域的历史性进步，也是测绘行业技术进步的重要标志。

3. 解决西部测图、岛礁测绘、二次全国土地详查等国家重大专项工程中的技术难题

在西部测图中，利用高精度区域似大地水准面模型解决了无人区的高程测定问题；在岛礁测绘中，利用高精度区域似大地水准面模型解决了岛礁基准统一的技术难题；在二次全国土地详查中，利用高精度区域似大地水准面模型解决了大范围高程快速测定的问题，满足了国家需要。

10.5.3 本领域有待进一步解决的问题

1. 高精度似大地水准面确定的基础理论问题

确定厘米级精度大地水准面，需要进一步改进和统一现有地球重力场确定的理论和方法，研究在经典大地测量边值问题理论框架下，利用全球重力场模型和地面重力数据确定高精度局部大地水准面存在的待解决的基础理论问题，如全球参考系及一致性定义问题等，发展完善经典理论。

2. 高精度似大地水准面确定的数据处理技术问题

在数据处理技术方面，应研究地形资料、重力资料、GPS 水准、多源卫星测高数据以及全球重力场模型的最优数据联合和误差模型。

需进一步研究的核心问题包括：

(1) 研究确定区域似大地水准面的常用方法中的各种误差源及其影响；

(2) 研究利用最新地壳模型 CRUST2.0 和航天飞机雷达地形任务 (SRTM) 数据改进山区重力归算和推估，解决提高地面重力资料稀疏地区格网重力异常内插与推估精度的技术难题；

(3) 研究在移去-恢复法中应用高精度重力场模型不同频段与地面重力数据的精度匹配问题；

(4) 研究考虑球面曲率的严密地形均衡归算的严密公式，以及地形改正、均衡改正、地形间接影响的精确快速算法；

(5) 研究利用张量连续曲率样条内插方法和分形内插技术进行离散不规则稀疏重力场信息的格网化内插与推估，研究适合重力场格网化的最佳方法。

3. 高精度似大地水准面成果的应用研究

在静态测量中，大地水准面模型的应用比较普遍，用于事后进行椭球高到正高之间的转换。在动态测量中，基于 GPS RTK 和 CORS 的似大地水准面精化成果的应用是其应用的核心。需要解决似大地水准面的成果在 GPS RTK 和 CORS 系统中的快速、直接的使用问题。一种最简单的方法就是创建大地模型外业格网文件，然后上传到接收机中，实现动态

作业中进行实时的高程改正。但由于市场上测量型的 GPS 型号较多，各种型号的 GPS 采用各自定义的不同的似大地水准面模型（如 Trimble 公司采用的格式为 ggf 格式、Leica 公司采用的格式为 gem 格式），给成果的全面推广应用带来了诸多困难。要解决这个问题，有以下几点想法：

（1）GPS 生产厂商要公开自己的 geoid Model 模型格式。只有了解了相应的格式和定义，似大地水准面的成果才能共享给不同的 GPS RTK 或 CORS 使用。

（2）定义统一的并被不同 GPS 仪器厂商接受的 geoid Model，尽量形成 geoid Model 的国际标准格式。

（3）在 CORS 数据处理中心平台上，研发基于网络的似大地水准面远程计算软件通过动态网络解算，直接播发给用户经高程异常改正后的数据。

另外，需结合生成实践，制定统一的、规范化的高精度似大地水准面成果的应用标准，推广高精度似大地水准面成果的应用。

总之，理论及方法的不断完善和数据的不断丰富必将会使我国大地水准面的精度提高到一个新的水平，可望在我国统一似大地水准面的研究中，东部达到 15cm 和西部达到 30cm 的精度水平；省级大地水准面精度达到 3~5cm（东部）和 10~20cm（西部），城市大地水准面的精度优于 1cm，全面实现 GPS 结合似大地水准面代替二等水准测量，完成我国高程测定的里程碑式跨越和革命性转变。

参 考 文 献

1. 李建成，陈俊勇，宁津生，等．地球重力场逼近理论与中国 2000 似大地水准面的确定[M]．武汉：武汉大学出版社，2003
2. 李建成，宁津生．局部大地水准面精化的理论和方法[M]．陈永龄院士九十寿辰专辑．北京：测绘出版社，1999：71-83
3. 李建成，宁津生，姜卫平，等．中国发展高分辨率高精度局部大地水准面的进展（IUGG 国家报告）[R]．2007
4. 李建成．我国现代高程测定关键技术若干问题的研究及进展[J]．武汉大学学报（信息科学版），2007，32(11)：980-987